生态气象学导论

王连喜　毛留喜　李　琪　郭建茂　陈书涛　编

内容提要

生态气象学是生物气象学的分支,是气象学、生态学、环境科学等学科交叉形成的一门交叉科学,也是一门新兴的专业气象科学。根据生态气象学教学、科研以及业务发展的需求,本书介绍了生态气象学的相关理论、方法以及业务实践方面的内容。全书共分9章,其中第1章为概论,介绍了生态气象学的相关背景知识;第2~5章为生态气象学的相关理论知识;第6、7章为生态气象监测与评价方面的内容;第8章以遥感和模型为例介绍了生态气象研究的方法及应用案例;第9章简要介绍了生态气象业务工作的基本情况。

本书可作为高等院校气象、生态、环境及相关专业的教材,也可作为从事生态气象科研及业务工作人员的参考书。

图书在版编目(CIP)数据

生态气象学导论/王连喜等编. —北京:气象出版社,2010.7(2012.5重印)
ISBN 978-7-5029-5010-1

Ⅰ.①生… Ⅱ.①王… Ⅲ.①生态学:气象学-高等学校-教材 Ⅳ.①Q142

中国版本图书馆 CIP 数据核字(2010)第 128685 号

Shengtai Qixiangxue Daolun

生态气象学导论

王连喜 毛留喜 李 琪 郭建茂 陈书涛 编

出版发行:	气象出版社			
地 址:	北京市海淀区中关村南大街46号	邮政编码:	100081
总 编 室:	010-68407112	发 行 部:	010-68409198
网 址:	http://www.cmp.cma.gov.cn	E-mail:	qxcbs@cma.gov.cn
责任编辑:	林雨晨 蔺学东	终 审:	黄润恒
封面设计:	博雅思企划	责任技编:	吴庭芳
责任校对:	赵 瑗		
印 刷:	北京奥鑫印刷厂		
开 本:	750 mm×960 mm 1/16	印 张:	22.5
字 数:	440 千字		
版 次:	2010 年 8 月第 1 版	印 次:	2012 年 5 月第 2 次印刷
印 数:	1001~2000	定 价:	38.00 元

本书如存在文字不清、漏印以及缺页、倒页、脱页等,请与本社发行部联系调换

前　言

生态学是研究生物之间和生物与周围环境之间相互联系、相互作用的科学。气象学是研究大气中各种物理过程和现象的成因及其变化规律的科学。在一个生态系统的众多环境因素中，光、温、水、气等气象因素的变化最大也最频繁。气象因素直接作用于动植物生长发育的状况和分布，并间接影响着其他环境因素，而其他环境因素包括人为因素大多是通过改变气象因素而对生态系统产生影响的，是间接作用。可以说，气象因素对生态的影响最大也最明显。反之，一个生态系统可以通过吸收或排放各种气体，影响到地球的大气成分，最后影响到全球气候状况。也可以通过调节大气温室气体含量来间接地影响全球气候，还能通过改变水文条件、热量平衡、云层分布等而对全球气候变化直接产生反馈作用。植被状况也影响着太阳辐射在地球表面的分布，从而影响着地表温度和热量平衡。因此，生态与气象是相互联系、相互制约、相互作用的，二者的交叉以及与其他学科的融合形成了生态气象学。

生态气象学是生物气象学的分支，它是以生态系统为中心，主要研究天气和气候过程对生态系统结构与功能的影响及其反馈作用的科学，是气象学、生态学、环境科学等学科交叉形成的一门交叉科学，也是一门新兴的专业气象科学。生态气象的内涵十分丰富，所涉及的学科及内容几乎涵盖了地学的所有学科及大农业学科，其研究领域涉及资源、环境、生态、全球变化及其影响评估、可持续发展等一系列世界性问题。生态气象的研究对认知和解决全球气候变化、土地退化、荒漠化加重等全球生态环境问题，为生态恢复和保护提供理论和技术支撑，促进可持续发展有重要意义。生态气象教学、科研及业务工作的深入开展，也可以为我国开展环境外交、气候系统模式研发、气候变化影响评估等提供基础性资料。

随着生态学和气象学的相互交叉与渗透，生态气象学独立的理论体系框架逐渐成型，不断完善的日常生态气象业务也对生态气象学提供了很大的补充，生态气象学正在逐渐发展成熟起来。本教材的编写，正是在生态气象学发展的大背景下完成的。全书一共分为九章，编写分工如下：第1章由王连喜编写；第2、3章由郭建茂编写；第4、5章由陈书涛编写；第6、9章由毛留喜编写；第7、8章由李琪编写；全书由王连喜统稿。王建林研究员、陈怀亮研究员在教材的编写过程中提出了许多宝贵意见，研究生李欣和李菁参与了教材的校对工作,在此一并表示衷心感谢!

本书是作者在多年从事相关领域教学、科研及业务工作的基础上,参阅了国内外大量有关论著、专业刊物的相关论文后完成的,由于篇幅所限,文中只列出了部分参考文献,在此特别说明,并对所有的作者表示衷心的感谢。希望本书的内容有助于读者对生态气象学有一个较系统的认识,能从更广的视角去看待生态气象学的研究,并推动我国生态气象学的发展。

本书是国内生态气象领域的首部教材,由于学识水平及编写时间的限制,书中的内容和体系尚有不完善之处,敬请读者批评指正。

编者

2010 年 1 月

目 录

前 言
第一章 概 论 ……………………………………………………………（1）
  第一节 生态学、生态系统及其特点 ……………………………（1）
    一、生态学的定义 ……………………………………………（1）
    二、生态学的研究对象、内容和学科体系 …………………（1）
    三、生态系统及其特点 ………………………………………（3）
  第二节 气象学、气象要素及其特点 ……………………………（6）
    一、气象学的定义 ……………………………………………（6）
    二、气象学的研究对象和学科体系 …………………………（7）
    三、大气 ………………………………………………………（9）
    四、气象要素及其特点 ………………………………………（12）
    五、太阳辐射 …………………………………………………（16）
  第三节 生态与气象的相互关系、相互影响与作用 ……………（18）
    一、生态与气象的相互关系 …………………………………（18）
    二、气象与生态的相互影响 …………………………………（21）
    三、气象对生态的作用 ………………………………………（28）
  第四节 生态气象概述 ……………………………………………（29）
    一、定义与意义 ………………………………………………（29）
    二、生态气象学的发展与建立 ………………………………（30）
    三、有关重大国际计划简介 …………………………………（33）
    四、生态气象的服务需求、现状、发展趋势 ………………（40）
  本章小结 ……………………………………………………………（45）
  复习思考题 …………………………………………………………（45）
  参考文献 ……………………………………………………………（46）

第二章 气象条件与植物生长发育的关系 …………………………（47）

第一节 光与植物生长发育………………………………………（47）
一、光的生物学意义与植物的光学特性………………………（47）
二、光照长度对植物的影响……………………………………（50）
三、光强对植物的影响…………………………………………（56）
四、不同光谱对生物的作用……………………………………（60）

第二节 温度与植物生长发育……………………………………（62）
一、温度的意义…………………………………………………（62）
二、温度及其对植物的影响……………………………………（64）
三、积温对生物的影响…………………………………………（67）
四、温度的周期性变化及其对农业生物的影响………………（69）

第三节 水与植物生长发育………………………………………（72）
一、土壤——植物——大气水分循环…………………………（73）
二、大气水分与植物生长发育…………………………………（79）

第四节 大气 CO_2 与植物生长发育……………………………（82）
一、植物对 CO_2 的利用………………………………………（83）
二、农田 CO_2 的变化规律……………………………………（84）
三、CO_2 倍增影响生态系统的过程与机理…………………（86）
四、水热与 CO_2 协同作用影响生态系统的过程与机理……（87）

第五节 我国气候资源的时空分布与基本特征…………………（89）
一、我国的光能资源……………………………………………（89）
二、我国的热量资源……………………………………………（90）
三、我国的降水资源……………………………………………（93）
四、我国的水热资源特征………………………………………（96）
五、我国的气象灾害概况………………………………………（98）

本章小结……………………………………………………………（101）
复习思考题…………………………………………………………（102）
参考文献……………………………………………………………（103）

第三章 气象条件对陆地生态系统的影响 ………………………（105）

第一节 气象条件对植物分布的影响……………………………（105）
一、柯本分类系统及其改良……………………………………（105）
二、综合指标的植被气候分类系统……………………………（107）

   三、我国森林植被-气候带的划分……………………………………(110)
  第二节 温度对动物的影响……………………………………………(112)
   一、温度对动物的生态作用………………………………………(112)
   二、动物对低温环境和高温环境的适应…………………………(114)
   三、温度对动物的生长、发育和繁殖的影响……………………(117)
   四、温度与动物的地理分布………………………………………(119)
   五、温度对动物数量变动的影响…………………………………(120)
  第三节 水分、光照、气压对动物的影响………………………………(121)
   一、水对陆生动物的影响…………………………………………(121)
   二、光对动物的影响………………………………………………(126)
   三、气压与动物活动………………………………………………(129)
  第四节 气象对土壤的影响……………………………………………(130)
   一、土壤形成的气候因素…………………………………………(130)
   二、土壤剖面形态特征……………………………………………(135)
   三、大土壤群分类…………………………………………………(137)
  本章小结……………………………………………………………………(139)
  复习思考题…………………………………………………………………(139)
  参考文献……………………………………………………………………(140)

第四章 气候变化与陆地生态系统的相互作用……………………………(142)

  第一节 气候变化及其对生态质量的影响…………………………………(142)
   一、气候变化………………………………………………………(142)
   二、极端气候事件…………………………………………………(145)
   三、我国与气候变化相关的基本国情……………………………(147)
   四、气候变化对生态质量的影响…………………………………(149)
  第二节 气候变化对自然生态系统的影响…………………………………(150)
   一、气候变化对森林的影响………………………………………(151)
   二、气候变化对草原的影响………………………………………(154)
   三、气候变化对荒漠及荒漠化过程的影响………………………(154)
   四、气候变化对沿海及海洋生态系统的影响……………………(155)
   五、气候变化对湿地生态系统的影响……………………………(156)
   六、气候变化对动植物的影响……………………………………(157)
  第三节 气候变化对农业的影响………………………………………(160)
   一、气候变化对农业的影响方式…………………………………(160)

二、气候变化对农业影响的研究实例(以江苏省为例) ……………… (161)
　第四节　陆地生态系统对气候变化的反馈……………………………… (164)
　　一、陆地生态系统碳循环与气候变化 …………………………………… (164)
　　二、陆地植被覆盖状况与气候变化 ……………………………………… (167)
　第五节　减缓与适应气候变化的对策措施……………………………… (170)
　　一、减少温室气体排放 …………………………………………………… (170)
　　二、充分挖掘生态系统固碳潜力 ………………………………………… (170)
　　三、进一步贯彻实施节能减排 …………………………………………… (172)
　　四、大力加强农业应对气候变化的能力 ………………………………… (172)
　　五、积极推动碳贸易的研究与实施 ……………………………………… (173)
　第六节　我国适应气候变化的重点领域………………………………… (174)
　　一、农业 …………………………………………………………………… (174)
　　二、森林和其他自然生态系统 …………………………………………… (174)
　　三、水资源 ………………………………………………………………… (175)
　　四、海岸带及沿海地区 …………………………………………………… (176)
　本章小结…………………………………………………………………… (176)
　复习思考题………………………………………………………………… (177)
　参考文献…………………………………………………………………… (177)

第五章　陆地生态系统与气象 …………………………………… (179)

　第一节　荒漠生态系统与气象…………………………………………… (179)
　　一、荒漠生态系统的概念及其特点 ……………………………………… (179)
　　二、荒漠生态系统的气象特点 …………………………………………… (180)
　　三、沙漠化成因及监测指标体系 ………………………………………… (180)
　　四、沙尘暴 ………………………………………………………………… (182)
　第二节　草地生态系统与气象…………………………………………… (187)
　　一、草地生态系统 ………………………………………………………… (187)
　　二、草地生态气象要素指标 ……………………………………………… (191)
　　三、干旱对草地植物的影响 ……………………………………………… (193)
　第三节　森林生态系统与气象…………………………………………… (194)
　　一、森林的主要类型及其气候特点 ……………………………………… (194)
　　二、森林生态系统的特点及功能 ………………………………………… (195)
　　三、森林生态系统与气象的相互作用 …………………………………… (196)

第四节　湿地生态系统与气象 ………………………………………… (199)
　　　　一、湿地生态系统的类型 …………………………………………… (200)
　　　　二、湿地生态系统的特点及其功能 ………………………………… (201)
　　　　三、湿地与气候及气象 ……………………………………………… (202)
　　　　四、湿地生态系统气象观测 ………………………………………… (204)
　　第五节　农田生态系统与气象 ………………………………………… (204)
　　　　一、农田生态系统 …………………………………………………… (204)
　　　　二、农业生产与气象条件的关系 …………………………………… (205)
　　　　三、农业气象灾害 …………………………………………………… (206)
　　　　四、我国的农业气象服务 …………………………………………… (211)
　　第六节　城市生态系统与气象 ………………………………………… (212)
　　　　一、城市生态系统的气候特征与气象问题 ………………………… (212)
　　　　二、城市热岛效应 …………………………………………………… (215)
　　　　三、城市雾 …………………………………………………………… (217)
　　　　四、城市雷电 ………………………………………………………… (219)
　　　　五、城市气象与生活 ………………………………………………… (222)
　本章小结 …………………………………………………………………… (223)
　复习思考题 ………………………………………………………………… (224)
　参考文献 …………………………………………………………………… (224)

第六章　生态气象监测 ……………………………………………… (226)

　第一节　生态气象监测需求、必要性和意义 …………………………… (226)
　第二节　国内外发展现状和趋势 ………………………………………… (227)
　第三节　监测依据与监测原则 …………………………………………… (227)
　　　　一、监测依据 ………………………………………………………… (227)
　　　　二、监测原则 ………………………………………………………… (229)
　第四节　农田生态气象监测 ……………………………………………… (229)
　　　　一、农田生态气象监测功能 ………………………………………… (230)
　　　　二、农田生态气象监测结构 ………………………………………… (233)
　　　　三、农田生态气象监测布局 ………………………………………… (234)
　第五节　森林生态气象监测 ……………………………………………… (235)
　　　　一、森林生态气象监测功能 ………………………………………… (238)
　　　　二、森林生态气象监测结构 ………………………………………… (239)
　　　　三、森林生态气象监测布局 ………………………………………… (240)

第六节　草地生态气象监测 …………………………………………… (241)
　　一、草地生态气象监测功能 ………………………………………… (242)
　　二、草地生态气象监测结构 ………………………………………… (242)
　　三、草地生态气象监测布局 ………………………………………… (243)
第七节　湿地生态气象监测 …………………………………………… (245)
　　一、湿地生态气象监测功能 ………………………………………… (247)
　　二、湿地生态气象监测结构 ………………………………………… (248)
　　三、湿地生态气候监测布局状况 …………………………………… (248)
第八节　城市生态气象监测 …………………………………………… (249)
　　一、城市生态气象监测功能 ………………………………………… (250)
　　二、城市生态气象监测结构 ………………………………………… (251)
　　三、城市生态气象监测布局 ………………………………………… (252)
第九节　荒漠生态气象监测 …………………………………………… (253)
　　一、荒漠生态气象监测功能 ………………………………………… (254)
　　二、荒漠生态气象监测结构 ………………………………………… (254)
　　三、荒漠化分布和生态气象监测布局 ……………………………… (256)
第十节　生态气象灾害监测（以旱灾为例） …………………………… (257)
　　一、揭示旱灾及其环境要素的演变规律及其动因 ………………… (258)
　　二、揭示全球变化对我国旱灾的影响及其反馈作用 ……………… (258)
　　三、为国家防灾减灾提供业务服务 ………………………………… (258)
本章小结 ………………………………………………………………… (259)
复习思考题 ……………………………………………………………… (259)
参考文献 ………………………………………………………………… (259)

第七章　生态质量气象评价 ……………………………………………… (260)

第一节　生态质量气象评价概述 ……………………………………… (260)
　　一、生态质量与生态质量评价 ……………………………………… (260)
　　二、生态质量评价指标选取的原则 ………………………………… (261)
　　三、生态质量气象评价的概念 ……………………………………… (261)
第二节　生态质量气象评价的内容 …………………………………… (262)
　　一、生态质量气象评价技术体系 …………………………………… (262)
　　二、生态质量气象评价指标 ………………………………………… (265)
　　三、生态质量气象评价与分析方法 ………………………………… (267)
　　四、生态质量气象评价实例 ………………………………………… (269)

第三节　EMI 评价方法 ……………………………………………(274)
　　一、评价指标体系 ……………………………………………(274)
　　二、评价程序 …………………………………………………(275)
　　三、评价等级 …………………………………………………(276)
　　四、EMI 评价实例 ……………………………………………(277)
第四节　气象灾害的评估 ………………………………………(281)
　　一、干旱影响评估内容 ………………………………………(281)
　　二、干旱风险分析 ……………………………………………(282)
　　三、国内冷害风险评估技术研究 ……………………………(283)
本章小结 ……………………………………………………………(284)
复习思考题 …………………………………………………………(284)
参考文献 ……………………………………………………………(284)

第八章　遥感技术及模拟模型在生态气象中的应用 ………(287)

第一节　遥感技术概述 …………………………………………(287)
　　一、遥感的概念及分类 ………………………………………(287)
　　二、遥感技术的基本原理 ……………………………………(289)
　　三、遥感系统 …………………………………………………(289)
　　四、遥感技术的特点 …………………………………………(290)
第二节　遥感技术在生态气象中的应用 ………………………(291)
　　一、遥感技术在生态气象监测中的应用 ……………………(292)
　　二、遥感在荒漠化评价中的应用 ……………………………(306)
第三节　农业模型与生态模型简介 ……………………………(308)
　　一、农业模型概述 ……………………………………………(308)
　　二、生态模型概述 ……………………………………………(310)
第四节　农业与生态模型在生态气象中应用 …………………(313)
　　一、植被净初级生产力的监测与估算 ………………………(314)
　　二、森林可燃物载量的估测 …………………………………(318)
　　三、土壤水蚀估算 ……………………………………………(318)
本章小结 ……………………………………………………………(320)
复习思考题 …………………………………………………………(321)
参考文献 ……………………………………………………………(321)

第九章 生态气象业务简介 ……………………………………………… (323)

  一、生态气象业务需求 ………………………………………………… (323)

  二、国内外生态气象业务现状 ………………………………………… (323)

  三、生态气象业务发展的原则 ………………………………………… (324)

  四、生态气象业务系统 ………………………………………………… (325)

  五、生态气象业务服务 ………………………………………………… (329)

  六、生态气象业务信息与技术保障 …………………………………… (333)

  七、业务流程 …………………………………………………………… (336)

  八、标准体系 …………………………………………………………… (345)

 本章小结 …………………………………………………………………… (346)

 复习思考题 ………………………………………………………………… (346)

 参考文献 …………………………………………………………………… (347)

第一章 概 论

第一节 生态学、生态系统及其特点

一、生态学的定义

生态学(ecology)一词源于希腊文 oikos,意为"住所"或"栖息地"。从原意上讲,生态学是研究生物住所的科学。德国博物学家 E. Haeckel 于 1866 年在其发表的《普通生物形态学》一书中首先提出了生态学的定义,他认为生态学是"研究生物有机体与其周围环境(包括生物环境和非生物环境)之间相互关系的科学",特别是指动物有机体与其他动植物之间的互惠或者敌对关系。

由于研究背景和对象的不同,生态学有很多种定义。英国生态学家 Elton 的定义是"科学的自然历史";澳大利亚生态学家 Andrewartha 则认为生态学是研究生物体分布与丰度的各种关系的科学,强调了对种群动态的研究;加拿大生态学家 Krebs 进一步将该定义扩展为"研究生物有机体分布与多度及其相互关系的科学";美国生态学家 E. P. Odum 的定义是研究生态系统结构与功能的科学,后来在其著作中又提出生态学是综合研究有机体、物理环境与人类社会的科学,并强调人类在生态学过程中的作用;Hedgpeth 认为生态学可定义为生物因素、社会因素和历史因素之间及它们内部的相互作用;我国著名生态学家马世骏认为生态学是研究生命系统和环境系统相互作用的科学,反映了生态学发展重点转移到了生态系统生态学。但生态学发展至今,其内涵和外延都有了变化,目前生态学被定义为"研究生物之间和生物与周围环境之间的相互联系、相互作用的科学",其目的是指导人与生物圈(即自然、资源与环境)的协调发展。

二、生态学的研究对象、内容和学科体系

(一)研究对象

生态学起源于生物学,是研究以种群、群落和生态系统为中心的宏观生物学。其

研究对象是各层次的生物及其与环境的相互关系,由生物大分子—基因—细胞—个体—种群—群落—生态系统—景观直到生物圈。近年来,生态学除继续向宏观方向发展外,同时还向个体以下的层次渗透,1992年由 Terry Burke,Ray Seidler 和 Harry Smith 创办了《Molecular Ecology》杂志,标志着生态学进入了分子水平。生态学涉及的环境也非常复杂,从无机环境、生物环境到人与人类社会,以及由人类活动所导致的环境问题。因此,生态学的研究范畴异常广泛,不仅包括生物个体、生物种群及生物群落,还包括动物、植物、微生物及人类等。

(二)研究内容

生态学是生物学研究的宏观综合发展方向,其目的在于在生物个体、种群、群落和生态系统4个层次上探求生命系统的奥秘。生态学主要有以下3个方面的研究内容。

(1)以自然生态系统为对象,探索无机和有机环境对生物的影响与作用、生物对环境的影响与作用、生物与环境之间的相互关系和作用规律;生物种群在不同环境中的形成与发展,种群数量在时间和空间上的变化规律,种内、种间关系及其调节过程,种群对特定环境的适应对策及其基本特征;生物群落的组成与特征,群落的结构、功能和动态,生物群落的分布规律;生态系统的基本成分,生态系统中的物质循环、能量流动和信息传递,生态系统的发展和演化,生态系统的进化与人类的关系等。

(2)以人工生态系统或半自然生态系统(受人类干扰或破坏后的自然生态系统)为对象,研究不同区域系统的组成、结构和功能;污染生态系统中生物与被污染环境间的相互关系;环境质量的生态学评价;生物多样性的保护和可持续开发利用等。

(3)以社会生态系统为研究对象,从研究社会生态系统的结构和功能入手,系统探索城市生态系统的结构和功能、能量和物质代谢、发展演化及科学管理;农业生态系统的形成和发展、能流和物流特点以及高效农业的发展途径等;人口、资源、环境三者之间的相互关系,人类面临的生态学问题等社会生态问题。

(三)学科体系

随着生态学不同研究领域、范围及内容的发展和深入,逐渐形成了生态学庞大的学科体系。其分类有如下表述:

(1)根据研究对象的生物组织水平可分为:分子生态学、个体生态学或生理生态学、种群生态学、群落生态学、生态系统生态学、景观生态学与全球生态学等。

(2)根据研究的对象可分为:动物生态学、植物生态学、微生物生态学、陆地植物生态学、哺乳动物生态学、昆虫生态学等。

(3)根据生物栖息地类型可分为:森林生态学、草地生态学、海洋生态学、淡水生态学等。

(4)根据生态学与其他学科的交叉可分为:数学生态学、化学生态学、生理生态学、经济生态学、进化生态学等。

(5)根据生态学应用的门类可分为:农业生态学、资源生态学、污染生态学等。

(6)根据研究方法可分为:理论生态学、野外生态学、实验生态学等。

三、生态系统及其特点

(一)生态系统的定义

生态系统(ecosystem)是在一定空间中共同栖居着的所有生物与其环境之间不断地进行物质循环和能量流动过程而形成的统一整体。也可以说,生态系统是指在一定的空间内生物成分和非生物成分通过物质循环、能量流动、相互作用、相互依存而构成的一个生态学功能单位。1935年英国植物学家Tansley在前人工作的基础上,首次提出了生态系统的概念,他认为"生态系统的基本概念是物理学上使用的"系统"整体,这个系统不仅包括有机复合体,而且也包括形成环境的整个物理因子复合体",并强调有机体与环境之间,各有机体之间及各环境组成要素之间的相互关系。生态系统是自然界的一种基本功能单位,是生态学上的一个主要结构和功能单位,属于生态学研究的最高层次。它所具有的复杂的、纵横交错的网络式结构,只有在科学发展到一定程度的近代,才有可能对其进行深入研究,并使生态学及有关问题得到更快的发展。

生态系统是具有一定结构、一定边界的,常按其研究目的进行划定。生态系统可以包含不同范围、不同层次,或者可以说只要是生物群体与其所处的环境组成的统一体,都可以视为一个生态系统,其边界小至动物有机体内的微生物系统、一个鱼缸,大至森林、乃至整个生物圈。

生态系统的类型具有多样性,按所处的生境一般划分为陆地生态系统和水域生态系统。其中,陆地生态系统包括森林、草原、农田生态系统等,水域生态系统包括海洋生态系统和淡水生态系统等。

(二)生态系统的组成与结构

生态系统的主要组成包括土壤、大气、来自太阳的光和热、水以及生物等。按各自功能的不同,可分为非生物环境、生产者、消费者和分解者。

非生物环境包括参加物质循环的无机元素和化合物(C、N、CO_2、O_2等)、联系生物和非生物成分的有机物质(蛋白质、糖类、脂类等)和气候或者其他地理条件(如温度、气压等)。

生产者是指能利用简单的无机物制造有机物的自养生物,是生态系统的最主要成分,包括所有能进行光合作用的绿色植物和光合微生物蓝细菌。

消费者是指不能用无机物制造有机物,而只能直接或间接依赖于生产者所制造的有机物质的生物,属于异养生物。按其营养方式上的不同可分为食草动物、食肉动物和大型食肉动物或顶级食肉动物。消费者在生态系统中不仅对初级生产物起加工、再生产作用,还对其他生物种群数量起着重要的调控作用。

分解者也是异养生物,其作用是把动植物残体的复杂有机物分解为生产者能重新利用的简单化合物,并释放出能量,又称为还原者。

生态系统的一般性模型包括三个亚系统:生产者亚系统、消费者亚系统和分解者亚系统。由这三个亚系统的生物成员与非生物环境成分间通过能流和物流而形成的高层次生物组织,是一个物种间、生物与环境间协调共生,能维持持续生存和相对稳定的系统。

生态系统的结构包括空间结构、时间结构和营养结构。空间结构分为水平结构和垂直结构,水平结构指的是系统的水平格局,垂直结构则是指生态系统形成过程中对环境有不同需要的生物种各自占有的一定空间所形成的成层结构。时间结构主要指一个生态系统初步具备了结构特征,作为整体运行生态过程和行使功能的时间,分为季节动态和年际变化。营养结构主要由食物链和食物网来表示。食物链是生产者所固定的能量和物质,通过一系列取食和被食的关系在生态系统中传递,各种生物按其食物关系排列的链状顺序,而食物链彼此交错连结,形成一个网状结构,就是食物网。

(三)生态系统的基本功能

生态系统的功能包括能量流动、物质循环和信息及其传递三大功能。

1. 能量流动

能量在生态系统内的传递和转化过程称为生态系统的能量流动。任何一个生态系统都遵循热力学两大定律,一个体系的能量发生变化,环境的能量也必定发生相应变化,此外,当能量以食物的形式在生物之间传递时,食物中相当一部分能量会转化为热而消散掉,其余则用于合成新的组织而作为潜能贮存下来。生态系统的能量是单向流动的,能量在系统内流动的过程,是不断递减的过程,但质量在提高,并通过食物链形成生态金字塔。

2. 物质循环

生态系统物质循环就是生态系统从大气、水体和土壤等环境中获得营养物质,通过绿色植物吸收,进入生态系统,被其他生物重复利用,最后,再归还于环境中,又称为生物地球化学循环。物质循环包括水循环、气体型循环和沉积型循环。生态系统中所有的物质循环都是在水循环的推动下完成的,水循环包括截取、渗透、蒸发和地表径流。气体型循环有碳、氮循环,碳在生态系统中的含量过高或过低都能通过碳循环的自我调节机制而得到调整,并恢复到原有水平;氮循环是通过各种固氮作用进入物质循环,而通过反硝化作用、淋溶沉积等作用使氮素不断重返大气,从而使氮的循环处于一种平衡状态。沉积型循环主要是矿质元素通过岩石风化等作用释放出来参与循环,又通过沉积等作用进入地壳而暂时离开循环。物质循环的主要特征表现在遵守"物质不灭"定律,并且在生态系统中不同的子系统或生物或环境之间循环往复利用。

3. 信息及其传递

生态系统中的信息是多样的,大致可分为物理信息、化学信息、行为信息和营养信息。对于生态系统而言,信息就是生态系统中生物与生物、生物与环境之间普遍联系的信号,通过信号带来可以利用的消息。信息传递是生态系统的重要功能之一,它在维持生态系统平衡,促进系统进化与发育,调节、控制系统内物流和能流等方面有着重要作用。

生态系统为人类提供了必不可少的生命维系和从事各种活动所必需的最基本的物质资源,是构建和谐社会的重要基石。生态环境的优劣直接关系到区域、国家乃至全球的安全。物质组成的变化、环境因素的改变和信息系统的破坏是导致一个生态系统自我调节失效的三个主要原因。

(四)生态系统的基本特征

1. 生态系统是具有时空概念的复杂系统

生态系统的复杂性是指生态系统的组成、结构和功能是复杂多样的,是多要素、多层次、多功能和多边形的。通常与一定的空间相联系,以生物为主体,呈网络式的多维空间结构的复杂系统。

2. 生态系统具有一定的区域特征

生态系统都与特定的空间相联系,包括一定地区和范围的空间概念。这种空间都存在着不同的生态条件,栖息着与之相适应的生物类群。生命系统与环境系统的相互作用以及生物对环境的长期适应结果,使生态系统的结构和功能反映了一定的地区特性。

3. 生态系统具有自我维持、自我调节功能

生态系统功能的自我维持是指系统内的生产者、消费者、分解者三个不同营养水平的生物类群所完成的代谢机能。生态系统的自我调节功能主要表现在三个方面,即同种生物种群密度调节;异种生物种群间的数量调节;生物与环境之间相互适应的

调节,主要表现在两者之间发生的输入、输出的供需调节。

4. 生态系统的资源和环境是有限的,具有一定的负荷力

生态系统负荷力是涉及用户数量和每个使用者强度的二维概念。在实践中可将有益生物种群保护在一个环境条件所允许的最大种群数量。在人类生存和生态系统不受损害的前提下,容纳污染物应与环境容量相匹配。任何生态系统的环境容量越大,可接纳的污染就越多,反之则越少。

5. 生态系统是动态的、有生命的系统

生态系统是有生命存在并与外界环境不断进行物质交换和能量传递的特定空间。所以,生态系统具有有机体的一系列生物学特性,如发育、代谢、繁殖、生长与衰老等。这就意味着生态系统具有内在的动态变化能力。生态系统可分为幼年期、成长期、成熟期,具有生态系统自身特有的整体演变规律,要经历一个由简单到复杂、从不成熟到成熟的发育过程。每个发育阶段所需的进化时间在各类生态系统中是不同的。发育阶段不同的生态系统在结构和功能上都具有各自特点。

此外,生态系统中营养级的数目受限于生产者所固定的最大能量值和这些能量在流动过程中的损失情况,因此生态系统中的营养级的数目不会超过 5～6 个。生态系统还具有服务功能,自然界中各种各样的自然生态系统为人类社会的发展提供了物质基础和良好的生存环境,然而长期以来掠夺式的开发利用方式给生态系统造成了很大的破坏。可持续发展理念要求人们转变思想,对生态系统加强管理,保持生态系统健康和可持续发展。

第二节 气象学、气象要素及其特点

一、气象学的定义

地球是太阳系的一个行星,强大的太阳辐射是地球上最重要的能源。这个能源首先经过大气圈而后到达下垫面,大气中所发生的一切物理(化学)现象和过程,除决定于大气本身的性质外,都直接或间接与太阳辐射及下垫面有关。这些现象和过程对人类的生活和生产活动关系至为密切。人类在长期的生产实践中不断地对它们进行观测、分析、总结,从感性认识提高到理性认识,再在生产实践中加以验证、修订、逐步提高,这就产生了专门研究大气现象和过程,探讨其演变规律和变化,并直接或间接用之于指导生产实践为人类服务的科学——气象学。

地球表面被一层厚厚的气体包围着,这层气体通常称为大气。在大气中经常发生着各种各样的物理过程(如大气的增温和冷却、水分的蒸发与凝结等),也产生了很多物理现象(如风、云、雨、雪、冰雹、雷电等),气象学就是研究大气中各种物理过程和现象形成原因及其变化规律的科学。

二、气象学的研究对象和学科体系

气象科学是研究大气圈的一门科学。首先它研究大气的具体情况,包括组成大气的成分,这些成分的分布和变化,大气的结构,大气的基本性质和主导状态的运动规律。

大气的运动、变化是由大气中热能的交换所引起的。热能交换的结果表现为温度的升降。所以气象科学着重研究辐射的基本原理,太阳辐射、地面辐射、大气辐射的性质、数量、作用及规律;大气、水体、土壤温度的时间及空间分布和变化规律;大气中热量交换过程;地面、大气系统间的辐射差额,增温、冷却的各种差异现象,和由此产生的大气不稳定状态。

空气的水平运动是大气压强在空间分布不均匀的结果,空气运动又产生了气象万千的结果。气象科学在这方面的研究日益深入,从气压随时间、高度的变化,气压分布不均形成的气压场和气压系统,各层大气中大气运动的各种情况,风的现象和性质等方面,进而研究大气中各种环流系统和基于流体力学、热力学研究大气运动的本质和现象。

所谓环流系统是指大气环流和天气系统。大气中各种形式、规模气流的综合,称大气环流。一般把水平尺度 10000 km 以上,维持时间一周以上的大规模环流叫做行星尺度系统或行星波。包围地球这个行星的大气,仅仅由历历可数的几个这类系统所组成。它们有:超长波、高空急流、副热带高压、极涡等。水平尺度 1000 km 以上的环流为长波。水平尺度约在 100~1000 km 之间,时间尺度为 3~4 天左右的系统,如锋面气旋、高空短波低压槽、高压脊、切变线、台风等称为大尺度系统;水平尺度为几十千米,时间尺度一天左右,如飑线、山谷风、海陆风等称为中尺度系统;空间尺度在 10 km 以下,生命只有几小时或更短,如龙卷风、雷雨云等称为小尺度系统。大、中、小尺度系统相互作用,相互补充,构成了大气环流的整体。

由于行星尺度环流是大气运动的基本状态,它制约着其他规模的气流运动,是天气变化、气候演变的重要背景条件,通常也单称它为大气环流。大气中的冷热、阴晴、风雨、雷电等现象的短时综合情况称为天气。天气及其分布随时间的演变称为天气过程。天气的发生,天气过程的演变是由大气中各种规模的环流系统所引起的,因此,把直接引起天气变化的系统称为天气系统。它包括空间和时间尺度不同的大大小小的系统,即如上所述的环流系统。大的孕育小的,小的影响大的,并一直对地理环境和地球上的一切生命产生重大的影响。因此,大气环流和天气系统是气象科学着重研究的对象。

天气是指短时间(几分钟到几天)发生的气象现象,如雷雨、冰雹、台风、寒潮、大风等。从现象上来讲,绝大部分天气是大气中水分变化的结果。大气水分的研究,包括大气湿度、蒸发和凝结、大气凝结物、各种降水现象等,在气象科学里占有重要的地位。

气候是指长时期内(月、季、年、数年、数十年和数百年等)天气的平均或统计状况,也可以说是太阳辐射、下垫面和大气环流共同影响下所形成的天气的长期综合情况。通常由某一时段的平均值以及距平均值的离差(距平值)表征,主要反映一个地区的冷、暖、干、湿等基本特征。研究气候成因,各地方的气候状况,气候变迁和人类对气候的影响等是气象科学的重要方面。

在气象科学所包括的范围内,由于研究的对象、目的、方法、途径、角度不同,形成了许多分支,各分支间也会互相交叉、重叠,大体可归纳为四大类,若干分支。

第一类是纯气象科学,偏重于知识、理论,部分或全部从物理学方面进行研究。

概要介绍基本气象知识、理论的分支称为普通气象学,简称气象学。

研究天气、天气系统的称为天气学。研究气候的称为气候学。二者在气象科学中历史最悠久。由于天气学最重要的应用是预测天气,所以天气预报学也形成一个分支。

从物理学方面研究大气的现象和过程,揭示支配它发展、变化的物理规律的分支,称为大气物理学。它包括把热力学原理应用于大气热状态及其热力过程的大气热力学;研究大气中光、声、电现象的大气光学、大气声学、大气电学;以动力学理论、观点、方法研究大气现象的大气动力学。大气动力学与大气热力学相结合,应用了物理、数学的成就,发展成动力气象学,成为现代气象学的基础。

另外,根据研究的范围,纯属理论研究的又称为理论气象学;研究发生于近地面层(约1500 m以下)大气物理现象和过程的称为近地面层或边界层气象学;研究近地面层以上,直到约100 km高空气象的称高空气象学,或自由大气物理学;研究100 km以上高层大气的称高层大气物理学;研究星际空间气象的称星际空间气象学;研究贴地层有限区域气象情况的称微气象学;研究大气中水汽变化微观过程的称为云雾降水物理学。在气候学中,对小范围气候开展研究的有小气候学和微气候学。

第二类是结合其他学科,为适应本专业需要而逐步发展起来的各类分支学科,有农业、林业、海洋、航空、航海、交通、盐业、建筑、渔业、水文、污染、医疗、军事、旅游等气象学及气候学。

第三类是有关大气探测方面的手段。包括研究气象测量仪器性能、改良、制造方法的气象仪器学;研究雷达测风、云、降水的雷达气象学,研究无线电在气象中应用的无线电气象学;研究气象卫星遥感数据接收、处理与应用的卫星气象学。近年来随着新技术的引进,还出现了多种探测手段的气象学分支。

第四类是人工影响天气和人工局部改造气候。这一类是气象科学更高一级的发展。由认识自然转到干预自然,是气象新理论、新技术综合应用的一项气象系统工程。目前有人工增雨、人工消雹、人工消云、人工消雾、人工小气候等。

三、大气

大气是指包围在地球外围的空气层,大气层的总质量约为 5.3×10^{15} t,只占地球总量的百万分之一。大气质量在垂直方向的分布是不均匀的,由于重力影响,大气质量主要集中在下部,其质量的 50% 集中在 5 km 以下,75% 集中在 10 km 以下,98% 集中在 30 km 以下。

1. 大气成分

大气由许多气体和悬浮着的固态、液态粒子混合组成。这些气体分子、云、尘埃吸收了太阳辐射中的很大一部分,使得太阳辐射不能全部到达地球表面,不能有效加热地球表面。从而使大气成分及其变化成为影响天气气候及其变化的重要因素之一。不包括水汽和固态、液态粒子的大气称为"干洁大气"。干洁大气中,氮(N_2)和氧(O_2)占空气容积的 99.4%,其他气体含量甚微。在 90 km 高度以下,受气流不规则运动引起的湍流混合,从而使各气体成分比例基本不变,总平均分子量为 28.97,可将干洁大气看作理想气体或均质层。在 90 km 以上,大气的主要成分仍然是氮和氧,但平均约从 80 km 往上由于太阳紫外线照射,N_2 和 O_2 已有不同程度的离解,在 100 km 以上的 O_2 几乎全部离解为氧原子,250 km 以上 N_2 也基本都解离为氮原子了。

氧气是一种非常活跃的气体,是地表一切生命所必需的气体。动、植物通过呼吸在氧化作用中维持生命的热能。此外,一切有机物的燃烧、腐败和分解都依赖于氧,所以人们把氧气称为有"生命的气体"。

氮能冲淡氧使氧化作用不太激烈。在自然条件下,通过地表豆科植物根瘤菌作用,可把氮直接改造为植物易吸收的化合物,是植物体内不可缺少的养料。

二氧化碳(CO_2)主要来源于大气底层的火山喷发、燃料燃烧、有机物腐败及动植物呼吸等,因此 CO_2 集中在 20 km 高度以下,平均含量 0.03%。底层大气的 CO_2 夏季较冬季多,城市较农村多,在大工业城市市区,其含量可达 0.05%~0.07%。CO_2 对太阳短波辐射吸收很少却能吸收地面与大气间的长波辐射,对大气和地表有一定的增温保温作用,即产生"温室效应"使气候变暖。在人类生活生产过程中,排放到大气中的 CO_2 含量明显增加,2000 年大气 CO_2 浓度观测值已达到 368 ppm(体积混合比,1 ppm=10^{-6}),其对气候变化产生的深刻影响已受到世界各国的关注。2003 年时则已达到 379 ppm,是地球历史上 65 万年以来的最高值。过去十年中大气 CO_2 浓度以 1.8 ppm/a 的速度增长。而过去 50 年平均仅为 1 ppm/a。挪威极地研究所所长金·霍尔门（J·Hopmen）在访问特罗尔（Troll）南极考察站时指出，2008 年初的主要温室气体 CO_2 的浓度约为 394 ppm，比以前的记录高 1.5 ppm。

最新的一项研究表明，如今大气中 CO_2 的含量已经达到了 210 万年来的最高值。研究者从非洲附近的海底采集了古代海洋动物的甲壳样本，并对甲壳中包含的信息进行了分析。他们发现，大气中 CO_2 的稳定含量应该维持在 250 ppm，即每百万大气分子中不多于 250 个 CO_2 分子，而现在这个数字是 385 ppm。在过去很长一段时间内，CO_2 浓度在 181～297 ppm 之间浮动。

由于人类活动造成地球上排放的 CO_2 等温室气体逐年增加，导致温室效应不断增加，使得以全球气候变暖为主要特征的气候变化十分显著，并已明显影响到了自然生态系统，表现在冰川的退缩、植被分布范围向高海拔地区延伸、海平面升高、低地淹没、海水倒灌、气候带移动等。一些自然生态系统（如珊瑚礁、红树林、高山和海岸带等）对气候变化表现出脆弱的特征，可能遭受严重的、甚至不可恢复的破坏，将对人类产生严重的影响。

臭氧（O_3）由氧分子分解为氧原子后再和其他氧分子结合产生。主要来源于低层大气有机物的氧化和雷电作用以及高层大气中太阳紫外线的作用。臭氧在低层大气中的含量极低，随着高度的增加，太阳紫外线逐渐加强使高层大气臭氧量明显增多，并在 20～25 km 达极大值后又逐渐减少，在 55～60 km 附近臭氧含量已趋近于零，因此通常将集中在地球上约 90% 臭氧的 15～50 km 大气层称为臭氧层。臭氧能大量吸收太阳紫外线，增高臭氧层温度，直接影响大气温度的垂直分布。同时，高空大量紫外线被吸收使地面上的生物免受伤害，而少量穿透臭氧层的紫外线对人类和生物则大有裨益。大气中的臭氧层受人类不自觉破坏而局部日趋变薄，过多紫外线进入低层大气会诱发人类许多疾病，如皮肤癌、白内障等。由于人类排放的氟利昂、四氯化碳素和三氧乙烷等气体会对臭氧层造成严重破坏，从而使太阳的紫外线过多地到达地表。对人和生物造成严重的影响，现已在两极观测到了很大范围的臭氧洞。

水汽（H_2O）是一种干净的气体，主要源于海洋、地表各种水体（江、河、湖泊等）、土壤和潮湿物体表面的蒸发及植物蒸腾。地表水汽借助空气的垂直交换向上运输，所以一般随高度的增加而减少，据观测，在 1.5～2 km 高度，大气中的水汽含量已减少到地面的 1/2；在 5 km 高度处，减到地面的 1/10。但特殊（地形）状态下水汽会随高度而增加。水汽是天气变化中成云致雨的重要角色。此外，水汽的"温室"驱动效应较任何其他气体都强，因此，水汽是大气中重要的"温室"气体。空气中的水汽可以发生气态、液态和固态三相转化，如常见的云、雨、雪等天气现象，都是水汽相变的表现。当它凝结成液相时，就产生了云、雾或霾，仍然会对地球大气的辐射收支产生很强的影响。按其所占容积，水汽的变化范围在 0.2%～3%，热带极端湿润的环境可达 3‰～4‰。大气中的水汽含量用绝对湿度表示,与温度有关。例如,在 0℃、10℃ 和 30℃ 的饱和空气中,分别含 4.0 g/m³、10.0 g/m³ 和 30.5 g/m³ 的水汽。这个特性也就解释了为什么赤道和极地之间大气中水汽含量差别很大的缘故。

大气中悬浮着的固态、液态微粒子称为气溶胶粒子。气溶胶粒子与气体介质一起称为气溶胶。其中的固体微粒有盐粒、烟粒、尘埃、花粉、细菌等。集中于大气底层的固体微粒以海浪、风沙、植物贡献最大,约占气溶胶总质量的 60% 以上。固体微粒的含量一般是城市多于农村、陆地多于海洋、低空多于高空、冬季多于夏季、夜间多于白天;它能够充当水汽凝结核并吸收一部分太阳辐射和阻挡地表放热,使地面和空气温度变化振幅减小。液体微粒有水滴、过冷水滴(指气温低于零度仍未结成冰的水)、冰晶等,它们常凝结成云、雾使大气能见度变低,并减弱太阳辐射和地面辐射,影响地表气温。

大气中对人和动植物产生危害的有毒、有害的物质统称为大气污染物。污染气体主要来源于工业、农业、生活废弃物燃烧、交通运输业、或火山爆发等废气直接向大气的排放。目前引起人们注意的污染气体已不下百余种,其中对人类危害最大的是煤粉尘、硫氧化物、氟氧化物、氮氧化物、碳氢氧化物和放射性物质等。污染气体不仅直接危及人类和动植物的健康生长,影响环境和生态,而且对大气、气候的影响也日益加剧。在城市,特别是大城市,其污染气体的含量远远超过了天然空气中污染气体的含量。

2. 大气圈的结构

大气圈从地面到大气上界,大气的密度和气压迅速减少,并逐步过渡到宇宙空间,很难以界面划分大气圈的上界。人们试图通过大气中出现的某些物理现象来推算大气的物理上界。一般以接近于星际气体密度(1 个/cm³)的出现高度来估算大气的物理上界,按人造卫星探测资料它可达 2000～3000 km 高度。不同高度的大气层有不同的特点。根据大气垂直方向上热状况的不同,同时考虑垂直运动状况,世界气象组织(WMO)规定,统一按气温随高度分布特征把大气层分为五层:对流层、平流层、中间层、热层、散逸层(图 1-1)。

对流层在大气层的最低层,紧靠地球表面,其厚度大约为 8～20 km,平均厚度约为 12 km。对流层的大气受地球影响较大,云、雾、雨等现象都发生在这一层内,水蒸气也几乎都在这一层内存在。由于对流层能从地面得到热能,使得大气温度随高度的增加而降低,一般情况下每升高 100 m 大气温度降低 0.65℃。动、植物的生存,人类的绝大部分活动,也在这一层内。因为这一层的空气具有强烈的对流作用,故称对流层。对流层的下界,自地表向上 1～1.5 km,受地表的影响最大,称为摩擦层或大气边界层;对流层上界称为"对流层顶"。

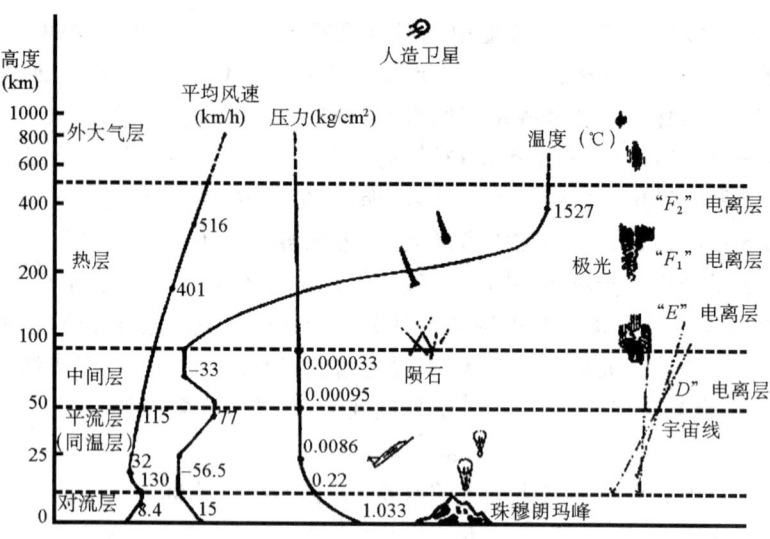

图 1-1 大气垂直结构示意图

对流层以上是平流层,大约距地球表面 20~50 km。平流层的空气比较稳定,大气是平稳流动的,故称为平流层。在平流层内水蒸气和尘埃很少,并且在 30 km 以下是同温层,其温度在 -55℃ 左右。

平流层以上是中间层,大约距地球表面 50~85 km,这里的空气已经很稀薄,突出的特征是气温随高度增加而迅速降低,在该层内又出现比较强的垂直对流运动。

中间层以上是热层,大约距地球表面 100~800 km。该层内大气因直接吸收大量太阳辐射,故温度随高度增加而升高,并有明显的日变化和季节变化,昼夜温差可达几百度。

散逸层在热成层之上,这是大气圈的最外层,离地表 800 km 以上,为带电粒子所组成。散逸层是一层相当厚的过渡层,其厚度约 15000~24000 km。

臭氧层和电离层较为特殊。臭氧层距地面 20~30 km,在 22~25 km 附近臭氧浓度达到最大,臭氧层实际介于对流层和平流层之间,由于氧分子受太阳紫外线的光化作用使氧分子变成了臭氧。电离层很厚,大约距地球表面 80 km 以上。电离层是高空中的大部分气体分子在太阳的辐射作用下,被电离成带电荷的正离子和负离子及部分自由电子而形成的。电离层能反射无线电波,其变化对全球的无线电通讯有重大意义和影响。

四、气象要素及其特点

大气中表征不同时期物质和能量交换产生不同的大气物理状态、物理现象以及某些对大气物理过程和物理状态有显著影响的物理量称为气象要素(meteorological elements)。也就是说,所谓气象要素是指构成和反映大气状态和大气现象的基本因素。它主要包括:气温、气压、湿度、风、云、降水等。它们的有机组合对一个地方的天气和气候产生着深刻的影响。

1. 气温(t 或 T)

表示大气冷热程度的物理量称为气温。定量容积里,一定质量空气温度高低与气体分子运动的平均动能有关,而气体分子运动的平均动能又和绝对气温成正比,因此大气冷热程度实质上是大气分子平均动能的一种表现。当大气获得热量时它的分子平均动能增加,气温随之增加;相反,大气失去热量时,它的分子平均动能减少,气温相应降低。对于大气而言,大气分子的平均动能就是大气内能的最主要成分,因此气温的高低也反映了空气内能的大小。

度量气温的单位有摄氏温标(℃)和绝对温标(K)。

摄氏温标(℃):在标准大气压下,将纯水的冰点定为 0℃,沸点定为 100℃,两点之间等分为 100 等份,每等份代表 1℃,一般用 t 表示。

绝对温标(K):是建立在卡诺循环(Carnot cycle)基础上的热力学温标。这种温标的划定方法与摄氏温标相同。只是其零度称为"绝对零度",并定为 −273.15℃,沸点定为 273.15 K,分度法与摄氏温标相同(即绝对温标上相差 1 K 时,摄氏温标上也相差 1℃)。一般在理论计算时都采用这种温标,并用 T 表示。

大气中的温度一般以距地表 1.5 m 高处百叶箱中干球温度来表征。不同时间大气冷热程度的表示方法有:日、候、旬、月、季、年平均气温、多年平均气温、多年平均最高气温、多年平均最低气温、极端最高气温、极端最低气温等。1936 年在索马里境内测得世界极端最高气温为 63℃,1962 年在南极内陆测得极端最低气温为 −90℃,两者相差达 150℃。我国境内黑龙江省漠河气象站在 1968 年 12 月 13 日测得极端最低温度为 −52.3℃,新疆的吐鲁番民航机场 1965 年 7 月测得极端最高气温为 48.9℃,二者相差 100℃以上。另外,在农业和农业气象研究中还常常用到积温这一描述一个地区的热量条件指标,某时段内逐日温度的总和称作活动积温,它是大多数作物各生长阶段和各地气候分型必须考虑的重要因子。用 $\sum t \geq 0℃$、5℃、10℃、15℃等表示单位为℃·d。

2. 气压(p)

单位面积上所承受的大气柱重量称为气压,通常以 p 表示。某一地点的气压值等于从观测高度单位面积垂直向上到大气上界的大气重量。早在 1643 年意大利科学家托里拆利(Torricellie)通过实验就证实了大气存在压力。由于受地球引力场作用,愈接近地面空气分子愈密,其空气密度愈大,气压也愈高。因此地表气压随海拔高度增加而降低。

气压值一般用水银气压表测定,所以气压曾用毫米水银柱高度(mmHg)表示,现采用国际单位制中的"百帕"(hPa)表示,"百帕"即为100个"帕"(Pa),1"帕"的压强为1 m²面积受到的1 N的力。当选定纬度为45°的标准情况下,1 m²面积的海平面上测得气压值为1013.25 hPa(101325 Pa),该值称为一个标准大气压。

3. 湿度

表示空气潮湿程度的物理量称为湿度。它是云、雾、降水等天气现象的重要气象要素,通常用水汽压、绝对湿度、相对湿度、饱和差、比湿、混合比、露点等表示。

(1)水汽压(e)和饱和水汽压(E)

大气中所含水汽产生的那部分压强叫水汽压,通常以e表示。大气中水汽含量多时水汽压大,反之,水汽压小。因此,水汽压是间接表示大气中水汽含量多少的一个量,单位与气压相同,用hPa表示。

在一定的温度条件下,单位体积空气中所能容纳的水汽含量是有一定限度的。水汽含量未达到这个限度的空气称为未饱和空气;水汽含量超过这个限度的空气称为过饱和空气;如果水汽含量正好达到这个限度则称为饱和空气。饱和空气中的水汽压叫饱和水汽压,又叫最大水汽压,通常以E表示,单位用hPa。实验和理论证明,饱和水汽压(E)随温度(t)按指数规律变化。温度越高饱和水汽压越大,温度越低,饱和水汽压越小。它们之间的定量关系常用马格努斯(Magnus)经验公式表示:

$$E=E_0 \times 10^{at/(b+t)} \quad (1\text{-}1)$$

式中E_0为气温在0℃时的饱和水汽压,$E_0=6.11$ hPa;t为实际气温(℃);a、b为经验系数。水面$a=7.5, b=237$;冰面$a=9.5, b=265.5$。

(2)绝对湿度(a)

单位体积空气中所含的水汽质量绝对湿度称(即水汽密度),用a表示,单位为g/cm³或g/m³。绝对湿度愈大空气中所含水汽量愈多。绝对湿度(a)与水汽压(e)和绝对温度(T)有如下关系:

$$a=217e/T \quad (1\text{-}2)$$

式中,水汽压(e)单位取hPa,绝对湿度(a)取g/m³,气温(T)取K。上式表明:当气温为16℃(217 K)时,$a=e$。一般近地表气温和16℃相差不大,所以在实际工作中常以水汽压代替绝对湿度。

(3)相对湿度(f)

空气中的实际水汽压(e)与同温度下的饱和水汽压(E)之比称为相对湿度,用f表示,单位取百分数。相互间关系式为:

$$f=e/E \times 100\% \quad (1\text{-}3)$$

相对湿度的大小能直接表示空气距离饱和的相对程度。在水汽压不变的情况下,气温升高时饱和水汽压值增大,相对湿度值减小,说明空气远离饱和状态。

(4)饱和差(d)

在当时气温下应有的饱和水汽压与实际水汽压之差称为饱和差,用 d 表示,单位为 hPa。其表达式为：

$$d = E - e \tag{1-4}$$

d 值越小,空气越接近饱和,在研究地表水面蒸发时,它可指示水分子的蒸发能力。

(5)比湿(q)和混合比(s)

在一团湿空气中,水汽的质量与该团空气的总质量(水汽质量＋干空气质量)的比值称为比湿,用 q 表示,即：

$$q = m_w / (m_d + m_w) \tag{1-5}$$

式中 m_w 为水汽质量,m_d 为干空气质量。单位为 g/g、g/kg,表示每克(或每千克)湿空气中含有多少克水汽。它与水汽压(e,hPa)和气压(p,hPa)之间的关系为：

$$q = 0.622e/p(\text{g/g}) \text{ 或 } q = 622e/p(\text{g/kg}) \tag{1-6}$$

一团湿空气中,水汽质量与干空气质量的比值称为混合比(s)。即：

$$s = m_w / m_d \tag{1-7}$$

式中 m_w 为水汽质量,m_d 为干空气质量。单位为 g/g 或 g/kg,表示每克(或每千克)干空气含多少克水汽。它与水汽压(e)与气压(p)之间的关系式为：

$$s = 0.622e/(p-e)(\text{g/g}) \text{ 或 } s = 622e/(p-e)(\text{g/kg}) \tag{1-8}$$

(6)露点(t_d)

当空气中水汽含量不变且气压一定时,气温降低到使空气刚好达到饱和时的温度称为露点温度,简称露点,单位与气温相同。气温降低到露点是水汽凝结的重要途径。在气压一定时露点的高低只与大气中的水汽含量有关,水汽含量越多露点也越高。一般山下露点值高于山上。常规情况下,空气处于未饱和状态,故露点比气温低($t_d < t$),只有空气达饱和时露点才和气温相等($t_d = t$)。因此,根据实际气温和露点二者的差值大致可以判断空气距离饱和的程度。

4. 风

风是气流水平运动的物理量,既有大小(风速)又有方向(风向)。风向指风的来向。在地面上,从正北向东、南、西至北,沿顺时针方向每间隔 22.5°,将风向分为 16 个不同的方位角；在高空,从正北向东、南、西至北,沿顺时针方向将风以 0°～360°的不同方位度表示。

风速指单位时间内空气在水平方向上移动的距离,单位为 m/s、km/h、nmile/h(又称"节",knot)。一般根据风速大小将风力分成 0—12 共 13 个等级,有些国家将风力分为 0—17 共 18 个等级,我国在台风、强台风、超强台风的热带气旋分级中已使用至 16

级及其以上,但陆地上极少出现 12 级以上的大风,常以地面物体征象判断风力等级。

5. 云

由漂浮在大气中的水滴、过冷水滴、冰晶或它们混合组成的可见悬浮聚集体称为云。云是大气中水汽达过饱和状态时凝结或凝华形成的,空气热力对流或动力抬升到凝结高度时也能形成云。

天空中的云有着各种各样的形貌和动姿。如晴空漂浮着的菜花状的白色云块为积状云;高耸圆弧状的压顶黑云为积雨云;遮天蔽日,出现明暗相间条纹状的灰色云为层云;纤细的羽毛状云为卷云等等。云的千姿百态反映着当时大气运动的状态,它的发展演变往往预示天气变化。按云的外形特征、结构特点和分布高度,气象学上分为高云族(云底下限高度 6000 m,由冰晶组成,能透过阳光,不形成降水);中云族(2000～6000 m,由冰晶和水滴混合组成,云体稠密,可有降雨);低云族(下限高度＜2000 m,由水滴或水滴、冰晶雪花混合组成);其中的雨层云和积雨云是重要的降水云层。按云的形态又分成十属 29 类。

6. 降水

从云中降落到地面的液态或固态水(包括雨、雪、雨夹雪、冰粒、冰雹等)通称为大气降水。一般大气降水时必须有云的存在,但有云未必有大气降水现象产生。降水量指云中降至地面的液态和固态水,未经蒸发、渗透、流失而在水平面单位面积上积累的深度。降水量以毫米(mm)为单位。

7. 能见度

能见度指视力正常的人白天在当时的天气条件下,能够从天空背景中看到和辨出目标物的最大水平距离(夜间用灯光能见距离换算)。单位用米(m)或千米(km)表示。

五、太阳辐射

太阳辐射是地球上生物有机体的主要能量源泉。地球上所有的生物都靠太阳辐射来提供生命活动的能量。首先,由绿色植物吸收太阳光能合成有机物质,把太阳能转化为储藏于生物有机体中的化学能,满足生物圈中动植物和微生物以及人类的需要。植物的光合作用几乎使所有的有机体和太阳辐射之间产生了最本质的联系。同时,地球表面也吸收一部分太阳辐射直接转变为热能,这些热能伴随着地球的自转和公转,形成了地球上的盛行风和洋流。盛行风和洋流又影响着全球降水的时空分布格局。因而太阳辐射也成为构成地表热量和水分等分布状况的能量源泉,它为维持生命的外界环境创造了必要条件。

就能量收支来说,太阳辐射在穿越大气的过程中,由于大气中的各种气体分子、固体杂质和液体微粒等物质对太阳辐射具有吸收、散射和反射作用,从而使到达地面的太阳辐射大大减少。

任何物体均会发射或放射出电磁辐射,只是波长不同而已。太阳辐射实际上就是一种电磁波,从温度高达 6000℃ 的太阳表面发出的电磁波大都属于短波辐射 (0.15~4 μm),而从温度较低的地球表面(平均温度是 15℃)发出的电磁波是长波辐射(3~120 μm)。来自太阳的短波辐射可以很容易地穿过大气层到达地球表面,但从地球表面发出的长波辐射则不易穿越大气层辐射到外太空去,因为地球大气中诸如二氧化碳、水蒸气等温室类气体能将其吸收并返还地球表面,这就是我们通常所说的温室效应,温室效应对保持地球表面的温度非常重要,因为没有这种效应,地球将成为一个冰冷的星球。

在全部太阳辐射中(图 1-2),红外光(波长大于 760 nm)约占 50%~60%,紫外光(波长小于 380 nm)约占 7%,其余的是可见光部分。由于波长越长,增热效应越大,所以红外光可以产生大量的热,地表热量基本上就是红外光能所产生的。紫外光对生物和人有杀伤和致癌作用,但它在穿过大气层时,波长短于 290 nm 的部分会被高空臭氧吸收,只有波长在 290~380 nm 之间的紫外光才能到达地球表面。在高山和高原地区,紫外光的作用比较强烈。可见光具有最大的生态学意义,植物通过光合作用将其转化为化学能。在可见光谱(380~760 nm)中,波长为 760~620 nm 的红光和波长为 490~435 nm 的蓝光对植物的光合作用最为重要。因植物的叶绿素主要吸收红光和蓝光,反射绿光,故植物呈现为绿色。

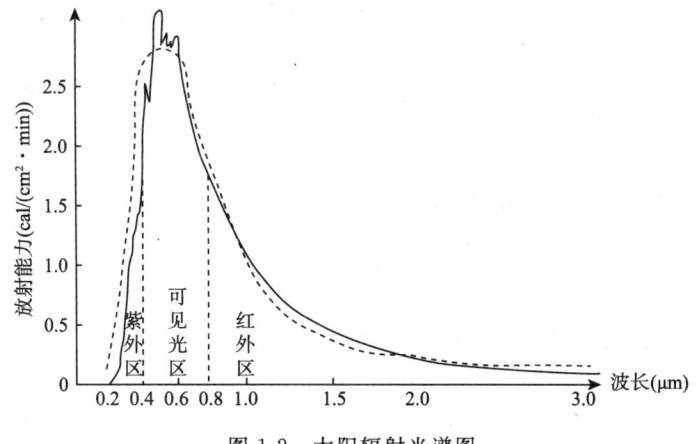

图 1-2 太阳辐射光谱图

我们将日地平均距离处的大气上界,垂直于太阳光线表面每分钟每平方厘米面积上得到的太阳辐射能量称太阳常数,平均为 1.96 cal*/(cm² · min),即 1367 W/m²。

---

* 1 cal=4.1855 J(15℃)

而太阳辐射在穿透厚厚的大气层时,受到各种气体分子和水汽、尘埃等杂质的吸收、散射和反射作用而产生衰减,从而使到达地表的太阳辐射量比太阳常数小得多。另外,地球表面各地所截获的太阳能依纬度的不同也有很大的变化,这主要受两个因素的影响。首先,在比较高的纬度上,太阳的入射角度比较大,因而它的覆盖面积也就比较大;其次,以一定的角度进入大气圈的太阳辐射必然穿过比较厚的空气层。它所遇到的空气粒子就比较多,因而遭到吸收、散射和反射的机会也更多。这也是赤道附近的热带地区气候炎热,而高纬度的两极地区温度极低的主要原因。

由于地球的自转轴相对于太阳有一个 23.5°的倾斜角,从而使得太阳辐射在一年中垂直到达地球表面的部位不同,这导致了温度和日照长度的季节变化。只有在赤道地区,一年的每一天都是 12 小时的光照和 12 小时的黑暗。春分(3 月 21 日)和秋分(9 月 22 日)时,太阳光垂直照射到赤道上,此时赤道地区最热,而地球各地的日照长度相等。

在北半球夏至时(6 月 22 日),阳光直接照射在北纬 23.5°的北回归线上,此时北半球最热,日照长度最长,而南半球则是冬季,北半球的夏至正是南半球的冬至。在北半球的冬至时(12 月 22 日),阳光直接照射在南纬 23.5°的南回归线上,此时正值南半球的夏季和北半球的冬季。

太阳辐射、温度和日照长度的季节变化是随着纬度的增加而增强的。在北极圈和南极圈(南纬和北纬 66.5°),日照长度的全年变化是 0 至 24 小时。白天逐渐缩短,直到冬至时全天黑暗。随着春季的到来,白天逐渐变长,直到夏至时,太阳不落。

第三节 生态与气象的相互关系、相互影响与作用

一、生态与气象的相互关系

(一)环境因素的分类

一个生态系统的环境因素可以根据其类别划分为下列 5 类:

(1)气象(候)因素:光能、温度、空气、水分等。

(2)土壤因素:土壤的有机和无机物质的物理、化学性质以及土壤生物和微生物等。

(3)地形因素:地球表面的起伏、山岳、高原、平原、洼地、坡向、坡度等,这些都是影响动、植物生长和分布的因素。

(4)生物因素:动物的、植物的、微生物的影响等。

(5)人为因素:主要指人类活动及人类从事农业生产的管理措施,最为典型的就

是农田生态系统。如对大田作物的管理,有一些措施是直接作用于作物的,如整枝、打杈、喷洒生长调节剂;而更多的措施则是用于改善作物的环境条件,如耕作、施肥、灌溉等。人为因素中还包括对环境的污染及危害作用。

在上述5类因素中,人为因素通常是有意识、有目的的。在农田生态系统中,有些自然因素可以通过人为因素进行调控,促其有利于作物生长发育,如测土配方施肥改善土壤养分状况;有的自然因素有其强大的作用,非人为因素所能代替或改变,如低温、干热风等。

人类生存于自然界中,无时无刻不受到气象环境的制约和影响,而人类生产、生活行为反作用于气象环境。人类活动对气象环境的影响主要体现在对气象要素的影响,这些气象要素的变化决定着气象环境的优劣。人类活动对生态环境有正、负两方面的效应。张家宝在分析新疆生态环境变化的影响因子中指出,由于开荒造田、兴修水利、营造防护林带、建设人工草地、控制排污量以及立法、执法监督等,扩大和稳定了绿洲;改善了局部小气候条件;提高了土地的生产性能;提高了水资源的利用效益;增加了环境的人口承载能力。但由于盲目开荒、毁林、毁草开荒、乱砍滥伐、过度放牧、大水漫灌、农膜污染、"三废"增加以及没有落实科学发展观、法治观念淡薄等,造成水量失衡、水盐失衡、水土失衡、自然生态失衡。因而河流断流,湖泊、水库干涸,地下水位下降,土地荒漠化,水土流失,土壤盐渍化、盐碱化、肥力下降、林地破坏、生态功能下降、草地沙化、退化,水质咸化、矿化度提高,野生物种减少;大气污染指数上升。

人类与生态环境之间的关系是密切的,生态环境的优劣直接主宰着人类的生产和生活。近几年出现全球气候异常现象,从气候变化原因看,除了自然原因外,人类活动愈来愈成为气候变迁不可忽视的原因。人类在长期追求经济利益的同时,却忽视了维护所生存的自然环境的问题,从而使近年来的生态环境遭到破坏,在世界一地或几地出现或连续出现大雨或暴雨造成洪涝等自然灾害,有的地区则发生严重干旱;在一些地区天降酸雨,严重威胁着动植物的生存发展。在我国,近几十年的经济飞速发展取得了很大成就,但却忽视了对气象生态环境的维护,造成大气污染,水土破坏。根据可持续发展理论,人类只有尊重和维护生态环境,才能与自然界和谐相处。

(二)气象与生态的关系

根据生态学基本理论,生态学是"研究生物或者生物群体与其环境之间的关系的科学"。在这里"环境"是指自然环境,生态学强调的是生物或生物群体与自然环境的关系。那么,我们不难想到在自然环境中的一切天气现象的出现,诸如风雨、雷电、冰雹、洪涝、干旱等以及气象要素之间的相态转变就形成了一种特殊的气象环境,其优劣直接影响甚至决定着在此环境中生存、生长的人和动植物。可以看出,这种气象环境与人和动植物间的关系是非常密切的,人类的活动也正日益影响和改变着气象环境。

在众多环境因素中,气象因素中各要素的变化(包括周期性的变化)最大,也最频繁。气象因素是直接作用于动植物生长发育状况和分布,并间接影响着其他环境因素,而其他环境因素包括人为因素大多是通过改变气象因素而对生态系统产生影响的,是一种间接作用。众多研究表明,气象因素对生态的影响最大,也最明显。可以说,在年际或更短的时间尺度上,变化频繁且迅捷的气象因子是生态系统最直接最根本的驱动力之一。气象环境受到该环境中气象要素的制约,气象要素的变化决定着气象环境的优劣,气象环境包括于自然环境之中,自然环境的改变和人类活动无不影响着气象环境的变化。

纵观自然界的发展衍变,气象因子是至关重要的因子,人类在改造自然、利用自然的同时,仍然相当多地依赖于天气气候。在我国"靠天吃饭"的大农业格局还在继续,人类必须有一个良好的气象环境,破坏它使之不平衡,就会受到它的报复。目前,世界上的任何一个国家,在遭到全球性的洪涝或干旱或冰雹或大风袭击时,都仍然只能停留在小范围的小规模的预防措施上。由此看来,一个良好的气象环境,对人类的生产、生活、生存是至关重要的。

因此,生态与气象是相互联系、相互制约、相互作用的。气象因素是生态系统中各种生物赖以生存的基础。气象因素对任何一个生态系统来讲都是必不可少的基本成分。假如没有气象因素,则生产者就没有光能来源以及适宜其生长发育的气象环境条件而无从生产。其他生物也没有食物能源,也就不可能存在任何形式的生命活动和各种生物。

在研究生态与气象因素的关系中,必须注意以下几个基本方面:

(1) 气象要素的综合作用。生态环境是包括气象因素在内的许多环境因素综合作用的结果。而气象因素各要素之间不是孤立地存在及产生作用的,他们是互相联系、互相制约的,其中任何一个要素的变化,都将引起其他要素不同程度的变化。例如降水的多少会引起土壤水分含量的变化,并进而会影响土壤温度和土壤通气性的变化。因此,气象对生态的作用,通常是各气象要素共同组合在一起后的综合作用。

(2) 主导要素。组成环境的因素都影响着生态系统的发展。但在一定条件下,其中必有一、二个因素是起主导作用的,它的存在与否和数量的变化,会使动、植物的生长发育情况发生明显的变化,这种起主要作用的因素就是主导因素。气象因素中的各个要素同样存在这样的特征。例如:作物春化阶段的低温因素,光周期现象中的日照长度,小麦灌浆期的干热风(气温 30℃ 以上,大气相对湿度 30% 以下,风速 3 m/s 以上)造成早衰死亡等。

(3) 气象要素的不可代替性和可调性。动、植物在生长发育过程中所需要的诸如光、温、水等气象环境条件,是同等重要不可缺少的。缺少任何一种,都能引起动植物生长发育受阻,甚至死亡;而且任何一个要素都不可能由另一个要素来代替。另一方面,在一定情况下,某一要素量上的不足,可以由其他要素的增加或加强而得到调剂,并仍然有可能获得相似的生态效应。如增加 CO_2 浓度,有补偿由于光照减弱所引起的光合速率降低的效应。

（4）气象要素作用的阶段性。每一个气象要素,或彼此有关联的若干要素的结合,对同一动植物的各个发育阶段所起的生态作用是不同的;动植物的一生中,所需要的气象要素也是随着动植物生长发育的推移而变化的。例如低温,在小麦春化阶段中是必需条件,在小麦的小花分化时期低温则会导致小花不孕,对作物是有害的。

（5）气象要素的直接作用与间接作用。在对动植物生长发育状况和分布进行分析时,应注意并区别气象因子的直接作用及间接作用。譬如干热风、低温等对作物的影响属于直接作用。而气候在岩石的风化、成土过程到地形地貌的形成过程中是重要的控制因子;另一方面,土壤水分和养分的各种循环途径均受到气象因素的制约。此外,其他环境因素如地形因素中地形的起伏、坡向、坡度、海拔、经纬度等,是通过改变光照、温度、雨量、风速等进而对作物发生影响的,这是环境因素的间接作用。

二、气象与生态的相互影响

（一）气象对生态的影响

气象因素直接或间接的影响着生物的生长、发育、繁殖及分布等。直接影响有机体生命过程的光合作用、呼吸作用等,同时还间接地对生物生长发育产生影响。有时甚至会改变一个地区的生态系统格局。如许叶新根据黄河源头地区的降水、蒸发、径流等水文气象要素多年变化资料,并结合 20 世纪 70—90 年代的卫星影像资料进行分析,结果表明:黄河源头地区生态环境变化剧烈,以草甸、草场持续退化,土地荒漠化持续发展,湖泊水域不断萎缩,黄河源头干流断流次数增加等为表现。气候变异是引起该区域生态环境变化的主要因素。首先是气温的升高;其次,该区域降水量呈现略有增加的趋势,但主要是冬、春季的降水明显增加,对植被生长起重要作用的夏季降水量总体上没有明显变化。气候的这种变化趋势使该区域多年冻土环境发生明显变化,造成冻土融区范围扩大,季节融化层增厚,甚至下伏多年冻土层完全消失。多年冻土的退化使植被根系层土壤水分减少,表土干燥;加之夏季的降水量多为阵性降水,降水的连续性差,同时降水以固态形式出现较多,在这种情况下,夏季气温显著升高,不利于植被正常生长与繁衍,导致植被大范围退化。在植被退化后,地表裸露,蒸发增加,土壤沙化,多年冻土继续退化,地下水位下降,河川径流减少,草场沙化,土地荒漠化。这种水文系统和生态系统的相互作用、相互影响,在该区域的生态体系中不断演绎。可以说,气候变化和人类活动等因素极大地改变了黄河源头地区生态环境的格局,是影响黄河源头生态环境的主要因素。

1. 光对生物生长发育的影响

太阳辐射的光照强度、光谱成分、光照时间和周期性变化对生物的生长发育、形态结构、生理活动都产生深刻的影响,而生物自身对太阳辐射的变化也有着各种各样的反应。

(1)光照强度对植物生长发育的影响主要通过对光合作用强度的影响来体现的。光是作物进行光合作用的能量来源,光合作用合成的有机物质是植物进行生长的物质基础。细胞的增大和分化,植物体积的增长、重量的增加都与光照强度有密切的关系。光还能促进组织和器官的分化,制约器官的生长发育速度;植物体各器官和组织保持发育上的正常比例,也与一定的光照强度有关。例如,作物种植过密,株内行间光照就不足,由于植株顶端的趋光性,茎秆的节间会过分拉长,这样一来,不但影响分蘖或分枝,而且影响群体内绿色器官的光合作用,导致茎秆细弱而倒伏,造成减产。光强变化可引起某些动物生殖和运动状态变化。有实验表明,蚜虫在连续有光的条件下,产生的多为无翅个体;在连续无光的条件下,产生的也为无翅个体;但在光暗交替的情况下,则产生较多的有翅个体。生活在强光环境中的生物,光线突然变弱,生物生长、发育、行为等活动也将受到抑制。

(2)光谱中的不同成分对作物生长发育和生理功能的影响是不一样的(图1-3)。到达地球表面的太阳辐射主要为紫外线、可见光和红外线。

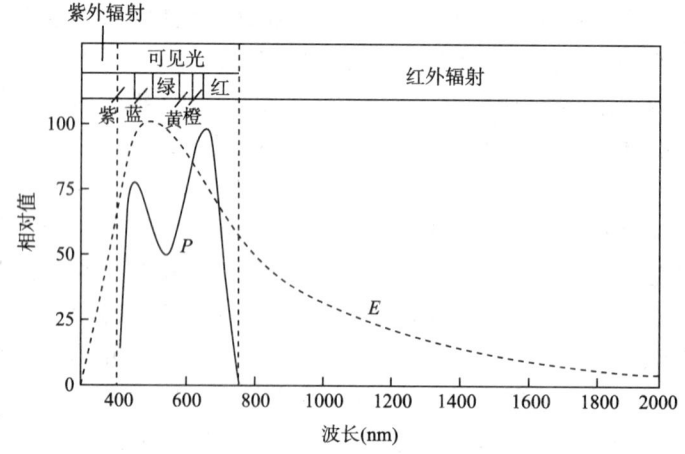

图1-3 射到地表的太阳光谱中能量(E)的分布,以及在相等的强度但不同波长的光照下,小麦光合作用的相对速度(P)(据 R. F. Daubenmire)

紫外线对细胞和组织有伤害作用,波长 0.36 μm 开始有杀菌作用。但由于紫外线射入活组织时会破坏分子的化学键,对生物组织有极大的破坏作用,并可能引起突变,因而过多的紫外线会对人体或其他生物非常有害。

在光合作用中,植物并不能利用光谱中所有波长的光能,只是可见光区(380～760 nm)的大部分光波能被绿色植物所吸收,用于光合生产,所以通常把这部分辐射称为光合有效辐射(photosynthetically active radiation, PAR)。业已证明,红光有利于碳水化合物的合成,蓝光则对蛋白质合成有利。红光影响植物开花、茎的伸长和种子萌发,青蓝紫光则抑制植物的伸长而使其形成矮态,紫外线照射对果实成熟有良好作用,并能增加果实的含糖量。

植物吸收近红外较少,远红外较多。红外线能促进植物茎的延长生长,有利于种子的萌芽,提高植物体的温度。

动物和植物对不同波长的光都有反应。节肢动物、鱼类、鸟类和哺乳类的一些种类有很大的颜色视觉,而同一类群的其他种类则不发达(如哺乳类只有灵长类的颜色发达)。

2. 温度对生物的影响

生物的生长、发育要求一定的热量,而用于表示热量的是温度。温度在时间上有四季变化和昼夜变化,在这些变化中,尤其表现在最高温度、最低温度与温度日较差上,对生物生长发育的各个方面都有不同程度的影响。

(1)温度对生物生长发育的影响

任何一种生物,其生命活动中每一生理生化过程都有酶系统的参与,而每一种酶系统的活性都有它的最低温度、最适温度和最高温度,相应形成生物生长的温度"三基点"(图 1-4)。在最适温度范围内,生物生长发育得最好,当温度处于最低点或达到最高点时,生物尚能忍受,但生命力降低。一旦温度在最低点以下或最高点以上,

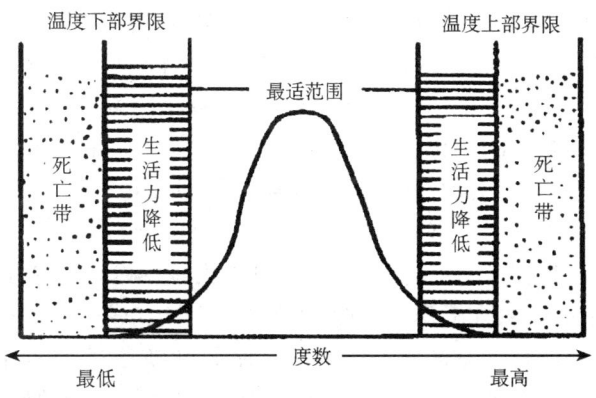

图 1-4 生物对温度的适应范围

超过了生物的耐受能力,酶的活性就将受到制约,则生物开始受到伤害,甚至死亡。在一定的温度范围内,生物的生长速率与温度成正比。生物的不同生育时期所要求的三基点温度也不相同。如植物在开花期对温度最为敏感。

恒温动物是以食物为能源加快代谢来保持体温的稳定,而植物和变温动物则要求一定的温度总量(积温)才能完成其生活周期。

(2)温度对生物分布的影响

决定某种生物分布区的因子,当然不仅仅是温度,但温度是重要的生态因子。温度制约着生物的生长发育,而每个地区又都生长繁衍着适应该地区气候特点的生物。陆地上随着纬度和地形的不同,温度有很大的变化。从赤道向两极随着温度的下降形成不同的气候带,从地表向上,温度随海拔增高而降低。年平均气温、最冷月、最热月平均气温是影响生物分布的重要指标。各种植物种类和森林类型,都分布在一定的气候区内,如杉木不能在淮河以北生长,樟不过长江。温度对动物的分布,也有一定的限制作用。如苹果蚜的北界是1月温度3~4℃以上的地区。在水体中,有两个明显的垂直带,即底栖生物和浮游生物,一些动物在海底中的成带现象就和树木在高山上的成带现象一样。

(3)生物对温度的适应

在许多情况下,表示物质生产效能的光合作用(P)与呼吸作用(R)之比(即P/R)有随温度升高而降低的趋势。同时,植物需要达到一定的温度之上才能开始生长发育,植物也需要有一定的温度总量才能完成其生命周期。

植物生长发育对温度周期性变化的反应称为温周期现象。这种现象是植物对温度节律性变化规律的适应。动物也有类似的温周期反应。蝗虫卵和蛹在变化的温度中比在恒温条件下发育快,分别高出7%~8%。

生物长期适应一年中温度、水分节律性的变化,形成与此相适应的生物发育节律称为物候。也可以说,物候是指受环境(气候、水文、土壤等)影响而出现的以年为准周期的自然现象,如树木花草的发芽、展叶、开花、秋季的叶变色和落叶等。植物的物候比动物更加明显,植物从发芽、生长到开花、结果和枯黄呈现出不同的物候期。动物对不同季节食物条件的变化以及对热能、水分和气体代谢的适应,导致生活方式与行为的周期性变化。如,活动与休眠、繁殖期与性腺静止期、定居与迁移等。这种周期现象以复杂的生理机制为基础,气候的周期变化可能是动物体内生理机制调整的外来信号。变温动物在冬季滞育时,体内水分大大减少以防止结冰,而新陈代谢几乎下降到零;耐干旱的昆虫在夏季滞育时,可使身体干透以忍受干旱,或者在体内分泌一层不透水的外膜以防止身体变干。植物的种子和细菌、真菌的孢子亦有类似的休眠现象与休眠机制。温带木本植物的冬眠是比较常见的一种植物休眠现象,休眠中的树木可以顺利度过冬季的低温。研究证明,木本植物的休眠与光周期有关。树木进入冬眠状态受制于日照长度而不是温度,这在很大程度上使植物免受初冬温度波动的危害。

生物在生长发育过程中常会遇到低温的影响。在低温逐渐到来时,生物体内会发生一系列生理生化变化,新陈代谢强度降低,适应性增强,生命活动得以延续进行。可是,当生物还没有获得对寒冷的适应性准备,或温度低于生物所能忍受的限度时,将会受到严重的伤害,甚至死亡。当温度超过最适温度范围后,再继续上升,也会对生物产生伤害作用,使生物的生长发育受阻。

3. 水对生物的影响

水是生物生存的重要条件,是生物体的组成部分,是光合作用合成有机物的原料。水是很多物质的溶剂,它能维持细胞和组织的紧张度,以利于各种代谢的正常进行;此外,由于水有较大的热容,当温度剧烈变动时,能缓和原生质的温度变化,以保持原生质免受伤害。

水还是连接土壤—作物—大气这一系统的介质。水是通过不同形态、数量和持续时间三方面的变化对生物的生命活动产生影响。不同形态的水是指水的"三态"(固态、液态、气态),数量是指降水量的多少和大气湿度的高低,持续时间是指降水、干旱、淹水等的持续日数。上述三个方面对生物的生长、发育和生理生化活动产生重要的生态作用。大气中的水汽含量不仅对某些生物有直接影响,同时还影响着土壤水分消耗的状况,进而对生物产生影响。如,固态水除雪外,其他多给生物带来危害,但雪量过多也会对草地家畜带来十分不利的影响。由于各种生物长期生活在不同的水分条件下,对水分的需要量是不同的。而同一种生物在不同的发育阶段,以及在不同的生长季节,需水量也不一样。生物和水的这种供求关系,还受环境中其他生态因子如温度等的影响。

根据环境中水的多少和植物对水分的需求量及依赖程度,可把植物分为水生植物和陆生植物,可把动物按栖息地分为水生动物和陆生动物。

水生动物体表通常具有渗透性,存在渗透压调节和水分平衡的能力。不同类别的水生动物,有着各自不同的适应能力和调节机制。

影响陆生动物水分平衡的主要是环境中的湿度。陆生动物以不同的形态结构来适应环境中的湿度。陆生动物生活适应能力越强,水分调节能力也越强,且很多类动物都有防止水分丧失的机制和利用代谢水的能力;淡水生物可排出过多水分和防止过多水分的进入,而海洋生物则有保留水分和调节盐分的能力。

4. 大气成分对生态系统的影响

空气的成分非常复杂,在标准状态(0 ℃、101324.72 Pa,干燥)下,按体积计算,氮约占78%,氧约占21%,氩、氖、氪、氢、氙、氡、甲烷、臭氧、氧化氮等约占0.94%,二氧化碳约占 0.032% 左右。在这些气体成分中，以 O_2 与动物的关系最密切；以 CO_2 与植物的关系最密切，它是光合作用的主要原料。

CO_2 对植物的生长及其生态系统的影响，主要表现在对凋落物的分解，水分利用的有效性，以及初级生产力和碳汇功能的影响方面。试验表明，随着 CO_2 浓度的升高，植物叶片中 C/N 比提高；生态系统土壤水分的有效性也会有所增加，从而使生态系统的净光合作用能力增加；也会使陆地生态系统的初级生产力提高；还会促使植物光合产物流向根系，从而提高陆地生态系统地下部分对 C 的固定以及土壤矿质化过程和植物根系对水分的吸收。

绿色植物和某些微生物通过光合作用固定空气中的 CO_2，同时又通过呼吸作用和分解作用向大气中释放 CO_2。一年之内，在植物生长的季节，由于光合作用固定 CO_2 数量增加，空气中的 CO_2 浓度较低，而非生长季节，CO_2 浓度较高。一天之内，植物群体内 CO_2 浓度亦有明显的规律性变化。午夜和凌晨，群体内 CO_2 浓度很高，清晨日出之后，光合作用逐渐加强，CO_2 浓度逐渐下降；接近中午，光合作用旺盛，CO_2 浓度降至最低值；傍晚日落后，光合作用停止，CO_2 浓度又复上升。

C3 比 C4 植物对 CO_2 浓度增加的反应更为敏感。当 CO_2 浓度增高到一定的限度时（譬如，对小麦来说，CO_2 浓度达到 0.12% 时），光合速率即开始下降，此时的 CO_2 浓度称为 CO_2 饱和点。

生态系统中一部分的氮输送是以大气氮化物（主要为 NO_3^-，NH_4^+）沉积的形式进入。大气降氮能通过改变植物组织的化学组成，凋落物的累积和分解以及土壤氮的矿化作用而影响生态系统的功能。大气降氮不仅会增加初级生产力和生物量，也可以提高叶片含氮量，从而提高植物受虫害的可能性。另外，氮素的输入还会提高一些植物的竞争能力，从而在相当一段时间内影响到生态系统的功能。

5. 气象因子对生态系统的其他影响

温度和降水量的改变会在很大程度上影响生态系统。如，温度升高导致的海平面升高可能会加剧海水对陆地生态系统的侵扰，从而影响了海岸地区植物的光合作用和水分平衡。温度高，空气干燥可能会增加森林生态系统着火的机会。降水量增加可提高一些干旱、半干旱地区植物生长，但暴雨后的山洪、泥石流、滑坡等又会对生态系统造成极大破坏。

（二）生态对气象的影响

生物与气象之间的作用是相互的，生物在时刻受到气象因子作用的同时，也会对其所处生存环境的气象条件乃至气候系统产生不同程度的影响，这也可称为生态的气候效应。

尽管单个个体对气候的影响不大，但大量生物体的累积效果十分巨大。从长远的尺度说,现代大气的成分就是由生物逐步改造而来的,由于大气成分影响辐射平衡,也就影响其他气候过程。植被生物体对气候的影响主要有:(1)吸收辐射;(2)提高空气湿度;(3)改变土壤水分条件;(4)降低风速;(5)减小空气温度与土壤温度的变化幅度等。而动物体对气候的影响主要是改变局部的小气候,如在冬季羊群经常挤在一起取暖,寒冷的房间里人多时会暖和些。

1. 对大气成分的影响

生态系统可以通过吸收或排放各种气体,从而影响到地球的大气成分组成,最后也影响到全球气候状况。如,生态系统通过吸收 CO_2 来减缓大气中 CO_2 浓度的升高。对天然湿地的改造如排水或灌溉都能改变大气的甲烷含量。温带地区的森林、草地和荒漠的土壤上层微生物群能够氧化大气中的 CH_4 等。牧草特别是豆科牧草能将大气中的氮气合成含氮化合物,具有生物固氮能力。

2. 对局地气候的调节

绿色植物是进行光合作用将太阳能转化成生物化学能的最主要执行者。一般来讲,草地比森林反射更多的太阳辐射,森林的高大使之能通过风更有效地耗散热量。由于湿地可以蒸发更多的水汽而比干燥土壤温度要低。

森林是生物圈内数量最大的植物群落,故也是地球上最大的初级生产者。在陆地生态系统中具有强大的生态效应,对其他植物、动物和人类的生态条件形成与改善具有重要影响。我们可利用对比森林和林间空地之间的差异来描述小气候中的植被效应。众所周知,通常夏季森林内的日间气温会低于冠层上方或者空地的气温。研究表明,日间冠层上方气温高于22℃时,林内气温会比冠层上方气温低4℃。另一项研究表明,日间林内气温(18℃)比周围空地低2~4℃。而在夜间,由于浓密的树叶阻止了表面长波辐射的散失,反而使林内温度比空地高3℃左右。

森林生态系统中的诸如森林边缘朝向、树高、叶面积等都会影响着林间空地和林内的小气候。林间空地的大小相对于周围的树高是影响小气候的一个关键因素。随着林间空地尺度的增大,白天的太阳辐射加热作用就会加强,而夜间大气长波辐射的部分增加,从而表现出白天林间空地气温高、夜间气温低的特征。

树木也能改变局地风。密集的林斑能减小风速,作用的距离是其高度的20~30倍。这种防风作用被广泛应用于农业生产地区,通过构建布局合理的防护林带,达到减少土壤侵蚀和热量散失的显著作用。

活动于土壤中的动物、扎根于土壤中的植物和土壤中众多的微生物对土壤有多方面的作用和影响。其中之一就是通过改善土壤的结构、孔隙度和通气性等土壤物理性能来改善土壤的水热状况。

草原植被主要由各种天然杂草或人工牧草及分散生长的树木组成。草原植被与

森林植被一样,具有涵养水分,保持水土,净化空气的作用,此外,它还有固定流沙的重要作用。据测定,北方牧场、农闲地与庄稼地土壤冲刷比林地和草地大 40~110 倍。在降水较多地区,牧草地的保土力为作物地的 300~800 倍,保水力为作物地的 1000 倍。

3. 对全球气候的影响

陆地生态系统因为可改变生物化学循环和能量流动而成为气候的重要控制因素。植物的叶、茎以及土壤等可吸收太阳辐射和放射出长波辐射。当太阳辐射被反射回太空,当物体释放长波辐射以及当热量被风和蒸发带走时都在耗散热量。影响能量交换的这些特性因植被的种类而变化。此外,陆地生态系统还是大气中二氧化碳、甲烷、氮氧化物和尘埃浓度的生物化学循环过程的控制者。通过几个世纪或更长的时间,植被的地理分布改变了生物化学循环、水文循环和表面能量通量,进而对气候产生影响。

生态系统可以通过调节大气温室气体含量来间接地影响全球气候,还能通过改变水文条件、热量平衡、云层分布等对全球气候变化直接产生反馈作用。由于大气的水分只占全球水分总量的 0.001%,植被的蒸腾作用和表土的蒸发均会对大气中水蒸气的含量产生显著影响。植被也直接或间接地影响着水循环。首先,植被能截留高达三分之一的年降水量。其次,植被能降低地表水分蒸发,但同时也由于叶片的蒸腾使水分流向大气。

植被也影响着太阳辐射在地球表面的分布,从而影响着地表温度和热量平衡。大气环流模型的研究结果表明:植被的分布和特征显著地影响到地表的反射能力、降水量和大气温度。

碳被植物生产并被存储或因土壤分解而被释放的速率变化会加速或减缓气候变化。研究表明,陆地生态系统二氧化碳的释放被认为是加剧当前气候变暖趋势的重要原因之一。

三、气象对生态的作用

1. 气象对生态的直接作用和间接作用

光、温、水、气等气象因子作为可以影响生物的直接因子,对生物生长、类型和分布起直接作用。但直接作用和间接作用有时是相对的。有的气象因子对生物产生直接影响的同时,还通过改变其他环境因子而对生物产生间接影响。因此在进行分析时,应注意并区别气象因子对动植物生长发育状况和分布的直接作用和间接作用。如光照条件直接影响光合作用,但光照条件还可改变温度,通过温度变化对植物的光合作用和其他生理过程产生间接影响。

2. 气象对生态的综合作用

单个气象因子虽然对生物有其独立性的、特定的生态作用,但在自然条件下,并不是单独对生物发生作用,各个气象因子和其他环境因子总是综合作用于生物,生物生长发育良好,能否取得最佳产量,取决于环境因子的最佳组合。并且他们是互相联系、互相制约的,其中任何一个要素的变化,都将引起其他要素不同程度的变化。如当水分和温度都适宜时,充分的光照对于提高光合作用是有益的,但如果水分不足,光照的增强反而使光合作用下降。

3. 气象对生态的限制作用

在诸多气象因子中使生物的耐受性接近或达到极限时,生物的生长发育、生殖活动以及分布等直接受到限制、甚至死亡的因子称为限制因子。也就是说,在一定条件下,诸多气象要素中必有一二个因素是起主导作用的,它的变化会使动植物的生长发育情况发生明显的变化。如果一种生物对某一气象因子的耐受范围很广,而且这种因子又非常稳定,那么这种因子就不太可能成为限制因子;相反,生物对某气象因子的耐受范围窄,该因子在环境中又容易变化,它很可能就是重要的限制因子。

光、温、水太多或太少,都会成为限制因子。它们的限制作用,有时可以通过一定措施加以消除。如,黄化植物是因为光照不足,光是限制因子,但当照光后可恢复正常形态。植物发生干旱,水分是限制因子,可通过灌溉解除。当然人为措施消除气象因子的限制作用并非万能,是有一定限度的。

4. 气象对生态的阶段性作用

由于生物生长发育不同阶段对气象因子的需求不同,因此,气象因子对生物的作用也具有阶段性,这是由生态环境的规律性变化所造成的。如,光照的长短,对有些植物的春化阶段并不起作用,但光周期阶段的光照则十分重要。

第四节 生态气象概述

一、定义与意义

有关生态气象学的定义未完全统一,但没有本质上的差异。按周广胜的定义,生态气象学是生物气象学的分支,它以生态系统为中心,主要研究天气与气候过程对生态系统结构与功能的影响及其反馈作用的科学。按刘晶淼的定义,生态气象学是应用气象学、生态学的原理与方法研究天气气候条件与生态系统其他诸因子间相互作用关系及其规律的一门科学。

气象条件是影响自然生态系统的重要因子,对生态系统的稳定和演变起着非常重要的作用。生态气象研究是通过对有关因子监测,研究气象条件与生态之间的相互关系和作用机理,开展气象、气候变化对生态影响的分析评估以及生态变化对气候系统影响的分析评估,是气象学、生态学、环境科学等学科交叉形成的一门交叉科学,也是一门新兴的专业气象科学。生态气象的内涵十分丰富,所涉及的学科及内容几乎涵盖了地学的所有学科及大农业学科,其研究领域涉及资源、环境、生态、全球变化及其影响评估、可持续发展等一系列世界性问题。生态气象的研究对解决当下的全球气候变化、土地退化、荒漠化加重等全球生态环境问题,解决农业生产中的气象问题,科学合理地利用自然资源,保护生态,防止和减轻农业自然灾害影响,提出气候变化的适应性措施,促进各国的可持续发展等方面起着举足轻重的作用,对我国的生态建设、生态保护和生态安全具有积极的意义,可以为我国开展环境外交、气候系统模式研发、气候变化影响评估等提供基础性资料,对生态恢复和保护提供理论和技术支撑有重大意义。另外,开展地表生态环境的科学监测,对提高天气气候预报的准确率也具有非常重要的促进作用。

二、生态气象学的发展与建立

(一)生态学的形成与发展

生态学理论的形成和发展经历了一个漫长的历史过程,大致可以分为四个阶段:生态学的思想产生阶段、生态学理论的建立阶段、生态学理论大发展阶段和现代生态学阶段。

在人类文明的早期(公元17世纪前),人类为了生存,不得不对其赖以饱腹的动植物生活习性和周围世界的各种自然现象进行观察,在一些古籍中也记载了不少有关生态学的知识。早在5000年前我国的神农曾尝百草来鉴别各种植物,先秦时代就已经有了生态学知识的积累,《尔雅》一书就记载了176种木本植物和50多种草本植物的形态与生态环境。在欧洲,古希腊伟大的哲学家、科学家亚里士多德在《自然史》一书中按栖息地把动物分为陆栖、水栖等大类,还按食性分为肉食、草食、杂食和特殊食性四类。古希腊著名学者 Theophrastus 在其著作《植物群落》中曾经根据植物与环境的关系来区分树木的类型,并注意到动物体色变化的现象是对环境的适应。法国博物学家 Buffon(1707—1788年)的百科全书式的巨著《动物自然史》的出版,标志着现代动物科学第一阶段的结束。

进入17世纪后,随着人类社会经济的发展,生态学作为一门科学开始成长。进入19世纪后,生态学发展很快并且日趋成熟。1859年,英国生物学家达尔文撰写的《物种起源》促进了生物与环境关系的研究,使不少生物学家开展了环境诱导生态变异的实验生态学工作;1858年,美国哲学家 Thoreau 首次提出生态学一词;1866年德国博物学家 E. Haeckel 在其所著《普通生物形态学》一书中首次提出了生态学的定义；1895 年，丹麦植物学家 Warming 发表了《以植物生态地理为基础的植物分布学》；1898 年波恩大学教授 Schimper 出版《以生理为基础的植物地理学》，这两本书全面总结了 19 世纪末之前生态学的研究成果，被公认为是生态学的经典著作。

20 世纪初生态学的理论体系逐步开始形成和完善，如个体生态学、种群生态学、群落生态学、生态系统生态学等分支学科的概念、理论和方法都是在这一时期形成和发展的，并逐步形成了植物生态学和动物生态学两大分支。20 世纪 20—50 年代，生态学得到进一步巩固和发展。在动物生态学方面，开始了种群研究，并将统计学引入生态学。这一时期对动物个体生态、竞争理论、种群动态等进行了深入研究，形成了较完整的生态理论体系。1949 年，Allee 等著的《动物生态学原理》出版，标志着动物生态学进入成熟时期。在植物生态学方面也出版了许多专著。1942 年，美国生态学家 Lindeman 提出了食物链、"金字塔"规律、"百分之十"定律等新理论，为生态系统研究奠定了基础。20 世纪 40 年代，物理学、化学、生理学、气象学等学科的发展和测定技术与研究方法的改进，促进了生态学的极大发展。由于各地自然条件、植物区系、植被特征与利用的巨大差异，使植物生态学在研究理论、方法和重点上有所不同，逐步形成了英美学派、法瑞学派、北欧学派和苏联学派四大学派。

20 世纪 60 年代以来，由于人口的快速增长和工业化的高速发展，出现了许多世界性环境问题，人类的生存环境遭到了威胁。自然系统有序性的维持、人口的控制、环境质量评价和改善等成为世界极为关切的重大问题。在解决这些重大社会问题的过程中，生态学与其他学科相互渗透，相互促进，推动了生态学的发展，从而使传统生态学转向了现代生态学。现代生态学在研究层次上向着宏观和微观两极发展。在宏观方向上扩展到生态系统、景观与全球生态研究。在生态系统水平上，对各生态类群的生产力、能量流动与物质循环研究取得了丰硕成果。景观生态学的形成与发展更加令人瞩目。在微观方向上，近年来还出现了分子生态学等分支学科。这一时期的研究手段进展也很快。此外，现代生态学结合人类活动对生态过程的影响，开始研究自然—经济—社会复合系统，用生态学的观点来分析经济建设对环境的影响，以解决资源、环境、可持续发展等重大问题，并取得了良好的效果。

（二）气象学的形成与发展

气象很早就为人类所注意了，这是因为人们生活在大气之中，无论是生产活动或日常生活都会受到天气和气候的影响。随着人类社会生产的发展，气象学也逐渐发展起来。我国自周朝以来，许多典籍中都有关于气象知识的记载。像《易经》、《书经》、《诗经》、《礼记》等历代文书、地方志等；又如《孙子兵法》、《博物志》、《山海经》等，即使唐诗、《楚辞》等文学作品中也收集有很多描述天气的内容。

在国外,古代的底格里斯河和幼发拉底河流域的楔形文字碑上,也记载许多有关天气的知识。例如,希腊哲学家亚里士多德所著《气象学》(约公元前350年),对于一些天气现象作过适当的解释。而传统意义上的"气象学"这个名词正是源于希腊文 meteoros 和 logos。

从古代到 16 世纪,气象的研究只限于零散的定性观察和描述,还谈不到是独立的科学。17 世纪工业的发展推动了自然科学的发展,较精密的气象仪器相继发明,气象和气候的理论也得到极大提高,使气象学和气候学逐步发展为独立的科学,进入了定量描述阶段。19 世纪初到 20 世纪中叶,由于天气图的发明和使用,锋面学说、长波理论和降雨学说的出现和应用,大气现象得到了系统研究。20 世纪 50 年代以后,气象学与气候学的发展更为迅速。大气科学这个术语也随之日益广泛应用,大大扩充了传统气象学的研究内容。其发展大致有以下四个特色:(1)开展大规模的观测实验。由于观测系统有了激光、雷达、人造地球卫星等先进仪器和设备,大规模的综合遥测、遥感手段与技术使得几小时的短期灾害性天气预报不再单纯是预报技术问题,而变成了对实况的跟踪加预报。技术的进步促进了基础理论的发展,如现在已能把大气环流基本状态和它的季节变化模拟出来,从而对它有了更深入的理解。探测技术的发展还促进了光和辐射等在大气中传播规律的基础研究。(2)利用计算机对大气现象定量地进行数值模拟试验。从此,气象科学摆脱了定性描述阶段,进入定量地深入地研究各种大气物理过程的新阶段。(3)越来越把大气作为一个整体进行研究。把对流层与平流层,中、高纬度与低纬度,南半球与北半球结合起来进行研究。同时,也越来越注意海洋与陆地表面的物理性质对天气和气候的影响。(4)越来越注意人类活动与气候之间的相互影响方面的研究,特别是人类活动可能引起的全球尺度气候变化问题。发展了气候模拟技术,同时越来越注意气候变迁的研究。

(三)生态气象学的建立与发展

公元前 100 年前后,我国农历就确立了二十四节气,反映了作物、昆虫等生物现象与气候间的关系。1735 年,法国昆虫学家 Reaumur 发现对于单个物种,发育期间的气温总和对任一物候期都是一个常数,被认为是研究积温与昆虫发育理论的先驱;1855 年瑞典植物学家 Candolle 将积温引入植物生态学,为现代积温理论打下了基础。

随着科学技术的发展,人们已普遍地认识到陆地生态系统对气候有着重要的反馈作用,且自然和对土地覆盖的人为干扰将改变气候。即气候影响生态系统类型、覆盖度及功能和过程,生态系统同时也影响微气候、气候过程、区域气候乃至全球气候。一个地区生态气候格局的形成,与地形、土壤、纬度、海拔等无机条件有关,但是作用最大的却是植物群落对环境的反作用,森林等植被一旦消失,区域的生态气候将发生巨大变化。

生态气象学的定义表明,生态气象学是一门新兴的交叉学科,生态学和气象学的发展,为生态气象学的发展奠定了坚实的基础。特别是当今生态环境问题凸显,诸如全球气候变化、全球生物资源退化、土地退化等问题已经直接威胁到人类的生存与可持续发展。这些问题不仅是科学问题,也是关系人类生存、资源与环境保护、可持续发展以及国际环境外交中的热点问题。可以预见,随着世界经济的进一步发展,人类社会面临的生态环境问题将会更加突出,生态与环境的保护、修复和改善任务将会更加繁重。但脱离生态而简单的研究气象问题或者脱离气象而简单的研究生态问题根本解决不了当今的生态环境问题,只有将气象学和生态学等学科结合起来开展交叉研究才能真正意义上地缓解甚至解决这些问题。生态气象学就是在这种环境下应运而生的。

2002年,美国环境与气候学家Gordon Bonan出版了《生态气候学》(Ecological Climatology)一书,正式提出"生态气候学"的概念。这是生态气象领域理论方面的重大成果。他认为生态气候学是理解气候系统内陆地生态系统功能的交叉学科,主要研究景观与气候之间相互影响的物理、化学和生物过程。其核心主题是陆地生态系统是气候的重要决定因素。也有学者认为,生态气候(Ecoclimate)就是一个生境所有气候因素的综合,生态气候学是研究动植物生理生态的气候适应性,以及气候条件对动植物的地理分布、影响等方面的学科。简单地说,就是研究"气候影响生态和生态影响气候"的科学。

近年来,生态气象学正在逐渐发展成熟起来。作为气象学、生态学、环境科学等学科交叉形成的一门边缘科学,生态气象学独立的理论体系框架逐渐成型,不断完善的日常生态气象业务也对生态气象学提供了很大的补充。首先由于生态气象学是气象学、生态学等学科交叉形成的边缘科学,所以生态气象很多原理都是基于上述学科的,而且内容上呈现综合性。其次,生态气象学并不只是对上述学科的简单继承,而是包含了很多创新,比如建立了很多生态气象的概念和指标。第三,生态气象学的产生是基于全球生态环境问题凸显的时代背景,所以生态气象学十分注重当下生态环境问题的解决,很多概念和指标注重实效性,更加关注日常的生态气象业务工作。随着研究工作的深入,生态气象学会变得更加坚实,更加成熟,更加完善,也将体现出新的特点。

三、有关重大国际计划简介

生态气象研究是地球系统科学的重点领域。近年来,国际上开展了与生态系统有关的许多观测计划和试验研究,如全球气候观测系统、全球海洋观测系统、全球陆地观测系统、国际长期生态学研究网络、国际生物学计划、国际地圈生物圈计划、世界气候研究计划等。许多国家还相继建立了各自的生态系统监测与研究网络,通过以上重要项目及计划的实施,逐步加深了对全球及区域生态与环境问题的认识。另外,还通过将生态系统下垫面状况的观测引入气候系统模式来进一步研究下垫面状况对气候系统模式的影响,促进天气预报、气候预测准确率的提高。

1. 全球气候观测系统(GCOS)

GCOS(Global Climate Observing System)建立于1992年,目的是确保获得与气候相关的观测资料和信息,并为所有的潜在用户服务。它由世界气象组织(WMO)、联合国教科文组织(UNESCO)、联合国环境计划署(UNEP)、国际科学联盟理事会(ICSU)共同发起,致力于包括大气、海洋和陆地的气候系统的监测。GCOS是一个长期的系统,能够为监测气候系统、探测气候变化、评估气候变化的影响、模拟和预测气候系统提供所需的综合观测。它主要研究对象是整个气候系统,包括各种物理的、化学的、生物的过程,以及大气的、海洋的、水文的、冰层的和陆地的过程。

GCOS的目标是:进行气候系统监测、气候变化的检测和响应监测,尤其是陆地生态系统和平均海平面;收集用于国家经济发展决策的气候数据;改进对气候系统的理解、模拟及预测的研究;发展一个以气候预测为目标的综合性观测系统。

GCOS的优先领域有以下几个方面:季节性的到年际间的气候预测;尽可能早地查明气候趋势以及由人类活动引起的气候变化;减少在长期气候预测中的主要不确定性;改善用于影响分析的数据。

在全球气候变化研究的支持保障方面,数据与信息系统和数据管理方法有着决定性的作用。全球气候研究需要大量的、各种类型与来源的、全球的、区域的和局部的数据,还必须重视对气候记录中不确定性的定量表示,建立高质量的区域性和全球性基本气候数据集。由于气候的描述必须兼有空间数据和非空间数据,其数据量要比目前流通的量大几个数量级。因此,需要改进收集附加分类数据的功能,或者建立一些辅助系统。为获取卫星仪器观测数据,需利用地面配套设备。需对长期数据集进行重新处理,使修改后的数据成为有用的信息。产生以空间为基础的气候数据的所需的总计算能力越来越大。要获取空间数据需要开发多信道技术和多种仪器协作测量的方法,建立质量控制方面的数值模型。

这些问题是GCOS将要解决的具有代表性的问题。为此,GCOS将以综合性基本数据目录、分布式数据中心、综合性国际联网功能以及与国际数据标准相一致的开放式系统结构为基础,制定一个国际GCOS数据管理计划。在这项计划中,GCOS将充分利用ICSU世界数据中心系统来加强其实力。

2. 全球海洋观测系统(GOOS)

GOOS(Global Ocean Observing System)由以下4个国际机构发起并组织实施:

政府间海洋学委员会(IOC)、WMO、ICSU 和 UNEP。它将构成 GCOS 的海洋部分，在 10～20 年内分阶段逐步建成。GOOS 将成为收集和处理全球海洋观测数据的永久性国际科学系统。

GOOS 的任务主要包括：①获得与分发有关海洋环境现状与未来状态的可靠评估和预报资料，以便有效、安全和持续利用海洋环境；②为气候变化预测做出贡献，以便使广大用户获益；③为海洋科学各学科的研究、开发和培训指明方向。

完成这些任务的基础是要具备长期的多学科海洋监测资料。GOOS 不仅只注重于观测，更注重于开发和提供资料产品与服务。GOOS 的组成模块包括以下 5 个模块：

(1) 气候模块

该模块是全球气候观测系统中的海洋部分。其目的是监测、描述和认识决定大洋环流的物理和生物地球化学过程及其对碳循环的影响以及大洋对数十年时间尺度气候变化的影响，并提供预报气候变化所需的观测资料。

(2) 海洋健康模块

该模块主要与海洋污染有关。其目的是提供有关海洋环境恶化特征与范围、人类健康、海洋资源、自然变化和海洋健康方面的信息。采用公认的标准和方法，在区域性和全球尺度上完成资料收集、生物监测和生物影响评估。

(3) 海洋生物资源模块

该模块主要涉及食物链、有害藻华及其与海洋生态系统的关系等问题。该模块的目的就是要开发一种系统以便监测用于描述海洋生态学及其变化所需的各种生物、化学和物理参数，并对这类变化进行预报。这些资料将用作观测系统设计和实施的基础。

(4) 沿岸模块

该模块与海岸带的管理、环境保护、港口与航运、工程、油气开发、旅游和娱乐等关系极为密切。由于各国在沿岸海域所从事的各项活动，很少或几乎没有得到过国际上的援助，因此 GOOS 将设计成合作计划，可使沿海国家获得下列好处：①提供统一的观测框架。因各国都是按不同标准进行观测，GOOS 将使各国统一观测标准，协调作业，并相互支持，从而提高资料的利用价值；②更好地认识当地环境。GOOS 成员的各邻国可分享沿岸调查资料、研究模式、预报结果等，从而改进以前对本国沿岸水域的不完整认识；③使全球性预报结果应用于当地。沿海国家向 GOOS 提供资料，又从 GOOS 获得单靠自己力量所无法获得的大量资料；④根据全球统一的方法来改进沿岸问题和过程的观测与管理；⑤沿海国家通过利用全球性的方法与结构，可采用经济实惠、现成的技术与方法及最成功的经验。

(5) 服务模块

该模块的目的是确定 GOOS 改进提供产品与服务的手段，提高终端用户所用产品与服务的数量与价值。现在已完成的工作有:①考察了海洋气象学和海洋学服务;②总结了用户对这类服务的信息和资料管理的需求;③评估了现有服务中的不足之处;④绘制了现有服务的发展趋势图;⑤对服务方法、标准、资料分析、通讯和传输、模拟和预报、产品开发和产品分发提出了改进措施。在该模块中,提出了对发展中国家的培训计划,以帮助他们建立业务服务和产品利用手段。

3. 全球陆地观测系统(GTOS)

GTOS(Global Terrestrial Observing System)由 UNEP,UNESCO,FAO(联合国粮农组织),WMO 和 ICSU 共同筹建,它将构成 GCOS 的陆地部分。预计最初的 GTOS 网络将由 50～100 个现有的具有良好基础的研究站组成。

陆地生态系统是人类食物和其他基本需求的来源,因此它是社会和经济发展的基础,它还在大气、生物地球化学和水文过程中起着重要的调节作用。然而,我们却不知道,人类在何处、在什么时段、如何对陆地和淡水生态系统(包括海岸带)造成危害,甚至不完全了解这些生态系统在全球变化过程中的作用,特别还不能回答有关持续发展的五个相关问题:

(1)食物和可再生资源:土地还能否再多养活 50～60 亿人口?

(2)淡水:何时、何地、需求量超过供给多少便会导致国际性问题?

(3)毒素:是否会或将会对人类健康、环境和生态系统的解毒能力产生超极限的严重威胁? 如果是,在何时何地?

(4)生物多样性:何地、何种生物资源有丧失的危险? 这些生物资源的丧失将在哪些方面不可逆地损害生态系统功能或社会经济的进步?

(5)陆地生态系统:对应于全球大气、气候和土地利用的变化,陆地生态系统将在何时、何地,发生何种程度的变化? 这些变化对其维持生命的能力将产生怎样的损害?

正是这些问题使各国普遍签署了气候变化、生物多样性和荒漠化公约,通过了 21 世纪议程和其他有关森林砍伐及环境保护的行动纲领。这些公约和行动纲领都需要更准确的陆地观测数据,所以国际社会必须建立获得这些数据的途径。我们缺少有关自然环境、陆地生态系统演变过程以及使其发生变化的社会经济驱动力的时空综合数据。还没有关于收集相兼容数据的全球规范,因此现有的气候(GCOS)和海洋(GOOS)观测系统就不能一致起来。

针对以上问题,GTOS 的中心任务是对全球或国家范围陆地生态系统的功能变化(尤其是功能衰减)进行监测、定量和定位并提出预警,以保持持续发展并改善人类生活条件。它也将有助于提高我们对这些变化的认识。这些任务的完成需要通过数据提供者和使用者之间平等而公正的合作。这种合作,既能满足国家政府的短期需

要,也能满足全球变化研究团体的长期需求。GTOS 的重点将集中在受全球关注的五个关键的发展问题:

(1)土地利用变化、土地退化和受管理生态系统的可持续性;

(2)水资源管理;

(3)污染和毒性;

(4)生物多样性的丧失;

(5)气候变化。

GTOS 的目的应是明确需求和克服现有的全球和地区观测系统的缺陷,而不应是仅为自己收集数据。尽管 GTOS 应帮助确定为改进观测和信息系统所需的研究,但研究不应是它的主要功能,GTOS 的主要功能应是支持研究项目,并同 IGBP、DIVERSITAS 以及其他计划合作,进行相应数据集的汇编工作。

4. 国际长期生态研究网络(ILTER)

ILTER(International Long Term Ecological Research)是一个以研究长期生态学现象为主要目标的国际性学术组织,于 1993 年在美国成立,现有 34 个成员网络和中东欧、中南美、东亚以及太平洋、北美、南非及西欧 6 个区域网络。在该网络中,中国生态系统研究网络(CERN)、美国长期生态学研究网络(US-LITER)、英国环境变化网络(ECN)处于国际长期生态系统研究网络(ILTER)的领先地位。其任务是:

(1)加强对一些跨国和跨区域的长期生态学现象的认识。

(2)促进多个研究站参与的比较与综合研究。

(3)方便地为参与站际合作及在不同环境和不同学科工作的学者提供信息。

(4)促进各种观测和试验的可比性、研究和监测的综合性与数据交换。

(5)加强有关长期生态学现象的研究及其相关技术方面的培训活动。

(6)促进跨国和跨地区的长期比较研究和试验的开展。

(7)促进大时空尺度上的生态系统管理和可持续发展研究,为改善预测模型方面的科学基础做出贡献。

根据这些任务,ILTER 执行委员会提出了推动全球性长期生态学研究的相关建议,即建立各国网络间的信息交流网,出版各国长期生态研究网、研究系统和人员的指南,建立全球性的长期生态学研究项目,解决方法的标准化和尺度转换的问题。由此,构成了数据信息管理的基础:①改善世界各地 ILTER 研究者的通讯和信息获取条件,特别是电子信息;②出版全球长期生态研究站的指南,并为目前未与因特网联网的地区建立访问 ILTER 服务站的机制;③解决尺度转换以及取样和标准化问题。

5. 国际地圈生物圈计划(IGBP)

IGBP(International Geosphere-Biosphere Programme)与国际生物圈计划

(IBP)、人与生物圈计划(MAB)可以视为生态系统研究的三个阶段。而 IGBP 是在 IBP、MAB 基础上组织起来的,是 ICSU 发起和组织的重大国际科学计划。于 1988 年 ICSU 第 22 届大会上正式提出,1990 年进入执行阶段。旨在制定区域和国际政策、讨论关于全球变化及其所产生的影响。

IGBP 主要以生物地球化学循环子系统及其与物理气候子系统的相互作用为主要研究对象,其科学目标是:了解和阐述控制整个地球系统的关键的物理、化学和生物相互作用过程;了解和阐述支持生命的独特环境;了解和阐述出现在地球系统中受人类活动影响的重大全球变化。特别是那些时间尺度为几十年至几百年,对生物圈影响最大,对人类活动最为敏感,具有可预测性的重大全球变化问题。该计划具有高度综合和学科交叉的研究特点,标志着地球科学和宏观生物学的研究跨入了一个新的深度和广度。

IGBP 由 8 个核心研究计划和 3 个支撑计划所组成。8 个核心研究计划分别为:

(1)国际全球大气化学计划(IGAC):主要研究大气化学过程是如何调控的,生物过程在产生和消耗微量气体中的作用,预报自然和人类活动对大气化学成分变化的影响,从而达到在全球尺度上预测自然和人为因素对大气化学组成的影响的目的。

(2)全球海洋通量联合研究(JGOFS):主要研究海洋生物地球化学过程对气候的影响,以及对气候变化的响应,分析和预测区域至全球尺度大气—洋面—洋底系统碳的季节和年际变化,为解释气候变化的成因服务。

(3)过去的全球变化(PAGES):通过对历史资料和自然记录(如保存在树木年轮、湖泊和海洋沉积物、珊瑚、冰芯中的自然信息)的研究,定量地论证与 IGBP 有关的过去的变化,并根据地球历史的整合,揭示这些变化对地球未来的意义。PAGES 重点研究过去 2000 年来全球气候和环境的详细历史;另一方面集中研究过去几十万年的冰期、间冰期旋回中的主要变化,研究的时间分辨率较粗。

(4)全球变化与陆地生态系统(GCTE):主要研究气候、大气成分变化和土地利用类型变化对陆地生态系统的结构和功能的影响及其对气候的反馈,预测未来全球变化可能带来的农业、林业、土壤和生态系统复杂性的改变。

(5)水循环的生物学方面(BAHC):主要研究植被与水文循环物理过程的相互作用。它的两个主要目的是:①通过野外测量,确定生物圈对水文循环的控制,发展从小块植被到大气环流模式(GCM)网格单元尺度上的土壤—植被—大气系统中能量和水通量模式;②建立能用于描述和验证生物圈和地球物理系统间相互作用模拟结果的适当数据库。

(6)海岸带海陆相互作用(LOICZ):主要研究土地利用、海面变化和气候变化对海岸带生态系统的影响及其严重后果,为沿海地区的长期可持续发展、经济和社会政策服务。研究内容包括:①外力或边界条件的变化对近海通量的影响;②海岸生物地貌学与海平面上升;③碳通量与痕量气体的排放;④全球变化对海洋系统的经济和社会影响。

(7)全球海洋生态系统动力学(GLOBEC):认识全球环境变化对海洋生态系统的影响及海洋生态系统的响应,提高海洋生态系统对全球变化响应的预测能力。与传统的为渔业服务的种群动态研究不同,它侧重于分析生态系统内部的相互作用。

(8)土地利用/土地覆盖变化(LUCC):是 IGBP 与 IHDP(国际全球环境变化人文因素计划)两大国际项目合作进行的纲领性交叉科学研究课题,目的在于提示人类赖以生存的地球环境系统与人类日益发展的生产系统(农业化、工业化/城市化等)之间相互作用的基本过程。国际上 1996 年通过的 LUCC 研究计划以五个中心问题为导向:①近三百年来人类利用导致的土地覆盖的变化;②人类土地利用发生变化的主要原因;③土地利用的变化在今后 50 年如何改变土地覆盖;④人类和生物物理的直接驱动力对特定类型土地利用可持续发展的影响;⑤全球气候变化及生物地球化学变化与土地利用与覆盖之间的相互影响。

6. 世界气候研究计划(WCRP)

WCRP(World Climate Research Program)是 1967—1980 年执行的世界气候计划(WCP)的子计划之一。世界气候计划(WCP)由世界气候资料计划(WCDP)、世界气候应用计划(WCAP)、世界气候影响计划(WCIP)和世界气候研究计划(WCRP)四个子计划组成,而 WCRP 是其最主要的组成部分。WCRP 从 20 世纪 70 年代中期开始酝酿,1980 年开始实施,由 WMO 和 ICSU 共同组织。

近年来,随着全球变化研究的酝酿和深入,WCRP、IGBP 和 IHDP 均成为其研究组成的重要方面。WCRP 着重研究气候系统中物理方面的问题,IGBP 则着重研究地球系统中的生物地球化学问题。WCRP 的目的是扩充人类对气候的认识,探索气候的可预报性及人类对气候的影响程度,它包括对全球大气、海洋、海冰与陆冰以及地表的研究。

WCRP 的长期目标是:改进和扩大对全球和区域气候的认识;设计和实施深入了解重大气候过程的观测和研究计划,包括海气相互作用、云与辐射间的相互作用、陆气相互作用;发展气候系统模式,论证对各种时空尺度的气候的预报能力;研究气候对人类活动如大气中 CO_2 增加的敏感性。

由于 WCRP 是 ICSU 与 WMO 组织的,ICSU 的世界数据中心(WDC)系统的有关政策自然适用于 WCRP。针对气象学与业务预报的发展,WMO 成员组建了一系列数据中心处理专门数据及日常的天气观测。并且通过 WMO 的协调,各国国家气象局下属的数据中心系统收集、储存了许多水文数据和大气数据。虽然其存取途径与 ICSU 数据中心不同,但从数据共享的原则上来讲是可以获取的。

四、生态气象的服务需求、现状、发展趋势

(一)生态气象的服务需求

随着社会经济的发展,生态问题已越来越受到世界各国政府的关注。我国作为一个发展中国家,必须大力发展经济,随之而来的就是资源短缺、生态恶化等严峻形势。为了科学、合理地利用资源,保护生态环境,必须对我们周围的生态状况及其演变趋势有一个科学的认识。

1. 生态恢复与环境保护的需求

人口、资源、环境、灾害等是摆在各国政府和全人类面前的重大问题,尤其是生态环境和气候变化已经受到全社会的高度关注,但由于这些问题的复杂性、系统性以及相互作用,使任何学科都无法单独展开深入研究并加以解决。这就迫切需要从气候系统的角度进行创新拓展;从生态学的角度对生态系统的生物生产、物质循环、能量交换等主要功能,"水"、"土"、"气"、"生"等生态系统的组成成分以及主要生态与环境问题、气候变化等方面开展全面的监测、分析和研究。需要密切关注与大气圈相关联的水圈、冰雪圈、岩石圈、生物圈中的大量科学、业务和服务问题与研究进展,利用气象及其他有关部门所构成的站网和技术优势,调整建立与之适应的地面站网和遥感平台相结合的观测系统,对这些问题开展深入研究,进行成果转化,形成新的生态气象业务服务能力。

2. 环境安全服务需求

由于相当一些地区在多年来的高速经济发展中忽视了可持续性,许多经济活动都为粗放型,造成高能耗、高污染,资源约束和环境压力加大,出现了生态赤字。近年来重大的生态与环境问题日益突出,对社会、经济的可持续发展造成了越来越大的影响和制约。另外,城市作为人类主要的聚集地,其生态恢复与环境保护问题尤为重要。而迅速的工业化、城市化使资源短缺、环境恶化日益严峻;城市的扩张、土地的开垦、过度地放牧、荒漠化的扩大,使保护环境持续发展尤显迫切。气候与气候变化对生态与环境安全的影响评价、预警是国家公共安全、生态安全、资源安全的重要组成部分。必须加强生态气象及相关灾害的监测,及时获得更加全面、科学、准确的生态气象资料。

3. 积极开展环境外交的需求

全球环境问题已引起国际社会的广泛关注。在国际政治关系中,环境问题上升为世界政治议题的重点之一。中国先后缔结或参加了40多项与生态和资源保护有关的国际公约,如《联合国气候变化框架公约》、《生物多样性公约》等。环境外交实际上已成为当今国际关系中各国政府相互掣肘、妥协的一个重要领域。在具体环境问

题的确定、国家利益的界定、国际环境谈判中采取的立场以及对谈判的预期结果等方面,政府需要向科学家寻求帮助。而生态系统的破坏、土地利用方式的改变等是否就是引起全球气候变暖的主因等问题,仍存在科学上的不确定性。《联合国气候变化框架公约》要求各缔约方加强对气候系统的系统观测和资料库建设,加深对气候系统的认识,减少或消除有关气候变化尚存的不确定性。这就要求生态气象的监测与研究为气候系统、气候变化提供生物圈、陆面过程的重要参数,提高卫星遥感反演精度,为降低科学上的不确定性,为环境政策制定者提供依据。

(二)生态气象业务现状

1. 众多部门开展的生态因子监测工作

我国现有与生态因子观测有关的观测网,分别由气象、海洋、水利、环保、农业、科研等机构组织和运行,种类较多,涉及大气、海洋、水文、冰雪、陆地生态等多个方面。

其中以研究为目的的陆地生态系统观测主要由中国科学院的"中国生态系统研究网络"(CERN)所属生态试验研究站进行,目前共有 29 个生态试验研究站,5 个分中心,1 个综合中心,分布在全国主要生态系统类型代表区域内。其中,农业生态站 15 个、森林生态站 7 个、草地生态站 2 个、湖泊生态站 2 个、海洋生态站 2 个、荒漠生态站 1 个,以及林业部门建立的中国森林生态系统研究网络(CFERN)等。

以监测服务为主要目的的生态与环境观测是由水利部门统一规划设站的中国水文观测网,由收集河流、湖泊、水库等水体各项水文要素的水文站、水位站、雨量站、蒸发站、泥沙站、水质站、地下水观测井等组成。环保部门建立了由 201 个站组成的"国家环境质量监测网",其中 135 个站组成地面水监测网,103 个站组成大气监测网,113 个站组成酸雨监测网,55 个站组成噪声检测网,9 个站组成生态监测网。环境质量监测项目有二氧化硫、氮氧化物、总悬浮颗粒物、降尘、硫酸盐化速率以及酸雨监测等 12 个常规项目和城市气象观测。我国海洋部门目前已初步建成了由海洋观测站、志愿观测船、浮标观测、海洋调查船、全国海洋验潮网、岸基测冰雷达、"中国海监"飞机组成的海洋监测系统,但观测项目主要侧重于近海水文气象观测、海洋污染监测。

2. 中国气象部门开展的生态气象工作

近年来,中国气象局根据当前我国生态恶化、水资源短缺的实际以及气象部门开展气象为农业服务、气候系统研究、气候变化评估等工作的需要,开始拓展有关的生态气象工作,生态气象观测逐渐得到重视和加强。主要业务工作包括:生态气象观测、生态气象监测评估、预测以及生态建设气象可行性论证和服务等。

生态气象业务的组织工作初见成效。一是中国气象局下发了《关于气象部门开展生态环境监测与信息服务的指导意见》,首次明确了开展生态与环境监测和信息服务的基本思路、主要内容，较好地发挥了指导作用；二是将西部地区开展生态与环境监测和信息服务作为生态气象工作的重点，针对当地存在的主要生态问题，积极配合当地政府做好退耕还林（草）的工作规划、退耕还林（草）效果评估和当地生态与环境监测和评估工作，为当地政府科学决策提供依据；三是以农业气象试验站改革为契机，建立生态与农业气象试验站；四是组织编写《生态气象观测规范》，为开展生态气象观测奠定了技术基础。同时生态与环境质量气象评价标准、生态气象监测指标体系等多个业务技术规范性文件也在制订之中。

生态气象的监测和评估业务服务工作初见成效。一些省（区、市）气象局在现有气象台站的基础上，通过新增生态与环境监测项目，初步建立了生态与环境地基观测系统。通过对地面生态观测资料和卫星遥感资料的综合分析，发布生态与环境动态监测产品。有的省开展了生态气象监测、评估工作，发布了当地生态质量的年度评估报告。开展了全国范围的第三次精细化的农业气候区划工作、城市空气质量预报、紫外线预报服务、气候灾害监测预警和气候影响评价、森林火险等级预报、大气环境影响评价、生态与环境本底调查以及沙尘暴、泥石流、滑坡等灾害预报服务和气象与健康、人体舒适度、医疗气象等环境气象预报服务工作，收到了良好的效果。

卫星遥感技术在生态环境监测中的应用进一步加强。目前形成了以 NOAA 系列、FY-1C、EOS/MODIS 等气象卫星为主的生态环境及其灾害的卫星遥感监测体系，开展了干旱、洪涝、植被长势、森林草原火灾、土壤墒情、冬小麦产量生态气象监测和信息服务工作，并对海冰、凌汛、雪被、雾、沙尘暴（发生区域、强度、移动路径）、沿海滩涂资源、地表温度、海面温度、水体变化、城市热岛效应、城市污染、水资源、森林病虫害、土地利用等进行了监测尝试，取得了较好的服务效果。

（三）生态气象的发展趋势与研究重点

应以改善生态状况、提高人民生活质量、实现经济社会全面、协调、可持续发展为目的，建立布局合理、科学设置、集观测、试验研究和服务于一体的生态气象试验站网，逐步纳入国家野外科学研究站网；结合国家经济、社会发展以及重点生态治理的需要，建立生态气象监测、预测和评估业务系统，全面、准确、及时地掌握生态状况及其动态变化，评估生态治理工程效果；同时为气候系统模式开发研制以及气候变化影响评估提供技术支持，逐步成为国家生态监测及安全评价体系的重要组成部分。

1. 注重宏观研究和微观研究的结合

考虑到各地生态系统类型多样，既有农田，也有森林、草地等，生态状况的地域性较强、差异性较大，即使每县设立一个生态气象观测点，所获取的观测数据的代表性也不一定很好。因此，生态气象工作应加强卫星遥感动态监测与地面微观监测的结合，在注重生态气象卫星遥感宏观动态监测，开展宏观监测评估的同时，还注重不同生态系统内部结构、组分与功能的监测,一方面观测表征生态系统状况的大气要素、生物要素、土壤要素和水环境要素,同时观测气候系统模式开发研制、气候变化影响评估、数值天气预报模式所需的生物圈、陆面过程的重要参数。协调区域整体生态状况的研究,为区域生态与环境保护与建设提供更加科学的基础数据,是生态气象监测科学技术未来发展的总体趋势。

在监测评估方面,采用"3S"技术(Remote Sensing,RS;Geographical Information System,GIS;Global Positioning System,GPS)分析研究气候与生态系统的相互关系,逐步建立生态气象综合分析、评估方法、经验和统计评估模型,开展生态气象监测、评估业务服务。并把生态气象监测评估的重点区域放在生态脆弱区、生态保护区、生态恢复重建示范区。把监测评估的对象放在重点区域的土地利用、植被覆盖、荒漠进退、水土流失、沙尘暴、酸雨等重大生态问题,以及退耕还林(草)、重大工程、重大基础设施对当地生态影响评估等方面。

在生态气象状况及其变化趋势预测、预估与预警方面,应分析全国及不同区域历史气候和生态系统演变规律及其关系,结合生态气象的动力模拟,依托气候系统模式,建立全国和区域生态气象预测模型和方法,定期或不定期发布全国及各区域"生态气象预测预估报告",并根据需要对生态系统退化严重的区域发出"警报"。

2. 注重管理体制和观测标准、规范的建设

建立统一、有效的管理体制和机制。特别是科学、规范、有效的观测标准、观测规范和数据共享机制,是整个生态气象监测业务系统长期维持、顺利运行乃至生态气象学良好发展的可靠保证。制定与国际接轨,科学合理、公认实用的观测标准和技术规范,是目前国内外生态与环境监测领域的又一特点。

3. 重视基础研究与国际合作

在重视基础理论研究的同时,强调理论与应用相结合,加强科研成果向业务的转化,开展国际范围内的合作与交流,已成为生态监测和研究的方向以及提高生态气象业务科研水平的重要途径。

在研究方面,应围绕业务服务需求及生态环境保护与建设需要重点开展以下5个方面的研究与开发工作:

(1)典型生态系统气象监测预测与评估技术研究

利用各种典型生态系统地面观测资料和卫星遥感资料,结合植物生长发育气象指标,运用各种数学模型,研究典型生态系统气象适宜指数和重大气象灾害影响评价指标,以及典型生态系统特征量的气象预报模型,建立生态气象业务服务平台。

(2)自然生态系统综合监测预测与评估技术研究

针对森林、草地、湿地等自然生态系统,开展气象条件驱动的生态气象监测与评价业务服务技术研究,建立国家级生态气象业务系统。主要研究内容包括:历史气象数据库的建立和快速更新软件系统的开发;主要环境背景数据库及定期更新机制的建立与软件实现;自然生态系统主要结构和功能与气象条件关系的模式系统的建立;气象条件驱动的生态气象业务集成模式的建立和应用;数值计算结果的可视化应用研究。

利用土壤水分自动观测站资料以及卫星遥感监测资料,运用土壤水分平衡模型,研究开发自然生态环境条件下土壤水分监测评估方法,建立生态环境土壤水分监测评估业务服务平台。

(3)重大生态环境问题气象监测预测与评估技术研究

充分利用卫星遥感和地面监测信息,综合应用生态环境问题评价指标和相关灾害评价指标,依托天气、气候预测模型,研究荒漠化、城市热岛效应、森林(草场)火灾、海洋污染等重大生态环境问题监测评估与预测预警技术,建立重大生态环境问题监测评估业务平台。

(4)典型生态脆弱区气象监测预测与评估技术研究

以全国主要的典型生态脆弱区(如重大工程作用区、荒漠化严重发生区、水资源严重亏缺区、黄土高原地区、江河源头(水源涵养)区)和不同生态功能区为对象,以遥感监测信息为主、地面监测信息为辅,通过分析历史气候和生态环境演变规律及其关系,利用植被净初级生产力(NPP)估算模型和生态气象条件分析,结合生态气象的模拟模型和未来气候变化情景,研究开发生态脆弱区和(或)主要生态功能区生态环境气象监测评价模型和预测预估模型,建立典型生态脆弱区和主要生态功能区气象监测评估业务服务平台。

(5)陆面参数的地面监测与卫星资料反演

在生态气象站的监测内容中,增加有关陆面参数的观测,针对主要的生态类型分区,分别进行定点观测,为建立遥感反演模型提供样本数据,并为产品检验提供真值数据。

此外,生态气象的研究与监测评估业务离不开现代技术的支撑。因此,需要进一步完善国家级、省级卫星遥感监测应用系统建设,加强遥感应用处理能力,提高处理高分辨率资料或制图卫星资料的能力。需要进一步提高短时天气、中期天气预报和短期气候预测水平。需要加强移动通信能力建设,保障各类生态气象观测资料数据的及时准确传输。需要其他诸如大气降尘、酸雨及大气化学成分等有关观测资料开展生态影响研究。

生态气象是一个新的领域,总体来看我国的生态气象工作仍处于起步阶段,无论是外部环境还是自身发展,生态气象工作都还存在值得重视的困难与问题。如:整体水平和业务转化能力不高,在气象、气候对生态因子、生态与环境间的相互影响方面涉及较少,科研的深度和广度尚需加强;现有的观测网络还不能满足需要,规划站点总体布局不尽合理;各部门与各系统间尚需要加强沟通,构建共享机制;生态气象与中国气候观测计划、气候系统模式研究等工作的衔接配套有待加强;生态气象评价指标体系、监测评估体系和相应的监测与评估系统方面还有许多工作要做。

本章小结

生态学是研究生物(包括原核生物、原生生物、动物、真菌、植物五大类)之间和生物与周围环境之间的相互联系、相互作用的科学。气象学则是研究大气中各种物理过程和现象形成原因及其变化规律的科学。

在一个生态系统的众多环境因素中,气象因素中光、温、水、气等气象因子的变化(包括周期性的变化)最大,也最频繁;气象因素是直接作用于动植物生长发育状况和分布,并间接影响着其他环境因素,而其他环境因素包括人为因素大多是通过改变气象因素而对生态系统产生影响的,是一种间接作用。可以说,气象因素对生态的影响最大,也最明显。反过来讲,一个生态系统可以通过吸收或排放各种气体,从而影响到地球的大气成分组成,最后影响到全球气候状况。也可以通过调节大气温室气体含量来间接地影响全球气候,还能通过改变水文条件、热量平衡、云层分布等从而对全球气候变化直接产生反馈作用。植被状况也影响着太阳辐射在地球表面的分布,从而影响着地表温度和热量平衡。因此,生态与气象是相互联系、相互制约、相互作用的。

生态气象学是生物气象学的分支,它以生态系统为中心,主要研究天气与气候过程对生态系统结构与功能的影响及其反馈作用的科学。

生态气象研究是通过对有关因子监测,研究气象条件与生态之间的相互关系和作用机理,开展气象、气候变化对生态影响的分析评估以及生态变化对气候系统影响的分析评估。生态气象的研究对解决当下的全球气候变化、土地退化、荒漠化加重等全球生态环境问题,促进各国的可持续发展有重要意义,可以为我国开展环境外交、气候系统模式研发、气候变化影响评估等提供基础性资料,对生态恢复和保护提供理论和技术支撑有重大意义。

复习思考题

1. 论述生态学的研究对象、内容和学科体系。
2. 生态系统的基本特征有哪些?
3. 论述气象学的研究对象和学科体系。
4. 简述气象要素及其特点。
5. 简述环境因素的分类。

6. 气象对生态的作用是什么？
7. 阐述生态气象学的定义及其重要性。
8. 论述生态气象学的发展趋势。

主要参考文献

E. 布赖恩特. 2004. 气候过程和气候变化[M]. 刘东生等，编译. 北京：科学出版社.
毕宝贵，等. 2007. 中国生态与农业气象业务技术进展[M]. 北京：气象出版社.
曹凑贵. 2002. 生态学概论[M]. 北京：高等教育出版社.
陈怀亮. 2008. 国内外生态气象现状及其发展趋势[J]. 气象与环境科学，30(1)：77-79.
程胜高，罗泽娇，曾克峰. 2003. 环境生态学[M]. 北京：化学工业出版社.
丁一汇，王守荣. 2001. 中国西北地区气候与生态环境概论[M]. 北京：气象出版社.
方精云. 2000. 全球生态学：气候变化与生态响应[M]. 北京：高等教育出版社.
方萍，等. 2008. 生态学基础[M]. 上海：同济大学出版社.
冯秀藻，陶炳炎. 1991. 农业气象学原理[M]. 北京：气象出版社.
傅桦，吴雁华，曲利娟. 2008. 生态学原理与应用[M]. 北京：中国环境科学出版社.
戈登. B. 伯南. 2009. 生态气候学：概念与应用[M]. 延晓东等，译. 北京：气象出版社.
戈峰. 2008. 现代生态学[M]. 科学出版社.
李爱贞，刘厚凤. 2001. 气象学与气候学基础[M]. 北京：气象出版社.
李博，等. 1999. 生态学[M]. 北京：高等教育出版社.
林爱文. 2008. 自然地理学[M]. 武汉：武汉大学出版社.
林文雄. 2007. 生态学[M]. 北京：科学出版社.
秦大河. 2004. 中国气象事业发展战略研究[M]. 北京：气象出版社.
孙振钧，等. 2007. 基础生态学[M]. 北京：化学工业出版社.
王江山. 2005. 生态与农业气象[M]. 北京：气象出版社.
肖同玉，张丽娟. 2002. 气象生态环境与可持续发展[J]. 继续教育研究，1.
许叶新. 2003. 黄河源区水文气象要素变化对生态环境的影响[J]. 水力发电，29(9)：13-16.
杨达源. 2001. 自然地理学[M]. 南京：南京大学出版社.
张合平，刘云国. 2002. 环境生态学[M]. 北京：中国林业出版社.
张家宝. 2006. 新疆气象与生态环境[J]. 新疆气象，29(2)：1-3.
张金屯，主编. 2003. 应用生态学[M]. 北京：科学出版社.
甄文超，王秀英. 2006. 气象学与农业气象学[M]. 北京：气象出版社.
中国气象局. 2005. 生态气象观测规范(试行)[M]. 北京：气象出版社.
周琳，谢世俊. 1987. 气象概观[M]. 北京：气象出版社.
周淑贞. 1997. 气象学与气候学[M]. 北京：高等教育出版社.

第二章 气象条件与植物生长发育的关系

植物在一定的环境中生存,每种植物会对它的生存环境有一定的要求,其中气象条件是生长发育环境的重要因子,气象因子是植物生活所必需的因子,对植物生长发育十分重要。植物的生长和发育,同其所处的气象环境如光、温、水等气象条件有密切的关系。

第一节 光与植物生长发育

一、光的生物学意义与植物的光学特性

（一）光的生物学意义

太阳辐射是地球上生物有机体生命活动的主要能量源泉。绿色植物吸收太阳光能合成有机物,把太阳能转化为贮藏于生物有机体中的化学能,供给生物圈中动植物和微生物以及人类的需要。植物的光合作用几乎使所有的有机体与太阳辐射之间发生了最本质的联系。同时,地球表面也吸收一部分太阳辐射直接转变为热能,用于地表热量和水分等分布状况,为维持生命的外界环境创造了必要的条件。

到达地球上的太阳辐射最主要的作用是产生光合效应、热效应和光的形态效应。西曼(J. Seemann)等认为地球生物圈内光辐射的生物学效应可分为:(1)光合作用和有机物质的形成,如维生素D和花青甙的形成;(2)物质输送,另外还包括染色、红斑病的形成和杀菌作用;(3)刺激作用,其中包括光周期现象、向光性、趋光性、感光性、光发芽和暗发芽、光形态形成以及叶脉与分泌腺的刺激作用。光和热是动、植物生长发育和产量形成的根本条件。光是植物光合作用的能量源泉。没有光,不能产生叶绿素,就不能进行光合作用。光对植物有热效应,光还影响植物营养体形态的建成和生长发育以及叶的方位等。光在相当程度上影响着植物的地理分布,如人们熟知的阳性植物与阴性植物的分布等。动物的生长、繁殖也离不开光。

光照强度、光照长度和光谱成分对生物有机体都有影响。它们各有其时空变化

规律,在地球表面的分布也是不均匀的。光的特性及其变化对有机体生长发育和产量形成产生影响,如光照强弱和光谱成分不同,会影响植物的光合强度、刺激和支配组织的分化以及形态建成等。日照时间的长短则制约植物的开花、休眠、地下贮藏器官的形成过程。光谱成分中有些波段对植物有利,而有些波段对植物有害。光对植物具有重要的生理、生态作用,是一切绿色植物生长发育过程中的一个极为重要的因子。光合产物的多少是植物产量最根本的生理基础,也是间接地影响第二性生产所需要的能量与物质。但植物光合作用利用太阳能的程度很低,一般认为绿色植物只能吸收落到叶片上太阳能的50%左右,其中又只有1%~5%参与植物的光合过程。而植物通过光合合成的物质却占植物总干重的90%~95%。

(二)植物单叶的光学特性

到达叶面的太阳辐射,可被叶片反射、吸收和透射。反射分为外反射和内反射。外反射是叶片表皮层与空气的界面所发生的反射现象。内反射是投射到叶子内部,又从投射一侧返回空气中的辐射。进入叶内的阳光,在叶内反复迂回,若通过叶绿体则一部分光能便被叶绿素吸收。叶片组织所不能吸收的剩余部分辐射能,从光能投射一侧至其对面一侧往叶外逸出,称为透射光。反射率 R、透射率 T 和吸收率 A 有如下关系:

$$R+T+A=1 \tag{2-1}$$

其中 R、T、A 的比例分配,随植物种类、叶龄、光入射角度、天气状况以及叶片内各种色素的含量等因素而变化。

植物叶片对太阳辐射的反射能力大小,主要取决于叶片本身的特点(如它的表面状态、形态、色彩、水分含量及保护覆盖物等)和太阳光谱的成分。通常叶片对各波段光谱的反射规律是:(1)可见光域的反射大致决定于以叶绿素为主的色素种类和数量,反射率在绿色部位呈现高峰,而在蓝色及红色部位最低,自 670~680 nm 随着波长的增加而急剧升高。(2)750~1100 nm 的近红外波域的光谱反射大致取决于叶片内部的细胞构造。(3)1300~2800 nm 波域的光谱反射大致决定于叶中的含水量。

植物叶片对太阳辐射具有透射能力。据实测,通常植物叶片的光谱反射能力与透射能力相当,即凡是植物反射较强的光谱段,植物对其透射能力也较强。

植物叶片对不同波长的太阳辐射也具有很强的选择吸收能力。蒙蒂斯(J. L. Monteith)曾绘制绿色叶片的光谱反射率、透射率和吸收率之间的关系(图2-1)。由图可以看出绿叶有两个明显的吸收峰,在光合有效辐射部分和长波辐射部分,以后者为最强。叶肉组织吸收的大部分光线,依赖于色素类,主要是叶绿素(a,b)和类胡萝卜素。叶片对光的吸收表现为强烈的选择性,红色部位吸收峰主要是叶绿素的作用,蓝色部位的吸收峰则是基于叶绿素和类胡萝卜素两者的综合作用。红外部分的反射、吸收和透射状况,因波长而不同。在波长较短的范围,670~1300 nm,反射和透射的比例急剧增高,吸收率急剧下降,只占 0~15%,叶片只是吸收其中极少量的部分。

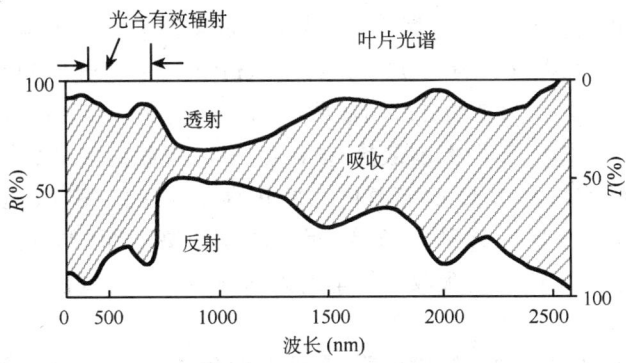

图 2-1　绿色叶片的光谱反射率 R、透射率 T 和吸收率 A 的理想光谱

(三)群体叶片的光学特性

太阳辐射进入植被时,受到植被中茎叶的层层削弱,有的被反射、有的被吸收,有的透过第一层叶片,进入第二层后又被吸收或反射或透射等等,当然也有通过茎叶之间空隙而到达地面的。太阳辐射的多次反射、吸收和透射形成一个较复杂的过程,其强弱与植被本身的特征(植被种类、生长发育状况等)有关。植被的密度、品种、叶片的性质(含水量、厚薄、颜色、大小等)的差异,使得各种植物的反射、吸收、透射的能力不同。即使是同一种植被,对于不同波长的辐射,其反射、吸收、透射能力也不同。

光在群体内的分布曲线,因植被而不同。对于油菜地和小麦地来说,相对总辐射随植株相对高度而不断地下降,并在植株相对高度 20%~70%之间下降最为迅速。由于油菜的叶面遮蔽要比小麦大,油菜地的相对总辐射在同一相对高度下总比小麦地为小。

常用透光率来表征植被的透光情况,透光率指植被中各高度的照度与植被上方(对照点)照度的比值,常用小数或百分数表示,也称相对照度。透光率的分布曲线是与光照分布曲线完全一致的,具有相互可比性。

由于太阳位置的日变化,使得植被中的总光强也有着日变化。其平均状况具有与裸地相同的日变化形式,只是因向植被内部深入,太阳光能显著减弱。植被中各高度透光率也有明显的日变化,这是由于太阳高度角的改变,引起太阳光线在植被中通过的角度与距离改变所造成的。因此中午时透光率最大,早晚较小。

(四)绿色叶片的能量平衡

太阳光能中的可见光、红外线和紫外线到达地面的比例因季节、纬度、地势和气象条件等而有所不同,但大体可见光约占 45%~55%,红外线 50%~60%,粗略计算各占一半,紫外线仅占 0~5%。据观测,在夏季晴天正午当太阳高度角为 60°时,太阳光线到达植被的总强度约为 $5.02 \sim 5.44 \text{ J}/(\text{cm}^2 \cdot \text{min})$。光能到达叶面有 85%的可见光和 25%的红外线为植物叶片所吸收。如果这些叶片在密闭而透明的小室中,不进行蒸腾和光合作用,不向周围散热,很显然,叶片吸收的能量都将用来增高叶温。如 1 cm^2 面积的叶片约重 0.02 g,新鲜叶片的热容为 $3.6 \text{ J}/(\text{K} \cdot \text{g})$。这样在太阳照射下,1 min 内叶温将升高 38.4 K,显然,叶片将由于高温而"灼"死。实际上叶温增高并不多,原因就在于叶片所吸收的能量绝大部分用于其他过程,构成了叶片的能量平衡。

(1)能量用于光合作用。实验证明,在适宜的条件下,用于叶片进行光合作用的能量约为 2%~5%。一般情况约为 1%~2%左右,甚至少于 1%。光合速率(以碳水化合物计)平均约 $0.278 \text{ J}/(\text{cm}^2 \cdot \text{min})$。因此,叶片利用它所吸收能量的 1%~2%,每小时就能在每平方米上形成约 1~2 g 的光合产物。

(2)能量用于叶片向周围环境散热。当叶温升高时,叶温与周围环境温度相差 2℃时,就会向外放射 $0.1668 \text{ J}/(\text{cm}^2 \cdot \text{min})$ 的热能。在太阳辐射条件下,植物叶温比周围气温平均约高 1~3℃。因此,在直接把热量传给周围空气时植物要消耗所吸收光能的 3.8%~6.4%,平均 5%。

(3)余下的能量转化为热能,可使 623~640 g 的水分蒸腾,通过蒸腾作用消耗约 95%所吸收的太阳辐射能量。

二、光照长度对植物的影响

(一)植物的光周期现象

1. 光周期现象

光照长度(也称光长)和日照长度不同,前者包括日照长度以及只有漫射光的多云天、阴天时段和曙暮光时段。光周期现象是指植物生长发育对昼夜长短的不同反应。即植物通过感受昼夜长短变化而控制开花的现象,称为光周期现象。这是植物内部节奏生物钟的一种表现,是美国学者 Garner 和 Allard 于 1920 年在非常简陋的实验条件下发现烟草和大豆开花受昼夜长度所控制而得出的成果。植物光周期反应主要是诱导芽的形成和开始休眠。

自然季节的光周期变化是对植物内部节奏调整的信号,植物知觉到光照长度的变化,由此来识别一年内时间的推移,因而光周期现象事实上是利用对光长的测量控制植物生理反应的现象。

自然界中很多植物的开花对光照长度非常敏感。有的只有在光照长度超过一个临界值(临界光长)时开花,否则停留在营养状态,这类植物称为长日性植物,如麦类作物、豌豆、菠菜、油菜、甜菜、向日葵、胡萝卜、亚麻等,原产于高纬度地区。这类植物的开花通常是在一年中光照较长或光照逐渐加长的季节里。对这类植物,如用人工方法延长光照时间,也可促使其提前开花。

有的植物只在光照长度短于一定临界值时开花,这类植物称为短日性植物,如水稻、大豆、玉米、甘薯、棉花等,原产于低纬度。这类植物通常在春季或秋季开花,若用人工方法缩短光照时间也可促使其提前开花。

还有一些植物属于中日性植物和中间型植物。中日性植物是指当昼夜长短的比例接近于相等时才能开花的植物,如甘蔗。中间型植物是指开花受光长的影响较小,只要其他条件适合,在不同的光长下都能开花的植物,如番茄、黄瓜、四季豆、早熟的荞麦等。

2. 临界光照长度

植物分成短或长日性类型,需要有一个客观的光照时数标准。长日性植物要求光长不能短于这个界限长度,而短日性植物相反,不能长于这个界限长度。短于或长于这个长度,长、短日性植物都不能开花结实,而始终保持营养生长状态,这个界限长度即为临界光照长度。临界光照长度是植物识别合适季节的度量,其数值与生长环境有密切关系。以往研究光周期现象时,认为它们的界限是每日 12 h 光照,实际上,不是任何植物都如此。有的短日性植物如苍耳,临界光长可达 16 h,而有的长日性植物如天仙子,临界光长仅 12 h。临界光长的数值随植物生长环境的纬度而改变。一种野生水稻品种,当它在北半球比原生长环境北移一度,或在南半球南移一度时,临界光长平均加长 3.5 min。对光长反应敏感的植物,例如,有些水稻品种对仅差 48 min 的光长就起反应,其发育速率可因此改变 50~60 d。这类例证说明植物可通过光周期控制的反应来辨别季节。即使在近赤道地区,那里的光长随季节的变化很小,也有对光周期敏感的植物,它们也只是在一定的季节内开花。

光周期反应中受温度的影响较小。但是温度对开花的数量有很大的影响。极端的高温和低温可能完全排除光周期控制,只要光周期反应未被极端的温度排除,临界光照长度便基本上与温度无关。

3. 对光周期有效的光强及感应时期

(1)光周期有效光强

由于在夜间用基本不能进行光合作用的弱光照射,仍然有延长光照长度的效果。

故可以认为,光周期反应与光合量无关,即与光合作用强度无关。

弱光的作用是常见的现象,如农田附近有路灯往往可以看到灯光所及范围的水稻不能进行花芽分化和抽穗,即使抽穗,抽穗期也会延迟,因为水稻是短日性植物,延长光照长度就不能或推迟诱导花芽分化。这说明植物对光周期感应的光是十分敏感的,路灯的光强也能产生光长效果,使短日性植物的成花过程受到抑制,路灯光强一般仅10 lx。

光照长度和生理反应强度之间的关系不仅对强光有效,对很弱的光强也有效。当太阳还在地平线下6°左右时便开始,黄昏时太阳已落到地平线下6°左右才停止,这期间常称光照时间。其阈值约为1~3 lx。在实验和园艺实践中,可以用远低于自然光强的人工光照控制植物开花。根据闪光试验,常常一次不太强的闪光已足以使开花或不开花的过程颠倒过来,如苍耳,只要10~100 lx的光强就有效了。但是从总体看,如果光照强度过弱,也会降低开花反应,这是因为花芽的分化和形成需要营养,所以许多短日性植物在光周期诱导暗期之前和之后给以强光照,能促进其开花反应,特别是暗期之前的强光照反应更为突出。长日性植物也是如此,对于敏感的长日性植物,如莳萝,诱导光的形成通常需要进行4个长日照处理,给予强光则只要一次即可诱导成功。

(2) 光周期感应

植物的光周期所感应的是光期长度、还是暗期长度,光、暗期的比率是否起作用？图2-2的实验结果对此作了说明。在8 h光期与16 h暗期相互交替(光周期之比为1:2)的典型短日条件下,短日性植物进行花芽分化,而长日性植物则不进行花芽分化。但是,如果4 h或8 h暗期构成光暗交替,且光暗之比仍然为1:2,光期是足够短的,尽管如此,短日性植物不进行花芽分化,而长日性植物却进行花芽分化。另一方面,即使在8 h光期与16 h暗期构成的短日条件下,如在暗期中间进行短暂的光中断处理,短日性植物也不能进行花芽分化,而长日性植物却可以分化花芽。由此得到以下结论:

① 在光周期所引起的成花诱导中,重要的因素既不是光期长度,也不是光、暗期之比,而可能是暗期长度。如不给予短日性植物一定时间以上的暗期,就不能进行花芽分化;相反,如给予长日性植物一定时间以上的暗期,也不能进行花芽分化。

② 即使给予足够长的暗期,如暗期中途给以"光中断",暗期效果即消失。

在研究植物光照阶段的发育速度时,有人提出暗长积量的概念。将水稻光照阶段内的每日暗长之和称为暗长积量。水稻只有满足该品种所需要的暗长积量时,才能完成光照阶段,并且完成光照阶段的日数与暗长积量的关系近似地呈抛物线函数关系。

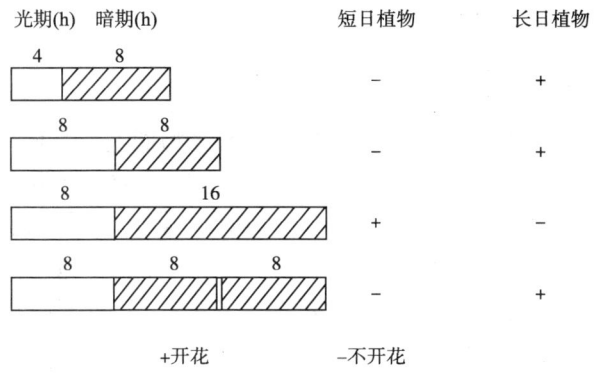

图 2-2 光暗期比例和暗期中断对长短日植物的开花效应

4. 光周期性形成的生态条件

很多研究说明植物的光周期性与它们原产地的生态条件有关。凡是栽培植物原产于冬季为旱季的地区,如中国南部、印度、中美洲的栽培植物是短日性植物;而起源于夏季为旱季的一些地区,如中亚、近东、地中海地区的栽培植物则多为长日性植物。澳大利亚的一种牧草起源于热带,但现在有短日、长日与中日性三种类型;在南半球低纬地区(6°~15°S)收集来的大部分生态型均为严格的短日性植物;从较南纬度(17°~43°S)收集来的大部分生态型是长日性的;从更南较寒地区来的还有春化反应,这种对生态条件的适应性在原产西非的高粱以及原产热带或亚热带的水稻上也很明显。它们在逐渐推向温带栽培时,在人工与自然选择过程中降低了对短日照的要求。此外,原产北美的苍耳对不同纬度的光周期也有明显的适应性,最北的只要求夜长 7.5 h 就可以开花,而在南方的墨西哥和夏威夷的苍耳植物则要求夜长 10.75~11.00 h 才开花。

中国的杂交水稻研究工作也指出,中国各地晚熟水稻品种光周期诱导期(光照长度敏感阶段)是在各地区 7 月初自然光照由长变短的时候开始,约经一个月左右完成诱导,这些品种都不同程度地属于短日性。反之光周期诱导期是在光长由短变长的条件下进行,则属于中日性或长日性(在长日下反较在短日下提早抽穗)。中国科学院上海植物生理研究所利用人工气候室进行了 160 多个水稻品种的光周期反应的研究,说明水稻虽然是原产于热带或亚热带的短日性植物,但由于适应了温带气候条件,除了大部分为短日性品种外,已有少数长日性和中间性(在日长 12~14 h 抽穗最早)品种类型形成,因此植物光周期性的形成是与原产地发育期间自然光照的绝对长度和它的变化趋势有着密切关系的,并在人工选育的条件下,可以改变它的特性。

(二)光照长度对植物生长发育的影响

1. 对营养生长的影响

光周期对植物营养生长有一定的影响。一般先抑制茎生长而促进叶扩大。如光长影响豆类和某些草莓品种的叶片大小,长日使小黄瓜的叶片变薄而根系较大。在短日下莴苣和萝卜地上部分对根的比率较大,所以,短日对莴苣种植有利。

光长显著影响某些草莓品种的营养生长,这种情况明显地限制着低纬度地区的草莓生长季节。长日照比短日照能促进葡萄茎的生长,短日照延缓植物生长并最终使生长停止。

光周期对于种子的萌发、温带林木的叶片脱落、树梢休眠也起重要的作用。在实际条件下,光长影响也伴随着其他因素的影响。在同样的太阳辐射强度下,光合速度随着光照长度的增长而增加。蒙蒂斯通过理论上的计算提出,当日射量为 1675.72 J/m^2 时,光周期由 12 h 增加到 16 h,光合速度增加 15%。

2. 对开花的影响

光周期最明显的作用是对开花的诱导效应。对光周期敏感的短日性水稻来说,超过光周期长度的临界期便不开花。临界期不仅在植物种间不同,在同一种植物的不同品种间也不相同。

为了形成花原基,植株应在其幼年时期或基本营养生长期之后,接受特定的最低限度的光诱导周期数。这种最低限度的要求因物种或品种而异。水稻的周期数为 5~24,依品种和光周期而异。许多植物(如果树)接受的光周期数不够,会产生不完全花、同株雌雄比例改变,或者结实率很低等现象。

要求光诱导周期在一个以上的植物,通常全部周期应连续进行。短日性植物光诱导周期如在深夜受到光照的干扰,或被非诱导性光长所代替,就可能阻止或抑制开花。

对于光周期敏感的大豆品种,增加光诱导周期数对花原基的发育是必要的。把三个大豆品种种植在短日照下,很快开花,虽然在长日照条件下延长处理时间它们也能开花,但短日照对结实仍是很重要的,因为在长日照下发育的花药缺少有活力的花粉。

由短日引起的短日性植物提早开花,对株型影响也很大。提早开花,植株的叶面积和干物重都可能比正常的植物小,株型较矮,分枝和分蘖数也较少。在泰国和菲律宾曾报道光周期敏感品种由于延迟种植而获得较高的产量,这是由于光周期敏感的水稻品种延迟种植可以造成较矮的株型,不易互相遮阴的缘故。

对于作物的产量,只有在生殖器官充分发育的情况下才能高产。而对另一些作物如甘蔗、烟草、茶叶和饲料作物,生殖器官发育延迟或受阻时都可高产。

作物品种之间收获量所需的生育期差别很大,而全生育期因播种期的不同而不同,光长往往通过作物生育期的长短进而影响产量。在田间条件下,生长期短的品种没有时间去产生足够的分蘖或叶面积,而那些生长期长的植株长得太高、多叶,低层光照差,获得的养分少。为了高产,在一定地区和栽培技术下,生长期有一个高产的最适值。它能够通过控制分蘖数、叶面积、光传入和营养进行调节。

3. 植物感光性

每种作物的不同品种对光照长短的要求也有差别,有的甚至对光长的反应已不明显。这是由于它们在原种植地所处的纬度和季节的光照条件以及耕作栽培技术长期不同所造成的结果。我国水稻虽属短日性植物,但南到海南岛,北到黑龙江,从平原到海拔 2400 m 都有栽培,并已形成了很多对光照要求各不相同的类型。在满足水稻所要求的温度条件下,在短日条件下可使生育期缩短,在长日条件下可使生育期延长,这种因光照长短而使生育期延长或缩短的特性,称为水稻的感光性。

(三) 光照长度与植物发育

长期以来,人们用光周期学说解释光长对植物开花的影响。但如果用光照阶段学说来解释时,则认为植物发育对光照反应是在一定的具体阶段——光照阶段中进行,并非在全生育期或笼统的开花以前进行。最近的研究表明,高等植物对光照长度的反应决定于植物光敏色素系统。不同波长光谱对植物生长发育的影响,各人观点虽不尽相同,但都认为可见光谱组成对植物生育产生不同影响,光谱组成对不同植物的影响也不相同。不同植物对不同光谱的要求是其在长期生活环境下自然选择的结果。在不同纬度的夏季,当一天里太阳高度位于 30°以上和以下时,不仅光谱组成的比例不同,光照时间也不同,因此,不同纬度下的植物形成了对光谱组成的不同要求。原在低纬地区生长的短日性植物,一天里太阳高度在 30°以下的时间较短,30°以上的时间几乎比前者多达一倍,30°以上的时间内,短光波的百分比较大,因此,植物长期适应的结果,就使短光波对短日性植物产生影响。原在高纬地区的长日性植物,一日里太阳高度在 30°以下的时间相对较多,长波光占绝对优势,长波光对其产生影响,形成需要长波光的长日性植物。

光照长度还对植物的一些特征如外部形态(主茎、叶数、株高、每株穗数等)、叶片发育与脱落、休眠、营养器官的相对大小、花青素的形成,抗寒性及贮藏物质的积累等都有着不同程度的作用。

光周期反应在作物引种与栽培中有十分重要的应用价值。如在作物引种时应特别注意作物开花对光周期的要求。一般来说,短日照作物由南方(短日照、高温)向北方(长日照、低温)引种时,由于北方生长季节内日照时数比南方长,气温比南方低,则营养生长期延长,开花结实推迟。短日照作物由北方向南方引种,则营养生长期缩短、开花结实提前。在作物栽培中,我们亦可以根据作物品种的光周期反应来确定适宜的播种期。例如,短日照作物水稻,从春到夏分期播种,结果播期越晚,抽穗越快。适于在春季播的玉米、高粱、谷子、大豆等短日照作物,若推迟播种,则往往生长发育加快植株变得矮小。光周期反应还可以应用到提高作物品质方面,如研究表明的,光照长度对大豆的蛋白质、脂肪及脂肪酸组分具有明显的影响。开花后延长光照,可使蛋白质含量下降,脂肪含量上升,油酸、软脂酸占脂肪酸的比例下降,亚油酸、亚麻酸和硬脂酸比例上升。

三、光强对植物的影响

(一)光强与光合作用

在植物生育适宜温度和正常 CO_2 浓度的条件下,单叶光合作用强度受到光强的影响。一般单叶光合作用强度是多种因子的函数,布德科夫斯基(Budugovsky)和罗斯(Ross)以下式表示:

$$P = f(Q, C, T, S, r) \tag{2-2}$$

式中 P 为叶子光合作用强度,Q 为叶面光合有效辐射强度,C 为靠近叶面的 CO_2 浓度,T 为叶温,S 表示叶片水分状态的指标,r 表示无机养分含量的指标。光不仅通过其有效辐射强度直接影响光合作用速度,而且通过叶片的热量平衡,间接地控制着光合作用的进行。

1. 光与植物生产

在一定的光照强度范围内,并在植物生长发育适宜的外界条件下,光合强度随着光照强度的增强而增强。当光强超过一定限度时,光强再增大,光合强度并不相应增强,它以一个最高值为渐近线而不再上升,这种现象称为光饱和现象。光-光合作用曲线大体呈双曲线型。

C3 植物如水稻、小麦、大麦、大豆等光饱和下的光合产量大约为 15~40 mg/(dm² · h)。C4 植物如玉米、甘蔗等有较高的光合作用能力,其光合产量约为 40~80 mg/(dm² · h)。

群体的光照强度与光合产量关系随群体繁茂程度有明显差异。当叶面积较小时,比较弱的光就能达到光饱和,随着叶面积增大,光饱和的光照强度增大;对于非常茂盛的群体,可能不出现光饱和现象。不同植物的光照强度与光合作用关系曲线不同,C4 植物如玉米和甘蔗的光-光合作用曲线,甚至在 10 万 lx 下的光强也未达到饱和,成为所谓不饱和型的光-光合作用曲线。相反 C3 植物的水稻、大豆、小麦等作物的光-光合作用曲线,只要处在 4~6 万 lx 光强下便达到饱和。这是由于玉米等 C4 植物 CO_2 固定反应系统的能力较强,光合速度不受 CO_2 固定反应速度的影响所致。

莫斯(Moss)等曾指出,C4 植物的气孔活动比之 C3 植物受光强的支配尤为强烈,因而构成光——光合作用曲线的差异。

2. 光强变化与光合作用

在自然条件下,植物叶片所受的光强不是恒定的。投射到地表的光强,随着大气状况而变化。即使投射于地表的光强为一定量,由于风速引起冠层摆动,叶片随风飘摇,叶片上接受的光强也有所不同。植物叶片遭受光变动的周期也因风速及其他条件而异,据研究以 0.1～10 s 者为多。光的变动幅度,以晴天出现光斑的场合为大。可以认为,强光-弱光的缓慢交替能提高光能利用效率。

间歇照光能提高光能利用效率:在强光持续照射时,光合作用的暗反应过程便成为限速阶段,在这样的条件下,与光反应产物数量相比,CO_2 受体以及 CO_2 固定酶水平相对较低,而且 CO_2 固定初级产物的还原速度也处于相对缓慢状态。为此,光反应产物或中间产物便不能顺利地被消耗而有过剩现象。这些产物中的不稳定物质不断地被分解,造成浪费。而如果紧接光期之后就插入暗期,由于光期所产生的光反应产物被消耗,反应能顺利进行,过剩现象减少,浪费减少。

3. 光饱和点与光补偿点

在一定范围内,光合速率随着光强的增加而呈线性增加;但超过一定光强后,光合速率增加转慢;当达到某一光强时,光合速率就不再随光强增加而增加,光合速率开始达到最大值时的光强称为光饱和点(light saturation point)。叶片只有处于光饱和点的光强下才能发挥其最大的制造与积累干物质的能力(图 2-3)。在光饱和点以上的光强不再对光合作用起作用。

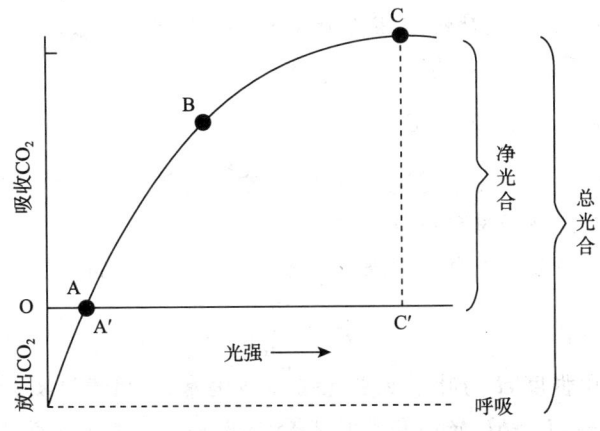

图 2-3 需光量曲线模式图,A′光补偿点 C′光饱和点

夜晚,光在零点,作物只有呼吸消耗,没有光合积累,光合速率为负值。白昼,随

着光照强度的增强，CO_2 的吸收逐渐增加，在一定的光照强度下，实际光合速率和呼吸速率达到平衡，表观光合速率等于零，此时的光照强度即为光补偿点。在这一光强下，光合作用制造的产物与呼吸作用消耗的产物相等。光补偿点和光饱和点分别代表植物光合作用对光强度要求的低限与高限，也分别代表对于弱光和强光的利用能力，是植物需光特性的两个重要指标。在光补偿点以上，植物的光合作用超过呼吸作用，可以积累有机物质。在光补偿点以下，植物的呼吸作用超过光合作用，此时反而要消耗贮存的有机物质，如长时期在光补偿点以下，植株将逐渐枯黄以至死亡。

叶片的光补偿点和光饱和点随植物种类及其他种种因素而有很大差异。根据植物对光强的反应，可分为耐阴植物和喜阳植物，耐阴植物在光照强度仅及晴天照度的十分之一时光合作用就不再增加；而喜阳的植物，尤其是荒漠植物或高山植物，在中午直射光下还未达到光饱和。对于水稻、小麦等 C3 植物，光饱和点为 4~6 万 lx。C4 植物的光饱和点一般比 C3 植物高，耐阴植物的光补偿点为几百勒克斯，而喜阳植物的光补偿点达 1000 lx 以上。

作物群体的光饱和点和光补偿点均较单叶为高。如小麦单叶光饱和点为 2~3 万 lx，而群体在 10 万 lx 下尚未达到饱和。这是因为当光强时，群体上层叶片虽已饱和，但下层叶片的光合强度仍随光强的增加而增强，群体的总光合强度还在上升。同样，群体内叶片多，相互遮阴，当光照弱时，上层叶片还能进行光合作用，但下层叶片光合作用弱，呼吸作用强，所以整个群体的光补偿点较高。

据日本对水稻测定的结果，群体光饱和点初期为 3 万 lx，最高分蘖期为 6 万 lx，孕穗期光饱和点消失，此期间光照越强，光合生产率越高，乳熟期光饱和点无显著降低。对小麦也曾观测到拔节后光饱和点两度消失的情况。

实际上，光饱和点与光补偿点将随叶面积系数、CO_2 含量、温度、土壤有效水分等因子而变化，它不是一个常数。

（二）植物群体的光合产量

为估算植物的平均光合作用速度，应首先建立在单叶光合作用下的光合速度，再考虑时间和空间要素进行时空积分。

单叶接受光照强度与光合作用强度关系可以用直角双曲线表示：

$$P=\frac{bI}{1+aI} \qquad (2-3)$$

式中 P 为光合作用强度，I 为叶子所受光强，a、b 为常数，可通过实验求得。当 $I\rightarrow\infty$ 时，$P\rightarrow b/a$；$I\rightarrow 0$ 时，$P\rightarrow bI$，光饱和点时光合强度为 b/a，系数 b 为光-光合作用曲线起点处斜率。

在大多数作物群体中，叶片的空间排列是任意的，可把叶片处理成是按垂直轴的任意排列。在知道叶片的垂直分布后,就有可能描述日光在叶间穿过向下时的减弱规律,也有可能估计辐射能在叶片表面的复杂分布方式。假定叶层是均匀的介质,光在群体中的分布,平均辐射量随叶面积系数的增加而递减,即符合比耳(Beer)定律:

$$I(F) = I_0 \exp(-kF) \tag{2-4}$$

式中 I_0 为冠层的光强,k 为群体叶层光强衰减系数。其求算用 $k = \dfrac{-\ln(I/I_0)}{F}$,需要测出群体顶部及各层次的光强及各层次以上部分的叶面积之和 F。据门司和佐伯计算,在草中 k 为 $0.3 \sim 0.5$,水平叶片的作物层中为 $0.7 \sim 1.0$。在理想介质中,k 值是由介质中所含吸光物质的浓度和其吸光系数所决定的。实际上,作物群体内部情况很复杂,叶片大小、厚薄、表面光滑度、叶绿素含量及其排列等都要影响叶片吸收、反射和透射性质及大小,从而影响 k 值大小;入射光的方向和成分也对 k 值产生影响,特别是叶片的角度、平铺或直立,影响较大。k 也随季节、天气、时间、植物株行距等而变化,因此 k 值不是稳定的。有人将群体分成几个层次,各个层次的 k 值取不同值。但实际应用中,禾谷类作物中的光强衰减系数较稳定,因而使用平均值代替。

将(2-4)式代入(2-3)式,并减去作物呼吸,就可以计算一定光强下任意一层叶面的净光合强度。整个群体的净光合强度就是各层叶面积净光合作用强度的总和,即:从整个群体看,不同的群体结构不同,则 F 不同,光合作用的净生产量是有变化的。P 不同,a、b 也有相应变化,它们之间不全是线性关系。因而净光合强度不会随 F 的增大而相应增加,从数学意义上说存在有极限值,净生产率达到最大值时的叶面积系数才是最适叶面积系数。

光合作用的估算也可通过其他的途径,如测定 CO_2 同化吸收过程中各个阻力,模拟电路来求取。但这种方法进行估算,其过程要复杂得多,当 CO_2 梯度测定及叶面阻力测定存在困难或误差大时,应用便有困难。

(三)光强与植物生长发育

植物的生长是以株高伸长、体积增大、体重干重增加、有机物质及所含能量的增长等形式而表现出来。光通过光合作用是导致有机物质及其所含能量增多的因素。一般来讲,强光有利于植物繁殖器官的发育,相对的弱光则有利于营养生长。光强还影响植物形态,植物在暗处生长,由于不能产生叶绿素,会产生黄化现象。黄化植物照光后,可恢复正常形态。植物花芽的分化和形成受光照强度的制约。如果植物群体过大,有机营养的同化量少,花芽的形成也减少,已经形成的花芽也由于体内养分供应不足而发育不良或早期死亡。在开花期,如果光照减弱也会引起结实不良或果实停止发育,甚至落果。例如,大豆在开花、结荚期如遇长期阴雨天气,光照不足,影响碳水化合物的制造与积累,就会造成较多的落花落荚。

在研究光强对农作物生长发育的影响试验中,常采用遮光法,也可以盆栽,将遮光与不遮光的植株进行对比分析。

减弱光强对总干重及籽粒重的影响很大。一般情况下,作物生长期内群体接受的自然光强常低于群体的光饱和点,所以随着光强的减弱,光合量会显著降低,且减光天数越多,作物的产量构成要素各部分受到的影响越大。

光强的减弱,即使是同等程度、同样天数,在不同的生育时期,其对作物生长的影响也是不同的。所谓临界光期就是光强的变化对作物产量影响最大的时期。不同作物品种的光合效能有差别,因而遮光所造成的光合能力降低程度也不同。

光照强度对植物的发育速度有影响。光强过弱往往阻碍植物的发育速度,以致延迟开花结果。在纱幕遮阴下,果树开花结实不良。草本植物在高大植物遮阴下,延迟开花或不开花。

光强还影响产品质量。苹果果实质量的分布与冠内光强分布相吻合,即外围果实质量好于中部,中部好于内膛,上位果实强于下位。如果同是外围(或中部),则南向果实质量最佳,北向果实最次。果实质量主要表现在果实的着色面积的大小、含糖、含酸、硬度、果径大小等方面,这些因素都与光照强度呈线性关系。

实际上,光对植物的影响是从光照强度和光照时间两个方面起作用的。考虑这种综合影响,有人提出光照量度的概念。光照量度就是每昼夜植物所获得的光照能量的总和。在两者的不同组合下,其影响往往不同。增加光照强度,可以获得优质高产,但有时却又必须延长光照时间,产量才能提高。

四、不同光谱对生物的作用

植物的生长发育是在日光的完全光谱下进行的。太阳辐射能的各种光谱到达地面上的比例因纬度、季节、地势与气象条件而异,但大体上比较稳定。其中不同的光谱成分对于植物的光合作用、叶绿素等色素的形成、向光性以及动物的生育等,光反应的作用是不一样的。光对光合过程的作用严格地限制在可见光谱之内,而且在可见光谱中不同波段下,光合强度不同,光合产物也不完全一致。

到达地球表面的太阳辐射大致分为三部分:紫外线、可见光及红外辐射。

(一)紫外线对植物的作用

波长小于 290 nm 的短紫外线对植物有伤害作用,波长越短,伤害性越大,有人称之为灭生性辐射。但由于高空臭氧层对它的大量吸收,一般达不到地面,不能危害地面生物体。

波长位于 290～400 nm 的长紫外线,大多数学者认为它对植物的生长不起显著作用,也不影响它们的发育和产量。但也有人认为:集中在 290～315 nm 范围内的紫外线对形成正常的植物有特别重要的作用,能加速植物发育。而 315～400 nm 的紫外线没有作用。紫外线辐射的抑制和促进作用与所用的剂量及植株的发育阶段有关。将植物置于能最大限度地透过 365 nm 区域光线的玻璃滤片下,发现照射过的植株几乎难以确定其发育阶段的转换时间。在大剂量照射的情况下,可观察到花青素的出现,这与合成作用被破坏有直接的关系。紫外线的刺激或抑制作用还与温度有关。在温度升高时,小剂量的紫外照射能引起刺激作用,而在降温时,则抑制生长。

紫外辐射还对植物的向光性、感性和趋性有很大的作用。当紫外线定向作用于根部,可观察到地上器官有向光性,这可能是类胡萝卜素的作用。

(二)可见光波段的作用

在各种光化学反应中,起决定作用的是叶片所吸收的光。叶片所吸收的以可见光和紫外线为主。这个波段区域对植物的生活机能具有决定性的作用。真正对有机物合成和产量有实际意义的,只是 400～710 nm 范围内的光,即光合有效辐射。其中最有效的部分为红橙光和蓝紫光。

蓝紫光部分为 400～510 nm。这是一个强的叶绿素吸收带和强的黄色素吸收带,它又是在可见光中强的光合作用活性光谱带。它的效率虽只及红橙光的一半,但对于植物的化学成分有强烈的影响,能促进蛋白质和脂肪的合成和数量增加。大多数情况下延迟植物开花。

黄绿光部分为 510～610 nm。是一个低光合效率和无特殊意义的光谱带,同时也是一个弱活性带,叶片吸收较少。

红橙光部分为 610～710 nm。它几乎是叶绿素最强吸收的光谱带,也是红光区域中具有最强光合活性的光谱带。在这个波段作用下,植物的光合作用、肉质直根、鳞茎、球茎等形成过程,植物开花过程和光周期过程都以最大的速度来完成。它对形成光学机构起着主要作用,对植物的化学成分也有强烈影响,形成碳水化合物多。

(三)红外线的作用

红外线可分为近红外辐射和远红外辐射。两者对植物的影响不同。

波长大于 1000 nm 的辐射为远红外辐射。对于植物无特殊效应,一旦被植物吸收,即转换成热能而不参加光化学反应过程。

波长在 710～1000 nm 之间的辐射是近红外辐射。它是一个对于植物具有特殊伸长作用的光谱带。

730 nm 附近的近红外和波长 660 nm 附近的红光影响长日性和短日性植物的开花,影响植物茎的伸长和种子萌发等。例如红光能促进莴苣种子发芽,远红光则抑制莴苣种子的发芽;这两种光的效应是相反而又是可逆的。如果将种子轮流放在红光和远红光照射下,种子是否萌发,则看最后一次辐射而定。最后一次是红光,则促进萌发,如果是远红光,则抑制萌发。

第二节 温度与植物生长发育

一、温度的意义

在研究热量条件与生物生长发育的关系时,一般都用温度这个物理量表示。温度是植物生长发育环境的重要因子,是生物体生活的重要条件。温度条件对植物生长发育的影响,是通过其强度、持续时间和变化规律等方面产生的。植物生长发育只能在它们所需要的温度条件范围内进行,过高或过低,都会使生命活动受到抑制、甚至死亡。

(一)温度

温度作为热量条件的标志,对生物体的影响是多方面的,它影响其生理生态特性、分布、同化、呼吸及其蒸腾等各个生理过程、生长发育与产量形成等。

根据温度对植物生理生态特性的影响及植物对温度的要求,可把植物分为喜温植物和喜凉植物,前者指生长发育的起点温度与全生育期中所要求的温度都比较高,如水稻、玉米、棉花、高粱、烟草、花生、甘蔗等;后者则指生长发育的起点温度与全生育期所要求的温度相对较低,如麦类、油菜等。根据温度对植物分布的影响及植物对温度的适应性,也可把植物分成广温植物(植物生长要求的温度范围较宽,分布较广)和窄温植物(植物的生育对温度条件要求严格,分布范围也较窄)。

温度除直接影响植物的生长发育外,还通过影响生长环境中的其他因子(如水分、土壤等),间接地影响植物的生育。温度条件还是植物病虫发生、发展的基本条件之一。从温度的物理学定义出发,系统本身是决定温度水平高低的条件之一,因此,土壤温度、动植物体温及水温在研究温度对农业生物的影响及其间关系时有着特殊的意义。

(二)土壤温度

土壤温度对于在土壤中以及在邻近气层中所出现的各种过程和现象都产生影响,自然也影响到植物的生长发育环境及其生命活动。地温对植物整个生育期都有一定影响,而且前期影响大于气温。在气温低而又不致危害植物正常生育的情况下,增加地温对促进植物生长是十分有利的。地温对植物的影响包括对植物地上部分和根系的生长量、种子的萌发与幼苗的生长、植物的安全越冬、植物光合作用、植物对水分及营养物质的吸收与输送以及土壤中有效养分的变化等影响。

种子发芽、出苗以及幼苗的生长与土壤温度的关系最为密切。在水分供应充足且在一定的温度范围内,种子发芽的速度随土壤温度增高而加快。土温对植物块根、块茎及其产量影响很大。

在土壤水分充足的条件下,土壤上层分蘖节处的温度是影响分蘖的主要因素。当气温下降而土温保持不变时,分蘖动态与土壤上层的最高温度相适应,而与气温无关。分蘖随土壤上层温度的升高而增强。分蘖节处的温度还是影响作物越冬的最主要因素。

此外,土壤温度还影响根的吸水量、土壤 CO_2 释放量以及通过影响植物吸水而影响气孔导度和植物的光合作用。在同一时间同一地点,土壤温度与空气温度虽然不同,但许多资料证实,土壤热状况和邻近气层的热状况有直接的依存关系。

（三）水温的意义

水生植物的生长发育与水温有密切关系。就水稻而言,水温的高低影响到稻谷的发芽速度、发芽率、发育性状、养分吸收、光合作用以至产量形成。稻谷的萌发要求充足的水分,同时还需具有适宜的温度条件,如果提高水温,则稻谷达到饱和吸水量所需要的时间缩短,发芽迅速。用不同水源进行灌溉,水温往往不同。水温的高低影响到稻株的光合作用。水温不同会使水稻吸收养分的情况差异很大。这是因为不同的水温影响了稻株生理活性所致。另外,水稻不同发育时期对水温的要求不同。当平均水温低于 25℃ 时,出穗会明显延迟,每下降 1℃ 大致要延迟 1 天。早春为了提高水温,常采用迂回水道,让水在较长时间的运动过程中多接受太阳辐射待温度提高后再灌入田中。冬春季节地下水温一般比地表水高,引入农田可用以防御低温危害。

（四）植物体温的意义

植物体温与其周围环境温度并不一致,体温是真正影响生物体生命活动的因子。植物的一切生理活动除受环境温度条件影响外,还决定于植株本身的热量收支、热传导和蒸腾作用等。而叶温与植物的光合、呼吸、蒸腾及极端温度对植物的危害等都有直接关系,因而用叶温表示植物的温度状况更为客观。

植物的光合作用及其他生理过程受叶温的影响很大。近年来已开始利用卫星遥感技术测定植株体温,并进行作物生育状况的分析,结合气象资料,预测农作物产量和柑橘冻害,测定小麦体温以推算作物缺水程度及指导麦田灌溉等。

实际观测表明,在有太阳直接辐射的情况下,叶温常高于气温 3～5℃,有时甚至高达 10℃ 以上;阴天或荫蔽时,叶温与气温接近;雨后初晴,由于叶面蒸发耗热,叶温常低于气温。夜间叶温低于气温。在阳光充足、水分供应良好的情况下,植物叶温与气温差值有可能等于零。

影响叶温(叶-气温差)的因子主要有植株本身状况及外界环境条件,包括叶片状况、植物种类、空气温度、湿度、太阳辐射、风速以及土壤水分状况等。在太阳高度角大时,直立叶温度低于水平叶,遮阴时相反,有云时差值较小。在湿度不变时,叶-气温差随温度上升而近似线性地减少,直到气温超过叶温,叶-气温差至负值时为止。湿度对叶温的影响很复杂,它主要通过调节气孔开度、叶片蒸腾而产生影响。当气孔孔径的变化仅与太阳辐射及气温有关而与湿度无关时,如空气温度增加,则叶温线性地上升。长谷川研究了叶-气温差与植物种类的关系,指出C3植物不论空气干湿均比C4植物蒸腾率大而叶温偏低,且叶-气温差随太阳辐射强度而变化。

二、温度及其对植物的影响

(一)植物生命活动的基本温度

1. 三基点温度与受害、致死温度

生命活动的每一个过程都必须在一定的温度下进行,并有维持生命活动及适应生长与发育的温度范围。不论对于哪种温度,仅就其生理过程来说,都有三个基本点,即通常所说的三基点温度:最低温度、最适温度和最高温度,或称为下限温度、最适温度和上限温度。对于植物的生长,下限温度是指在一定低温影响的一定时间内,植物不能继续生长,但也不受伤害;最适温度是指生长最适宜的温度;上限温度是指植物处于一定高温的一定时间内,不能继续生长但也不受伤害的温度。

不同植物三基点温度不同,并有一定的变化幅度。原产热带的作物,其生长适宜温度比原产温带的作物更高;冬作物(如小麦)的生长适宜温度比夏作物(如玉米)的要低。表2-1列出几种主要作物生长的三基点温度。应注意,同一种植物在不同生育时期的三基点温度也是不同的,如从植物生长要求的最适温度来分析,植物早期要求的温度稍低,生长盛期要求较高,到成熟时期则又低一些。对同一种植物的不同品种,其三基点温度也有差异。

表 2-1 几种作物生长的三基点温度(℃)

作物	最低温度	最适温度	最高温度
小麦	3~4.5	20~22	30~32
大麦	3~4.5	20	28~30
玉米	8~10	30~32	40~44
水稻	10~12	30~32	36~38
烟草	13~14	28	35
甜菜	4~5	25	28~30
棉花	13~15	28	35
油菜	4~5	20~25	30~32
牧草	3~4	26	30
紫花苜蓿	1	30	37

就某一项生理过程而言,也有三基点温度。植物光合作用和呼吸作用就存在三基点温度。一般地说,光合作用的最低温度为-5℃,最适温度为20~25℃,最高温度为40~50℃,对呼吸作用,则分别为-10℃,36~40℃,50℃。不同植物及品种,光合与呼吸作用的三基点温度也有变化,而且光照强度、CO_2浓度、土壤水分含量以及农业技术措施等都会影响三基点温度值的大小。

尽管生物的三基点温度不同,不同植物之间又有差别,但仍有一些共同特征:最高温度、最低温度和最适温度指标都不是一个具体的数值,而是有一定的温度范围;无论对生存、生长,还是发育,最适温度基本上是同一个变幅范围,彼此差异很小。很明显,各种生命过程都是长期在类似条件下适应的结果,最适温度应对任何过程皆适宜。而不同生物体之间最低温度的最低点差异很大,比如,耐寒植物可以忍受-10~-20℃的低温,喜温植物却不能忍受0℃的低温,最低温度与最适温度之间差距较大,各种植物的最高温度差异较小,也与最适温度比较接近。因此,低温危害比高温危害更为常见,对植物的生长发育影响也更大。

如果温度高于上限温度或低于下限温度,植物就会逐渐受到不同程度的危害,此时称为受害高温或受害低温。温度进一步升高或降低,则会使植物受害致死,称为致死高温或致死低温,结合上面所讲的三基点温度,这就是通常所说的五基点或七基点温度。

2. 有效温度与温度的有效性

从农业生物存在三基点温度的事实出发,就产生了有效温度与无效温度的概念。农业气象学通常把生物生命活动或生长、发育的下限温度称为生物学下限温度(或生物学零度,并以 B 表示)。当日平均气温在 B 值以上(或以下)时,则该温度就是有效(或无效)的,认为低于 B 值的日平均温度为无效温度;当日平均温度在 B 值以上,则该温度为活动温度,活动温度扣除 B 值以下、上限温度(C 位)以上的温度而余下的温度为有效温度。

按理高于 B 值的日平均温度的活动温度应部分有效,有效温度应全部有效,但事实上,不同温度时,同样1℃对于生物体生长发育的影响(即效益)是不同的,有时还有较大差别,这就是温度的有效性问题。

3. 界限温度的农业意义

植物生命活动的另一个基本温度是农业界限温度,又叫指标温度。它表明某些重要物候现象或农事活动开始、终止的温度。所谓"界限",完全是从农业生产和气象条件的关系上划定的。农业气象上常用的界限温度(日平均温度稳定通过日期)及其农业意义为:

0℃:土壤冻结和解冻,越冬作物秋季停止生长,春季开始生长。春季0℃至秋季

0℃之间的时段即为"农耕期"。低于 0℃的时段为"休闲期"或"死冬"。

3～5℃：早春作物播种、喜凉作物开始生长、多数树木开始生长。春季 3℃(5℃)至秋季 3℃(5℃)之间的时段为冬作物或早春作物的生长期(生长季)。

10℃：春季喜温作物开始播种与生长,喜凉作物开始迅速生长,秋季水稻开始停止灌浆,棉花品质与产量开始受到影响。开始大于 10℃至开始小于 10℃之间的时段为喜温作物的生长期。

15℃：初日为水稻适宜移栽期,棉苗开始生长期,终日为冬小麦适宜播种日期,水稻内含物的制造和转化受到一定阻碍。初终日之间的时段为喜温作物的活跃生长期。

20℃：初日为热带作物开始生长时期,水稻分蘖迅速增长,终日对水稻抽穗开花开始有影响,往往导致空壳。初终日之间的时段为热带作物的生长期,也是双季稻的生长季节。

(二)温度与植物的生长发育

植物的生长或有机物质的积累是在连续的、同时进行的两个相反过程——同化与异化过程中形成的。温度对于每个过程的影响虽不相同,但也有一些共同的特征。一般认为,在一定的温度范围内,温度对主要生命过程的影响基本上服从范霍夫(van't Hoff)定律,即温度每升高 10℃,反应速率增加一倍。

实际上,上述定律应用于植物的生长发育,只在一定的温度范围内有效。随着温度的升高,植物的生命过程最初是加快的,当温度超出一定界限时光合作用和呼吸作用强度就减弱下来,并在温度进一步升高时,两种作用将完全停止。这就是光合作用与呼吸作用具有温度三基点的问题。

植物干物质积累与光合作用和呼吸作用有很大的关系,而温度高低对光合作用和呼吸作用的影响是不同的。与光合作用相比,呼吸作用更容易受到温度的影响,这可从光合作用(P)与呼吸作用(R)之比(P/R)与温度的关系中看出,它表征干物质生产效能与温度的关系。研究表明,在高温阶段($>35℃$),随温度升高,P/R 值降低。另外温度还影响叶面积大小以及非同化器官(C)与同化器官(F)之比(C/F),从而间接影响光合作用和呼吸作用。

植物有机物质的增加取决于光合作用所积累的和呼吸作用所消耗的有机物质之差。温度条件对植物的其他生理过程也有影响。温度通过对空气相对湿度的影响来影响植物的蒸腾作用。植物对无机养分的吸收也与温度条件有关。当温度比适宜温度高或偏低时,都会使养分的吸收下降,降低程度因无机成分的种类而有区别。

三、积温对生物的影响

(一)积温学说

研究温度对生物的影响,只考虑温度强度是不全面的,因为在同样的温度强度下,温度作用的时间不同,产生的效应也就有别。因此,在理论研究和实际应用中,既要注意到温度强度,还须考虑温度影响的持续时间。这就产生兼具以上两种作用的温度指标——积温。

植物需要达到一定的温度之上才能开始生长发育;同时,植物也需要有一定的温度总量,才能完成其生命周期。通常把植物整个生育期或某一发育阶段内高于一定温度度数以上的昼夜温度总和,称为某植物或植物某发育阶段的积温。不同植物(品种)在整个生育期内要求有不同的积温总量。

根据多年的研究,特别是积温指标在农业气象中的应用,一般可将积温学说归纳为三个基本论点:

(1)在其他条件得到满足的前提下,温度因子对生物的发育起着主导作用。

(2)生物开始发育要求一定的下限温度;近年来的研究指出,对于某些时段的发育,还存在着上限问题。实际上,从生物体生长发育存在三基点温度出发,也应当有上限问题。

(3)生物完成某一阶段的发育,需要一定的积温。

(二)积温计算

由于研究与应用的目的不同,积温有各种各样的表达形式。农业气象学中,应用最为广泛的是活动积温与有效积温。活动积温是作物在某时段内活动温度的总和,而有效积温是作物在某时段内有效温度的总和,可根据该时期内日平均温度进行计算。两者的表达式为:

$$T_a = \sum_{i=1}^{n} T_i \qquad (T_i > B,若 T_i \leqslant B 以 0 计算) \qquad (2-5)$$

$$T_e = \sum_{i=1}^{n} (T_i - B) \qquad (T_i > B,若 T_i \leqslant B,T_i - B 以 0 计算) \qquad (2-6)$$

式中 T_a 和 T_e 分别为活动积温与有效积温,n 为作物发育期间所经历的天数,T_i 为其间逐日平均温度。

严格讲来,根据有效温度的概念,计算有效积温时还应去掉高于上限温度的部分,考虑了上限的积温则称为净效积温。不同生育期各种作物的 B 值是不同的,而且往往会因为其他条件的变化而变化。

积温的两种表示式,各有其特点与应用范围。活动积温统计比较方便,但因其包

含了一部分低于 B 值的无效温度,使积温的稳定性较差。有效积温弥补了这一不足,用来表征农作物生长发育所需的热量条件相对较好,但统计繁琐,往往给分析、计算带来一定的困难。前者多用于农业气候资源的分析,后者则多用于研究作物发育与温度条件的定量关系、建立作物发育的农业气象模式和编制农业气象预报。

根据某些专题研究的需要,还有人提出负积温、地积温等概念,它们实质上都是积温基本原则在各种具体情况下的推演与应用。

(三)积温的稳定性与改进措施

试验研究与实际应用中都发现,作物对积温的要求,不论是活动积温还是有效积温,都存在不稳定现象。即使同一作物甚至同一品种所要求的积温值也有一定的变动。综合众多的研究,可以认为积温的稳定性是相对的,不稳定是绝对的;造成积温不稳定的原因是多方面的,根据具体情况,对积温的表达形式与计算方法作必要的改进与修正之后,积温仍不失为一个有效的热量指标。造成积温不稳定的原因有这样几个方面的原因。

(1)积温学说的假定

积温学说是建立在这样一种假定的理论基础上的,即植物在其生长发育进程中要求一定的环境条件,当其他因子(光照、水分等)保持适宜时,温度条件对植物发育才起主导作用。事实上,这一假定是难以满足的。各种植物在自然条件下所受到的环境因子的作用是错综复杂、互相渗透的,它们必然影响植物发育速度与积温关系的成立。也就是说,作为基础的假设不成立,必然要影响到以此假设作为基础所得出的结论,即影响积温的稳定性,从而使植物在一定发育时期所要求的积温值有一定的变幅。还必须指出,从近年来的试验结果以及温度三基点的观点出发,尽管其他条件适宜,发育速度-温度的关系也并非积温学说中的线性关系,而是一种非线性关系。只是在特定的温度条件下,即在适宜温度范围内,非线性关系才能为线性关系所代替。

(2)环境因子的干扰

外界环境条件远非假设条件那样理想,环境因子对积温的稳定性会产生较大的影响,这也正是人们所讨论的积温因年际、日际、地理、季节和栽培措施等存在差异的主要原因。受植物感光性与感温性状况的影响,发育速度对温度的依赖性不同,有时相差很大。据国内的研究,水稻(特别是某些感光性较强的晚稻品种)在感光性较强的某些发育期(三叶—抽穗)中,积温的变动与光照时数有关,如把光照时间的影响加以订正,所得积温的稳定性大大增加。水分条件的适宜与否往往也会对植物发育速度产生影响。此外,在计算积温时没有考虑温度日变化的影响,而温度日变化对植物生长发育是有很大影响的。在气温日较差较大的地区或季节,白天温度较高,夜间温度较低,而实际促进发育的主要是白天高于下限温度的温度,结果用日平均温度算出的积温值必然偏小,在气温日较差较小的地区或季节,由于夜间温度较高,日平均温度偏高,而对植物生长发育有较大影响的日间温度却不高,自然使得积温值偏大。另外,在自然条件下,外界环境因子存在诸多不同组合,使得植物发育所要求的积温不可能是固定不变的。因此,植物的发育速度与温度之间不可能是一个简单的函数关系。但是,由于热量因子的主导作用,积温应该在某一平均值附近摆动。

(3) 植物本性的影响

植物对光温影响的反应即感光性与感温性问题也是属于植物本性影响的一个方面。不同品种在生态上反应的差别是很显著的,有时甚至超过了不同植物之间的差别。例如,我国水稻有很多品种,它们从播种到成熟所需大于 10℃ 活动积温为 2200～4200 ℃·d,有效积温为 1000～2450 ℃·d,差异很大。因此,计算各种植物积温时,不能不考虑到植物的不同品种。

植物是由无数个体组成的,个体间有差异,尤其是对环境反应的差异。这一现象即使是对同一品种也是如此。目前确定发育期都是从植物群体平均状态得出的,积温也属于一种平均的概念。这样,植物个体的差异必然会带来积温的系统误差,使得积温为一非确定量。

植物为一活的有机体,在外界环境条件下,有其自己的生长发育规律。作为一个活的有机体,它对热量条件既有一定的要求,又有一定的适应能力,因此其热量指标就必然有一个范围。在用积温来表征植物发育速度与温度的关系时积温应有一个变幅,而不应理解为一个固定的常数。

另外,还有主、客观条件的影响。人为的影响有时会使积温值有较大变异。人为的影响主要包括了发育期的观测、温度资料的取得以及计算上的误差等。

对于农业生产来说,积温具有重要的意义。第一,可以根据积温来制定农业气候区划,根据作物生长期内需要积温的总量,再结合当地的温度条件,就可以有目的地调种、引种,合理搭配品种,以提高复种指数。第二,积温又是作物对热量要求的一个指标,它表示作物某一生育时期或全生育期所要求的温度之总和。

四、温度的周期性变化及其对农业生物的影响

(一) 植物的感温性

热量条件随各地的纬度、经度、海拔高度、地形和栽培季节等不同而变化。温度是植物发育过程中不可缺少的条件,但不同植物、品种对温度的要求与反应不同。品种受温度的影响表现出发育速度不同的特性,称为感温性。植物感温性的强弱通常以高温下能促进抽穗日数来表示,某品种在高温下能显著表现出缩短抽穗日数,则该品种感温性强,反之则弱。前者又可称为对温度反应敏感,后者不敏感。晚稻的感温

性比中稻强,中稻的感温性又比早稻强。

有些植物在其发育过程中,需要一定的低温环境或低温刺激,否则不能正常抽穗结实,如冬小麦,必须经过一个低温"春化"阶段,才能开花结果。这是植物感温效应的另一特点。这些植物,在其生长发育过程中,只有经受一定的低温刺激,才能完成由生长向发育的转化。不同的植物品种,在春化阶段需要不同的低温值和持续时间,起源于北方冬性强的品种需要有更低的温度和更长的持续时间。

（二）温度的昼夜变化与植物的温周期现象

在自然条件下,气温呈现着周期性变化。许多植物长期生活在某一自然条件下,适应了某种节律性变化规律,并遗传成为其生物学特性之一,这一现象称为植物的温周期现象。这种现象是植物对温度节律性变化规律的适应。温特(F. W. Went)曾提出季、月、日的温周期概念,植物对昼夜温差的反应是日温周期现象。较低的夜温和适宜的昼温,对植物生长、开花和结实等都有利;变温对种子萌芽有利。植物还有季温周期现象,表现在与光周期协同,低温诱导休眠,而解除休眠,则需要一定的冷期。其中研究最多的是日温周期现象。

植物的日温周期现象,是大多数植物尤其是农作物所共有的普遍现象。植物如果不能满足它遗传习性所需要的光周期和日温周期,就不能完成它的生长发育进程。不同植物由于所处的地理位置和环境条件不同,通过对本地日温周期季节变化的长期适应和遗传,形成各自不同的日温周期,如热带植物适应于昼夜温度高、振幅较小的日温周期;温带植物则适应于昼温较高、夜温较低、振幅较大的日温周期。

（三）气温日变化与植物的生长发育及产量形成

气温日变化(或昼夜变温)对植物生长发育有很大影响。在日温周期振幅有效的范围内,即日最高温度不超过植物的上限温度,日最低温度不低于下限温度时,植物的生长发育速度随温度升高而加快;但如超过所需的最高、最低界限温度成为无效温度,那不仅对植物无利,反会造成伤害、死亡。矢吹等在1957年曾在变温条件下对水稻发芽进行试验,平均温度为35℃无日较差的发芽率高,而日较差大的发芽率低,平均温度等于10℃时甚至不发芽。平均温度为25℃时,则反之,但差异不大。不同植物发芽对平均温度高低及日较差大小的要求不同,喜凉植物发芽要求的温度相对较低,平均温度太高或日变化中的高温部分对其发芽不利,而喜热植物则相反。

昼夜变温对植物的生长有着明显的促进作用。温特的著名实验表明,番茄的生长与结实,在昼夜变温(白天26.5℃、夜间7～19℃)的情况下比在恒温(26.5℃)下要好得多。

昼夜温度对不同感光性作物发育的影响不同。由于长日照植物发育过程主要在白天进行,短日照植物主要在黑暗中进行,因此当日间气温高的时候,长日照植物的发育速度加快,而当夜间气温高的时候,短日照植物发育速度加快。昼、夜温度及其配合对籽粒灌浆、空粒及产量形成也有重要影响。

昼夜温差对作物产量形成有一定影响,在一定温度范围内,昼夜温差越大,作物产量越高。这是因为白天适当高温有利于光合作用,夜间适当低温可减弱呼吸作用,这样有机物质积累就增多。必须指出,日温周期对作物产量的影响有一定的条件,其前提是决定日较差大小的最高与最低气温会对产量产生什么影响。曹永华曾就此问题对拉萨与北京两地气温日较差大小与小麦千粒重的关系作了分析,指出高低温配合好(不是日较差大)是拉萨春小麦产量高于北京的一个重要原因。小麦灌浆期间,当日最高气温高于 30℃时,籽粒灌浆就受到抑制,粒重增长速度减慢或停止。北京小麦灌浆期间的平均最高气温为 26~31℃,极端最高气温能达 32~34℃,于是小麦出现了"午休"现象。拉萨小麦灌浆的平均最高气温为 20~22℃,极端最高气温 25℃左右,正处于小麦光合作用最适温度之中,促进了光合作用的进程。从最低温度看,北京小麦灌浆期的最低气温为 13~18℃,拉萨为 9~11℃,小麦的暗呼吸是随温度的上升而增加的,高原上夜间温度低,大大减少了呼吸作用和碳水化合物的消耗,增加了干物质的积累。于是,拉萨的光合产物多于北京,即千粒重拉萨较高。但从拔节—成熟期间日较差来看,北京却大于拉萨。因此,在使用气温日较差时,不能仅看其绝对数值,还应特别注意高低温配合对干物质积累过程的影响。

(四)气温日变化与农产品的品质

气温日较差还对农产品的品质产生影响。在大陆性气候条件下,水果和肉质直根类作物的含糖量有所增加。新疆出产含糖最为丰富的水果(葡萄、甜瓜、西瓜等)就是一例。云南的山苍子含柠檬酸达 60%~80%,而浙江的只有 35%~50%,云南的伊兰香含香精达 2.6%~3.5%,比海南岛(2.45%)和国外(2%~3%)都高,也是因为高原地区温度日较差大所致。

许多研究工作表明,不论是日平均气温还是积温,也不论是降水量还是相对湿度,都无法确切地表示春小麦蛋白质含量与气象条件之间的复杂关系,而在大陆性气候条件下气温日较差却是表示植物蛋白质含量的一个较好指标。据研究,春小麦蛋白质含量与气温日较差呈显著正相关,相关系数可达 0.85。

(五)植物对极端温度的适应

植物在低温环境中长期生活,通过自然选择,在形态、生理和行为方面表现出很多明显的适应。

当温度超过最适温度范围后,再继续上升,也会对植物产生伤害作用,使植物的生长发育受阻。

植物对高温环境的适应也表现在形态、生理和行为三个方面。有些植物体生有密绒毛和鳞片,会过滤一部分阳光;或体表呈浅色、叶片发亮,可反射一部分阳光;或通过树干厚厚的木栓层起到绝热和保护作用。

植物对高温的生态适应与植物的原产地有很大的关系。同一种植物的不同发育阶段,抗高温能力也不同。一般而言,植物休眠期最能抗高温,生长早期抗性很弱,随着植物的生长,抗性逐渐增强。这是由于随着根系的生长和输导系统的发展,使叶片能得到充分的水分,以保证通过蒸腾而降低植物体温。植物对高温的生理适应有两个方面:其一是在细胞内增加糖或盐的浓度,同时降低含水量,使细胞内原生质浓度增加,原生质抗凝结的能力增强;其二是生长在高温强光下的植物大多具有旺盛的蒸腾作用,由于蒸腾而使植物的体温比气温低,因而可减轻或避免高温对植物的伤害。但是,当气温升到40℃以上时,气孔关闭,则植物失去蒸腾散热的能力,这时最易受害。

第三节 水与植物生长发育

水分对生态具有十分重要的意义,它是生物体生长、发育与产量形成不可缺少的要素,与其他要素比,其需要量又是很大的,它是生态气象研究的重要对象之一。研究环境中的水问题,还与其他学科,如气象学、农学、土壤学、植物学及微生物学等有着密切的联系。

水是重要的生态环境因素,水分的多少影响着生物体的各个方面,植物生长发育需要适量的水分。水分是植物制造有机物质的原料。植物进行光合作用,合成有机物质必须不断供给水,少水时发生干旱,光合作用停滞,植物停止生长、萎蔫甚至死亡。水分过多,则发生涝害,造成植物生理干旱等,根系缺氧、窒息、烂根直至死亡。水分也是植物光合作用过程中所需要的矿物营养元素的传输者,叶片的水分蒸腾也是植物根系从土壤中吸收水分和养分的动力之一(被动吸水),蒸腾作用还调节着植物的体温,以保持在一定的温度范围内;叶片光合作用制造的有机物质输送到根、茎、花、果实等器官和组织,都必须有水分作为介质。水分是植物支撑的主要因素之一。水分充足时,植物体细胞组织保持高紧张度。这种支撑作用,以保证植物有相当的表面积,捕获足够的太阳能和CO_2。在水量的时间分配方面,不同生物体和品种在不同生长发育时期对水分的要求不同。

水分在适当范围内,才能保持植物的水分平衡,从而保证植物最适宜的生长条件。在正常的情况下,植物一方面蒸腾失水,同时又不断地从土壤中吸收水分;这样就在植物的生命活动中形成了吸水与失水的连续运动过程。

一、土壤—植物—大气水分循环

(一)水分平衡

1. 土壤—植物—大气系统水分平衡方程

水分平衡方程通常的表达形式为:

$$(R+S_g+I_r)-(E_p+E_s+q)=\Delta S_p+\Delta S_s \tag{2-7}$$

这个系统水分平衡方程中的输入项为:降水 R 和毛管上升水 S_g,植物截留 I_r;输出项为:植物蒸腾 E_p,土壤蒸发 E_s,径流与排水 q。另有一部分水是贮存在系统内的:植物体蓄水 ΔS_p 和土壤蓄水 ΔS_s。

在(2-7)式中,从宏观的空间与时间考虑,降水项非常重要。但在较短的时段和有限的范围内,非降水的作用就更为显著。所以在研究大范围水分循环问题时所关注的收入、支出项不尽相同。

从平均的数量看,晴朗的天气,气孔完全张开的条件下,植物一天中蒸腾的水量是叶片含水量的 12 倍。所以,不从土壤中吸取水分,植物蒸腾就无法维持。植物的水分吸收与蒸腾作用是一个耦合过程中的两个环节。在这个耦合过程中,大量水分从土壤经植株体运输到叶片,再由叶片中的液态水变为气态水而输送至空气中。这种贯通土壤—植物—大气连续的水流可以称之为土壤—植物—大气水分循环系统。

植物吸收水分大部分用于蒸腾,约占全部吸水的 4/5 还多。其余不到 1/5 则用于植株体的其他生理用水。在植被茂密的条件下,土壤蒸发约为总蒸散量的 10%。

2. 降水后的分配

在水分平衡方程各组成分量中,除降水、蒸发、蒸腾、径流等,其他还有:

(1)植物的截留

所谓截留,即降水落到地面之前,首先被植物冠层截去的那部分降水。植被对降水截留量大小,取决于植被的类型、覆盖地表面的程度以及降水的强度和时间。截留总量较小,但在降水开始时占的比例较大,以后就不变了。

植物不能吸收截留水,而是从茎、叶表面蒸发掉或沿茎秆流至地面。不同植物及同一种植物不同密度,截留量不同。计算时都取大致数字,如农作物约 5%,森林则相当于 20%~30%,降水量<5 mm 时,一般全部被截留。

(2)渗透

降水经植物截留后剩余的水通过地表渗入土壤中的过程称为渗透。若再向下渗,汇入地下水的部分称为渗漏。这个过程在暴雨期间特别重要。入渗强度决定了在地面产生的径流量。在入渗强度成为限制因素时被植物层所利用的水量就受到影响。

水分渗入土壤的速率主要取决于：①时间。从降雨（或灌溉）起始计算，水分渗入土壤的速率起初较高，等于降水强度，后来缓慢下来，最后趋于一个稳定速率 K，称为最终入渗速率，仅由土壤特性决定，与土壤湿度无关。②土壤初始含水量。初始土壤湿度大，开始入渗较慢，但是入渗速率较快地达到最终入渗速率 K，但 K 与初始的含水量无关。③土壤导水性能。土壤饱和时的导水率越高，入渗得越快。一般土壤的导水率在不饱和时随土壤湿度加大而变大，饱和时，明显受土壤结构和质地的影响，还有土壤的孔隙度、溶质浓度、气泡存在等影响。④土壤表面状况。植被覆盖地面能拦截并削弱雨滴的溅击，防止土壤结皮，保持土壤结构，因此初期入渗快，但最终入渗速率不变。

(3) 地表径流

这是指未被土壤吸收，也未在地表积存，沿着地表向下坡流去，汇集于小沟和小溪中的那部分水量。这是降水强度大于入渗速率时才会发生的现象。

径流单位用毫米或径流系数（σ）来表示：

$$\sigma = q/R$$

式中 q 为径流深度，R 为降水量，径流在降水强度大，特别是地势不平处如坡地非常重要。

(二) 土壤水分类型

从力的角度来分析，水分在土壤中受到各种力的作用，使它能够保持在土壤中，或产生运动的现象。对应不同力所作用的水分存在状态，可分为吸湿水、毛管水、重力水等常规的土壤水分类型。

1. 吸湿水

吸湿水（又称吸着水或紧束缚水）指烘干的土壤从含有饱和水蒸气的空气中由吸附力吸附于土粒表面的水分。

土粒表面吸附空气中的水汽形成吸湿水时会放出一定热量，称为吸湿热或湿润热。砂土为 $4.2 \sim 10.5$ J/g，黏土为 $20.9 \sim 29.3$ J/g。随着土壤吸水的增加，放热量逐渐减少，当土壤达到一定湿度即接近最大吸湿量时，就不再放出吸湿热。吸湿热的释放，说明被吸附的水分子的能量（自由能）比原来气态水分子的能量要小，也说明土壤的吸湿水量尚未达到最大吸湿量。

土壤吸湿水的含量与空气的相对湿度成正比。当空气湿度达到饱和状态时土壤吸湿水即达到最大数量，称为最大吸湿量或吸湿系数。吸湿水由于被牢固地吸附在土粒表面，厚度极小，因而具有固态水的性质，密度大于 1（最大可达 $1.4 \sim 1.5$）；热容低（$2.1 \sim 3.3$ J/m³）；没有溶解营养物质的能力，不能自由移动，只能在 $105 \sim 110$°C

高温下汽化消失。对植物来说是无效水。

2. 毛管水

被表面张力以水膜形式吸附于土粒周围,由毛管水面凹曲产生的力所保持的水分,又分为薄膜水与毛管水。

为毛管所保持又与地下水不相连通者是毛管吸着水(毛管悬着水),吸着水中在土粒表面成薄膜状的水叫薄膜水,在土粒相互接触部位的水叫孔隙水,毛管吸着水达到最大数量时的含水量即称为田间持水量。

(1) 薄膜水

当土壤的吸湿水达到最大量时其外层所形成的一层膜状的液态水叫薄膜水(又称膜状水、松吸着水、松束缚水)。当薄膜水达到最大数量时称为最大分子持水量。

薄膜水的性质与通常的液态水基本相似。因其水分子受土粒吸持而排列得较紧,故密度大于1,冰点低于$-15℃$,具有较高的黏滞性而无溶解性。它能以湿润的方式,从水膜厚的土粒向水膜薄的土粒缓慢地移动。其移动速度一般为$0.2\sim0.4$ mm/h。

薄膜水的含量同吸湿水一样,也决定于土壤质地和有机质的含量。土壤质地黏重,含有机质多,薄膜水含量就高,反之就低。其含量还与土壤溶液浓度有关,浓度大,渗透压就高,薄膜水的含量就少,故在盐碱土中,几乎没有薄膜水。

(2) 毛管水

毛管水的性质和运动主要取决于毛管力。毛管力就是指毛管壁与水分子间的吸持力与水的表面张力的共同作用。土壤孔隙的毛管作用因毛管直径大小而不同。一般,当土壤孔隙直径大于 8 mm 时,没有毛管力的作用,当直径为 $8\sim0.1$ mm 时,毛管作用就逐渐显现出来;直径为 $0.1\sim0.001$ mm 时,毛管作用最明显;如果直径小于 0.001 mm,则其间为薄膜水所填充。

但实际所保持的水分不能截然地区分为毛管水和吸附水。而且土壤毛细管并不是平直匀称的管子。土粒有不规则的形状,所以,它们之间也形成不规则的空隙。土壤中的水分是以形状和厚度都极不规则的薄水膜或薄水层状存在的,这些水分有时是与固定颗粒交界,有时又与空气弯月面交界。

毛管水的理化性质具有自由水的特点,其所受的吸力为 $0.08\sim6.25$ atm(大气压),比植物的吸水力(15 atm)要小,易被植物吸收利用。由于毛管水可进行多方面的移动,又有溶解养分的能力,所以能供应植物所需要的水分和养分。在地下水位较高的情况下,深层的水分可沿毛管上升至根系活动层。因此,毛管水是对植物最有效的土壤水分。

3. 重力水

重力水是指因重力而排出的水,不能保持在土壤中。当土壤中的水分超过了土粒吸引力和毛管力的作用范围后，多余的水分就会在重力作用下沿着土壤非毛管孔隙而下渗。

重力水具有一般液态水的性质，能被植物吸收利用，但是，由于受重力作用，不易保持在土壤上层，绝大多数没有机会被植物吸收利用，因而重力水对植物的直接好处不大，相反，对旱生植物来说，重力水多，造成水、气矛盾，反而对植物生长发育不利。

（三）土壤水分常数

土壤水分在吸附力、毛管力、重力等作用下运动，并与植物对水分利用情况产生联系。同样的水分经常从一种力的作用转到另一种力的作用，水分含量发生变化。土壤水分常数可以把这些临界值区分开来，常用的土壤水分常数有七个。

吸湿系数（又称最大吸湿量）：土壤吸湿水达到最大量时的土壤含水量。这种水分被土粒牢固吸持，不能被植物吸收利用。

凋萎系数（又叫凋萎含水量或凋萎湿度）：植物产生永久凋萎时的土壤含水量，包括全部吸湿水和部分膜状水。此时的土壤含水量处于土壤水分不能补偿植物耗水量的水分状况，通常把它作为植物可利用水量的下限，凋萎湿度时水的吸附力为15198.8 hPa，是最大吸湿量的1.5～2.0倍。

最大分子持水量：薄膜水的水膜达到最大厚度时土壤所含的水量。包括全部吸湿水和膜状水，一般土壤的最大分子持水量约为最大吸湿量的2～4倍。

田间持水量：土壤毛管悬着水达到最大量时的土壤含水量。包括全部吸湿水、膜状水和毛管悬着水。田间持水量是在不受地下水影响的自然条件下所能保持的土壤水分的最大数量指标。当灌水量超出田间持水量时只能加大深层土壤的湿润程度，而不能增加土层中含水量的百分比，因此，它是土壤中对植物有效水分的上限和计算灌水定额的依据。

毛管断裂含水量：指土壤中的毛管悬着水由于植物的吸收利用和土表的蒸发作用，其数量不断减少，当减少到一定程度时其连续状态断裂，从而停止了毛管悬着水的运动，这时的土壤含水量，称为毛管断裂含水量，此时植物虽能从土壤中吸收水分，但因补给不足，处于供不应求的状况，生长受阻滞，因而又把毛管断裂含水量称为生长阻滞含水量。当土壤水分高于这一数量时，土壤水分的有效性显著提高，并能较迅速地满足植物的需要，因此毛管断裂含水量一般可视为水分对植物有效性的一个转折点。毛管断裂含水量因土壤质地、结构和孔隙状况不同而异，一般约为田间持水量的65%左右，可用此作为灌水的下限。

毛管蓄水量（又称最大毛管水量）：土壤毛管孔隙都充满水分时的含水量，它包括吸湿水、膜状水和毛管上升水。

全蓄水量（又称全持水量或土壤饱和含水量）：土壤所有孔隙全部充满水分时的

含水量。当土壤水分近于或等于全蓄水量时,土壤通气性变差,对植物生长发育不利。

不同类型土壤的水分常数不同,主要决定于土壤质地和结构。质地和结构相近的土壤,其水分常数大体相近,而不同质地和结构的土壤达到某一水分常数时,其含水量则不同(但被土壤所保持的力是相同的)。

(四)植物水分的散失

1. 蒸散

植物失水的方式主要是蒸散,即植物生长期内蒸腾和土壤蒸发量之和。植物通过其表面(主要是叶面)将体内水分以气态形式输送到体外的过程称为植物蒸腾。

植物蒸腾是一种生物物理过程。它是土壤—植物—大气系统的连续体。植物根系不断从土壤中吸收水分,又不断地从叶面将水分输送到大气中。如此往复进行,以满足生命活动的需要。一般把植物吸水、用水、失水三者的动态关系叫做水分平衡。植物吸收和散失水分是相互联系的矛盾统一过程,只有当吸水、输导和蒸腾三方面的比例适当时,才能维持良好的水分平衡。当水分供应不能满足作物蒸腾的需要时,平衡变为负值。而水分亏缺的结果是气孔开度变小,蒸腾减弱。这样一来,又使平衡得以暂时恢复和维持。所以,作物体内的水分经常处于正负值之间的动态平衡中。这种动态平衡关系是植物的水分调节机制和环境中各生态因子间相互调节、制约的结果。水分还影响到其他生理活动,如水分不足,蒸腾量减少到正常水平的65%时,植物开始萎蔫,光合同化产物减少到正常水平的55%。植物一生中从土壤中吸收大量水分,其中仅有约1%用于制造有机物质,99%左右消耗在蒸腾过程中,起着输送养分和降低体温的作用。

植物蒸腾是通过叶面气孔来实现的。蒸腾强度在白天土壤水充足情况下,随温度升高而增加;在夜间或白天缺水、低温条件下气孔关闭,蒸腾急剧下降。影响蒸腾强度的有太阳辐射、饱和差、植被层内的乱流强度和土壤水分的有效性。此外,植物的叶量、叶片结构、根系发育状况及植物年龄等都有很大的影响。如有人研究得出叶面积与蒸腾作用相关系数为0.97,同时也证明了单位叶面积上的蒸腾量随着植株年龄进入老化而降低。

我国干旱、半干旱以及半湿润、湿润易旱农业区,需以灌溉来克服缺水问题,这就需要使水分得到有效的利用,减少无效损失。只有深入研究植物的需水量以及供水方式和时间才能实现水分的有效利用。为此,估计蒸散就能给出不同季节内各类植物生育时期的水分需要量,加上适量的水分损失即为灌水要求。可以说掌握植物各个生育时期中的蒸散量便基本上能确定灌溉定额。

蒸散研究除了用于灌溉,也有助于各种土壤气候带的研究,这对于发展合适的耕作制度、引用适宜的品种以及对水分管理技术、种植方式和挖掘作物生产潜力等都有重要的意义。

2. 影响蒸散作用的植物因子

影响蒸散的因子有:(1)土壤因子,包括土壤含水量和土壤水向土面及根系分布层流动状况等;(2)气象因子,包括辐射差额、温度、湿度和风等;(3)植物因子,包括以下几方面:

叶片:叶片的大小、形状、表面特征和叶片方位影响入射能量的吸收和反射以及叶温,从而影响到叶面阻力。叶片的大小、形状也影响到外部阻力,而叶片内部结构影响到内部水分运动。

叶片方位:蒸腾率受叶片方位的影响,因为叶片与太阳光成直角比与太阳光平行能获得更多的太阳辐射。大多数叶片的方位都趋于接收更多的入射辐射,这不仅对光合作用有利,对蒸腾也是有利的。还有些植物叶面趋于与平均入射方向平行,这也许可以更适应干热条件下的生存,针叶树相互遮阴,减少蒸腾但也减少了叶片的光合作用。

叶片的大小和形状:叶片大小、形状影响蒸腾率是由于它们影响到空气的阻力。10 cm宽的棉花叶比1 cm宽的草叶空气阻力约大3倍。因为小叶片上的边界层薄,更有利于显热交换和潜热交换,减低叶片水势而降低蒸腾;边界层阻力变小,使小叶片更易失水,两方面趋于互相补偿。按史密斯(Smith)的研究结果:大多数沙漠多年生植物叶片小,叶温接近于气温,以调节蒸腾。

叶片表面特征:叶片、茎、果实甚至花瓣的表层常覆有防水层,即表皮,它由蜡状物和角质组成。对水分的透性显然是由蜡状物控制而不是由角质层厚度控制的,除去蜡质,蒸腾常常增加好几倍。表皮上蜡质的多少变化较大,取决于植物的品种和环境条件,一般在干燥空气中生长的叶片其表面的角质和蜡质多些,有蜡层的高粱作物蒸腾率比没有蜡层的低。有些植物表面有一层毛,白色,密而柔,它比绿叶反射更多的辐射,叶温低,蒸腾也小。但辐射被皮毛反射后,净光合率也降低了。

气孔:蒸腾的水分大部分通过气孔失去,进行光合作用的CO_2也是由气孔进入的。对于光合作用,希望气孔开放得尽可能大,而对水分又希望气孔闭合。在光照下气孔通常是开的,在黑暗中闭合。影响气孔运动的主要环境因子是光、CO_2、湿度和温度。气温在生长季内对植物气孔一般是适宜的,影响可以忽略。

叶面积:叶片大而多的植物往往比叶片小而少的植物蒸腾量大,但当叶面积减少时,蒸腾也并不随之成正比例地减小。米勒(Miller)作过实验,发现除去一部分叶片后,单位植株的蒸腾量减少,而单位叶面积的蒸腾量增加,这是由于叶片更分散,增加了空气流动,减少叶片的空气间阻力所致。此外,根冠比率的增加,使叶片得到了更多的水分。多年生的木本植物在水分缺少时,叶片卷曲,减少暴露的表面积,增加水汽扩散阻力,中生植物叶片卷曲能减少蒸腾约37%,而旱生植物能减少75%。叶片的相互遮阴也能大大减少蒸腾表面。不同品种单位叶表面积的蒸腾差异非常显著,但是,总叶面积的差异有时对叶面积蒸腾起着一定的补偿作用。

根冠比:根冠比是指植物地下部分与地上部分的鲜重或干重的比值。研究蒸腾用根冠比较单纯用叶面积更好。帕克(Parker)发现,当发生作物水分亏缺,水分的吸收影响到蒸腾时,单位叶面积的蒸腾随着根叶比的增加而增加。一般根系发育好的植物比根系深度浅、范围小的更能抗旱。蒸腾随根冠比的加大而增加。移栽时期根部受损会导致草本或木本植物的根冠比不适宜。移栽的树木或灌木顶部通过落叶来补偿根部的受损。夏季干燥地区树木常具有发达的根系和高根冠比。

二、大气水分与植物生长发育

(一)降水对植物的影响

1. 降水与土壤水分贮存

土壤水分贮存主要是由大气降水提供的。渗入土壤的水分多少与降水强度有很大关系。另一方面也决定于土壤的性质。

农业气象中常用"透雨"来分析降水的有效性及对土壤水分的增墒程度。所谓透雨就是在天气比较干旱的条件下,一次降水过程可以使当地植物在一个较长的时期内得到为维持植物正常生长所需要的水分,这样的一次降水过程称为透雨。具体要多少毫米降水才达到要求,则要满足两个条件,一是降水量必须超过某一度量范围,使土壤达到植物的适宜土壤湿度;二是降水渗透进土壤深度大于植物所要求的适宜土壤湿度的深度。

农业生产中的耕作措施也改变着降水与土壤水分的关系,夏季浅耕可以消灭杂草以保存土壤水分。但部分半干旱地区夏耕期间仅能贮存少量水分,大部分水分是在9月中旬—翌年5月中旬贮存的。美国三大平原最多的贮水量是从4月中旬—6月中旬夏季降水中得到的。美国平原地区也常以不种的休闲方式提高土壤水分贮量,称为休闲效应。

2. 降水强度和降水量对植物的影响

降水也是灌溉水的来源,对无灌溉条件的旱地农业区,降水更是决定作物产量的主要因子之一。我国气候特点之一是东部沿海的降水多于同纬度的西部地区,因而大面积的农业高产区主要分布在东部地区。

相同的降水量,强度不同就有不同的效果。如雷雨、阵雨等强度过大,持续时间短,土壤的入渗速率小,径流大,易形成渍涝。且降雨强度过大,易造成植物机械损伤。同样的降雨如雨日多而强度小的连阴雨,则间接影响大,带来阳光不足,易致植物倒伏与病害、光合产物不足,形成秕粒、产量低、品质差。而"夜间下雨白天晴"则有利于形成好的产品品质。

一定的降水适当地分散降落效果更好。特别是热雷雨、夜雨最有利于植物的生长发育。因为热雷雨多在傍晚降落,夜雨则在夜晚降落,既保证了植物水分供应,又使植物有充足的光合作用时间。热雷雨还伴有闪电现象,它分解大气中的氮而给植物带来其生长所需的氮肥。

降水除改变土壤水分含量外,还改变大气干湿状况,比灌溉湿润的面积大而均匀,故有"横水不如竖水"之说,即人工灌水不如天然降水。

3. 降水时间分配对植物的影响

降水的季节分配涉及两方面,一是降水的分布与温度条件是否配合,如果水热同季,热量条件保证水分条件得到充分利用,对植物极为有利;二是降水的时间分配与植物对水分的需要是否一致,降水效应随植物发育期不同而有很大变化。

水分和温度都是气候的重要资源,它们配合得如何,不但在很大程度上决定着当地气候资源的利用,也影响到水文、植被、土壤等自然景观。例如,在我国西北的干旱区,夏半年的温度是很高的,但水分不足,便限制了热量资源的利用。只在少数能够引水灌溉的地方才有农业。在青藏高寒区,很多地方水分是充足的,湖泊、沼泽随处可见,但温度过低又限制了水分资源的利用。只在某些海拔较低,背风向阳的河谷,才能种植喜凉作物。在东部季风区,水分和温度配合较好,温度高时降水多,温度低时降水少,因此气候适宜,农产丰富。但季风进退的迟早、强弱每年不一,所以也有旱涝、高、低温等灾害。

降水还有一定滞后效应,特别在北方地区,干湿季节分明,雨季的降水量,在土壤中贮存为以后各季作物所用就显得更为重要了。谚语有"麦收隔年墒"、"三伏有雨多种麦",说明了雨季降水滞后效应的重要性。

降水分配与植物需水是否发生矛盾,主要决定于植物在生长期间需水量是如何随生育期变化的,以及需水量多少。另一方面降水是怎样分配的,是否与植物需水要求一致以及降水量能否满足植物的需水要求。

4. 降水对植物生长的直接影响

降水天气影响到太阳辐射强度,进而对植物生长产生影响是其间接作用,而降水带给土壤的水分是其直接影响。

降雨对干物质生产也有直接影响。试验证明,雨天,用透明塑料棚在室外设降雨区和遮雨区,比较干物质生产速度,尽管降雨区比遮雨区光强度强10%,但玉米、甘薯、菜豆干物质生产速度比遮雨区低30%～50%。降雨使生产速度下降的原因,可能是雨对叶片的直接作用。雨水覆盖叶面,气孔关闭,CO_2交换受到抑制;另一方面,雨水的作用使得同化产物流失,阻碍了干物质的累积。

降雨对叶片的扩展也有影响,在降雨区菜豆初生叶和原有叶的扩展量,叶长、叶宽都比遮雨区生长速度快,6 h的扩展量为遮雨区的2倍以上。

(二)空气湿度对植物的影响

空气湿度对植物生长发育有一定的影响,主要表现在空气湿度影响植物蒸散以及植物组织中水分平衡的变化。相对湿度小一些,植物蒸腾较旺,吸水较多。在土壤水分充足的条件下,蒸腾旺盛可增加植物对水分和养分的吸收,加快生长,所以,在一定程度上,空气相对湿度较小对植物是有利的。在空气饱和湿度下植物的生长受到抑制,谷物籽粒的灌浆速度也降低,这是由于湿度大抑制了蒸腾的缘故。相对湿度高,还影响作物成熟时的脱水过程,延迟收获,降低产品质量,且不易贮藏。但相对湿度小也可能引起大气干旱特别是在气温高、土壤水分缺乏的条件下,影响更为严重。它破坏植物的水分平衡使水分入不敷出,阻碍生长,造成减产。

在空气湿度与光合作用之间,某些情况下呈正相关,而某些情况下又呈负相关。这是因为湿度对光合作用的影响是间接的,也因其他因子所处状态而有各种不同表现。

(三)雪与越冬植物

降雪对越冬植物是有意义的。在降雪的初期和后期,日平均气温多在0℃以上,因此这时候落到地面的雪花一般不会残存,往往短时间融化完毕。当地上积雪面积达地面的1/2以上时,就称地面有积雪现象。对越冬植物有意义的是稳定积雪层,要求有较长的连续积雪期,雪是良好的绝热体,稳定积雪的持续长短和厚度,常作为越冬作物是否安全越冬的一个条件。

雪层是不良导热体,在严寒的冬季,地面上覆有5 cm以上的稳定积雪就会产生明显的保温作用。20 cm的阵雪能基本满足春播作物及冬麦返青的用水。此外,冬季牧场牲畜饮水主要依靠积雪。

对于冬季积雪时间长,雪层丰厚的地区,积雪的意义有:

(1)保温作用。据新疆气象局乌拉乌苏农业气象试验站的观测,当最低气温为-30℃时,10 cm厚的雪层可使土壤3 cm深处(即冬小麦分蘖节处)的最低土温,比空气的最低温度高17℃,积雪深度超过20 cm时,可高21℃。积雪还可使土壤冻结不深,如在积雪丰富的盆地,如果能在土壤封冻前,形成稳定积雪,土壤可以不出现冻层。

(2)积雪能增加土壤水分。春季缺水是西北和华北农业生产中最为突出的问题,而冬季的积雪,在一定程度上可以缓和春旱。由于积雪消融慢,流失很少,加之冬季蒸发量不大,大部分都能渗入土壤贮存起来,利于植物利用。

雪也有危害,冬季积雪较少或积雪过多,使植物死亡和受害。在牧区,可形成黑灾或白灾。

(四)露与植物

露在某些干旱地区和干旱时期对植物有着重要作用,是某些植物生存的主要水分来源。露水可在一段时间内抑制蒸发,等于等量地节省了土壤水分的消耗;露水还可能被植物直接吸收,改变其内在的水分平衡。夜间植物因露水而达到水分饱和,既利于夜间减弱呼吸作用,又有利于早晨的光合作用,但凝露时间的长短对真菌病害的发生、发展关系极大。某些病菌只有在叶片被液态水覆盖时,才能穿过叶片气孔;还有的病菌要求在有水时孢子才发芽。对于水果如果表面上有大量露水,易形成疵点,有损水果的品质。

植物表面凝结露水,其水汽来源于上下两个方面,通过湍流传导水汽以补充凝露之消耗。据伯雷奇(S. W. Burraje)观测麦地水汽压梯度表明,60 cm 高度以上"降露",水汽来源于上空,60 cm 以下水汽来源于土壤蒸发,前者量为后者两倍。

(五)植物对水分的适应

根据环境中水的多少和植物对水分的需求量及依赖程度,可把植物分为水生植物和陆生植物。

水生植物是所有在水中的植物总称。水体环境的主要特点为:弱光、缺氧、密度大、黏性高、温度变化平缓,以及能容纳各种无机盐类等。水生植物为适应这种环境,它的根、茎、叶内形成一套相互联结的发达的通气组织,以保证氧的输送;其机械组织不发达甚至退化,以增强植物弹性和抗扭曲能力,适应水体流动。而且水中叶片薄且多分裂成带状或线状,以增加吸收阳光、无机盐和 CO_2 的面积。

陆生植物指生长在陆地上的植物。包括湿生、中生和旱生三种类型。湿生植物,指在潮湿环境中生长,不能忍受长时间的水分不足,且抗旱能力最弱的陆生植物。中生植物,指生长在水分条件适中的植物,该类植物具有一套完整的保持水分平衡的结构和功能,其根系和疏导组织均比湿生植物发达。旱生植物,指生长在干旱环境中,能长期耐受干旱,利用发达的根系增加水分吸收量的陆生植物。

第四节 大气 CO_2 与植物生长发育

大气中 CO_2 主要来自海洋、人类活动和土壤。溶解在海洋里的 CO_2 是 CO_2 的一个巨大蓄库。据估计,海洋含碳量(1.3×10^{17} kg)比大气约高60倍。在自然情况下,海洋中 CO_2 含量是比较稳定的。人类砍伐原始森林和燃烧矿物燃料,每年向大气排放了大量的 CO_2。土壤通过植物根、土壤微生物和动物的呼吸以及化学氧化作用不断地向大气释放 CO_2,并随温度升高而增大。在湿润土壤中,微生物活动旺盛,湿润土壤 CO_2 释放量较干燥土壤多。大气中 CO_2 的消耗主要包括:溶解进入水圈、淋化进入岩圈、光合作用进入生物圈。

自然界中有大量多种多样碳源,但只有大气中气态 CO_2 或溶解在水中的 CO_2(各种碳酸氢盐)才能作为制造有机物的碳源。碳循环在陆地和海洋这两个既独立又相互联系的系统中进行。陆地上的碳素循环主要包括光合作用和呼吸作用之间的细胞水平上的循环,大气 CO_2 与植物体间的个体水平上的循环,大气—植物—动物—微生物之间及食物链上的碳素循环以及生物地球化学循环等。对整个地球而言,CO_2 在高纬度冷水中的溶解度比在热带水体中高,因此,寒冷海洋大量吸收大气中的 CO_2,并通过深层"寒流"再输送到热带地区,从而完成了全球水、陆 CO_2 的循环。

一、植物对 CO_2 的利用

生物由含有碳水化合物的复杂有机物质组成,绝大部分是直接或间接由绿色植物在光合作用中制造出来的。在高产植物中,生物产量的 90%～95% 来自空气或呼吸作用所产生的 CO_2,只有 5%～10% 来自土壤矿物质或有机物分解的 CO_2。据分析,在植物干物重中碳占总干重的 45%,氧占 42%,氢占 6.5%,氮占 1.5%,其他成分占 5%,而其中碳和氧主要都来自 CO_2,因此 CO_2 对植物的生长有着极重要的意义。

对于大田群体植物,当周围空气的 CO_2 浓度不同时,会影响其气孔的开张度及 CO_2 进入其群体内的速度,从而直接影响植物的光合速率。在辐射能充分满足的条件下,植物的光合作用强度不再随 CO_2 浓度增加而增大时的 CO_2 浓度,称为 CO_2 饱和点,大多数植物 CO_2 饱和点在 800～1800 ppm 左右。植物光合作用所消耗的 CO_2 与呼吸作用释放的 CO_2 达到平衡时环境中的 CO_2 浓度,称为 CO_2 补偿点。植物处于 CO_2 补偿点时,表示净光合强度等于 0,无干物质积累。CO_2 补偿点低的植物,在较低的 CO_2 浓度中,仍有光合产物积累,在正常的 CO_2 浓度中,它的光合效率较高。植物同化 CO_2 的速率最主要决定于植物群体环境中 CO_2 的浓度,但还与很多因子有关,主要有:

(1)同化方式。许多实验表明,C4 植物同化 CO_2 的速率比 C3 植物要大得多。据测定,在同时适合 C3 和 C4 植物生长的环境中,在同样光强与 CO_2 浓度下,C4 植物可以比 C3 植物的产量高出近一倍。

(2)光强。光强与 CO_2 浓度及 CO_2 摄取量之间存在着非线性关系。其关系式为:

$$P = D_{c(\max)} \times C \times \frac{I}{a+I} \tag{2-8}$$

式中 P 为光合作用强度，$D_{c(\max)}$ 为光达到饱和时及 CO_2 为某一浓度时的植物同化 CO_2 速率；I 为光强，C 为 CO_2 浓度，a 为常数。若光强 I 很小，即使 CO_2 浓度较大，光合作用强度仍不可能大，反之，若 CO_2 浓度很小，即使光强较强，也不能使光合作用达到最大水平。当太阳辐射在光补偿点与光饱和点之间时，光合作用随光强增强而增强，CO_2 交换也加速，对植物群体来说，因叶片的相互遮阴及光的反射，一般是没有光饱和点的，光合作用是随光照强度的增强而继续增强，CO_2 的交换也就不断增加，又由于光合作用增强，叶周围空气中的 CO_2 浓度迅速降低，而使叶片附近的 CO_2 浓度梯度迅速增大，则农田中 CO_2 的垂直通量也相应增加，CO_2 的扩散加速。

（3）温度。在其他因素不是限制因子时，温度的影响较大。温度影响 CO_2 的交换，主要表现在温度对光合作用和呼吸作用的影响上。只要温度超过了上限或下限时，CO_2 气体交换就完全停止，当有利的温度条件再现时，CO_2 的交换也立即恢复，但不能马上正常。所以说 CO_2 气体交换与温度的关系也是由三基点所决定的。由于气候及植物种类的不同，CO_2 交换的最适、最高和最低温度的界限不一，海洋性气候区和冷凉山区植物同化作用的各界限温度偏低，而暖谷区植物偏高。

（4）水分。水分条件影响 CO_2 交换，一方面是通过对光合作用来直接影响，另一方面是因水分在植物体中维持原生质的高膨压，当水分变化时，就由于膨压的变化而影响到气孔的大小来影响 CO_2 的交换。正常的 CO_2 交换只有在水分供应适当时进行，其范围比较狭窄。水分不足，气孔变小，CO_2 交换减少，同时原生质的水合作用减低，同化作用能力减弱。水分过多，CO_2 交换能力逐渐减弱甚至停止。

（5）风。风对 CO_2 交换影响很大，空气流动可以不断地从植物群体外向植物层内输送 CO_2，以补充植物层内因光合作用而消耗的 CO_2，风还可以加强植物群体内的乱流，将土壤和下层叶片呼吸放出的 CO_2 带到光合作用较强的植物群体上层。

以上外界因子对 CO_2 交换的影响不是孤立的，而是相互影响，相互制约的。如随着光照强度增加，光合作用增强有利于 CO_2 的交换，但辐射增加到太强时，必然引起叶片温度过高和失水多，这又不利于 CO_2 的交换，这时的辐射就成了 CO_2 交换的限制因子。在自然条件下，CO_2 交换的外界环境条件是很难达到最适的。

二、农田 CO_2 的变化规律

（一）农田 CO_2 的日变化

在农田植被层中，CO_2 气流的平衡方程为：

$$q_a = R_x + q_n - P_c = R_x + (R_k + R_m) - P_c \tag{2-9}$$

式中 q_a 为植被上部 CO_2 通量;R_x 为作物地上部分呼吸排出的 CO_2 通量;q_n 为土壤中放出的 CO_2 通量;R_k 为作物地下部分呼吸排出的 CO_2 通量;R_m 为土壤微生物排出的 CO_2 通量;P_c 为光合作用消耗的 CO_2 总量。

在农田中,由于夜间土壤和植物不断地释放出 CO_2,而又没有光合作用($P_c=0$),使农田上 CO_2 浓度最大,可达 360～350 ppm,为白天最小值的 1.5～2.5 倍;白天,由于植物经过漫长的黑夜而处于"饥饿"状态,光合作用的增强使 CO_2 浓度降低,在午前 9—10 时光合作用迅速增强达到最大值,而 CO_2 浓度出现低谷,中午前后因外界条件不利于光合作用,所以 CO_2 浓度变化较平稳,午后随着太阳辐射强度的减弱,气温降低,叶片气孔又逐渐张开,光合作用强度在 15—16 时出现次高峰,CO_2 浓度也再次降低,但午后空气乱流较强,CO_2 可得到上层空气的补充而下降幅度不很大。

农田上 CO_2 浓度的日变化除了与光合作用强度、空气湍流交换系数有关外,还与植物群体大小有关。植物群体的大小,一般可用叶面积系数表征。叶面积系数大的群体,白天同化、固定 CO_2 多,夜间呼吸放出的 CO_2 也多,所以 CO_2 浓度的日变化显著。在一年中,夏季植物生长旺盛,冬季植物生长缓慢甚至处于休眠状态,因此 CO_2 浓度的日变化是夏季日变化大,冬季日变化小。

另外,农田上 CO_2 浓度的日变化还与太阳辐射、云量、风速、温度、地形等很多因素有关,各因素之间又是相互影响、相互制约的,因此 CO_2 浓度的日变化也是十分复杂的。

(二)农田上 CO_2 的垂直变化

近地面气层中,CO_2 浓度随高度的分布主要决定于 CO_2 被固定和释放的情况,其中影响最大的因素是绿色植物光合作用固定 CO_2 和植物、土壤微生物呼吸以及燃烧释放 CO_2。

当农田上覆盖有植物,且光合作用旺盛时(夏季或白天),因植被层 CO_2 大量被固定,因此 CO_2 浓度垂直分布特点是近地面低而上层高,即 CO_2 浓度随高度的升高而增大,这种分布型称为光合型。在光合作用微弱,甚至停止时(冬季或夜间),近地面上没有或甚少 CO_2 的固定,只有动植物呼吸、土壤微生物呼吸、矿物质燃烧等释放 CO_2 的过程,这时越近地面,CO_2 浓度越高,即 CO_2 浓度随高度的升高而逐渐减小,这种分布型称为呼吸型。

据计算,要满足植物对 CO_2 的需要量,必须保证植物群体上方风速为 1.5～2.0 m/s。若仅仅依靠扩散作用来补充植物群体中的 CO_2,则从植物群体外的大气中进入植物层的 CO_2 仅为植物需要量的 22%,远远满足不了植物对 CO_2 的需求。在晴朗无风的条件下,农田中 CO_2 往往短缺。随着风速增大,CO_2 的扩散阻力明显减小，CO_2 的铅直和水平交换使植物群体中的 CO_2 浓度全天都处在大气平均浓度水平。这也是风能够促进 CO_2 同化量的主要原因之一。通风透光对植物的生长发育起着很大作用，而要使群体内的通风情况良好，显然要有合理的群体结构。

一年中 CO_2 浓度的垂直变化是随季节的不同而不同的。入秋后作物成熟、树木落叶，光合作用减弱，CO_2 固定逐渐停止，直到第二年四月份以前，农田上 CO_2 浓度的垂直分布均为呼吸型；年内的其余时间则为光合型。在一天中，白天离地面越高的高度，CO_2 浓度越大，呈光合型；夜间离地面越高的高度，CO_2 浓度越小，呈呼吸型；清晨由呼吸型快速甚至突然地向光合型转变，傍晚则由光合型逐渐、缓慢地向呼吸型转变。

三、CO_2 倍增影响生态系统的过程与机理

一般而言，CO_2 浓度升高将导致光合速率升高，但不同物种的增加幅度不同。对高 CO_2 浓度下光合作用速率升高引起的光合产物累积超过其传输速率的植物，受氮素上传的制约会出现光合下调现象，如小麦。植物叶片净光合速率对 CO_2 浓度的响应还受其他环境因素如温度、光照和矿质元素供应等的影响，在低温、低氮时，高 CO_2 浓度使植物叶片的净同化率增幅减小。

叶片气孔导度对 CO_2 的响应包括直接和驯化响应，二者呈显著负相关。一定温度条件下，高 CO_2 浓度引起的气孔导度降低主要是叶片与大气水汽压差的作用。气孔导度越大，CO_2 浓度升高对其直接影响越小。气孔导度与光合速率下调的关系因物种的不同而存在较大差异；在 CO_2 浓度倍增条件下，所有物种叶片的气孔导度均显著下降。

CO_2 浓度倍增能提高大豆的叶绿素含量、PSⅡ（光系统Ⅱ）活性、PSⅡ原初光能转化率和光合作用潜在量子转化效率，从而提高植物的光能利用效率，促进光合作用。此外，大豆叶片外部形态对 CO_2 浓度的升高无显著反应，而叶片气孔密度呈下降趋势。C3、C4 植物的叶绿体超微结构对 CO_2 浓度倍增的响应不同。譬如，CO_2 浓度倍增下，C4 植物谷子的淀粉粒累积、叶肉细胞及维管束鞘细胞的叶绿体淀粉粒均较 C3 植物紫花苜蓿的多，从而抑制光合速率，可能是 CO_2 浓度倍增下 C3 植物光合速率较 C4 植物增幅大的原因。

CO_2 浓度倍增（700 $\mu mol/mol$）将导致作物生育期有缩短趋势，且 C3 作物较 C4 作物显著。如棉花开花盛期和吐絮盛期分别比对照（350 $\mu mol/mol$）提早 6 d 和 8 d，大豆各生育期比对照平均提前 2～3 d，冬小麦抽穗、开花及乳熟期约提早 2～4 d，水稻生育进程加快且全生育期缩短 6～9 d，但玉米生育期几乎不受影响。随 CO_2 浓度升高，植物地上、地下部分及总生物量均呈现增加效应，不同物种地下和地上部生物量增幅不同，但根冠比增加，并受其他环境因子的影响，如土壤水分。高 CO_2 对非豆

科植物生长的促进作用受土壤低氮水平的限制,而豆科植物则不受限制。CO_2 浓度升高对植物生产力的影响因品种不同而幅度不一。采用富集大气 CO_2 浓度(Free-air CO_2 Enrichment,FACE)方法使大气 CO_2 浓度增加 200 $\mu mol/mol$ 时,水稻不同生育期(移栽至抽穗后 20 天、抽穗期至抽穗后 20 天)干物质积累量、水稻分蘖数及穗数显著增加,结实率提高,但使每穗颖花显著减少,进而显著提高水稻产量,譬如使粳稻新品系 99215 产量提高 0.5%~14.4%,并在高氮条件下增产幅度更大。而大田水稻(温度适宜)在长期 CO_2 浓度倍增的环境下,产量提高约 30%。550 $\mu mol/mol$ CO_2 浓度下,棉花产量提高 37%~48%。

一般而言,CO_2 浓度升高,植物气孔开度变小,减弱了蒸腾作用,却不影响 CO_2 的摄取,导致水分利用效率(water use efficiency,WUE)提高。这种机制对缺水地区植物生长十分有利。在适宜温度下,CO_2 浓度倍增使水稻水分利用效率提高 40%~50%;若超过适宜温度范围,WUE 则急剧下降。当 CO_2 浓度增加 200 $\mu mol/mol$ 时,灌溉小麦蒸散约减少 5%,干旱小麦蒸散仅增加约 3%,两者差异很小。由于高 CO_2 浓度增加了植物生物量,从而增加水分利用效率。

CO_2 浓度增加,使植物碳水化合物、淀粉及其次生化合物、糖和氨基酸总量以及地上部生物量的碳氮比增加,相应地下部碳氮比的影响则不显著。CO_2 浓度升高对品质影响因品种而异。高 CO_2 浓度下,小麦籽粒蛋白质含量降低;水稻不同生育时期的植株含氮率显著下降,而水稻抽穗期茎鞘中可溶性糖、淀粉的含有率和含量显著提高,且水稻籽粒直链淀粉含量增加;C3 牧草氮含量下降并使其蛋白质品质受影响。CO_2 浓度升高亦将加强植物碳代谢,而降低氮代谢,其变化机制尚待研究。CO_2 浓度变化对凋落物分解速率影响微小。相对而言,农作物和一些木本植物的凋落物分解随 CO_2 浓度升高有所改变。CO_2 浓度升高对多年生黑麦草根际的微生物数量无影响,但影响土壤微生物的活性,不利于凋落物降解;而非结构碳水化合物的增加,又可能促进降解。CO_2 增高对土壤呼吸有促进作用,主要由于 CO_2 升高可促进土壤中有机碳的输入,为土壤微生物提供更多的可降解底物,促进了微生物活性。

四、水热与 CO_2 协同作用影响生态系统的过程与机理

(一)CO_2 浓度与温度增加的协同作用

CO_2 浓度增加对植物叶 CO_2 同化速率的正响应随着温度的增加而增强,但在温度过高时则呈下降趋势,尤其是夜间平均温度升高刺激暗呼吸将导致碳损失量增加;低温条件下的正响应可忽略不计。

大气 CO_2 浓度升高可延长春小麦抽穗—成熟期,但高温(日均温高于正常日均温约 4.8℃)对春小麦生育期的影响远大于高 CO_2 浓度的影响,使高 CO_2 浓度、高温

下抽穗——成熟期缩短,种子提前萌发。CO_2 浓度升高能改善植物生长发育与环境间的关系,对高温危害有一定的补偿作用。温度增加（2～4℃）较 CO_2 浓度升高对作物品质的影响大；且温度增加对小麦淀粉含量、淀粉粒大小及其数量等影响复杂,而 CO_2 浓度增加对之影响微小。

CO_2 浓度与温度增加对植物生长发育、生产力等的协同响应相当复杂,不同 CO_2 浓度与温度水平之间的组合影响、不同物种的协同适应均有差异,而且协同作用可能受其他环境因素如光、氮素及水分条件的制约。

（二）CO_2 浓度与水分变化的协同作用

CO_2 浓度升高对植物具有"施肥"效应,但土壤干旱则一定程度上抑制其施肥效应；反之,CO_2 浓度升高使光合速率增加,蒸散量减少,WUE 增加,又会减缓干旱的不利影响,增强作物对干旱胁迫的抵御能力。而且,高 CO_2 浓度对干旱造成的氧化损伤,亦具有一定的缓冲作用,即 CO_2 浓度倍增使膜保护酶 SOD、POD 和 COD 活性增加,从而提高叶片抗氧化能力。

水分胁迫下,C3 和 C4 作物对 CO_2 浓度升高后的响应主要为 WUE 及生产力增加。未来全球气候变化（气温和降水等变化）及大气 CO_2 浓度升高均有可能影响土壤水分变化。目前,仍缺乏把土壤-植物-大气作为一个系统整体考察 CO_2 浓度增加对此系统水分循环影响的研究。在 CO_2 浓度倍增、水分胁迫以及 CO_2 浓度倍增与水分胁迫协同作用下,羊草均表现出根冠比增加的现象,反映了羊草对不同环境胁迫的适应对策；同时,水分胁迫亦在一定程度上减弱 CO_2 施肥效应。

（三）CO_2 浓度与水热变化的协同作用

CO_2 浓度、气温及降水等关键生态因子的复合变化将对植物生长发育和自然生态系统产生综合影响。高温将降低因高 CO_2 浓度对生物量的正效应,并减弱植物生产力的增强效应；而干旱则减少碳水化合物积累,反馈于光合作用,以阻止光合下调过程。在高、中土壤水分条件下高温和高 CO_2 浓度的协同作用使春小麦蒸发蒸腾增加；低土壤水分条件下,蒸发蒸腾则减少。植物在高 CO_2 浓度下,经高温锻炼后对干旱更具适应性。土壤水分胁迫有利于提高农作物品质,CO_2 浓度升高并与高温伴随却不利于农作物籽粒品质的提高,且对干旱条件下提高作物品质的能力有抑制作用。另外,CO_2 浓度升高、高温和干旱三因子对干旱区小麦叶片化学成分有复合影响,表现为氮含量下降和碳氮比显著上升,由此可能对未来农田生态系统的分解速率产生影响。

CO_2 的净生产率因植被的类型不同而有很大差异。热带雨林地区,森林生长迅速,每平方米的森林面积上每年所固定的碳为 1～2 kg。北极冻土地带和沙漠地区只能固定上述数量的1%。中纬度的森林和耕地,其同化量为 $0.2 \sim 0.4 \text{ kg/m}^2$。森林不仅是陆地上 CO_2 的主要消耗者,也是生物固碳的主要贮藏所。每年大约有 $120 \sim 150$ 亿 t 的碳转化为木材。在海洋里也进行类似的碳循环。它们由浮游生物固定 CO_2 开始。浮游生物被鱼类或其他动物食用,这些动物不断地呼吸放出 CO_2 补充到水中。动物、植物尸体分解,有机碳又变成 CO_2 回到水中。海水中的 CO_2 可以自给自足。

第五节 我国气候资源的时空分布与基本特征

气候是环境的一部分,气候要素(如太阳辐射、温度、降水、风等)的数量、运动变化既是环境条件又是自然资源中的重要物质与能量。人类社会的存在与发展,依赖于开发利用太阳能资源和其他自然资源。气候资源就是指能提供人类生活和生产活动开发利用的气候要素中的物质、能量和条件,包括其数量、组合状况及分布特征等。气候资源的基本成分有太阳能资源、水分资源、热量资源、风能资源以及大气其他主要成分等。气候资源几乎可为各种产业开发利用,如农业气候资源、牧业气候资源、林业气候资源、旅游气候资源、气候能源等。目前应用较多的是农业气候资源。

一、我国的光能资源

我国的太阳能资源除川黔地区外,其余大都相当或超过国外同纬度地区,与美国相当,略高于日本。青藏高原为高值中心,其南部光能接近世界上最丰富的撒哈拉沙漠,拉萨有"日光城"之称。低值中心出现在四川盆地。我国主要农业区,作物生长期间的光合有效辐射量多,为作物高产提供了充足的光能。青藏高原生长期短,能为植物提供的光合有效辐射量为全国最低。

太阳总辐射是指到达地面的太阳直接辐射与漫射辐射的总和,简称总辐射。影响总辐射的因子有太阳高度角、大气透明度、云量、云状等。

我国年总辐射量在 $3300 \sim 8300 \text{ MJ/m}^2$。由于东南部受海洋性气候影响较强烈,降水和阴天多于西部,影响地面总辐射的收入,故一般西部多于东部,高原多于平原。6000 MJ/m^2 等值线从大兴安岭西麓斜向西南至青藏高原东侧,可将全国分为东、西两大部分。东半部,总辐射量低于西半部,年值在 $3300 \sim 6000 \text{ MJ/m}^2$,阴雨较多的川、黔等地为低值中心,其年值低于 4000 MJ/m^2。华北和东南沿海、台湾、海南岛部分地区,年值大于 5000 MJ/m^2,其余地区多在 $4000 \sim 5000 \text{ MJ/m}^2$。西半部,总辐射量高于东部,年值在 $5300 \sim 8300 \text{ MJ/m}^2$,呈南高北低的形势分布。在海拔较高、云量少、日照多、空气稀薄的青藏高原大部分地区,年值在 7000 MJ/m^2 以上,是我国总辐射的高值中心。新疆西北部,由于纬度高、阴雨多等原因,不足 5500 MJ/m^2,其余地区在 5500～7000 MJ/m²。

我国年总辐射的地区分布与水热资源的地区配合不够协调。东部水热资源比较丰富的地区光能资源较少；而西部光能资源丰富的地区却水热条件较差。

我国各地总辐射的季节变化和月际变化均较明显。一般在夏季总辐射收入最多，冬季最少，春季多于秋季。春季，105°E 以东地区在 1000～1800 MJ/m²，从南向北随纬度而增加，这与世界上大多数地区随纬度分布的规律相反；在长江中游和珠江之间，由于阴雨天数多，形成一个低值中心，桂林、铜仁、榕江低于 1000 MJ/m²。西藏东部和内蒙古为高值中心，雅鲁藏布江河谷大于 2500 MJ/m²。夏季，除受西南季风影响的云南高原西部低于 1300 MJ/m² 外，其他大部分地区都较高，东北地区约 1500～2100 MJ/m²，西北地区在 2000 MJ/m² 以上，西藏的定日高达 2700 MJ/m²。秋季，低值中心在阴雨多的川黔之间，不足 800 MJ/m²。高值在青藏高原，定日、日喀则地区高达 2100 MJ/m²。华南大于 1200 MJ/m²；华东大于 1000 MJ/m²；新疆东南部高于东北部，在 1000～1500 MJ/m²。冬季，除川黔和湘西一带仍为低值中心，低于 500 MJ/m² 外，一般呈南高北低，随纬度增加而减少。西藏东南部为全国高值区；华东地区为 700～800 MJ/m²；东北大部分地区在 500 MJ/m² 以上，而辽河中游达 800 MJ/m²。

各地月总辐射最小值多出现在太阳高度最低的 12 月，月总辐射最大值大部分地区出现在 4—8 月，其中西北干燥地区在 6 月；江南地区则出现在副热带高压控制下多晴朗高温天气的 7 月；受西南季风影响的云南和雅鲁藏布江各地出现在 3—5 月；内蒙古东部、华北北部和东北南部出现在 5 月。

我国太阳总辐射的季节分配与水热基本同季，在温高雨多作物生长旺盛季节的 5—8 月，总辐射约占全年的 40%～50%，北部的呼玛占全年的 51.0%，南部的广州占全年的 42.1%。北部光能集中于夏季，可使温带一季作物在其生长期得到充足的阳光进行光合作用，利于高产；我国南部年内总辐射分配较均衡，有利于多熟制的作物生长。净辐射、光合有效辐射的时空分布与太阳总辐射时空分布有类似的分布特征。

二、我国的热量资源

在气候资源中，热量是很重要的一项资源。因为植物生长要在一定的温度条件下进行。当温度能够满足生长发育的需要时，植物便可迅速生长发育，形成产量。而温度过高或过低时，不仅影响植物的生长发育和产量，还会造成危害。因此，生长季内累积温度的多少、夏季温度高低以及冬季寒冷程度等往往成为决定一地植物种类、作物布局、品种类型、种植制度、产量高低的基本前提。人们用稳定通过一定界限温度的积温、最热月平均温度、无霜期等指标来表示各地热量资源的多寡。另外，最冷月平均温度、年极端最低温度及其平均等指标也可以衡量南方冬季热量资源的可利用程度及冬季低温对热量资源的限制程度。

(一)积温、无霜期分布

热量资源丰富多样。我国幅员辽阔,地形复杂,南北跨纬度约49度,东西相隔60个经度,境内平原、丘陵、山地、高原交错。由于太阳辐射、大气环流和地理环境不同,各地气候差异很大,热量资源丰富多彩,例如西沙群岛的珊瑚岛≥10℃积温多达9775.0 ℃·d,居全国之首,最冷月平均气温可达22.5℃。黑龙江北部≥10℃积温不到2000 ℃·d,最北的漠河只有1650 ℃·d,比珊瑚岛少8000 ℃·d左右;最冷月平均气温为−30.9℃,比珊瑚岛低50℃以上;年极端最低气温平均为−46.7℃,无霜期只有90 d。青藏高原由于地势高亢,很大一部分地区气候寒冷,≥10℃积温不到500 ℃·d,腹地甚至不出现稳定≥10℃的时段,最暖月里河水也结冰。

由于冬、夏季风各年间的进退时间、强度、影响范围以及大气环流特点都不尽相同,因此各地温度年际变化较大,热量资源不很稳定。从≥0℃积温的相对变率(表明积温值年年间变化大小),浙江南部、福建、广东、广西及云南南部≥0℃积温比较稳定;东北、内蒙古大部、山西、河北北部、黄土高原、新疆北部等地次之;青藏高原最大。这表明,热量资源越不充分的地方,其稳定性越差。北方尤其东北地区温度年际变化大,使得农业稳产的风险较大。

初霜日期由北向南逐渐出现,终霜期从南向北先后结束,无霜期由北向南延长。东北地区大小兴安岭无霜期仅100 d左右,东北、内蒙古大部150 d左右,华北地区180～200 d,江淮一般为220～240 d,江南丘陵为270 d。南岭以南无霜期大于300 d,全年可栽种作物。西部地区的黄土高原无霜期为150 d左右。北疆100～150 d,南疆150 d以上,盆地内部无霜期长,四周山区短。四川盆地无霜期为300 d以上,比长江中下游地区多50 d以上。青海东部和西藏东南部的农业区无霜期仅3～4个月,而青海西部与西藏大部气候高寒,全年有霜冻。

≥0℃积温,可以反映一个地区植物生长季节内的总热量资源。我国青藏高原地势高,积温最少,多数地区仅1000～2000 ℃·d,只能种植牧草和部分一季喜凉作物。少于1000 ℃·d的喜马拉雅山区甚至连牧草也难免遭受霜冻而提前枯黄。我国东部地区≥0℃积温由北向南递增,东北除大小兴安岭不到2500 ℃·d外,大部分为3000～4000 ℃·d;华北平原在4000～5500 ℃·d之间,江淮一带约5500～6000 ℃·d,长江以南至南岭为6000～7500 ℃·d;南岭以南各地均在7500 ℃·d以上;台湾南部、两广沿海、海南岛、云南元江河谷在8000 ℃·d以上。其中海南岛南部和元江河谷高达8500～9000 ℃·d,是我国热量资源最丰富的地区。我国西北干旱地区大多在3000～4000 ℃·d,四川盆地约5500～6500 ℃·d。云贵高原因海拔较高,一般在

4500～5000 ℃·d。

(二)最热月平均气温的分布

通常用最热月的平均气温表示植物所需要的高温条件。这是衡量一地热量资源的指标之一。

在我国,夏季风北伸很远,所以南北方向上最热月气温的差别不很大。广州和哈尔滨的最热月平均气温分别为 28.4℃和 22.7℃,相差仅 5.7℃。最南的南沙群岛和最北的黑龙江漠河也只相差 10℃左右。

最热月平均气温最高的地方是最南端的南沙群岛,而在西北海拔最低的吐鲁番盆地,也高达 32.7℃。这是由于特殊的地形及沙砾戈壁下垫面所造成的。此外长江沿岸一些城市如重庆、汉口及湘江谷地、赣江谷地、金衢盆地等也在 29～30℃。

全国最热月气温最低的地区在青藏高原。海拔 4500 m 以上的地区最热月气温低于 11℃,最冷的高原寒带——昆仑山到羌塘高原只有 3～6℃,连牧草都没有稳定的生长季节。但柴达木盆地和雅鲁藏布江河谷地区最热月气温可超过 15℃,春小麦等喜凉作物可以稳定成熟。

东北兴安岭山地及一些高山地区,最热月平均气温在 20℃以下。全国其他地区的最热月平均气温都在 20℃以上,能够满足一般农作物的要求,使得玉米、水稻、大豆等一年生喜温作物的种植北界大大向北推移,如玉米最北可种到黑龙江绥化、嫩江地区。是季风给我国农业生产带来的有利一面。

(三)最冷月平均温度和年极端最低温度

衡量农作物越冬条件时,多用最冷月平均温度和年极端最低温度的多年平均值。

我国最冷月平均气温和年极端最低温度多年平均值从南向北逐渐降低。最北的大兴安岭北部极端最低温度平均低于－45℃,最南的海南岛达 10℃以上,南北相差 50～60℃之多。最冷月平均气温南北也差 30℃以上,远比最热月平均气温的南北差异 13℃左右大得多。

青藏高原地势高,大部分地区极端最低气温平均在－25℃以下,西北部可低至－30～－40℃。但南部日喀则以东的雅鲁藏布江河谷地带由于纬度低,不受寒潮影响,极端最低温度平均为－15～－20℃,最冷月气温－4℃,越冬条件与华北平原北部相当。

东北、内蒙古极端最低温度平均值低于－25℃,最冷月平均气温也在－10℃以下,黑龙江北部的漠河极端最低温度平均为－46.6℃。新疆北部极端最低温度为－30℃左右,南疆因受天山屏障最低温度平均比北疆高,一般在－25℃以上。

华北平原极端最低温度平均在－10～－23℃,最冷月平均温度为 0～－5℃,由南向北降低。秦岭、淮河一线基本是温带和亚热带的分界线,其走向与最冷月平均温度0℃等值线、平均最低温度-10℃线大体一致。

长江以南至南岭一带的中亚热带地区最冷月平均气温4～12℃,多年平均最低温度高于-5℃。多数地区冬季气温高,越冬条件较好,有利于茶、竹、橘、油茶等亚热带经济林果生长。特别是四川盆地和南岭—武夷山区均为发展柑橘等亚热带经济林果的适宜地区。

南岭以南至雷州半岛之间的南亚热带地区,最冷月平均气温均大于10℃,最低温度平均在0℃以上,可称"基本无冬、偶有奇寒"。

特殊地形的热量效应也不可忽视。例如亚热带山区的一些山腰,冬季有逆温现象,多存在暖带和温暖小区;一些大的水体(湖泊、水库),对周围有调温效应,这都有利于果林和作物避寒越冬。但在低凹地形,冷空气易堆积在谷底,形成"冷湖"使作物易发生霜冻害。

三、我国的降水资源

(一)降水资源分配不均衡,干湿界线与等降水线相近

与全球相比,我国降水量不算丰富。粗略估计,我国平均年降水量约为648 mm,较全球陆地平均年降水量800 mm约偏少19%,比亚洲平均年降水量740 mm偏少12%,纬度相同的日本、朝鲜某些地区的年降水量比我国要多。我国降水的主要水汽来源于太平洋,年降水量的分布趋势自东南沿海向西北内陆递减,等雨量线大体呈东北—西南走向。按这一走向的年降水量400 mm等值线相当于半干旱与半湿润地区的分界线;250 mm年降水量等值线又相近于干旱与半干旱的分界线;横穿东部的900 mm年降水量等值线是东部地区半湿润与湿润地区的分界线。

降水量的区域分布极不均衡。西北内陆流域面积占全国总面积的36.4%,年平均降水量仅为164 mm,全年总降水量只占全国的9.5%;而我国东南部外流流域面积占全国总面积的63.7%,平均年降水量达896 mm,其全年总降水量占全国的90.5%。

年降水量最多的地方为台湾省台北火烧寮,平均年降水量达6558 mm,最多年曾达8507 mm;年降水量最少的地区为西北内陆盆地,如吐鲁番盆地的托克逊,1951—1980年平均为16.4 mm,最少年只有0.5 mm。尽管降水量的地区差异大,但仍呈现一定的分布规律。年降水量自东南沿海向西北内陆递减,山地多于河谷平原,迎风坡多于背风坡。

(1)由东南沿海向西北内陆递减。我国大部分地区降水的水汽来源于太平洋,只有滇西地区和西藏东南部水汽来源于印度洋,新疆北部水汽来源于北冰洋,因此我国年降水量的分布趋势是随着距海洋的远近和大陆度的增加,自东南沿海向西北内陆递减,等雨线大体呈东北—西南走向。东南沿海的广东、广西东部、福建、江西和浙江大部及台湾等地区年降水量 1500～2000 mm,长江中下游地区约 1000～1600 mm。这些地区降水丰沛,生长着各种热带、亚热带喜温好湿的经济林木和果树,是我国水稻的主要产区。秦岭、淮河一带及辽东半岛年降水量为 800～1000 mm,黄河下游、渭河、海河流域以及东北大兴安岭以东大部分地区在 500～750 mm,降水资源不很充裕,以小麦、玉米、高粱、谷子和棉花等旱作物为主。黄河上、中游及东北大兴安岭以西地区年降水量在 200～400 mm,农作物需要灌溉,旱作雨养农业产量低而不稳,但牧草生长良好,适合畜牧业发展。西北内陆年降水量仅 100～200 mm,新疆塔里木盆地、吐鲁番盆地和青海柴达木盆地不足 50 mm,盆地中心且不足 20 mm,这些地区气候干燥,自然降水不能满足强烈的农业耗水,水源不足是农、林、牧业发展的限制因子,没有灌溉就没有农业,特别是南疆等许多地方,土壤都有不同程度的盐渍化,盐分积聚在地表形成盐壳,影响出苗或卡断基部,降水的飞溅作用还会使盐土危害茎叶,形成"雨害"。

(2)山区多于平地,迎风坡多于背风坡。降水量的多少除受大气环流的控制外,还受山地地形的影响。气流流经山地时,因地形的抬升作用,加强了气流的垂直运动,易使水汽凝结成云致雨,山区降水量明显多于邻近的河谷、平原地区。新疆的阿尔泰山脉、青藏高原北缘的祁连山脉、横贯我国中部的秦岭山地以及东北的长白山地、浙闽交界的武夷山地等都明显地呈现出相对高值区。例如,新疆 400 mm 以上的降水区域都位于山区,100 mm 以下的主要在平原地区,山区降水量比其邻近的平原地区多 2～3 成。又如,浙江中部的黄岩海门海拔仅 1 m,年降水量为 1519.9 mm,而海拔 1374 m 的括苍山年降水量达 2133.9 mm。

(二)季节分配特征

我国各地降水的季节分配大致适应农时,雨热基本同季,但因季风进退的影响,南方 5 月、6 月份雨多,容易出现洪涝和渍害,7 月、8 月份相对少雨,容易发生伏旱;北方和西南地区 4 月、5 月、6 月份少雨,容易出现春旱,7 月、8 月份雨多,容易酿成洪涝。降水量的季节分配存在明显的地区差异。

夏半年 4—9 月是我国大多数地区农作物的重要生长季节。华北、东北及西部高原地区 4—9 月降水量占全年降水量 80% 以上。比值最高的地区在青藏高原的拉萨、日喀则、泽当等地,平均年降水量几乎全部在夏半年内降落(拉萨夏半年降水量约占全年的 97%)。长江流域及其以南地区降水季节分配比较均匀,4—9 月降水量约占全年的 60%～70%。华南沿海因初秋台风雨较多,此时期降水量比重又略有增加,达 70%～80%。北疆山地及盆地边缘,因受西来和西北来的高空气流影响,降水季节分配比较均匀,4—9 月降水量仅占全年降水的 65% 左右。

降水量集中在夏半年,对农业生产极为有利。特别是在半湿润、半干旱地区,虽然全年降水量不很充足,但因全年80%以上的降水量集中在4—9月,基本上可以满足这些地区旱作物和牧草生长的水分要求。如黄淮海平原,全年降水量一般在500～800 mm,夏半年降水量约500～700 mm,只要降水量能得到很好的利用,玉米、高粱、谷子及棉花等作物在正常年份全生育期的需水量是可以得到满足的。

4—6月降水分布最集中的区域在江南丘陵地区和两湖盆地一带,这3个月内集中了整个夏半年雨水的70%以上,是我国春雨比重最大的地区,自此往南至南岭山地和往北至长江沿岸减至60%～70%。珠江流域7月以后由于台风活动,降水增多。相比之下4—6月降水集中程度较低,约占夏半年的50%。更南至雷州半岛、海南岛以及广西南部的北部湾沿岸则减至30%～40%。长江流域以北各地4—6月降水量占夏半年降水量的比重也迅速减少,淮河流域约30%～40%,黄河流域及东北各地约20%～30%。华北平原北部的河北省西部、唐山和北京一带约20%。这些地区与西藏雅鲁藏布江上游地区同为我国春雨比重最小的地区。4—6月,正值玉米、高粱、谷子等作物播种出苗,冬小麦拔节后的后期生长阶段,此时雨水稀少,对农作物生长发育的威胁较大。

7—8月随着雨带北移,降水集中区域从江淮地区移到黄河下游、东北和内蒙古河套一带。江南地区受西太平洋副热带高压控制,降水量约占夏半年降水量的20%～30%。此时江南棉花、一季稻等作物处于需水关键期,雨水不足,常出现伏旱。整个华北、东北和西北地区这两个月的降水量约占夏半年的一半以上。燕山南麓和雅鲁藏布江河谷等地区夏雨最为集中,约占夏半年降水量的60%～70%。川西平原和云贵高原夏雨比重也较大,达50%以上。

(三)降水的变化特征

我国降水量的年际变化比欧洲大得多,比北美洲也大些。夏季风的强弱、进退时间的早晚、雨带滞留时间的长短以及台风登陆次数的多少都会导致年际间降水量的明显差异。最多雨年份比最少雨年份往往多出数倍。南方多雨区,降水量年际变化相对较小,一般为1.5～2.0倍(最大可达3倍);而北方少雨区,年际间变化幅度很大,最多雨年与最少雨年比值一般3～4倍,有的可达4～5倍,其中以黄淮海地区和西北内陆降水量的年际变化幅度最大,一般可达4～5倍,最大可达8～10倍,例如:河北省年降水量的极值比一般年多3～4倍;北京市1959年降水量高达1406.0 mm,而1891年降水量仅168.5 mm,其差值高达1237.5 mm,最多年为最少年的8.3倍。年际间降水量的变化可以用降水量相对变率(简称降水变率)来表示。降水变率表示某一地点降水量平均偏差值相对于多年平均值的变化幅度。降水变率小,表示年际间变化小,降水量比较稳定;反之,年际间变化大。

我国各地降水变率分布总的特点是降水量愈大的地区,变率愈小;降水量愈小的地区,变率愈大。江南各地(包括云贵高原)年降水变率都比较小,一般在10%～15%。东南沿海地区受台风影响,尽管降水较多,但变率却较大,约15%～20%。往北逐渐增大,华北大部分地区大于25%,河北中部和河套一带可达30%左右。再往北,又逐渐减小,东北大部在15%以下,长白山地和小兴安岭一带仅10%左右,这是我国气旋活动最频繁的地区,为我国年降水变率的低值区之一。但是在齐齐哈尔、通辽、乌兰浩特一带却形成一个20%左右的高变率带,这可能是由大兴安岭对天气系统活动的影响造成的。

我国西南地区年降水变率一般小于同纬度的东部地区。四川省西南山地和云南省南部年降水变率小于10%,是全国年变率最小、降水最稳定的地区。西北地区除山区降水较稳定、变率较小外,其变率一般都大于同纬度的东部地区。南疆塔里木盆地比同纬度的华北地区大10%～20%。吐鲁番、塔里木和青海省的柴达木盆地降水相对变率可达40%～50%,为全国最大值,但因上述地区年降水量仅几十毫米,农业以灌溉为主,高变率的实际意义不大。西北内陆的山区降水变率一般比同纬度东部地区为小,新疆山区约小5%,这为新疆的灌溉农业提供了较为稳定的水源。青藏高原东南部因受西南季风的影响,年降水变率接近邻近的东部地区。

四、我国的水热资源特征

(一)热量带多,亚热带和温带面积大

我国是世界上热量带最多的国家,从南往北相继出现热带、南亚热带、中亚热带、北亚热带、南温带、中温带、北温带。青藏高原还有高原温带、高原亚寒带和高原寒带。我国东部主要农业区面积较大,其中亚热带和中、南温带约占全国陆地总面积的42.5%,其热量与美国主要农业区相近。≥10℃积温,在40°N地区比日本略多,与地中海气候地区相近;在30°N地区,比地中海气候地区多500 ℃·d,比西亚、南亚、非洲等地少600～1000 ℃·d。

(二)季风气候影响显著

热量资源的季节变化十分明显,大部分地区四季分明,农事活动依赖节气的更迭十分敏感。我国东部与世界同纬度比,冬季偏冷,夏季偏热,而且纬度越高越明显,冬季比夏季突出。夏季偏热,一年生喜温作物(水稻、玉米等)可种植在纬度较高的东北地区,有利于扩大喜温作物种植面积和提高复种指数。但冬季过冷,却使越冬作物或多年生亚热带和热带经济果木林的种植北界偏南。这一热量特点也是形成我国种植制度多样化的原因之一。

(三)雨热配置基本同步

我国大部分地区气温与降水的季节变化基本同步,这是农业气候资源的一种优势。夏季温高雨多,光合有效辐射量大,为植物旺盛生长提供了十分有利的条件,气候生产潜力高。各地雨热同季的情况有所不同,我国北方,春季升温快,夏季温度高,6—8月≥10℃积温占全年的50%以上,同期降水量占全年的60%以上。

江淮以南地区热量丰富、降水充足,6—8月≥10℃积温和降水均占全年的30%~40%,雨热同季的持续时间长,因此复种指数较高,作物生产潜力大。但有时雨量过分集中会形成径流甚至造成洪涝,对作物生长不利。有些地方某些时段内也存在水热配合不协调的现象,如江南4—6月雨水偏多,7—9月又有伏旱天气。

我国西北地区光照、热量资源较丰富,但降水稀少,光、热、水匹配严重失调,在年降水量少于200 mm的地区,呈现荒漠半荒漠景观,多数地区的农业主要靠高山融化的冰雪水灌溉。凡灌溉条件好的地区,光热资源得以充分发挥,均形成了农业发达的绿洲。

云南和青藏高原地区,年内气温变化较平缓,降水集中程度高于温度,水热配合稍差,如云南6—8月积温只占全年的20%~30%,但同期降水占全年的60%以上。

青藏高原为我国辐射资源的高值区。但由于海拔高,热量比周围邻近地区显著偏低。最热月平均气温不足18℃,积温在全国最少。气温过低限制了光能和水分的发挥,致使青藏高原只能发展牧草和少量喜凉作物。

(四)下垫面复杂多样,气候资源的再分配形成了多样的局地气候状况

我国山地丘陵约占全国面积的2/3。境内地形复杂,较大山脉的走向、地形起伏、加上离海远近等因素的影响,造成了光、热、水资源的重新分配与组合,使得有些地区的地形性影响超过了地带性影响,有"十里不同天"的说法。例如,西南部金沙江河谷的巧家、华坪、元谋一带,虽处于中亚热带范围,却出现南亚热带气候,≥10℃积温高达7000~8000 ℃·d,最冷月平均气温在12℃以上,全年基本无霜。又如地处低纬地区的云南,由于纬度增加和海拔高度增加相一致,使南北不到10个纬距的范围内相继出现热、温、寒带的气候及相应的植被。一般在海拔2300~2500 m的高寒区,以耐寒作物为主,1300~2500 m高度为中温带,为一年一熟或二年三熟区。1300 m以下为亚热带,为一年二熟或三熟区。

我国境内有些东西走向或东北—西南走向的高大山脉对北来冷空气和南来暖湿气流有显著的屏障作用,是山体两侧水热状况显著差异的分水岭。例如大兴安岭两侧年平均气温相差2~4℃,≥10℃积温相差300~1000 ℃·d,年降水量可相差100~200 mm,成为由农区向牧区的过渡地带。天山山脉成为新疆分割为干旱南温带和干旱中温带的天然分界线。秦巴山系是标志我国南、北气候的分界线,也是水

分盈亏平衡为零的界线,它标志北方旱地农业与南方以水田为主的农业的交接带,又是作物是否休眠越冬的分界线。尤其是该山体的屏障作用使四川盆地冬暖特征十分显著,盆地1月平均气温比东部平原同纬度地区偏高2～4℃,≥10℃积温多300～500 ℃·d,无霜期多40～60 d,经海拔订正后的增温效应相当于使四川盆地南移5个纬距的位置。山区的热量资源随海拔高度的变化很明显。一般每升高100 m,年平均气温下降0.51℃,≥20℃积温减少170 ℃·d,生长期约减少4～6 d。

（五）热量和降水量的年际变化较大,易发生低温危害或旱涝

我国在5000年的历史中,有多次的冷期和暖期,曾造成农牧界线南北来回推移；历史时期气候冷暖变化也曾引起单、双季稻的种植界线南北变动两个纬距。近百年来,我国≥10℃积温变化有7～8 a和2～3 a的周期波动,尤以8 a周期最明显。20世纪初各地积温偏少,30年代中期开始增多,至50年代达到最高,随后逐渐下降,在60年代中期留有一短暂的回暖过程,目前在平均值左右摆动。近30年间,各地最暖年与最冷年的热量状况之差是:≥10℃积温的差值在500～1100 ℃·d；>10℃持续日数的差值在20～60 d。>10℃积温相对率(积温距平绝对值的多年平均与平均积温的百分比)是:青藏高原为4%～5%,东北、华北北部及西北地区大于3%,华南及云南南部小于1.5%。热量资源不稳定,可导致农业不稳产,例如,黑龙江省高温年与低温年的积温偏差平均为300 ℃·d左右,这个变化幅度可导致产量增产或减产30%左右。

五、我国的气象灾害概况

（一）气象灾害的特征

1. 气象灾害种类多、发生频次高、危害范围广

据不完全统计,我国几乎每年有14种气象灾害发生。平均每年发生干旱灾害7.5次,洪涝灾害5.9次,热带气旋灾害7.0次,冻害2.9次,干热风害1.5次。气象灾害的危害范围广:一是指危害的对象广泛,涉及人类生产、生活的方方面面；二是指发生的空间广,无论陆地、海洋以及高空都有气象灾害发生；三是指一次气象灾害波及范围广。

2. 地域性强

地形及下垫面对天气、气候有着很大影响。我国自南向北,纬度和地势悬殊,地形复杂,气候类型多样,加上各地人口、经济和工农业生产特点的不同,所以各种气象灾害的发生有着明显的地域特点。例如干旱灾害全国各地都有发生,但是发生的时间和特点不同。东北、华北地区以夏旱危害最严重,西南和华南地区常有春旱发生,

长江流域及江淮地区伏旱最为常见,严重风雹灾害多发生在平原、川谷地区。

3. 季节性明显、持续时间长

我国是季风气候显著的国家,季节变化明显,因此,各季盛行的气象灾害不同。冬季,我国在极地大陆气团或变性极地大陆气团的控制下,寒潮和强冷空气盛行,气候干燥寒冷,气温变化剧烈,因此冻害、霜冻、雪灾、冻雨等灾害主要发生在此季节。夏季,我国大陆受热带和副热带海洋气团及热带大陆气团所控制,同时又是农业生产季节,降水量增多,且变化大,多发生严重的暴雨洪涝和干旱灾害,特别是热带气旋灾害频繁。春秋两季是冬夏季风交替之时,霜冻、低温冷害、春秋干旱、连阴雨等灾害最为常见。

4. 具有多种灾害的群发性和连锁性

气象灾害的群发性是指在短时期内一种或多种气象灾害,在同一地区或不同地区相继发生,当某种气象灾害发生后,常常引起其他灾害的发生和发展,这种不同灾害的连锁反应称为气象灾害的连锁性。气象灾害与海洋、洪水、地质等灾害和农林生物灾害,以及交通事故、疾病流行等都有密切的因果关系。气象条件的变化(或灾害)对某些灾害来说,有的起着直接作用或触发作用,有的则是起着诱发作用。如台风入侵时主要带来狂风暴雨,造成暴雨洪涝和大风灾害,这两种灾害直接危害人民生命和财产。暴雨洪涝还常常引起江河泛滥,形成江河洪水灾害,同时还常常引起泥石流、滑坡、崩塌等地质灾害的爆发。

5. 气象灾害经济损失日益严重

人类社会是各种气象灾害的受灾体。不同时期经济发展程度和社会生产力水平不同,遭受灾害的方式和破坏损失程度不同。一般来说,社会经济比较落后,生产力低下,对自然灾害的防御力差,容易遭受自然灾害的毁灭性破坏。相反,社会经济比较发达,生产力水平较高,对一般自然灾害的防御能力较强。但由于经济活动广泛,社会财产丰富,从而出现气象灾害损失与社会经济同向增长的特点。

6. 极端天气和气候事件增多

气象灾害损失主要是由水文、气象异常事件造成,重大灾害几乎都是极端天气和气候事件所致。冬季发生的极端天气和气候事件主要有雪暴、旱灾、冰雹、霜冻和寒潮;夏季主要有干旱、暴雨(引起洪涝、泥石流和滑坡)、高温、冰雹、雷暴、台风和洪水。近几十年来由于气候变化,极端天气和气候事件呈增加趋势。由于中国人口的增长,财富的增加,以及生产发展对环境的破坏,中国的气象灾害非常严重。1990—1995年自然灾害直接经济损失年平均1236.33亿元,重大气象灾害直接经济损失年平均589.37亿元,占该期间自然灾害总损失的45.2%。其中1991年直接气象灾害损失最大,占自然灾害损失的72.7%,1994年占63.7%。

(二)气象灾害区域性特点

1. 东北地区

东北地区主要的气象灾害为暴雨引发的洪涝以及低温冷害,此外还有局部的干旱和冰雹等灾害,如辽河中游曾在1951、1953、1960、1985年发生过大规模洪灾。1998年7—8月份在松花江、嫩江流域又出现了特大洪涝。1996年在黑龙江省4—6月份却出现了干旱,全省大部分地区降水比常年少4成,西南部地区春旱连着夏旱,干旱面积达3000多万亩*。1998年6月下旬,庆安县3次遭受冰雹袭击,全县受灾面积达13.3万亩,成灾面积6.38万亩,绝产面积1.8万亩,减产3~5成。东北地区的冷害主要是夏季低温,具有2~3 a、6~7 a和22 a的准周期及6 a长周期变化特点。

2. 华北地区

华北地区的主要气象灾害有干旱、暴雨和洪涝,其中干旱灾害为其主要灾害,群众有"十年九旱"之说,尤以冬春季雨水稀少,故有"春雨贵如油"的说法,黄淮海平原是我国范围最广、强度最大和灾情最重的干旱中心,受旱面积占全国受旱面积的46.5%,受灾面积则占50.5%,因干旱造成的粮食损失占全国干旱粮食损失的32.1%左右。据1949—1980年间统计,华北地区每年洪涝面积平均约1900多万亩。

3. 西北地区

西北黄土高原的主要气象灾害有干旱、冰雹和暴雨等。这一地区同样存在"十年九旱"。据统计,1951—1980年间,有26年出现不同范围的春旱(4—5月),其中大范围的春旱就有13年。例如,1994年甘肃全省出现严重的春旱和伏秋连旱,受旱面积达2600多万亩,成灾面积达1700多万亩,绝收达255万亩。

冰雹是这一地区的重要气象灾害之一,黄土高原多雹区位于我国从东北到西南的多雹区的中段,西南接我国最多雹区青藏高原,东北连内蒙古高原、东北大小兴安岭和长白山多雹区。这一地区的暴雨往往与泥石流等灾害联系在一起,如1994年7月青海省西宁市大寺沟大西山一带突降暴雨,顷刻间,大寺沟洪水、泥石流滚滚下泻,洪峰高达3.5 m,流量135 m³/s,致使1000人受灾,9人死亡,直接经济损失达1544万元。

4. 长江中下游江湖平原地区

长江中下游江湖平原地区的主要气象灾害有暴雨引发的洪涝及干旱,另外还受

---

* 1亩=1/15 hm²。下同。

热带风暴侵袭,以及风暴潮、海啸等的影响。据统计,近代这一地区由于洪涝灾害损失的粮食占全国洪涝粮食损失量的 40.3%。这一地区虽处在湿润地区,但由于季风影响、降水的季节变化及年际变化均比较大,1951—1980 年的 30 年间,平均每年受旱面积达 790 多万亩,平均每年减产粮食逾 4 亿 kg。

热带风暴是影响长江中下游沿海地区的主要气象灾害之一,据统计,平均两年有一个热带风暴或台风直接登陆本地区。另外,虽不登陆但近海影响也会带来狂风暴雨和大海潮。

长江中下游地区还会出现冰雹灾害。据统计,苏北、皖北冰雹主要发生在春夏之间的 5—7 月份,此外在湖北、江西、湖南等省一般出现在冬春的 1—4 月或 2—4 月。

5. 华南地区

我国华南地区同样会出现暴雨、干旱、低温冷害、冰雹等气象灾害,而其中以经常遭受热带风暴、台风袭击为其主要特点。每年 4—12 月,登陆我国的热带风暴、台风中有 90% 都是登陆于华南地区。另外由于台风袭击,台风暴雨也可使这一地区在汛期后出现洪涝灾害。

6. 西南地区

西南地区的主要气象灾害有暴雨并引发洪涝、泥石流、滑坡等灾害以及干旱、冰雹等灾害。青藏高原上的主要气象灾害有暴风雪以及冰雹、暴雨引起的洪涝、泥石流等灾害。我国新疆地区由于纬度偏高,又受青藏高原阻挡,夏季风难以直接影响,但来自极地高纬区的冷空气则较容易入侵和影响,主要气象灾害有雪灾、洪涝、冰雹及大风沙等灾害。

本章小结

气象因子对植物生长发育十分重要,是植物生活所必需的因子。

太阳辐射是地球上生物有机体生命活动的主要能量源泉。到达地球上的太阳辐射会产生光合效应、热效应和光的形态效应。太阳辐射可被叶片反射、吸收和透射。在均匀叶层的植物群体中的光分布符合比耳定律。

光照强度、光照长度和光谱成分对生物有机体都有影响。植物通过感受昼夜长短变化而控制开花的现象,称为光周期现象。植物光合强度一般随光照强度的增强而增强,光照强度较大会出现光饱和现象。不同的光谱成分对于植物的光合作用、叶绿素等色素的形成、向光性以及动物的生长发育等的作用不同。光合作用在可见光谱之内,不同波段光合强度不同,光合产物也不同。

温度是植物生长发育环境的重要因子,是生物体生活的重要条件。植物生命活动有最低温度、最适温度和最高温度(三基点温度),不同植物三基点温度不同,并有一定的变化幅度。温度影响生物的生理生态特性、分布、同化、呼吸及蒸腾等各生理过程及生长发育与产量形成等等。土壤温度、动植物体温及水温在研究温度对农业生物的影响及其间关系时有着特殊的意义。生物完成某一阶段的发育,需要一定的积温。积温应用最为广泛的是活动积温与有效积温。

水分对生态具有十分重要的意义,它是生物体生长、发育与产量形成不可缺少的要素。水分是植物制造有机物的原料。水分也是植物光合作用过程中所需要的矿物营养元素和光合产物的传输者。水分是植物支撑的主要因素之一。水分在土壤—植物—大气系统进行输送循环。

土壤水分可分为吸湿水、毛管水、重力水等常规的类型。常用的土壤水分常数有吸湿系数、凋萎系数、最大分子持水量、田间持水量、毛管断裂含水量、毛管蓄水量、全蓄水量,不同类型土壤的水分常数不同,主要决定于土壤质地和结构。

植物蒸腾消耗大量水分,通过蒸腾输送养分和降低体温。影响蒸散的因子有:土壤因子,包括土壤含水量和土壤水向土面及根系分布层流动状况等;气象因子,包括辐射差额、温度、湿度和风等;还有诸多植物因子。

CO_2 对绿色植物光合作用有着极重要的意义。光强、温度、水分、风对 CO_2 交换有影响和制约。农田上 CO_2 浓度的日变化与太阳辐射、云量、风速、温度、地形等很多因素有关。农田上 CO_2 浓度具有日变化、季节变化。一般而言, CO_2 浓度升高将引起植物的一系列生理反应,如导致光合速率升高等。水热变化与 CO_2 浓度变化的协同作用将会对生态系统产生影响。

气候资源主要包括太阳能资源、水分资源、热量资源等。我国的太阳能资源除川黔地区外,其余大都相当或超过国外同纬度地区,与美国相当,略高于日本。青藏高原为高值中心,低值中心出现在四川盆地。我国东部水热资源比较丰富的地区光资源较少;而西部光资源丰富的地区却水热条件较差。热量资源丰富多样,各地气候差异很大。各地温度年际变化较大,热量资源不很稳定。降水资源分配不均衡,干湿界线与等降水线相近;我国各地降水的季节分配大致适应农时,雨热基本同季;我国降水量的年际变化大。

我国气象灾害有以下特征:气象灾害种类多、发生频次高、危害范围广;气象灾害地域性强、季节性明显、持续时间长;具有多种灾害的群发性和连锁性;气象灾害经济损失日益严重;极端天气和气候事件增多。

复习思考题

1. 光强对植物的光合作用有哪些影响?

2. 什么是光周期现象？它在农业生产中会有哪些应用？
3. 生命活动的三基点温度有什么规律？
4. 绿色植物为什么能不断生长？
5. 土壤中的水分有哪些类型？常用的土壤水分常数有哪些？
6. 影响蒸腾作用的植物因子有哪些？
7. 我国的降水资源分布有何特征？
8. 试述农田 CO_2 的变化规律。
9. 积温的定义及活动积温和有效积温的计算。
10. 绿色叶片的能量平衡。

主要参考文献

Bunce J A. 2001. Directed and acclimatory responses of stomatal conductance to elevated carbon dioxide in four herbaceous crop species in the field [J]. *Global Change Biology*, **7**:323-332.

Hamerlynck E P, Huxman T E, Loik M E, et al. 2000. Effects extreme high temperature, drought and elevated CO_2 on photosynthesis of the Mojave Desert evergreen shrub, Larrea tridentate [J]. *Plant Ecology*, **148**:185-195.

Horie T, Baker J T, Nakagawa H, et al. 2000. Crop ecosystem responses to climatic change: Rice. In: Reddy K R, Hodges H F, eds [M]. Climate Change and Global Crop Productivity. Wallingford: CAB International Press:81-106.

Huxman T E, Hamerlynck E P, Moore B D, et al. 1998. Photosynthetic down-regulation in Larrea tridentate exposed to elevated atmospheric CO_2: Interaction with drought under glasshouse and field (FACE) exposure [J]. *Plant Cell Environ*, **21**:1153-1161.

Kimball B A, LaMorte R L, Pinter P J, et al. 1999. Free-air CO_2 enrichment (FACE) and soil nitrogen effects on energy balance and evapotranspiration of wheat [J]. *Water Resou. Res*, **35**: 1179-1190.

Monje O, Bugbee B. 1998. Adaptation to high CO_2 concent ration in an optimal environment: Radiation capture, canopy quantum yield and carbon use efficiency [J]. *Plant Cell Environ*, **21**: 315-324.

Morison J I L, Lawlor D W. 1999. Interactions between increasing CO_2 concentration and temperature on plant growth [J]. *Plant Cell Environ*, **22**:659-682.

Norby R J, Cotrufo M F. 1998. A question of little quality [J]. *Nature*, **396**:17-18.

Sicher R C, Bunce J A. 1999. Photosynthetic enhancement and conductance to water wheat vapor of field-grown Solanum tuberosum L in response to CO_2 enrichment [J]. *Photosynthesis Research*, **62**:155-163.

Zhou G, Wang Y. 2002. Response of grassland plant community along Northeast China transect to water gradient [J]. *Journal of Vegetation Science*,**13**:361-368.

陈雄,吴冬秀,王根轩. 2000. CO_2 浓度升高对干旱胁迫下小麦光合作用和抗氧化酶活性的影响[J]. 应用生态学报,**11**(6):881-884.

董桂春,王余龙,杨洪建,等. 2002. 开放式空气 CO_2 浓度增高对水稻 N 素吸收利用的影响[J]. 应用生态学报,**13**(10):1219-1222.

冯秀藻,陶炳炎. 1991. 农业气象学原理[M]. 北京:气象出版社.

符淙斌,严中伟. 1996. 全球变化与我国未来生存环境[M]. 北京:气象出版社.

高素华,郭建平,周广胜. 2002. 高 CO_2 浓度下羊草对土壤干旱胁迫的响应[J]. 中国生态农业学报,**10**(4):31-33.

郭建平,高素华,刘玲. 2001. 气象条件对作物品质和产量影响的试验研究[J]. 气候与环境研究,**6**(3):361-367.

胡毅,等. 1994. 应用气象学[M]. 北京:气象出版社,24-26.

黄建晔,董桂春,杨洪建,等. 2003. 开放式空气 CO_2 增高对水稻物质生产与分配的影响[J]. 应用生态学报,**14**(2):253-257.

黄建晔,杨洪建,董桂春,等. 2002. 开放式空气 CO_2 浓度增高对水稻产量形成的影响[J]. 应用生态学报,**13**(10):1210-1214.

李伏生,康绍忠,张富仓. 2002. 大气 CO_2 浓度和温度升高对作物生理生态的影响[J]. 应用生态学报,**13**(9):1169-1173.

李伏生,康绍忠,张富仓. 2003. CO_2 浓度、氮和水分对春小麦光合、蒸散及水分利用效率的影响[J]. 应用生态学报,**14**(3):387-393.

廖建雄,王根轩. 2000. CO_2 和温度升高及干旱对小麦叶片化学成分的影响[J]. 植物生态学报,**24**(6):744-747.

廖建雄,王根轩. 2002. 干旱、CO_2 和温度升高对春小麦光合、蒸发蒸腾及水分利用效率的影响[J]. 应用生态学报,**13**(5):547-550.

任红旭,陈雄,吴冬秀. 2001. CO_2 浓度升高对干旱胁迫下蚕豆光合作用和抗氧化能力的影响[J]. 作物学报,**27**(6):729-736.

阮均石. 2000. 气象灾害十讲[M]. 北京:气象出版社.

王春乙,潘亚茹,白月明,等. 1997. CO_2 浓度倍增对中国主要作物影响的试验研究[J]. 气象学报,**55**(1):86-94.

魏胜林,刘业好,屈海泳,等. 2001. 高 CO_2 浓度对百合某些生理生化物质的影响[J]. 植物生态学报,**25**(4):410-413.

徐国强,李杨,史奕,等. 2002. 开放式空气 CO_2 浓度增高(FACE)对稻田土壤微生物的影响[J]. 应用生态学报,**13**(10):1358-135947.

郑凤英,彭少麟. 2001. 植物生理生态指标对大气 CO_2 浓度倍增响应的整合分析[J]. 植物学报,**43**(11):1101-1109.

周广胜,王玉辉,白莉萍,等. 2004. 陆地生态系统与全球变化相互作用的研究进展[J]. 气象学报,**62**(5).

第三章 气象条件对陆地生态系统的影响

气象条件对陆地生态系统的影响显著,每一种陆地生态系统对应相关的气候类型,气象条件在很大程度上决定了植物的分布。与对植物的影响相似,动物生长和发育以及其行为、繁殖、数量和分布等方面都受到气象条件的影响,光、温、水条件对动物的影响各不相同。气候条件还直接影响着土壤物质迁移转化的过程,并决定着母质风化、成土过程的方向和强度。

第一节 气象条件对植物分布的影响

植被地理分布的研究是植物学、生态学、地理学以及气候学上的古老问题。尽管在具体地段植被分布同时受到气候、土壤、生物之间竞争和人类活动等多种因素影响,但在景观尺度上植被与气候要素之间的关系仍然显著。自 20 世纪初柯本(Köppen)发表了著名的世界气候分类系统以来,植被—气候带的讨论就一直没有间断过。随着世界各地植被调查资料的积累以及世界各地气象台站的设立,人们对植被与气候关系的认识逐渐深刻。

一、柯本分类系统及其改良

1931 年柯本发展了一个以生理学和植物分类为基础的生物气候分类方法,该方法是以温度、雨量的年平均值及其年变化为依据的。他首先对植物分布与气候关系做了研究,参照自然植被归纳出几个经验公式作为区分气候的标准。该分类系统有 5 个生物气候指标,即最热月温度、最冷月温度、温度年较差、年降水量和可能蒸散(湿度)。柯本分类法首先按最热月温度、最冷月温度和年降水量将赤道至极地分为 5 个气候带:热带多雨气候、干燥气候、温带气候、寒冷气候、冰雪气候。再根据季节雨量及干季的程度对这 5 个气候带进行第二级划分。而后根据最热月和最冷月的平均温度、温度年较差和湿度进行第三级的划分。在他的 13 种气候类型的名称中,常常兼顾相应的植被类型,如 Af——热带雨林气候、Aw——热带疏林草原气候、BS——草原气候、BW——沙漠气候。柯本气候分类系统后来由柯本本人和其他气候学家,如特里瓦撒(Trewartha)等做了若干改进,但系统的基本原则没有改变,一直沿用至今。柯本13种气候类型(表3-1)和世界分布图(图3-1)如下。

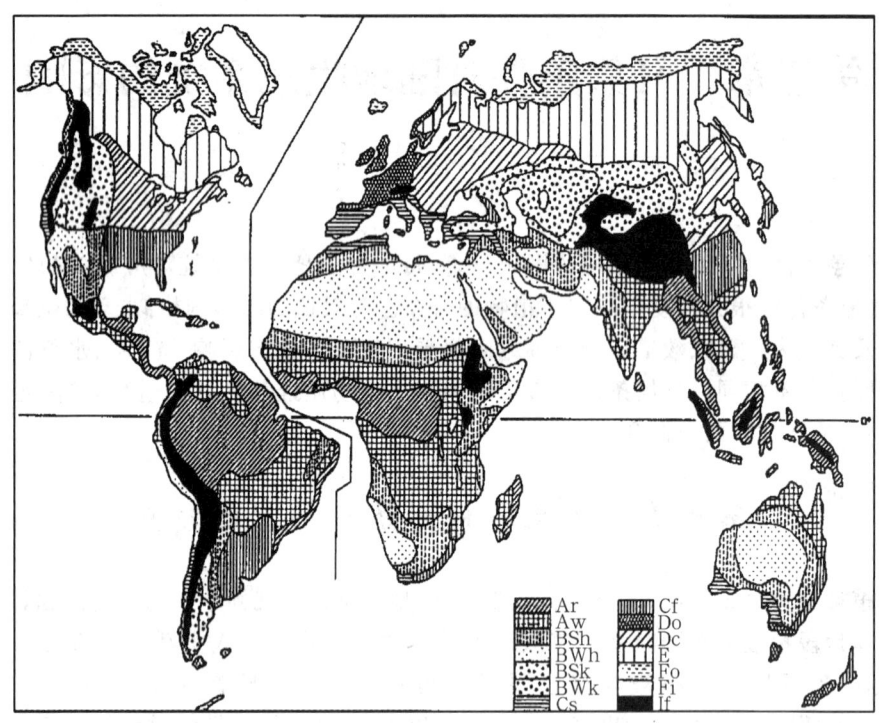

图3-1 柯本的世界气候类型分布图

柯本在确定干湿气候界限时,采用下列关系(早期采用的关系式略有不同):

常年多雨的情况:$P/2(T+7)$ (3-1)

夏雨时:$P/2(T+14)$ (3-2)

冬雨时:$P/2T$ (3-3)

式中 P 为年降水量(mm),T 为年平均气温(℃)。

当上述比值小于5时,为沙漠气候(Bw);5~10时,为草原气候(BB);大于10时,为森林气候。

特里瓦撒在温度带中,增加了亚热带。干湿气候的界限也稍有不同,即:

干燥气候界限的降水量:$R=T/2-R_w/4$ (3-4)

沙漠气候界限的降水量:$R=(T/2-R_w/4)/2$ (3-5)

式中 R 为年降水量(inch),T 为年平均气温(℉),R_w 为一年中最寒冷的6个月的降水量占全年降水量的百分比。

表 3-1 柯本 13 种气候类型

代码	生态气候类型	气候界限
Ar	热带潮湿	所有月份的平均气温大于 18℃,且没有干季
Aw	热带潮湿/干旱	气温同 Ar,但冬季有 2 个月干季
BSh	热带/亚热带半干旱	蒸发超过降水,所有月份的平均气温大于 0℃
BWh	热带/亚热带干旱	BSh 的一半降水,所有月份的平均气温大于 0℃
BSk	温带半干旱	同 BSh 但至少一个月低于 0℃
BWk	温带干旱	同 BWh 但至少一个月低于 0℃
Cs	亚热带干旱夏季(地中海)	8 个月气温大于 10℃,最冷月低于 18℃,夏季干旱
Cf	亚热带湿润	同 Cs 但没有干季
Do	温带海洋性	4 至 7 月气温大于 10℃,最冷月高于 0℃
Dc	温带大陆性	同 Do 但最冷月低于 0℃
E	北方或亚北极	最多 3 个月的气温大于 10℃
Fo	冻原	所有月份的平均气温小于 10℃
Fi	极地冰盖	所有月份的平均气温小于 10℃

柯本分类法具有直接和数量化的特点,是把气候界限与植物生长或植被类型相关联的杰出例子。他直接用主要植物群落类型为气候类型命名,并力求找出与主要植物群落类型界限大体一致的气候界限,如以最热月平均温度 10℃ 的等温线作为北方寒温针叶林(雪林)与极地苔原的界线,或为山地针叶林(上限)与高山植被带间的界线。该分类法的优点是标准严格,界限明确,应用便利,并且较其他分类法更适合于景观带,所以应用广泛。但其最大缺点之一是干燥气候的标准大半是人为的,其次未考虑海拔高度对温度与气候分类的影响,此外,该方法不适宜于小范围的植被气候分类。尽管柯本分类的界限与实际有偏离,但他关于植被与气候密切相关的概念与定量分类的标准和系统,给予后来的植被—气候研究以深刻的影响。该系统的主要意义在于找出与主要植物群落分布界线大体一致的气候界线,以温度、雨量及其简单组合、气温与降水的季节性特征描述和命名植被分布的气候类、亚类和类型,该系统几经修改被沿用至今。其分类结构简单明了,气候界线和植被界线相一致,特别在低纬度地区较适用。在最近的全球变化预测研究中,该系统作为一种生物气候方案被用来模拟和预测全球植被的生物气候分布。

二、综合指标的植被气候分类系统

柯本分类系统采用的是单一的气候因子。单因子的气候指标所确定的植被—气候界线固然有一定意义,但植物与植被对气候和其他环境因子的反应是综合的,因此必须强调气候因子的综合影响。可能蒸散常被用作植被—气候相关分析与分类的综合气候指标,并涉及决定植物分布的两大气候要素:温度与降水。在众多的可能蒸散计算方法与植被—气候分类系统中,霍尔德里奇(L. R. Holdridge)的生命地带分类系统是应用较为广泛的。该系统简明合理,与植被类型密切相关,受到了普遍重视和广泛应用。

地球表面的植被类型及其分布基本上决定于 3 个因素,即热量、降水与湿度,后者又取决于前两者,植物群落组合可以在上述 3 个气候变量的基础上予以限定,这种组合就称为"生命地带"。生命地带具有双重意义,它既指示一定的植被类型,又含有产生该类型的热量与降水的一定数值幅度,因此,生命地带是气候的生物作用与植被相结合的结果,具体来说,是热量带与湿度区及其所规定的植被类型的综合表现。这样,既可以从气候记录来计算出某一地区的潜在植被类型,也可以根据野外观测的植物群落来确定该地区的气候状况及其幅度。霍尔德里奇的生命地带分类系统(图 3-2)便是以简单的气候指标——年生物温度(ABT)、年降水(P)和可能蒸散率(PER)来表示自然植被性质的一种图式。生物温度是出现植物营养生长范围内的平均温度。一般认为在 0~30℃,日均温低于 0℃ 与高于 30℃ 者均排除在外,超过 30℃ 的平均温度按 30℃ 计算,低于 0℃ 的则按 0℃ 计算,可能蒸散是温度的函数,可能蒸散率则是可能蒸散与年降水量的比率。各指数的计算式如下:

(1) 年生物温度

$$ABT = \frac{1}{12}\sum t_i \tag{3-6}$$

式中 t_i 为大于 0℃ 的月均温;当月均温>30℃时,取 30℃。

(2) 年可能蒸散量 APE

$$APE = 58.93 \times ABT \tag{3-7}$$

(3) 可能蒸散率 PER

$$PER = APE/P \tag{3-8}$$

式中 P 为降水量。

霍尔德里奇提出的生命地带划分标准见表 3-2。近年来的研究表明,在计算植物群落与气候关系的不同方法中,霍尔德里奇的方法被某些环境学家认为是最精细和优良的植被—气候分类系统;生态学家对这一方法也有较高的评价,因为这个方法可以根据某一地区的平均月气温和年降水量指标来估测其植被类型,并用以表示生物群区(具有一定气候代表性的生态系统类型的区域)的分布格局,特别是在近年来研究全球变化对生态系统影响的评价中,霍尔德里奇系统被广泛用于测试陆地生态系统分布对模拟的气候变化的敏感程度及预测大气 CO_2 倍增条件下的植被和碳库变化格局。

第三章 气象条件对陆地生态系统的影响

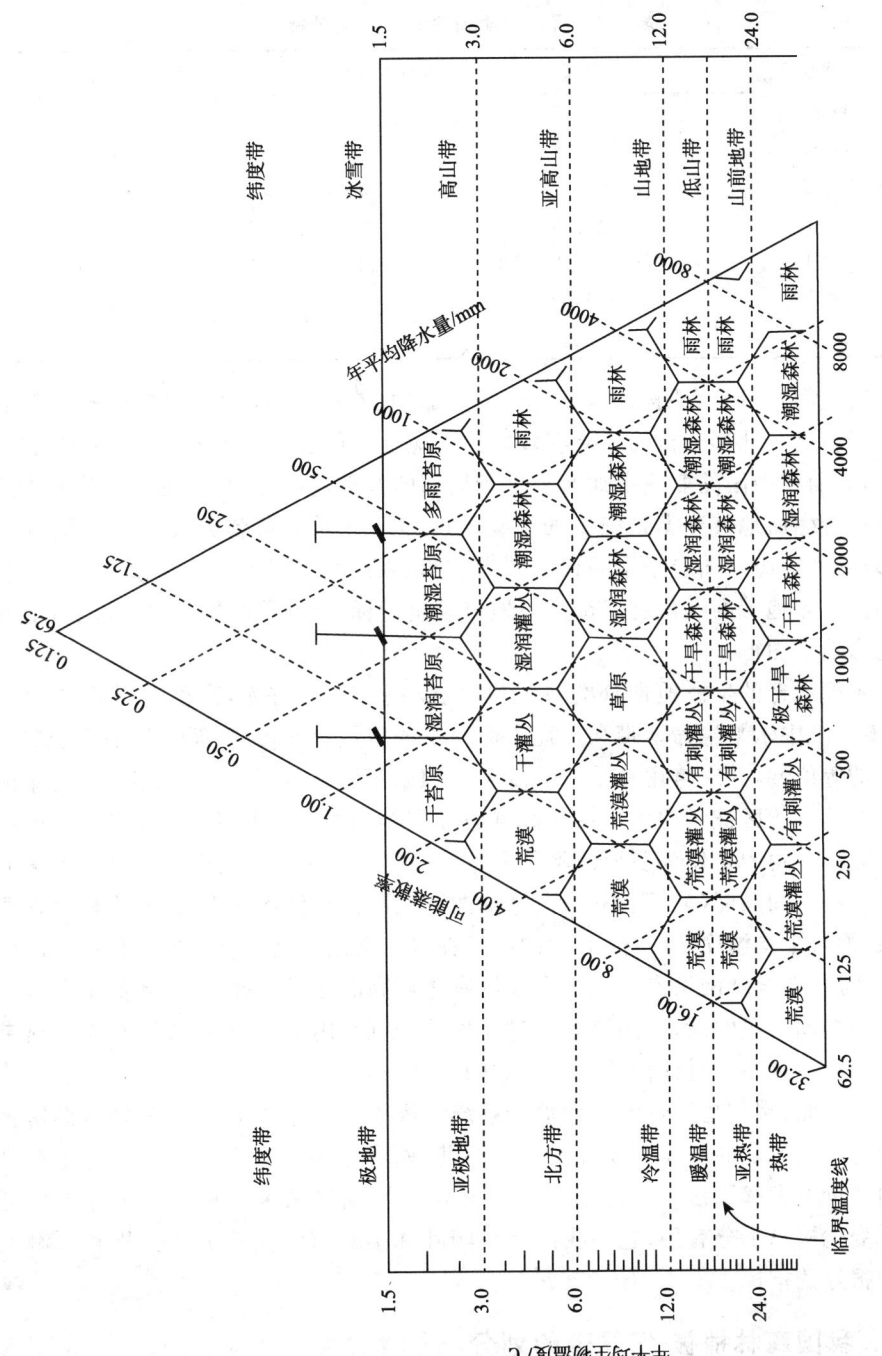

图3-2 霍尔德里奇的生命地带分类系统

表 3-2 霍尔德里奇生命地带划分标准

纬度带	雪带	年生物温度/℃	年可能蒸散量/mm
极地	高度带	<1.5	—
亚极地	高山带	1.5～3	<177
北方带	亚高山带	3～6	177～353
寒温带	山地带	6～12	353～707
暖温带(含亚热带)	低山带(含山前带)	12～24	707～1414
亚热带	山前地带	(17～24)	(1000～1414)
热带	山前地带	>24	>1414

张新时等的研究表明,霍尔德里奇的生命地带分类系统对中国各植被地带的气象台站资料进行计算分析的结果有较好的适应性。但由于该系统发展于中美洲的热带地区,因而在中国的亚热带地区须进行局部的调整,暖温带与亚热带的热量界限由霍尔德里奇生命地带分类系统中的生物温度 BT 为 17℃ 调整为 BT 为 14℃ 的等值线,另外其雪线应该向趋干旱的梯度升高,对该系统进行了补充和修正,通过计算给出了中国植被地带的霍尔德里奇生命地带系统指标,绘制了中国生物温度、可能蒸散率与生命地带图。

霍尔德里奇的生命地带分类系统也存在一些不足,首先,高度差异没有得到反映,即该系统中水平生命地带和山地生命地带的定量量度相同,而这仅是出于二者生物温度的等值性,并未考虑在季节温度和日照长度等方面的差异;其次,该生命地带分类系统的过渡区被考虑成生物气候镶嵌在同样的可能蒸散率边界,这样气候被定义在该图形三角中是作为菱形而不是六角形;第三,年生物温度是从月平均温度而不是从更短的时间尺度(如天、小时)上计算的;第四,该系统用 30℃ 作为计算生物温度的上限,而月平均温度 30℃ 和 31℃ 的面积在可能蒸散值上不合理的差异使得温度上限无法使用,在全球网格点上很少有或没有这样高的月平均温度,因此如果分辨率更高或考虑扰动气候的话,应用该系统时要慎重;最后,用生物温度 17℃ 作为亚热带和暖温带的界线也不是对任何地区都适应的。

尽管如此,霍尔德里奇的生命地带系统气候指标的计算简便,其蜂窝状图解把植被类型与气候数值的对应性表现得十分清楚,而在近年来研究全球变化对生态系统影响的评价中发挥了极大的作用。对于预测 CO_2 倍增条件下局部及全球大尺度上植被的变化格局十分有用,它在我国常绿阔叶林植被与气候相关性分析和预测上也是一种很好的指标。

三、我国森林植被-气候带的划分

柯本的气候分类系统逐渐被改进,一些新的分类方法也逐渐建立起来。然而,反映在柯本系统中的基本观点没有改变,气候制约着植被的地理分布,植被类型反映气候特点。气候决定植被的分布主要体现在两个方面,即:气候的热量条件是植物生命活动的基础和能量来源,气候的水分条件是植物生理活动的源泉和植物构成的基本成分。由于热量条件的不同,形成了不同温度梯度上的植被变化,这表现在植被类型由南向北的纬向变化上。由于水分条件的限制,形成了森林和荒漠植被之异,这常体现在植被类型从沿海到内陆的经向变化。东亚在这两个梯度上的变化是极为明显的。在湿润地区的东部,从南到北依次出现雨林、季雨林、常绿阔叶林、落叶阔叶林、针叶林、苔原和冰原;在同一热量带,从东到西出现的典型植被景观依次是森林、森林草原、草原、荒漠草原和荒漠。

1991年方精云利用温暖指数(WI)进行了我国森林植被带的划分,计算式是:

$$WI = \sum_{i=1}^{n}(t_i - 5)$$

式中 t_i 为5℃以上的月平均气温,n 为月平均气温大于5℃的月数,WI 的单位是℃·Mon。

A带($WI=15$ ℃·Mon),显示寒带植被类型的下限与云冷杉类型等亚寒带常绿针叶林的上限北界之间的界线。此界线对应于15 ℃·Mon值。关于 $WI=15$ ℃·Mon 的意义,认为它与森林上限相一致。柯本、卡拉汉(Callaghan)和伊曼尼尔索(Emanelsson)将最暖月平均气温 10 ℃·Mon 作为寒带的南界,WI 15 ℃·Mon 线上的月份平均气温为 10.5 ℃·Mon,两者极为接近。斯特拉(Strahler)等"定义"桑斯威特(Thornthwaite)的年可能蒸腾蒸发量(PE)350 mm 为寒带气候的南界,WI 15 ℃·Mon 线上 PE 的值为 357 mm,两者基本一致。因此,WI 15 ℃·Mon 线可作为寒带(高山)与亚寒带(亚高山)植被的界限,即森林上限的热量指标。

B带($WI=50\sim55$ ℃·Mon),落叶松、云冷杉等亚寒带针叶林类型的分布下限和红松落叶阔叶混交林、落叶栎林以及落叶阔叶林等温带植被的分布上限(北界)进入B带范围。这与斯特拉等的主张一致,斯特拉等定义 PE 等于 525 mm 为高纬度与中纬度气候的界限,而 WI 50~55 ℃·Mon 范围所对应的 PE 值为 520~550 mm,这与斯特拉等的主张一致。以上结果说明亚寒带针叶林与温带落叶阔叶林或混交林的界限位于B带之中。

C带($WI=80\sim90$ ℃·Mon),落叶阔叶林类型、常绿硬叶阔叶林类型的下限以及常绿落叶阔叶混交林、云南松林、马尾松林、及常绿阔叶林等暖温带植被的分布上限进入此带。因此,可以认为温带与暖温带的植被分界线位于 80~90 ℃·Mon 的范围之中。

D带($WI=170\sim180$ ℃·Mon),云南松林、常绿阔叶林以及它的次生植被的南界或垂直下限位于带中。此外,热带亚热带次生林及它的过渡植被的北界也进入此带。

西藏南部的常绿阔叶林分布下限的为 180 ℃·Mon。在日本,植物区系、植物地理学的研究也证实这个界线与 180 ℃·Mon 等值线相一致。

我国湿润地区的生物气候带从北至南依次为寒带苔原、亚寒带针叶林、温带落叶阔叶林、暖温带常绿阔叶林、亚热带和热带雨林季雨林。它们分别对应于温度指标分别为 WI 温暖指数＜15 ℃·Mon、15～50 ℃·Mon、50～90 ℃·Mon、90～175 ℃·Mon、＞175 ℃·Mon。据此,就可以划分出我国的生物温度气候带。

第二节 温度对动物的影响

一、温度对动物的生态作用

对于任何生物而言,温度都是一种无时无处不在起作用的重要生态因子。任何生物都是生活在具有一定温度的外界环境中并受温度变化的影响。温度影响动物新陈代谢过程的强度和特点以及其有机体的生长和发育速度、行为、繁殖、数量和分布等,温度还间接影响着动植物的生存环境,而环境又会影响动植物的生存。

最早人们根据动物体温的高低,把动物分为温血动物和冷血动物两大类。前者包括鸟类和兽类,后者包括除鸟兽以外的脊椎动物和无脊椎动物。后来人们根据体温的稳定程度又把动物划分为常温动物和变温动物。变温动物的体温随环境温度的升降而相应地产生平行的变化,体温与环境温度的差别很小。常温动物的体温是相当稳定的(并非绝对不变),体温与环境温度的差别可以很大。鸟类体温通常在 40～42℃,哺乳类在 37～38℃。栖居于两极的鸟兽通常在冬季遭到 −40℃下的低温,环境温度与体温的梯度可达 70～80℃。常温动物中还有一些具有冬眠习性的动物,特称之为异温动物,例如黄鼠、旱獭等,它们在活动期与常温动物没有什么区别,但在休眠期体温就降得很低。常温和变温这两个术语已沿用很久,目前大多数学者仍在使用。再后,有人发现许多爬行动物在自然界活动时也能保持相当稳定的体温,并且有一定调节体温的能力,因此又提出内温动物和外温动物两个术语。外温动物的特点是机体的热传导率高,代谢产热水平低,决定其体温的热源主要由外界环境获得。与外温动物相反,内温动物的热传导率低,代谢产热水平高,决定其体温的热源主要是机体自身的代谢产热。完善的内温动物只见于鸟类和兽类,但这并不意味着一切鸟类和兽类自始至终都是内温性的。另外,也不能说鸟兽以外的其他动物就一概不是内温性的。如某些昆虫(大蜂)和快速游泳的鱼类(金枪鱼),均能从体内获取热源来维持体温,具有内温性的特点。以内温性或外温性来划分鸟、兽两纲和其他动物类群也不是绝对的。

温度对于动物的生命活动来说,也有最高、最低和最适温度范围之说,即生物的三基点温度。动物生活的最适温度,常处于靠近最高温度一侧。动物对于高低温的耐受限度因种类而异,甚至同种动物的同一器官、同一生理过程,在不同条件下也有所不同。还可以通过驯化改变其耐受限度。研究动物对于高低温的耐受限度,可以解释动物分布的原因,并为引种、驯养有益动物,防治、杀灭有害动物等提供依据。

(一)对低温的耐受和抗寒性

1. 下限温度及低温致死

动物对低温的耐受极限变化很大。某些动物能忍受一定程度的机体冻结,能在 $-196℃$ 的液态氮中存活。另一些动物对低温却异常敏感,接近结冰温度就可能被冻死。

动物在低温下致死的原因有:(1)冰结晶使原生质破裂,损坏了细胞内和细胞间的细微结构。(2)当溶剂水结冰时,电解质浓度改变,引起细胞渗透压的变化,造成蛋白质变性。(3)脱水使蛋白质沉淀。(4)代谢失调,乃至停止。

2. 动物低温耐受性规律

(1)变温动物允许其体温有较大幅度的变化,忍受体温下降的能力也较强;而常温动物的体温相对比较稳定,忍受体温下降的能力较弱。但对外界环境温度的适应范围来说,常温动物的活动范围更广,因常温动物可维持稳定的内环境温度以抵御更低的外环境温度。

(2)一般来讲处于非活动期和休眠期的动物相对处于活动期的动物可耐受更低的温度。

(3)耐寒性的季节变化。栖息于高纬度和中纬度地区的动物,在自然条件下,每年都要经历漫长而寒冷的冬季。在长期的进化过程中,形成了冬季耐寒性高,夏季耐寒性低的适应性特征。越冬昆虫耐寒性的提高,其机制可能在于:一是越冬期组织内含水量减少。二是冬季体内的脂肪含量增高。机体内的脂肪含量越高,低温下水冻结的量就越少。虽然冬季温度低于春秋季寒流,但春秋季寒流对昆虫的杀伤作用往往超过前者。

(4)不同生态类群动物的耐寒性是有区别的。越冬环境遭受低温影响大的动物在冬季的耐寒性会显著增加。比如在地面以上越冬的动物其耐寒性强于在地下越冬的。

(5)耐寒性的地理变异。分布在不同地区的同种动物其耐寒性不同。东北产的狐和貂等毛皮质量就高于华中、华东的,其经济价值也高,这是耐寒性的地理差异。

(6)个体发育的不同阶段,动物的耐寒性也往往不同。例如昆虫的越冬期耐寒性最大,而活动期较低。

(7)驯化可以提高其耐寒性。

3. 耐受冻结和超冷

栖息于温带和寒带的动物,需要忍受漫长的冬季。冬季温度经常低于冰点,动物可以通过两种方式来避免冷伤害,即耐受冻结和超冷。前一种是指动物能耐受机体中水的结冰,例如摇蚊幼虫;而后一种方式是指液体的温度下降到冰点以下而不结冰,例如小叶蜂。

(二)动物对高温的耐受极限

大多数动物的最高耐受温度是不高的。多数昆虫在高于 45~50℃ 就死亡。爬行动物能耐受 45℃ 左右,鸟类的体温较高,可耐受 46~48℃,哺乳类一般在 42℃ 以上就死亡。对动物的高温耐受极限的研究远不及对低温的研究。

某些处在休眠期的动物有可能耐受很高的温度。在尼日利亚和乌干达有一种摇蚊的幼虫能耐受脱水,在脱水状态下能在 102℃ 中存活 1 分钟。水生动物对高温的耐受性一般比陆生动物低,高纬度地区栖息的动物对高温的耐受性一般比低纬度的低。沙漠中的动物往往能忍受较高的温度,在较高温度下的实验驯化同样可以提高动物耐受高温的能力。上述对低温耐受性变化的规律也适用于动物对高温的耐受性,但其适应能力一般较弱。

高温下动物死亡的原因可能在于:(1)蛋白质凝固而变性;(2)酶活性在高温下被破坏;(3)氧供应不足,排泄器官功能失调;(4)神经系统麻痹等等。

二、动物对低温环境和高温环境的适应

(一)对低温环境的适应

对冷环境的适应,动物最直接的方式是降低热传导或增加隔热性;其次是增加产热,这两者都是生理性的调节;第三是主动避开低温环境,如长距离迁移;第四是允许局部或整体的低体温,可称为异温性,它包括季节性的冬眠和日眠。

1. 减少体壁的热传导,增加隔热性

(1)内温动物身体的大小与热传导。随着动物个体的增大,相对体表面积变小,因而单位体重上的相对散热量也变小。

贝格曼规律:内温动物在冷的气候地区(如北半球),身体趋向于大,在温和的气候条件下,身体趋向于小。阿伦规律:内温动物身体的突出部分,如四肢、尾巴、外耳等在气候寒冷的地方有变短的趋向,这与在寒冷条件下减少散热的适应有关。乔丹规律:鱼类的脊椎数目在低温水域中比在温暖水域中多。因为:低温使鱼类的生长和发育速度变慢,因而延长了其性成熟时间,从而产生更大的个体,其脊椎骨的数目也较多。

(2)增加羽或毛的量(包括密度、高度)和质(指隔热性能)。众所周知,许多毛皮动物的冬毛质量超过夏毛。对北极兽类毛皮隔热性进行的研究表明:其季节性变化达 12%~52%。同样,毛皮质量的地理变异也是十分明显的,如我国东北、西北等寒冷地区出产的毛皮质量较南方的毛皮更好。大型动物更容易加厚毛皮、提高隔热性能。

(3)水生兽类的隔热性及其调节。海豹的皮下脂肪厚达 60 mm,在躯干的横切面上,58%的面积为脂肪所占据,而其余的 42%才是肌肉、骨骼和内脏。因而,其体核温度 38℃,而表皮与环境水体温度相差不多,减小了散热。

2. 产热与逆流热交换

产热可以分为两大类:专性产热和选择性产热,前者包括基础代谢和食物的热效应,后者包括活动引起的产热(产生于骨骼肌)、寒冷引起的颤抖性产热(产生于骨骼肌)、冷诱导引起的非颤抖性产热(包括激素的产热和褐色脂肪的产热)。

利用逆流热交换机制原理,动物在构造上通过肢体的动、静脉合理几何布局可达到保温节能、减少热量损失的目的。

3. 局部异温性

内温动物能维持稳定的核温,并非指身体的所有部分都保持稳定的同一温度。显然,兽类的四肢、尾巴、外耳、眼和吻等部位,鸟类的后肢、翅、嘴、眼等部位都没有像胸部、背部一样地生长着隔热性能良好的毛或羽,冬季这些局部结构的温度下降,使其低于核温,散热量显著降低。

4. 冬眠和适应性低体温

(1)冬眠的适应意义和冬眠动物的分布:动物恒温性的维持,从能量代谢观点来看是高消耗的,需要有充足的食物供应,而在自然界,冬季的低温与食物资源的减少同时出现,因此,不少内温动物不活动也不进食,进入睡眠状态,体温降到零度左右,即冬眠。冬眠是内温动物对冬季寒冷和食物资源减少的一种适应。冬眠现象主要出现在小型兽类中,哺乳动物中有三个目(啮齿目、食虫目和翼手目)的某些种类常有冬眠的习性。而大型的哺乳类,如奇蹄目、偶蹄目和食肉目中,是很少有冬眠习性的,只有熊、獾、狸等在冬季有不深的"冬眠"。但体形太小的动物,由于体内贮存的脂肪不足以消耗一冬,所以也没有冬眠的习性。一般鸟类是没有冬眠的,但小型的蜂鸟具有日蛰伏习性。

从冬眠动物的地理分布来看,主要出现在高纬度的温带地区,尤其是在荒漠、草原和森林地区冬眠物种的比例较高。低纬度的亚热带和热带地区,由于气候的季节性不明显,冬眠的种类就减少了;北部高纬度地区冬季太长夏季短暂,能贮存营养物质的期限短,无法积累足够的脂肪供应漫长冬季的消耗,冬眠动物也减少。

(2)冬眠状态:在冬眠期间,动物体核温度降低到与环境温度相差仅1~2℃,动物的代谢率下降得很快,比正常活动状态低几十倍,甚至近百倍。在一般情况下,冬眠动物是躲藏在巢穴中冬眠的,巢内小气候条件比外界环境变化要小得多。但如果局部环境温度降低到威胁动物生命的程度,动物在不觉醒的情况下也能增强代谢率以抵抗低温,这就是说,它们实际上成为能维持稳定体温的不活动的躯体。另一方面,在环境温度过低时,动物随时都可能醒来,变成非冬眠状态。冬眠中的内温动物,心率可降低到每分钟5~6次,呼吸率可降低到每分钟1次,肾功能也大大减弱。

(3)内温动物的冬眠是一种受调节的低体温现象,体温被调节到很低,接近环境温度的水平,心率、代谢率等生理功能都降得很低,但是他们始终都能自发地或通过人工诱导而恢复到原有的恒温性非冬眠状态。

(二)对高温环境的适应

对于鸟兽等内温动物而言,在高温环境下维持恒定体温要比在低温下困难得多,其原因有:(1)鸟兽的体温一般在35~42℃范围内,在大多数的自然情况下都比陆地上的气温高。因此,鸟兽的体温调节主要是朝着有效地控制体热过度散失的方向进化,也就是说,它们在低温下所面临的是动物在自然状况下经常遇到的问题,即抑制散热和增加产热。但是,在高温环境下,热量从环境中向机体内运动,这使得其原有的减少机体失热的机制不适用了。(2)内温动物一般都产生大量的代谢热,在高温条件下,内热必须向着不利的方向传导。这样,唯一可行的散热途径就是通过蒸发失水来带走热量。(3)在地球上一些地方,例如荒漠,高热和干旱是同时存在的。在这些地区用加强蒸发水分的途径散热,就要消耗大量水分,但此时此地又恰好缺乏水分。

荒漠和干草原环境中有不少鸟兽,而且有的种类数量还相当大,如大型食草性兽类的羚羊、黄羊、骆驼,小型食草性兽类中的啮齿类沙鼠科、跳鼠科等种类,还有不少食种子的鸟类,当然也有捕食性的鸟兽,还有爬行类,甚至喜湿的两栖动物。近几十年来,有关高温适应的研究工作主要偏重于对干热环境适应的研究(如对骆驼、更格卢鼠的研究)。对高温环境的适应性特征大致可分为三类:第一类是在高温环境中将恒温机制控制的温度范围适当放宽放松,也就是说,不严格的恒温,而能暂时地忍耐高温。第二类是避开不利的温度条件,这就得依赖于行为适应,如迁徙和夏眠等。第三类是有机体发育一些特殊的结构和形成生理上的适应。

动物除了进行生理产热和散热的体温调节,还通过适应性行为来适应生存环境。适应性行为表现在主动寻找有利环境(躲避不利环境)和创造适宜的环境两方面。例如,选择适宜的时间、选择温度适宜的地点进行活动和长距离的迁徙改变生活环境属于前者;建造适宜小气候的居所和集群行为属于后者。蛙和蛇在冬眠时常常聚集成大群,使得群体温度高于环境,减少热量散失。帝企鹅为了抵御严寒,平均每天要消耗一定的体重,在单独时为 0.2 kg,而在集群时为 0.1 kg,集群生活是帝企鹅存活和顺利繁殖的必要条件。许多小型啮齿类动物,冬季巢穴中往往有几十个个体集群,而夏季巢穴中只有一个个体,以此来适应冬季低温和夏季高温环境。

三、温度对动物的生长、发育和繁殖的影响

(一)温度与动物体内的生理

外界温度的高低直接决定变温动物的体温。随着外界温度上升,其体温升高,生理过程加快。在一定范围内,可用范霍夫定律描述动物的这种生理过程。所谓范霍夫定律,就是指温度每升高 10℃,化学过程的速率即加快 2~3 倍,其表达式为:

$$Q_{10} = (R_2/R_1)^{10/(t_2-t_1)} \tag{3-9}$$

式中 Q_{10} 是温度系数,t_1,t_2 是温度,R_1,R_2 为该温度下某生理过程的速率。温度每增高 10℃,反应速率为原来的 2~3 倍,故此定律又可称为 Q_{10} 定律。

范霍夫定律的 Q_{10} 是一常数,意味着生理过程反应速率的对数与温度(0℃)是一个线性关系。但是,像心率、代谢率等许多生理过程,不可能总是按最适温度范围内的 Q_{10} 系数而加速。实际上,在温度过高或接近亚致死水平之前,生理过程已经受到高温的消极影响或受到阻碍,从而使其反应速率有所下降。因此,范霍夫定律只有应用于一定适宜温度范围内才有较好的结果。一些学者认为,用逻辑斯谛曲线(logistic curve)描述生理过程的反应速率与温度的关系,比 Q_{10} 定律要更好一些。

(二)温度与生长发育

1. 发育起点温度

动物的生长和发育需要一定温度范围,低于某一温度,动物就停止生长发育,高于该温度,动物才开始生长发育,这一温度阈值就叫做发育起点温度或生物学零度。理论上也应有一个对生长发育的温度上限,但生长发育的温度上限一般与生命的温度上限很接近。在发育起点温度和发育的温度上限之间的温度,称为有效温度区。

2. 有效积温法则

温度与生物发育的关系比较集中地反映在温度对植物和变温动物(特别是昆虫)发育速率的影响上,即反映在有效积温法则上。昆虫为了完成某一发育期必须从环境中摄取一定的热量,而且各个发育期所需的总热量是一个常数,可以称为热常数或总积温,也可叫做有效积温。描述有效积温法则的双曲线公式为:

$$K = N(T-B) \tag{3-10}$$

式中 K 为完成某一发育阶段所需要的总热量,单位为"℃·d";N 为发育历期,即完成某一发育阶段所需要的天数;T 为发育期的平均温度;B 发育起点温度,即生物学

零度。有效积温法则可实际应用在预测生物发生的世代数、预测生物分布的北界、预测虫害发生程度等方面。

3. 有效积温法则的局限性

(1)有效积温法则是以发育速度与温度呈线性关系为前提的。但实际上,发育速度与温度间更确切的关系是呈"S"形的。因此,有效积温法则只适用于一定的适宜温度范围之内。在高温区,实际发育速度低于双曲线法的预测值,而在低温区,则常高于双曲线法的预测值。

(2)在自然界中,动物进行发育所处的温度不是固定不变的,而是经常有变化的。在多数情况下,如果温度波动不太剧烈,变温常能促使动物发育加速。

(3)在自然条件下,发育速度不仅取决于温度,还依赖于其他条件,研究发育速度还必须考虑生态因子的综合作用问题。例如东亚飞蝗,其卵即使在适宜温度条件下,如果土壤水分过高或过低,都会延长其孵化期。

4. 温度与常温动物的生长和发育

常温动物的生长和发育,同样受温度的影响,但是其情况可能比较复杂。事实证明,温度不仅影响生长速度,而且还影响身体大小和各个器官的比例。例如,低温环境可能会延缓动物的生长,但由于性成熟也随之延缓,动物最终可能长得更大一些,寿命也可能更长一些。

有些常温动物的体温调节机制不很完善,这样,外界温度对其生长和发育的影响就更明显。例如,在秋冬季出生的啮齿动物,其生长和发育远较春夏季出生的慢。对于春夏季出生的小型啮齿类,往往只需两三个月就能长大,当年就能繁殖,而秋冬季出生的,要到来年春季才性成熟并进行繁殖。

5. 温度的波动对动物生长和发育的影响

在大多数情况下,如果温度的波动不过分剧烈,就不至于危害动物的生命,温度的适当波动可加快动物的发育速度。例如鳞翅目的夜蛾在变温条件下,比在经常不变的温度(即使是最适温度)条件下发育更快,且产生畸形的比例小。由于自然界中大部分生物栖居地的温度具有昼夜和季节性变化,所以动物所经受的温度是波动的。

(三)温度对动物繁殖的影响

1. 温度对昆虫繁殖的影响

(1)温度影响产卵和交配活动。草地螟的交配活动是在草地气温 10~15℃时进行的,产卵的最低温度是 14℃,最适温度为 25℃。又如水稻害虫——三化螟,在温度为 29℃、相对湿度为 90%时产卵最多,而黏虫产卵的最适温度是 19~23℃,30℃时受影响,到 35℃时将停止产卵。

(2) 温度影响产卵的数目。米象是一种主要的仓库害虫。当小麦的相对湿度 14% 时,米象在最适温度下产卵最多,偏离此温度,产卵数降低,偏离得越远,产卵数越少。另外,产卵数又取决于昆虫的密度,在同一温度下,密度低时,其产卵率较高。

(3) 温度影响虫卵的孵化率。例如,麦二叉蚜平均每一雌体在其生活史中所孵化出的若虫数,与其生活的环境有密切的关系。无论是带翅的还是不带翅的蚜虫,都有其最适温度,在此温度下,孵出的若虫数量最多。

(4) 温度波动的影响。短期暴露于低温中,甚至可以增加昆虫的产卵数。

2. 温度对常温动物繁殖的影响

温度对常温动物繁殖的影响,虽不及对昆虫那样明显和直接,但也是相当大的。温带和寒带鸟兽的繁殖通常具有季节性。虽然近代实验研究证明,光照周期在控制鸟兽繁殖中起首要作用,但温度的影响也是不容忽视的。若 6 月上旬平均气温低于 5℃,平均最低气温低于 1℃ 时,松鸡是不繁殖的。而在 6 月平均气温为 8~10℃,平均最低气温为 3~5℃ 的年份里,松鸡繁殖的数量最高。农田草垛为一些农田害鼠创造了良好的越冬温度条件,可使 65%~80% 的个体在冬季繁殖后代。

3. 温度对鱼类繁殖的影响

鱼类的产卵时期受水温的影响显著,决定鱼的产卵期(和产卵洄游)的主要外界条件是水温和可使鱼达到性成熟的热总量。例如蝙鱼在芬兰性成熟要 10 年,在德国只要五、六年,而在更低纬度的伏尔加南部仅需 3 年。

四、温度与动物的地理分布

前面介绍了温度对于动物生活各方面的影响,这些影响必然会反映到动物的分布及其数量变动上来,而分布和数量变动则是种群生态学的中心问题。

(一) 温度与动物的分布

温度对动物分布的影响,主要有以下几个方面。

1. 变温动物的分布

对变温动物的分布,有时温度可能起直接的限制作用。例如,在气温 15℃ 以上日数少于 70 d 的地区,玉米螟就不能持久地生存。苹果蚜分布的北界是 1 月等温线 3~4℃ 线。在 13.6℃ 等温线以下的地区东亚飞蝗无法达到性成熟,不能形成繁殖中心。

温度作为动物分布的限制因子,一般不是各地的平均温度,更重要的是极端温度。就北半球而言,分布北界通常受最低温度的限制,而分布南界往往受最高温度的限制。例如喜热的珊瑚、萨尔帕和管水母,它们只分布在热带水域中,在水温低于20℃的地方是无法生存的。奇桨剑水蚤也喜热,其耐受范围在23～29℃,是狭温性动物。在陆生的变温动物中,菜粉蝶的分布南限为26℃。在秋季或冬季,菜粉蝶有时可以越过这个界限;但到夏季,气温超过26℃时,100%的卵和幼虫都会死亡。

2. 常温动物分布

对于常温动物,温度的直接限制是比较少见的。但温度对其分布往往有间接影响。例如许多蝙蝠分布的北缘与一年中霜冻期日数等值线相吻合,但其因果联系可能与蝙蝠食物分布有关。由于温度影响昆虫的分布,从而间接地影响到蝙蝠的分布。一般地说,越是高纬度地带,蝙蝠的种类就越少。

研究各种非生物因子对于动物分布的限制,只找到分布界限和温度变量的相关性是不够的,更重要的是通过野外实验或实验室内的生理生态研究来证实其因果关系。例如,许多生活在高纬度地区的鸟兽,它们之所以不能分布在更高纬度地区的原因是低温条件下要求增加体温调节的能量消耗超过了环境能提供的食物供应量。金翅雀、山雀等鸟类,在人工的鸟食供应点提供额外的冬季食物以后,其分布范围已明显向北扩展,成为全年性的留鸟,证明了影响其分布的不单纯是温度,更可能是食物与温度的共同作用。

全球变暖可能影响物种的分布区,Parmeasan 等 1999 年的研究报告分析了 57 种欧洲的非迁徙性蝴蝶,有 34 种的分布往北推进 35～240 km;而同时期的欧洲平均气温上升了 0.8℃,气温升高是分布北推的原因。英国南部 59 种鸟的分布向北扩展,平均为 18.9 km。

五、温度对动物数量变动的影响

温度对动物的数量变动有重大影响。由于各地地理纬度和海拔高度不同,温度差异很大,所以各地害虫发生的世代数也随之而异。例如我国南北热量条件相差比较悬殊,黏虫发生的世代数随纬度增加而减少。在台湾的南部和海南岛一年可发生7～8 代,南岭以南可发生 6～7 代,南岭以北发生 5～6 代,江淮及黄淮流域等地区发生4～5 代。华北北部发生 3～4 代,东北地区仅发生 2～3 代。

害虫的发生期和发生量也因环境温度不同而不同。例如,黏虫产卵适宜温度为15～30℃,最适为 19～22℃,当环境温度<15℃或>30℃时,产卵数量明显减少。幼虫活动的最适温度为 28℃,当环境温度达到 34～35℃时,黏虫幼虫呈麻痹状态,失去摄食和钻土化蛹能力。

冬季温度对害虫越冬影响很大,冷热变化大比持续严寒更易引起越冬害虫的死亡。相对害虫越冬死亡来说,春寒常比冬寒影响更明显。

近年来全球气候变暖对于动物种群数量变化的影响已有一些报导:(1)挪威国鸟河乌,根据1978—1997年的调查结果,Saether等证明其数量有增加的趋势,并且它与北大西洋涛动指数成正相关。北大西洋涛动指数高的年份,冬季温暖、降水较多或冬雪较多,河乌在河流上取食,冬暖期河冰较少取食容易,因而河乌存活率上升,数量增加。(2)通过对北方有蹄类动物的15年资料分析,包括驯鹿、麝牛、驼鹿等,在暖冬期间,其数量下降。同样是气候变暖对不同生物种群的数量影响不同。

第三节 水分、光照、气压对动物的影响

水是动物生活所必需的,是动物最重要的生存条件之一。失水给动物带来的威胁甚至比饥饿更严重。生命起源于水,在有水的情况下,生命活动才能正常进行,过多过少都会影响生物的生长发育;水也会影响生物分布,水分较多的地区分布多,缺水地区分布少。水的重要意义首先表现在水是有机体内部一切生命活动和生化过程的基本保证。水在陆生动物的热能代谢中起着重要的作用,蒸发散热是降低体温的重要手段。对于陆生生物,获得和保持住体内的水分是生命的首要问题;对水生生物,似乎没有缺水问题,但由于水中含盐量的多少影响渗透压,因此对其生活同样产生重大影响。

一、水对陆生动物的影响

(一)陆生动物的水代谢

动物体内必须含有一定量的水分。在动物的生命过程中,有机体与环境之间不断地进行着水的交换,这个过程称为水代谢。保持机体水代谢的动态平衡是动物生存的基本要求。对于陆生动物而言,主要是防止机体过分失水而"干死"。

1. 得水途径

水代谢过程分得水与失水两方面。得水的途径是饮水,从食物中得到水分,或从体表吸收水分,或代谢水等。饮水是动物获得水的重要来源,动物饮水的多少与动物的种类、生理状态、食物成分、环境温度有关。一般饮水量随采食量的上升而直线增加,而在应激时饮水量大幅上升。天气炎热时,饮水量和频率大幅上升。不同食物中水的含量区别很大,因而采食不同的食物得到的水量区别很大。例如成熟的牧草或干草水分含量可以低到5%~7%,而幼嫩青绿多汁的草水分含量可达到90%。代谢水是有机物氧化过程或分解过程中产生的水,其量只占动物摄入水的5%~10%,不同的营养物质产生的代谢水的量不同,100 g的淀粉、蛋白质、脂肪氧化可分别产生60 g、40 g、100 g的代谢水。

2. 减少失水的途径

动物失水的主要途径是皮肤蒸发、呼吸失水和排泄失水。丧失的水分主要是从食物、代谢水和直接饮水三个方面得到弥补。但在有些环境中水是很难得到的,所以单靠饮水远远不能满足动物对水分的需要。因此,陆生动物在进化过程中形成了各种减少或限制失水的适应。

陆生动物皮肤的含水量总是比其他组织少,因此可以减缓水穿过皮肤。有很多蜥蜴和蛇,其皮肤中的脂类对限制水的移动发挥着重要作用,如果把这些脂类从皮肤中除去,皮肤的透水性就会急剧增加。

由于水是从动物体表蒸发的,所以,随着动物身体的减小,其蒸发失水的表面积就会相应增加,这对生活在干燥环境中的小动物,例如陆生昆虫非常不利。很多陆生昆虫和节肢动物都有特殊适应能力,尽量减少呼吸失水和体表蒸发失水。例如昆虫利用气管系统来进行呼吸,而气门是由气门瓣来控制的,只有当气门瓣打开的时候,才能与环境进行最大限度的气体和水分交换。如果几个月不喂给粉甲幼虫食物并把它们置于干燥的空气中,它们的气门瓣常常连续很多星期都紧闭着,气体交换只发生在气门瓣短暂开放的一瞬间,这样就可以把蒸发失水量降低到最低限度。节肢动物的体表有一层几丁质的外骨骼,有些种类在外骨骼的表面还有很薄的蜡质层,可以有效地防止水分的蒸发。

鸟类、哺乳类中减少呼吸失水的途径是将由肺内呼出的水蒸气,在扩大的鼻道内通过冷凝而回收。鼻道温度低于肺表面,来自肺的湿热气遇冷后就会凝结在鼻道内表面并被回收。这种回收冷凝水的工作机制是与许多荒漠鼠类不断吸入干燥的冷空气有关的,当干燥的冷空气通过鼻道时,鼻道表面就会因水分蒸发而变冷,而变冷了的鼻道内表面能使来自肺部的饱含水分的热空气凝结为水,这样就可以最大限度地减少呼吸失水。值得注意的是,世居干燥荒漠的更格芦鼠的鼻道迂回曲折,大大增加了鼻道内的表面积,这是对这一功能的一种形态适应。

减少排泄失水,如许多荒漠鸟兽具有良好重吸收水分的肾脏。人尿中的盐离子浓度比血浆的浓度高3倍,但更格芦鼠尿中的盐浓度却可以比血浆中的高17倍。一般说来,兽类中浓缩尿的能力越强,其肾脏髓质部的相对厚度指数越大,重吸收水的主要部位是位于髓质部中的亨氏袢。许多研究证明,越是栖息于干旱环境的兽类,其肾脏髓质部的相对厚度越大,相应的尿中盐离子浓度比血浆高出的倍数也越大。

含氮废物的排出形式也是减少排泄失水的一种途径。大多数水生生物排出的氮代谢产物是氨。虽然氨也有一定的毒性,但水生生物可以在它达到有害浓度之前就迅速排出体外(主要由鳃排出)。陆生动物则无法为排氮而承受如此大量的水分丧失,因此在蛋白质代谢中常常产出一种毒性较小的代谢产物。哺乳动物所产出的这种氮代谢产物是尿素,由于尿素溶于水,所以排泄过程也会损失一些水分,失水的多少则视肾脏的浓缩能力而定。爬行动物和鸟类则以尿酸的形式排泄含氮废物,这是对陆地生活的进一步适应。在炎热干燥的沙漠生境中,尿酸甚至可以结晶状态排出体外,这种节水的适应性可使一些鸟类和爬行动物在沙漠的烈日下也能积极地活动。

减少呼吸和体表蒸发失水增加了动物在高温下体温调节的困难,因此必须靠其他方法加以解决。最普通的一种生理机制是使体温有更大的波动范围(与正常的内稳态动物相比,体温波动幅度要大得多)。例如,黄鼠体内的酶系统与大多数动物相比,其发挥作用的温度范围要宽得多,因此允许体温有较大幅度的变化。实际上,黄鼠就是靠体温达到极高的水平来解决散热问题的,体温常常比周围环境温度还要高,这样就可维持散热。当体温达到 42℃ 最高点时,它会躲避到地下洞穴中去降温。生活在沙漠中的羚羊也有同样的适应,长角羚和瞪羚的体温也常有很大变化。例如,长角羚的直肠温度可达 45℃,而瞪羚则可达 46.5℃。把身体作为一个热储存器加以利用,可使动物在高温条件下能继续有效地执行各种功能。羚羊的身体比黄鼠更大,因而可以吸收更多的热量,可以长时间地保持活动状态,而不必像黄鼠那样需定期退回洞穴中降温。对羚羊来说,白天所吸收的热量到了较凉爽的夜晚自然就会消散。动物在白天让自己的体温持续不断地升高还有另一种好处,这就是缩小动物体和环境之间的温度差,从而进一步减少动物体的吸热量。对大多数哺乳动物来说,体温超过 43℃ 就会对脑造成损伤。但据观察,瞪羚直肠温度保持 46.5℃ 长达 6 h,大脑功能仍完全正常。这是因为血液在到达大脑之前就通过热对流交换使血液降了温,因此羚羊脑的温度比体温要低。

(二)湿度对动物的影响

1. 湿度与动物的行为

(1)选择湿度

陆地环境包括许多小生境,其湿度条件相差很大,动物可以在一定范围内"各取其所"。沙漠节肢动物对干旱的适应分为两类:一类是甲壳类的百足虫、千足虫等,它们对外皮失水很敏感,故选择潮湿的小生境,而且避免在白天活动;另一类是多数昆虫,如蜘蛛、螨等,这类动物有蜡膜,可减少体表的蒸发失水,其分布范围广,不只限于较潮湿的环境中。

(2)选择一天中湿度适宜的时间

例如跳蚤白天在洞穴中休息,夜间出来活动,寻找宿主。

(3)迁徙

每逢干旱季节到来之际,非洲东部的大型有蹄类就进行大规模的迁徙,到气候比较湿润、草被保留较好的地方去。

(4) 夏眠和滞育

许多在地衣和苔藓上栖居的无脊椎动物,如缓步虫、线虫和蜗牛等在旱季中由于干旱而多次地进入蛰伏状态。但一到下雨时,它们就又出来活动。

2. 湿度与动物的体色

葛洛格规律:在干燥而寒冷的地方,动物的体色较淡;而在潮湿而温暖的地区,其体色就较深。一般说来,荒漠和草原中的啮齿类毛色都比较浅,而热带和亚热带森林中的栖居者体色就较深。和贝格曼规律一样,葛洛格规律也仅具有相对的意义。

湿热地区动物毛色较深的原因,可能与色素的产生和酶的活动有关。较高的湿度能提高在代谢过程中产生色素的酶的活性。

3. 湿度与动物的生长发育

昆虫的个体比较小,故相对体表面积就很大,水分丢失很快,因而对空气湿度最敏感。大多数昆虫在干燥的空气中完全停止发育,时间过长还会死亡。

4. 湿度与动物的繁殖

湿度通过影响发育速度使性成熟的迟早也有区别。例如,在70%的相对湿度下,飞蝗的性成熟最快,约需18 d(32.2℃时)。相对湿度的增加或减少,都会推迟性成熟时间。

产卵量的多少,同样受湿度变化的影响。飞蝗平均每雌产卵量也在70%的相对湿度最高。

5. 湿度与动物的寿命

湿度对动物寿命的影响在昆虫上体现的比较明显。根据湿度对昆虫的影响把它们分为两类:第一类是喜湿的昆虫,较高的相对湿度对它们是有利的。因此,随着相对湿度的增加,其死亡率降低,第二类是比较喜旱的动物,例如飞蝗。它有一个最适的相对湿度,在此相对湿度下,其生育力最高,发育速度最快,死亡率最低。若增加或减少相对湿度,偏离其最适条件,就会使它的生育率降低,发育变慢,死亡率增加。但其寿命与相对湿度的关系是比较复杂的。在最适湿度下,由于发育快,性成熟早,完成生活史快,故寿命也较短。若偏离此最适湿度,其寿命就延长,但太高或太低的湿度,都会使其寿命缩短。

动物因对湿度的要求不同,分为广湿性、狭湿性、喜湿性、喜旱性动物,它们分别分布于不同湿度的地区。水分还影响动物的结构,如沙漠动物有适应干旱环境的特殊结构,如骆驼的睫毛为双层、鼻内有翼膜可防风沙,贮存较多脂肪通过代谢产生代谢水来满足水的需要等。

（三）降水对动物的意义

降水对植被的影响是巨大的，而动物的食物来源和隐蔽场所都与植被有最密切的关系。降水还影响土壤，而土壤又是许多动物的栖息场所或活动基地。因此，降水的间接作用是不可忽视的。

(1) 每年降雨总量的季节分布、湿度以及地下水的供应，都是限制陆生动物分布的因素。如长年降雨稀少的沙漠地区，动物的种类非常稀少。小型的湖泊、溪流、池塘，在降雨量很少的年份，往往干枯，使水生动物死亡，但大部分原生动物由于能分泌保护性的包囊而幸免一死。

(2) 许多动物的繁殖周期性与降水的季节性相一致：在热带地区，许多动物的繁殖季节在雨季。澳洲鹦鹉遇到干旱年份就停止繁殖。在西澳洲，雨燕的繁殖只在2月、3月或6月、7月，究竟在何时则要看降雨量的高低。

(3) 一些动物的数量随降水量的多少而变化。有时候，降水是造成种群数量变动的直接因素。例如，以地下洞穴为隐蔽或营巢场所的一些小型啮齿类，往往由于大雨积水淹没其洞穴而大量死亡。大量的降水会引起洪水泛滥造成动物大量死亡的原因，除由于水的直接作用和捕食者的进攻外，还由于流行病的蔓延。如土拉伦病和出血热等病多发生于动物过分群集的地方。长期过多的雨水也会引起小型鸟类和许多种无脊椎动物的死亡。若小鸟的羽毛长期潮湿，就会破坏其体温调节，从而使其由于长期体温过低而死亡。降雨量过多也直接影响到一些动物。如大雨之后能使很多昆虫死亡，使蚜虫数量锐减，原因是雨水冲击的机械作用和雨后蚜虫霉菌病的流行。土居的动物（如蚯蚓）也会被驱出洞穴之外，这是由于水渗入土壤中，蚯蚓无法获得充足供氧的缘故。

（四）雪被的作用

1. 雪被的一般意义

北温带和高纬度地区的冬季降雪常形成稳定的积雪覆盖，谓之雪被。雪的热导率很低，是良好的隔热层。雪上的气温尽管可以降得很低，但雪下的温度却能保持相对稳定。雪被能使土壤温度不至于降得太低而冻结，使雪下的植物不受冻害，使很多昆虫和土壤动物安全越冬。许多雪地活动的动物体色为白色。欧兔、北极狐和旅鼠等的冬装是白色的。而在其他季节体色不是白色。

2. 雪被和动物的行动

雪被的建立妨碍了动物的行走，部分在雪面上活动的动物依靠增加四肢落地的支撑面积而在雪地上奔驰，如兔、松鼠和貂。增大脚支撑面积的方式有密生粗毛、刚毛、羽毛、角质片等等。

另一部分小型兽类,主要是啮齿类(如林姬鼠、普通田鼠等),营雪下生活,它们在雪下的地面有很多四通八达的跑道,冬季的巢也在地面,连取食都在地面。

3. 积雪和动物的食性

积雪使动物难以获得地面或土中的食物。有些动物能拨开雪被取食,有些则不能。大型有蹄类,如家牛等能拨开深达 20～30 cm 的雪,但绵羊和山羊却在积雪 15 cm 以上时无法觅食。对内蒙古牧区来说,有"白毛灾"和"黄毛灾"两种天灾,前者是冬季的大雪,它使绵羊因难以觅食而大批饿死;后者指的是大风沙造成的危害。

一些不能拨开积雪的动物(如大多数在地面取食的鸟类),在冬季离开有积雪覆盖的地区。有的向远处迁飞,有的飞到居民点附近取食,并成为依存于人类生活的动物。许多动物改变食性,例如松鸡、黑琴鸡、榛鸡等,它们在夏天以种子、昆虫、浆果和草本植物的绿色部分为食,到冬季就转为吃树木的针叶和芽。

4. 雪被和动物的数量变动

雪被对于嫌雪动物和喜雪动物生活的影响不同,因而,它对这两类动物数量变动所起的作用往往是相反的。

对营雪下生活的喜雪动物(如小型啮齿类)来说,雪被有如下作用:

(1)有了雪被的保护,捕食动物不易发现它们。只有伶鼬和石貂等小型捕食者能在雪层中打洞穿行,捕食那些雪下的"隐身者"。狐类食物中田鼠所占的比例随积雪的加厚而减少,正说明这种保护作用。

(2)雪被有良好的隔热性能,它使在雪下活动的小型啮齿类比在雪上活动的动物更易度过严冬。

(3)由于雪的隔热作用,使一些雪下的植物能保持绿色,这就为雪下生活的动物提供了丰富的食物。值得一提的是有些小啮齿类(如旅鼠、田鼠等)在含维生素食料丰富的年份,能在雪下繁殖后代。

严格营雪下生活的普通田鼠在雪被厚的年份越冬存活率升高,如有蹄类和草原兔尾鼠,而营雪上生活的小家鼠则相反。雪被对嫌雪动物是很不利的。深厚的积雪,加上大风暴,常使动物行动不便,获食更困难,遇到这种情况往往导致鸟类和有蹄类动物大批死亡。

二、光对动物的影响

(一)光与动物的繁殖

光是一切生命活动能量的最终来源,生命活动因光照强弱、日照长短及光质不同而有不同影响。光因子对于动物繁殖的影响一直很受生态学和生理学研究者的重视。类似植物分为长日照与短日照两大类,按动物繁殖与光照长短的关系,也可将其分为两大类。在温带和高纬度地区的许多鸟兽在春夏之际繁殖后代,这正是白昼逐渐延长的季节。例如,许多鸟类,它们相当于"长日照动物";与此相反,绵羊、山羊和鹿类只有在白昼逐步缩短的秋冬之际开始繁殖后代,它们相当于"短日照动物"。

梅花鹿、马鹿等鹿科动物,虽在秋冬季交配,但其怀孕期较长,其产仔期也在春夏之际,与长日照鸟兽差不多。这一特点具有重要的适应意义,因为对温带和高纬度地区来说,春夏之际是自然界中食物条件最好的时间。

利用人工光照额外延长"白昼"或光照期,能使动物在非自然繁殖期中性腺增大,进行繁殖活动。实验研究证明,引起动植物光周期反应的并不是昼长或夜长本身,而是涉及光敏感性的似昼夜节律问题。

光照周期则随季节和地理纬度而规律变动。以光照周期为信号,其优点在于光变化具有恒定性和规律性。通过长期的进化,动物选择了光这个因素,作为预示有利季节来临的信号。实际上,还有许多季节性节律,如迁徙、换毛、换羽、冬眠等都与光照周期的变化有直接联系。光在决定动物繁殖及其生活周期中起着重要的作用,但并不等于说它是唯一的信号。例如,在热带地区,光照对于繁殖等季节节律性周期所起的作用就不明显,因为那里的白昼长度常年相对稳定。澳洲和许多热带的鸟类,它们的繁殖期常与雨季相联系。那里的动物以雨季来临作为信号显然是一种有利的选择。此外,许多动物的繁殖时间与强度主要与自然界中饲料食物贮存量的变动有关。

(二)光与动物生活的其他季节节律

1. 动物的迁徙

候鸟的迁徙问题是生物学中一个既有趣又复杂的问题。光周期变化可能是引起迁徙的直接因素之一。Emlen曾对一种雀科小鸟靛蓝彩鹀进行过研究。他把鸟饲养在人工光照的条件下,分为短日照和长日照两组,以后把小鸟带到天文馆内人工春季天体相中释放,结果模拟秋季短日照的一组向南飞,模拟春季长日照的一组向北飞。

2. 光和换羽、换毛

在温带和寒带地区,大部分哺乳动物在一年中换毛两次,即春季和秋季各一次。许多鸟类每年换羽一次,少数种类换两次。实验证明,鸟兽的换羽和换毛与光周期变化有密切关系。例如,美洲兔的夏毛呈褐色,冬毛白色。如果在秋天使兔每日暴露于光照下18小时,则无论温度如何,它的毛也不会变白。但若在1月份把光照时间延长至每天18小时,则可使其白色的冬装变为褐色。有趣的是在长时间无雪的秋天,雪兔会过早变白。现已证明,用人工光照可以改变换毛或换羽的日期及速度的动物还有赤狐、水貂、家鸡和柳雷鸟等。

3. 昆虫滞育

目前已证明,昆虫滞育主要与光周期变化有关。例如玉米螟(老熟幼虫)和梨剑纹夜蛾(蛹)的滞育率随每日光照的时数而变化。通常把引起种群50%的个体进入滞育的光周期称为临界光周期。玉米螟的临界光周期为 13.5 h。

(三)光和动物的昼夜节律

昼夜节律指生命活动以 24 h 左右为周期的变动,又叫日节律,是近代生物学研究中一个十分活跃的领域,也是生态学、生理学、行为学、生物化学等许多学科的交叉领域。

1. 昼夜节律的实例

具有昼夜节律的生命现象是很多的,例如动物的活动与静止交替出现的昼夜周期。有的动物白天活动夜间休息,我们称之为昼行性动物;而夜间活动白天休息的,叫夜行性动物。大多数鸟类、哺乳类中的黄鼠、旱獭、松鼠和许多灵长类属昼行性动物。但在哺乳类中也有很多是夜行性的动物,如夜猴、家鼠、刺猬、蝙蝠等。爬行类中的壁虎也是夜行性的,而蜥蜴却是昼行性的。然而,夜行性动物中多数也不是整夜都活动。许多种类往往有两个活动高峰,一个在夜幕刚降临时,另一个则是在破晓之前,其中前一高峰更明显,午夜是其活动低落时期,此所谓晨昏性动物。

动物的活动与静止交替出现的昼夜节律,往往也伴随着其代谢水平高低的变化和体温变化。一般说来,夜行性动物的代谢水平在夜间高于白天,夜间的体温也略高一些;而昼行性动物的情况则与之相反。另外,许多生理指标也具有昼夜节律性,如脉搏、尿量、嗜伊红性白血球、肾上腺皮质酮等。

2. 昼夜活动节律与外界环境的关系

光、温度、湿度等生态因子都具有明显的周期性,其中最重要的是日周期、月周期或潮汐周期、季周期或年周期。日周期是由于地球自转引起的,它形成了白昼与黑夜的交替。

生物是在具有这种种周期性的地球上进化和发展的,因而,在生物的生命活动中形成各种生物节律是必然的。

动物的昼夜活动节律是一种复杂的生物学现象,它是对各种环境条件昼夜变化的一种综合性适应,这包括对光、温度、湿度等非生物条件和食物条件、种内社群关系和天敌等种间关系这些生物因素的适应。因此,各种生物的昼夜活动节律都具有其本身的特点,也就是具有各自对外界环境条件综合适应的特点。

光通过光照周期和昼夜节律影响动物繁殖、换毛(羽)等等。光照强弱还能影响动物结构,如眼镜猴、飞鼠、小家鼠、蛤蚧、壁虎等陆生夜行动物及生活于深海的鱼类,眼睛呈球形、突出眶外,有利于弱光下行动,而在更深的海里,因无光,分布的动物眼睛变小,甚至退化消失。光质也会对动物产生影响,如受光质影响,海洋中不同水层的动物体色不同。

三、气压与动物活动

绝大多数动物都需要氧气才能生存,只有极少数的动物能忍耐长期缺氧环境,如一些原生动物。氧气是体内氧化过程中所必需的,只有通过氧化反应,动物才能获得生命所必需的能量。因此动物必须与环境间不断进行气体代谢。

大气的含氧浓度高,又十分稳定,陆生动物从大气中获取氧有充分保证,一般说来,氧不是限制因子。

例外的情况如在山洞中、裂缝里或动物的洞穴内;由于从内部产生的或动物呼出的 CO_2 等气体难以排出,从而出现氧气不足的情况。随着海拔高度的增加,空气愈来愈稀薄,这一点表现在气压随海拔高度的变化而改变,平均海拔每上升 300 m,大气压就降低 33.3 hPa(或 25 mmHg 高)。在海拔 3000 m 的高度,人就有明显的不适,到海拔 6000 m 处,多数人就难以生存。海拔 6000 m 处,大气压不到海平面的一半,对人会产生致命的影响。大气压的降低,对于低等脊椎动物和无脊椎动物的生存影响不大。蝴蝶能分布到喜马拉雅山的高山上,蚯蚓在雪线以上还可见到。对变温动物在高山上分布起限制作用的主要是温度和食物等条件而不是氧气。

气压的改变对常温动物有很大影响,原因是缺氧影响到动物的呼吸效率,造成组织内缺氧。

人类早已知道,在上升到 2000~3000 m 以上的高山或高空时,由于空气中的氧气减少,人就会患高山病。但高山地区的长住居民却无此病,原因是他们血液中的红血球和血红蛋白比平原地区的居民高。

在高山环境中生活的人和高等动物都有一些特殊的适应,如:

(1)最简单的方式是增加呼吸频率和加快血液循环,这种方式虽然暂时地减少了肌体的缺氧,但却要额外地增加能量消耗,只此,它只能作为最初阶段的暂时性适应。人在高山上还能暂时地增加血容量,约在 10 天以后恢复正常。

(2)比较稳定的是增加血红蛋白和红血球数量。例如,栖息在高山上的林姬鼠血液中的红血球和血红蛋白都比平原上同一亚种的鼠高。有趣的是这种种内的变异性是牢固的。当把高山林姬鼠搬到平原上饲养,这种特性没有改变,但若把平原上的林姬鼠搬到山上,5~6 天后,其血红蛋白和红血球数量都增加了 7%~8%。

(3)减少肌体组织的氧的需求量是另一种特殊的适应。在高山上生活的动物,如山羊、雪豹等以及一些高山啮齿动物,其血液中的含氧量可以长期处于不饱和状态,二氧化碳含量也较高。

在低压环境中,由于血液中氧的减少,代谢作用的水平就会降低,通过对代谢的抑制,缺氧也会影响到动物的生长、发育和繁殖能力。有报导指出,把绵羊放到高山上进行气候驯化,其第一年的繁殖率较低。

第四节 气象对土壤的影响

一、土壤形成的气候因素

大气圈与土壤圈之间经常进行着物质和能量的交换。气候直接影响着土壤物质迁移转化的过程,并决定着母质风化、成土过程的方向和强度。在大气圈要素中,气温和降水量对土壤的形成具有普遍的意义。

(一)气温对土壤形成的作用

1. 气温和土壤温度

土壤表面获得太阳短波辐射和大气逆辐射,使得土壤增温;而土壤表面也时刻不停地通过长波辐射、土壤水分蒸发,以及土壤与大气的湍流交换而向近地大气层传送热能,土壤获得的能量中只有小部分为生物所消耗,极小部分通过热传导进入土壤底部。可见,土壤与近地大气层之间存在着频繁的热量交换过程,土壤温度状况与近地大气层温度状况有着最直接的依赖关系。如沃洛布耶夫等根据世界上36个气象站的资料,分析了土壤20 cm或25 cm深处的年均温度与大气年均温度之间的相互关系,表明两者之间存在有明显的正相关性。但是,土壤温度与大气温度也存在一定的差异,具体表现在:(1)由于土壤的热学特性与近地大气之间的巨大差异,以及土壤本身物质组成及蒸散过程的变异,与近地大气层温度状况相比较,土壤温度状况无论在局部地区或广阔的地带都具有更大的差异;(2)一般来说,土壤年均温度略微高于大气年均温度,一是因为在高纬度地区土壤表面的雪被阻碍了土壤的强烈冷却,二是因为土壤有机质的生物化学氧化释放出的热量也是提高土壤温度的重要因素,三是因为土壤表面的有机覆盖层和土壤水分对于提高土壤温度也具有一定作用;(3)一般随着海拔高度的增加,土壤温度与大气温度之差越大,即土壤随海拔高度的降温速率低于大气。

2. 气温对成土过程的影响

气温及其变化对土壤矿物体的物理崩解、土壤有机物与无机物的化学反应速率具有明显的作用;气温及其变化对土壤水分的蒸散、土壤矿物的溶解与沉淀、有机质的分解与腐殖质的合成都有重要的影响,从而制约土壤中元素迁移转化的能力和方式。温度的快速剧烈变化会导致母岩中不同矿物晶体热胀冷缩的差异,并使相邻晶体彼此分离;温度在冰点附近的频繁变化也会引起母岩裂隙中水—冰相互转化,即冰劈作用加速母岩的崩解,使母岩转化为碎屑状成土母质。温度对土壤化学反应的影响可用范霍夫定律来说明,即化学反应体系的温度每升高 10℃,其化学反应速率将增加 2~3 倍。Jenny 等对热带雨林、暖温带草原和温带山地土壤中苜蓿碎屑物分解速率进行了实验模拟,结果表明,不同温度条件下,苜蓿分解速率差异很大,尽管在热带雨林区高湿有抑制生物活动的现象,然而在热带雨林区苜蓿的分解速率远大于后两者。

E. 拉曼研究认为,水的离解度在矿物风化及成土过程中具有重要的意义,但水离解又与温度密切相关,即假定在 0℃时,水相对离解度 $J=1$;那么在 10℃时,$J=1.7$;18℃时,$J=2.4$;34℃时,$J=4.5$;50℃时,$J=8.0$。在研究成土过程时不仅要注意土壤的平均温度,而且也要注意风化期在一年中所占的时间,即成土过程处于冰点以上的时间。土壤矿物的风化和温度也密切相关,如在中国青藏高原及外围山地高寒区,土壤表层砾石含量在 10%、砂粒含量超过 50%,土壤矿物风化处于物理风化和脱盐基阶段,其土壤表层以原生矿物和易溶盐类为主;在华北平原及长江中下游地区,土壤表层中粉粒和黏粒含量约在 50% 以上,其土壤矿物风化处于饱和硅铝阶段,土壤表层以蛭石、伊利石和高岭石、三水铝石等为主。在中国华南中亚热带和南亚热带地区,土壤表层粉粒和黏粒含量超过 60%,土壤矿物风化处于脱硅富铝化即彻底分解的阶段,土壤表层以高岭石、三水铝石为主。由此可见,从亚极地带、苔原带、寒温带、温带、亚热带至热带,土壤矿物分化强度逐渐增强,其表现是分化层厚度在增加、风化产物也依次变化。

(二)降水对成土过程的作用

1. 气候湿润与土壤水分

土壤水分状况是现代土壤科学、土壤地理学研究的重要内容,也是进行土壤分类的主要定量指标。它一般是依照土壤控制层段内的地下水位和 <1500 kPa 张力所吸持水分的季节性变化来确定。对于正地形表面的土壤而言,土壤水分的收入项是大气降水,支出项是表土蒸发与植物蒸腾,以及向地下水的补给。气候湿润状况决定着大气降水量、表土蒸发量及植物蒸腾量,由此可见,气候湿润状况是决定土壤水分状况的重要外部因子。按照美国土壤系统分类的标准,土壤水分状况划分为潮湿、湿润、干润、夏干、干旱 5 个基本类型,除了潮湿的土壤水分状况与负地形,特别是湿润气候区的负地形密切相关之外,其他的土壤水分状况均决定于气候的湿润状况。Gerrard 等指出:湿润的土壤水分状况通常出现在排水良好的湿润气候区;干润的土

壤水分状况通常出现在半湿润的气候区及热带亚热带的季风气候区;夏干的土壤水分状况仅出现在地中海式气候区;干旱的土壤水分状况仅出现在温带干旱荒漠气候区、亚热带干旱荒漠气候区。

2. 大气降水对成土过程的影响

水具有以下重要的物理特性:水有最大的表面张力,有最大的电绝缘常数,而且水在常态环境之中能够进行液态、气态与固态的相互转化;水有最高的蒸发热,最大的溶解热,水也是自然界最重要的极性化合物和地球表层最丰富的溶剂。了解水的这些特性,对于理解水在成土过程中的行为与功能、水与土壤颗粒的相互作用,以及在土壤-植物-大气系统中的形态和运动具有重要的作用。

大气降水对矿物风化和土壤形成过程具有重要的影响,水分是许多矿物风化过程与成土过程的媒介与载体。如在铝硅酸盐矿物风化过程中,正是由于水及其中溶解阳离子的参与使原矿物的晶格遭到破坏、晶格中的某些阳离子如 Na^+、Ca^{2+}、Mg^{2+}、K^+ 等进入水体。在较高温度条件下,矿物表面的二氧化硅、氧化铁和氧化铝等与水、水中阳离子相互作用形成无机胶体。年降水量及其季节分配还决定着土壤中的淋溶-淀积过程,如在干旱地区的土壤中,Na^+、Ca^{2+}、Mg^{2+}、K^+ 淋失很少;在半干旱半湿润地区,土体中大部分 Na^+ 被淋失,而 Ca^{2+}、Mg^{2+} 多淀积在心土层;在湿润地区,Na^+、Ca^{2+}、Mg^{2+}、K^+ 绝大多数则被淋出土体进入地表水系统之中。在中国中温带即北纬 42°沿线地区,东部辽宁集安市年均降水量为 589 mm,土壤 pH<6.5 且土壤盐基不饱和;中部内蒙古赤峰市年均降水量为 372 mm,土壤 pH7.5~8.0,土壤盐基饱和且含有碳酸钙;西部内蒙古二连浩特年均降水量为 142 mm,盐基饱和且含有丰富碳酸钙。Jenny 的研究表明,在美国大平原中部地区,土壤中碳酸钙淀积深度与年降水量有明显的相关性。中国学者的研究成果亦表明,在黄土高原及华北地区土壤中次生碳酸钙淀积深度与年降水量亦存在密切关系。

水分是生物体及其生理代谢过程的主要成分,是植物根系吸收养分、体内传输养分、生态系统食物链中养分传递的介质和载体,另外土壤水分状况还通过影响土壤通气状况来制约土壤有机质转化的强度和方向。一般情况下,土壤中有机质的累积过程强度随着区域降水量的增加而加强,但当降水量增加到一定程度时,由于土壤水分过量导致土壤通气状况变差,土壤有机质积累,特别是土壤腐殖化过程则明显受到抑制,故土壤表层(0~20 cm)有机碳含量与年均降水量之间是非线性的关系。在新西兰的温带海洋性气候区,土壤表层(0~20 cm)中的全氮含量也随降水量增加有增多的趋势。

随着工业化进程的加快,大气污染对土壤影响已经受到人们的广泛关注。在北欧、北美和东南亚地区的酸雨沉降区,大量酸雨注入土壤已引起了土壤酸化,增强了土壤溶液对矿物的溶蚀作用,并增加了土壤中有害元素如 Al^{3+}、Mn^{2+} 的浓度及其活性,从而危害作物正常的生长发育;土壤有机-无机复合胶体表面吸持的营养阳离子会被 H^+ 所置换出来而淋失;酸化的土壤也制约微生物的活性,从而影响土壤中有机质和矿物质的分解转化过程,导致土壤肥力快速下降,以及土壤自净能力和缓冲性能的衰竭。我国江南与广东地区也是受酸雨影响最为严重的地区之一。在未来 50 年世界上受酸雨影响的土壤面积还将进一步增大并增强。在广大的酸雨沉降区,人们常采用向农田土壤施用适量石灰的方法以缓解酸雨对土壤及作物的危害。

(三)风对成土过程的作用

风对成土过程的影响是巨大的,也是多样性的。首先,风力导致土壤表层粉粒大量流失,即土壤风蚀沙化。Kenneth 通过风洞实验综合研究了起沙风速与土壤颗粒粒径的关系,指出在土壤颗粒粒径约为 0.08 mm 时起沙风速最小,即土壤中粒径为 0.08 mm 颗粒最容易随风起动。中国学者的实验资料表明,土壤粒径在 0.1 mm 左右最易随风起动,且粒径在 0.05~0.10 mm 的极细沙即可随风悬移也可跃移;刘东生 1985 年则根据风洞实验结果提出了"风尘基本粒级(0.01~0.05 mm)"的概念,即土壤中易浮动和易分散粒级。有学者在对河北坝上农牧交错区土壤进行了调查与采样分析后指出,失去植被保护的干旱松散表土,在大风驱动下,表土中的极细砂和粉砂粒(0.01~0.10 mm)首先以跃移、悬浮方式流失,而中砂、粗砂和极粗砂(0.25~2 mm)则是非风蚀颗粒,并以此建立了定量描述的土壤风蚀相对强度指数(SWEI),为

$$SWEI = 粗砂含量/风蚀粒子含量$$

该地区自然表土 $SWEI \leqslant 2.0$,轻度风蚀区表土 $SWEI \geqslant 3.0$,重度风蚀区表土 $SWEI \geqslant 9.0$,在风积区表土 $SWEI \leqslant 1.5$,该指标较好地反映了区域土壤风蚀强度的差异性。其次,风力堆积作用常造成土壤物质组成的变化,如在中国温带地区,多数成土母质是第四纪风力堆积的黄土,这些由风成粉砂和粉粒组成的厚层黄土对土壤形成发育具有重要的影响。如在北京北部许多山地的花岗岩风化壳上堆积有一定厚度的风积黄土层,结果使土壤通体具有石灰石反应,土体中的碳酸钙并非由母岩(花岗岩)风化物而来,而是风成黄土带来的,可见风力搬运堆积作用已导致土壤下伏基岩与成土母质的巨大差异。

近年来,人们十分关注沙尘暴对生态环境和土壤的影响。如 1991 年春季强风从撒哈拉大沙漠挟带大量尘土向北推进,导致西北欧许多地区出现泥雨或血雨,据观测资料,在比利牛斯山区尘土的沉降量约为 $1\ g/m^2$,在瑞典及芬兰等国尘土的沉降量约为 $0.1 \sim 0.2\ g/m^2$。中国也是世界沙尘暴多发地区之一,2002 年 3 月 20 日在华北地区出现的强沙尘暴天气持续了 51 h,就是典型的高空传输沉降型沙尘天气。据国

家环保局观测,这些"外来尘"在近地大气层中含量高达111 mg/m³,北京市地面的降尘量高达291 g/m²。如此巨大碱性尘土的注入必将对区域土壤及环境产生重大影响。

(四)水文因素在土壤形成中的主要作用

1. 水分在母岩崩裂过程中的作用

在高寒地带或者温带季风气候区,气温的变化常使地表母岩裂隙及土壤孔隙水分在一日或者一年之内发生冻融交替现象,由于水分在冻结成冰的过程中其体积会膨胀9%左右,因而冰块会对母岩的裂隙壁施加巨大压力,加速母岩的破碎;当冰块融化时,水分在重力作用下进一步渗入到母岩内部,并再次被冻结形成冰楔。这样频繁地冻融交替使母岩不断破碎分解,最后形成具有较好通透性的成土母质。如果母岩中富含易溶盐分时,母岩裂隙中的水分会溶解大量盐分,一旦水分被蒸发,盐分便再次结晶,使体积增大,也会对母岩裂隙壁产生膨胀压力,促使母岩崩裂。

在高寒区,在土壤上部冻结的过程中,土壤层次中的砾石会被抬起,在砾石底部便出现空隙,同时这个空隙便被尚未冻结的疏松土壤物质所填塞;当夏季融化时,地表面下陷,但砾石因底部孔隙已被填充,不能再回到原来的位置。在水平方向上由于地表具有网状裂隙,且含水较多的细土常会集中到裂隙网眼附近,这样在冻结时会产生不均匀的膨胀挤压力,使砾石与细土在水平方向上发生分离。如此长期不断地冻融交替,使细粒土集中在中心、粗砾在外缘并形成了石环,从而使土壤发生发育过程在小空间尺度上产生明显分异的现象。

2. 水分在土壤物质转化过程中的作用

水分是自然地理环境中物质迁移转化的重要介质,以水分为介质或载体的物质迁移转化过程是土壤发生发育的重要组成部分。从土壤发生发育的共性来看,土壤形成过程可归结为三类不同的过程:(1)物质消耗过程,包括溶解、分解与水解、淋溶等,其中成土母质及土壤中易溶盐的消耗过程、矿物在土壤剖面中的重新分配,以及新矿物的形成均是以水分为介质的,而且水分也直接参与了上述许多物质转化过程。这清楚地反映了水分在土壤矿物转化中的重要作用。(2)营养物质的循环过程,包括植物对土壤、地下水、母质和大气中营养元素的选择性吸收和积累、生物代谢产物被土壤微生物的分解与合成过程。水分不但是生物营养的重要组成部分,而且也是其他营养元素循环的介质或载体。(3)无机物质在土壤剖面中的迁移过程,包括物质分离与混合、淋移与淀积等,如土壤黏土矿物、碳酸盐在土体中的淋移与淀积均是以水分为介质在重力作用下进行的,并形成了不同形态的土壤。由于水分具有液态、气态和固态相互转化的特点,从而使土体中易溶盐分的迁移过程复杂化。另外在水分运动驱动下的土壤物质剥离、迁移与淀积过程则属于土壤侵蚀的过程。

水文因素对成土过程的影响绝对不是单向的,地表水文过程与土壤形成过程总是存在着相互作用、相互影响。例如,在中国东南沿海湿润地区、土壤及其母质因遭受强烈的淋溶过程,导致土壤中矿质元素的大量流失,使土壤呈现酸性或强酸性;同时期地表水中的矿质元素含量也很少,即河水矿化度值低于 56 mg/L;而在中国西北干旱区,因干旱少雨土壤及其母质未遭受明显的淋溶过程,故在土壤及其母质中有大量易溶盐积累,使土壤呈现碱性甚至转变为盐碱土,同时其仅有的少量地表水中也富含易溶盐分,如在荒漠区下游的河水矿化度可高达 1000 mg/L 以上。

3. 水分在土壤形态形成中的作用

在干旱地区,干旱土表土层、龟裂层、片状土层的形成,以及碱积盐成土中柱状结构土层的形成均和其土壤水分状况的剧烈变化有关。

二、土壤剖面形态特征

土壤自然综合体是具有三维空间的物质实体,其整体即土壤圈和局部(土壤类型)可以无限地分割和分离,因而土壤能够在不同空间尺度、不同结构层次上呈现不同的形态。通常可分为土壤颗粒微形态、结构体形态、土层形态、土壤剖面形态、土被结构形态等。其中土壤剖面形态、土层形态、土壤结构体形态的观察则是土壤资源调查和土壤地理研究的基础性工作。

(一)土壤剖面形态的形成过程

土壤剖面形态,即土壤剖面的外部形态特征及其表现的土壤性状,它是土壤形成过程的产物。土壤剖面形态全面地反映并代表了土壤发生学特征、物质组成、性质及其综合属性,以及土壤景观(成土环境条件)的总体特征。因而,它已经成为诊断土壤性状的基础和进行土壤分类的重要依据。随着土壤形成过程的进行,土体中物质(能量)的迁移、转化与积累过程的持续,使土体逐渐发生了分异,形成了各种不同的发生土层和土体构型。首先,各种具体的成土过程,都会形成与之适应的一个模式土层(该过程的典型土层),这是使土体发生分异的基本原因。其次,各种具体的成土过程都发生于土壤剖面的某一层位,但每个具体成土过程都与整个土体的物质(能量)运动相联系。例如,由灰化过程形成的灰化淋溶层,其下必然有灰化淀积层。由碱化过程产生的碱化淀积层,在其上必定有碱化淋溶层,其下则有盐分聚集层。显而易见,由某个具体成土过程所形成的模式土层,都与其上下的土体有着特定的发生学层位关系,甚至可以认为是一种函数关系。所以,成土过程中的物质(能量)的聚集、淋溶物的淀积,也是土体发生分异的重要原因。其三,就某一具体土壤而言,它可以是在一种具体成土过程的作用下形成的,也可以在两种或两种以上具体成土过程的复合作用下形成的,这样就使得土壤剖面分异过程异常复杂化。所以,针对不同类型的土壤,其土壤剖面都是由特定的、具有内在联系的发生土层所组成的,从而形成了一定的土体构型。

(二)土壤剖面的重要形态特征

土壤剖面,即地表至母质(母岩)的土壤垂直断面,包括整个土体和母质层在内。最具有代表性的土壤剖面形态特征是土壤剖面构型,系指由发生上有内在联系的不同土层垂直序列组合构成的,简称土体构型。它显示了土壤发生过程和土壤类型的特征。土体构型与土壤剖面构型相当,但前者一般不包括"非土壤"的母质层或母岩层。

在任一条植被良好土壤中的沟渠的一边都可展现土壤的层次演变。土壤的表面是死亡或腐烂的植物部分的枯枝落叶层,表面的与其下几英尺的亚土壤层之间是一层或多层完全不同的层。这些层是通过从地表向下风化过程而形成的。为了方便描述,称其为土层。土层的形成,是由于腐烂植物部分与矿物质土壤的上层混合,及排出水向下渗透通过枯枝落叶层慢慢冲洗下层。受这些过程影响的土地厚度构成了土壤。在亚土壤的下面是土壤形成之处,因此称为母质。这种分层的外貌叫做土壤剖面,是未分化的母质与表面枯枝落叶层之间的土层结构。土壤学家认为母质以上的土层有三类,A、B和C层。一般通过观察很容易把土壤分成这样三层。其简单分类原则是:

A层通过淋洗丢失物质,尽管它还可由沉积作用得到有机物质;

B层从淋洗和原位合成得到物质,特别是黏土矿物质;

C层是已风化的母质,通常是被氧化,或在干燥气候中是蒸发盐的沉积物。

土壤剖面的顶部(图3-3),即枯枝落叶下面的矿物质土壤,是有颜色和结构的,这是由于混入了有机物颗粒,通过土壤动物或根的作用,及通过分解产生的各种有机物质的存在,它被称为"腐殖酸"(humic acids)。渗透水溶解了矿物质土壤表面中的可溶物质,并携带向下到A层以下更深的土层。A层下是第二组土层即B层,含有从顶层冲洗下来且重新沉积的物质。C层含有风化的母质。在这三组土层下是不变的物质,这些称为R层。R层的母质可以是任一地理形成物:岩床、砾石、沙和熟土等。一个土壤剖面的厚度和复杂度,是时间和气候及生长在此的植物的函数。荒漠中的土壤剖面可能只有一个薄的表面层。因此,土壤剖面是重要生态系统过程的一个即时指标。

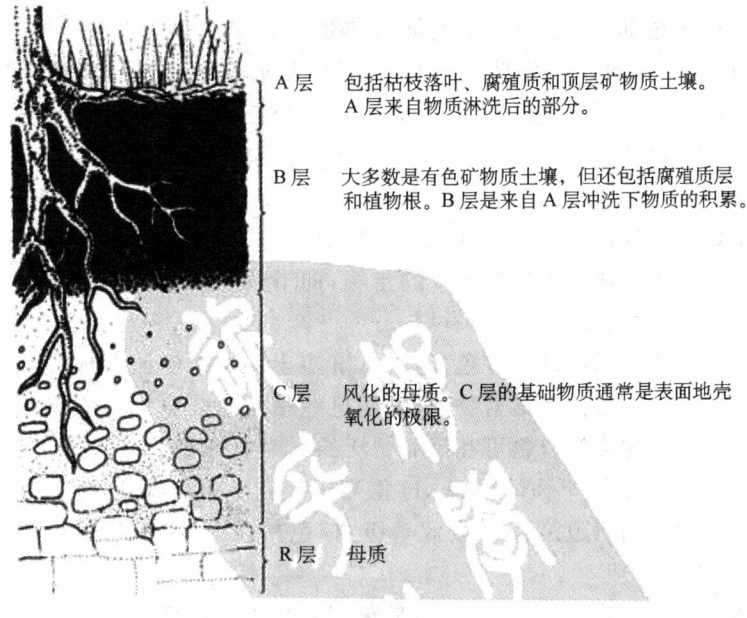

图 3-3　理想的土壤剖面

三、大土壤群分类

从全球范围来讲,大土壤群在土壤分类中是最容易制图分类的。土壤剖面的颜色和条带用来区分大土壤群。最先对土壤进行分类的是俄罗斯人,所以土壤群的标准名字是用俄语表示的。然而,到 19 世纪 60 年代,美国土壤保护者发展了另一个系统,这样大土壤群由另一种不同单位,即土壤等级代替,新希腊语和拉丁语来源的名字代替了俄语名字。表 3-3 列出了由美国土壤勘测手册认可的土壤等级,并给出了相应的大土壤群名字。下面部分简要描述这一最重要的主要土壤群的特性。

表 3-3　美国土壤勘测手册认可的土壤等级

土壤等级	来源	传统的大土壤群
新成土		不分区域(简单剖面)
始成土	起始	棕色森林土壤
干成土	干燥	荒漠土壤
软土	软	黑钙土和大草原土壤
灰化土	木灰	灰壤
淋溶土		灰棕色灰化土
老成土	最近的	红黄色灰化土
氧化土	氧化物	砖红壤和铁矾土
有机土	组织	沼泽土

北方森林的底部，灰壤的土壤剖面有丰富的条带。顶部是棕色针叶的覆盖物（A0层）。在它的下面针叶是黑色黏滑的，正转化成腐殖质。接着是混有黑腐殖质的矿物质土壤层（A1层）。在这层之下是灰白甚至是白色层，即 A2 层。B 层也充分分带，有红色氧化铁层和另一个蓝黑的有机物层。除了灰壤以外，再没有其他土壤有这么明显的分带。

苔原新成土土壤剖面是永久性冰冻（冰冻层），并有一层厚的死亡有机物使太阳与冰冻矿物质土壤隔离。苔原植被下的土壤，向下解冻不会超过矿物质母壤内几厘米，从而阻止了土壤剖面的进一步发展。

落叶林的生物群系中的灰棕色灰化土（淋溶土），是位于西欧传统农业的棕色农田之下。其顶部是枯枝落叶覆盖物，再下面这些枯枝落叶腐烂形成腐殖质与表面的矿物质土壤混合。这类混合物可在黑而肥沃的土壤中跨度 10～20 cm。缺少任何淋洗的 A2 层，无疑与宽叶下面的土壤 pH 值高于针叶下面的有关，也与蚯蚓的存在有关。土层以色度的细微改变确定彼此等级：棕色枯枝落叶，矿物质积累的深棕色 B 层，接着是母质。

砖红壤（氧化土）是厚的红色土壤，是热带森林生物群系的特征土壤。这些土壤富含铁和铅的氧化物和水化物，从而使土壤常带有特有的红色。砖红壤可达几十米厚。剖面由几厘米的枯枝落叶（A0 层）和腐殖质的棕壤化为特征的 A 层组成。很难区分 A 层和 B 层，这些土壤只有极少的有机物质。这些土层在热带地区几乎普遍存在。

在草地的基部是软土和荒漠土，如俄罗斯草原。这里降雨量十分有限，水很少能向下穿透土壤。死草分解缓慢，以至于一个厚的有机层堆积在土壤顶部，形成有名的小麦田黑土。这个泥煤层分级进入矿物质土壤。白矿物质带常用来标记蒸发水留下它的溶解物质量的程度。在这层下面的是母质。大草原土壤是湿的草原气候变化过程的结果。较高的生产量导致产生大量的有机物。另一种叫黑钙土（俄语为黑土），出现在稍干燥的气候中。降雨量很少的地方（热带荒漠），B 层很少见，而单纯荒漠土壤（干燥土）只有 A 层和 C 层。

全球土壤图表示了一个粗略的大土壤群图，与气候和植被图很相似。这是因为土壤和植被都受气候影响。然而，一张真正的大土壤群地图与植物的界限不会很相近。土壤勘测是以农田或郡县部分为尺度来绘制土壤图的，通常只有一个大土壤群存在。这些勘测可能包括了一个土系（soil series），土系是从相同类型的母质，通过相同类型的结合过程而发展起来的一类土壤，它们的土层在排列和一般特征上是很相似的。

本章小结

气象条件对植物分布的影响显著,每一种气候类型有相应的植被分布。柯本等发展和改进了一个以生理学和植物分类为基础的生物气候分类方法,以单一的气候因子温度、雨量的年平均值及其年变化为依据,划分了13种气候类型。而霍尔德里奇等以简单的气候指标(年生物温度、年降水)和综合指标(可能蒸散率)进行植被气候分类,该生命地带分类系统简明合理,与植被类型密切相关。

对于任何生物,温度都是一种无时无处不在起作用的重要生态因子。任何生物都是生活在具有一定温度的外界环境中并受温度变化的影响。温度影响动物新陈代谢过程的强度和特点以及有机体的生长和发育速度、行为、繁殖、数量和分布等。温度对于动物的生命活动来说,有最高、最低和最适温度范围之分,即生物的三基点温度。动物可通过特殊身体结构和行为活动来适应高、低温环境。

水是动物生活所必需的,是动物最重要的生存条件之一。水分过多过少会影响生物的生长发育。水也会影响生物分布,水分较多的地区动物分布多,缺水地区动物分布少。水是有机体内一切生命活动和生化过程的基本保证。水在陆生动物的热能代谢中起着重要的作用,蒸发散热是降低体温的重要手段。湿度会对动物的行为、体色、生长发育、寿命等造成影响。冰雪分布对动物有重要影响,如雪被影响当地动物的行为、食性、动物数量等。

生命活动会受到光照强弱、日照长短及光质条件的影响。按照光因子对动物繁殖的影响分为长日照动物、短日照动物。光影响动物生活的季节节律,如动物的迁徙、换羽换毛等。光还影响动物活动的昼夜节律。

气候直接影响着土壤物质迁移转化的过程,并决定着母质风化、成土过程的方向和强度。在大气圈要素中,气温、降水、风对土壤的形成具有普遍的意义。土壤剖面形态,即土壤剖面的外部形态特征及其表现的土壤性状,是土壤形成过程的产物。土壤剖面形态全面地反映并代表了土壤发生学特征、物质组成、性质及其综合属性,以及土壤景观(成土环境条件)的总体特征。从全球范围来讲,大土壤群在土壤分类中是最容易制图分类的。以土壤剖面的颜色和条带用来区分大土壤群,分为9种土壤类型。

复习思考题

1. 试述霍尔德里奇生命地带划分标准。
2. 动物低温耐受性规律有哪些?在生产上可能有哪些利用价值?

3. 动物如何对低温环境适应？
4. 光对动物有哪些影响？
5. 动物减少或限制失水的适应有哪些？
6. 湿度对动物的影响有哪些？
7. 概述大土壤群分类。
8. 说明气温对土壤形成的作用。

主要参考文献

A. 麦肯齐，A. S. 鲍尔，S. R. 弗迪. 2003. 生态学(第二版)[M]. 孙儒泳，李庆芬，牛翠娟，等译. 北京：科学出版社.

Callaghan T V, Emanuelsson U. 1985. Population structure and process of tundra plants and vegetation. In: J. White eds., The population structure of vegetation. Dordrecht, Dr W. Junk Publishers, 399-439.

Holdridge L R. 1947. Determination of world plant formations from simple climatic data [J]. *Science*, **105**: 367-368.

Holdridge L R. 1967. Life Zone Ecology [M]. San Jose, Costa Rica: Tropical Science.

Köppon W. 1920. Das geographiche system der klimate [M]. Beilin: Gebruder Borntrger, 1-50.

Lawlor D W, Mitchell R A C. 2000. Crop ecosystem responses to climatic change: Wheat. In: Reddy K R, Hodges H F, eds. Climate change and global crop productivity [M]. Wallingford: CAB International Press, 57-80.

Parmesan C, Ryrholm N, Stefanescus C, et al. 1999. Poleward shifts in geographical ranges of butterfly species associated with regional warming [J]. *Nature*, **399**: 579-583.

Strahler A N, Strahler A H. 1978. Modern physical geograph [M]. Science Press, 500.

Trewartha G T. 1990. An introdauction to climate (4th eduction) [M]. New York: McGraw-Hill, Prentice.

Watt K E F. 1973. Principles of environmental science[M]. New York: McGraw-Hill Book Co.

方精云. 1991. 我国森林植被带的生态气候学分析[J]. 生态学报, **11**(4): 377-387.

方精云. 2000. 全球生态学[M]. 北京：高等教育出版社, 海德堡：施普林格出版社.

高国栋，陆渝蓉. 1988. 气候学[M]. 北京：气象出版社.

科学院《中国自然地理》编辑委员会. 1979. 中国自然地理—动物地理[M]. 北京：科学出版社出版.

李天杰，赵烨，张科利，等. 2004. 土壤地理学(第三版)[M]. 北京：高等教育出版社.

倪健，宋永昌. 1997. 中国亚热带常绿阔叶林优势种及常见种分布与气候的相关分析[J]. 植物生态学报, **21**: 114-129.

倪健，宋永昌. 1998. 中国亚热带常绿阔叶林优势种及常见种分布与Kira指标的关系[J]. 生态学报,**18**:248-262.

丘宝剑,卢其尧. 1987. 农业气候区划及其方法[M]. 北京:科学出版社.

孙儒泳. 2001. 动物生态学原理(第三版)[M]. 北京:北京师范大学出版社.

武吉华,等. 2004. 植物地理学[M]. 北京:高等教育出版社.

张新时,杨奠安,倪文革. 1993. 植被的 PE 可能蒸散指标与植被气候分类(三)几种主要方法与 PEP 程序介绍[J]. 植物生态学与地植物学学报,**17**(2):97-109.

张新时. 1989. 植被的 PE 可能蒸散指标与植被气候分类(二)几种主要方法与 PEP 程序介绍[J]. 植物生态学与地植物学学报,**13**(3):198-207.

张新时. 1989. 植被的 PE 可能蒸散指标与植被气候分类(一)几种主要方法与 PEP 程序介绍[J]. 植物生态学与地植物学学报,**13**(1):1-9.

张新时. 1993. 研究全球变化的植被—气候分类系统[J]. 第四纪研究,**5**(2):157-169.

周广胜,王玉辉,白莉萍,等. 2004. 陆地生态系统与全球变化相互作用的研究进展[J]. 气象学报,**62**(5).

周正西,王宝青. 1999. 动物学[M]. 北京:中国农业大学出版社.

第四章 气候变化与陆地生态系统的相互作用

大气是地球环境系统各圈层中最活跃的部分,极端气候事件和气候变化将对社会经济系统和自然生态系统造成显著的影响。气候变化不仅受大气圈内部的热力、动力过程的作用,同时还与构成气候系统的各大圈层(水圈、生物圈、岩石圈和冰雪圈)及其相互作用密切相关。以全球气候变暖为主要特征的气候变化必将给人类的生活与发展带来十分重要的影响。

第一节 气候变化及其对生态质量的影响

一、气候变化

气候是指大气圈—水圈—冰雪圈—岩石圈—生物圈这个综合系统的缓慢变化状况。它以一段时间(如一个月、一个季度、一年等)内的一些适当的平均量来表征,同时考虑这些平均量随时间的变率;而对不同地区的气候进行分类时则要考虑这些时间平均量在空间上的变化情况。

气候变化是指气候平均状态统计学意义上的巨大改变或者持续较长一段时间(典型的为10年或更长)的气候变动。导致气候变化的原因可能是自然的内部进程,或者是外部强迫,或者是人为地持续对大气组成成分和土地利用状况的改变等。

在《联合国气候变化框架公约》(UNFCCC)第一款中,将"气候变化"定义为:"经过相当一段时间的观察,在自然气候变化之外由人类活动直接或间接地改变全球大气组成所导致的气候改变。"UNFCCC因此将因人类活动而改变大气组成的"气候变化"与归因于自然原因的"气候变率"区分开来。

全球气候正经历以变暖为主要特征的变化,从1880—2008年,地表年平均温度的距平值(以1951—1980的30年期间的年平均温度作为基准平均值)呈现逐渐增加趋势,特别是20世纪60年代至今,这种变暖趋势更加明显(图4-1)。

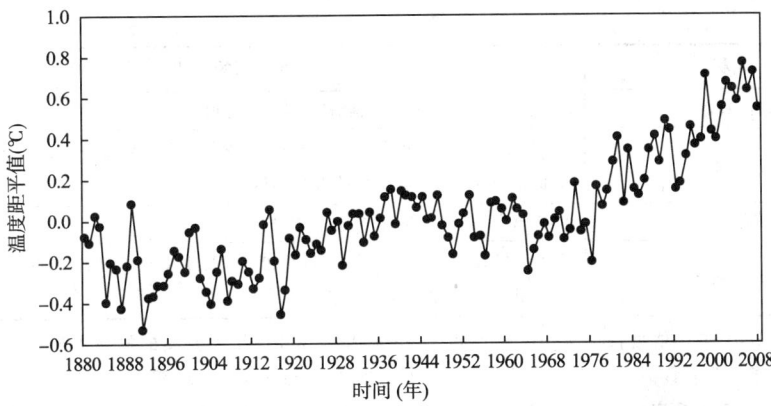

图 4-1　全球地表距平(以 1951—1980 平均温度为基准)
温度的动态变化(数据来源：NASA，USA)

研究表明,近 50 年的气候变化主要由人类活动造成。1860 年有气象仪器观测记录以来,全球平均温度升高了 0.6℃±0.2℃。最暖的 13 个年份均出现在 1983 年以后。20 世纪北半球温度的增幅可能是过去 1000 a 中最高的。降水分布也发生了变化。大陆地区尤其是中高纬地区降水增加,非洲等一些地区降水减少。有些地区极端天气气候事件(如厄尔尼诺、干旱、洪涝、雷暴、冰雹、风暴、高温天气等)出现的频率与强度有所增加(表 4-1,表 4-2)。

表 4-1　20 世纪地球大气、气候和生物系统的变化(IPCC,2001)

指标	观测到的变化
浓度指标	
大气 CO_2 浓度	1000—1750 年 280 ppm,2000 年 368 ppm(增加(21±4)%)。
陆地生态圈 CO_2 交换	1880—2000 年积累源大约 30 Gt C;但在 1990 年代,净汇大约为(14±7) Gt C。
大气 CH_4 浓度	1000—1750 年 700 ppb,2000 年 1750 ppb(增加(151±25)%)。
大气 N_2O 浓度	1000—1750 年 270 ppb,2000 年 316 ppb(增加(17±5)%)。
平流层 O_3 浓度	从 1970 年到 2000 年下降,各经度和纬度不同。
大气 HFCs,PFCs 和 SF_6 浓度	近 50 年全球性增加。
天气指标	
全球表面平均温度	在 20 世纪增加了 0.6℃±0.2℃;陆地表面温度上升大于海洋(非常可能)。
北半球表面温度	20 世纪的升温大于过去 1000 a 以来任何世纪,1990 年代是过去 1000 a 以来最热的 10 年(可能)。
地面温度日较差	陆地上 1950—2000 年下降,夜间最低温度的上升速度是白天最高温度上升速度的两倍(可能)。
炎热日子/热指数	上升(可能)。

续表

指标	观测到的变化
寒冷/霜冻日	20世纪几乎所有陆地区域都下降(非常可能)。
陆地降水	20世纪北半球增加了5%~10%(非常可能),虽然在一些地区有所下降,如北非和西非,以及地中海的部分地区。
严重降水事件	北半球中、高纬度地区增加(可能)。
干旱频率和严重性	几个地区夏季变干,干旱增多(可能)。近几十年一些地区如非洲的部分地区干旱的频率和强度增加了。

注:IPCC在2001年评估报告中给出了信度水平,分别为:确定的(结果真实的概率大于99%);很可能的(90%~99%概率);可能的(66%~99%概率);中度可能的(33%~66%概率);不可能的(10%~33%概率);很不可能的(1%~10%概率);极端不可能的(概率小于1%)。明确的不确定性范围(±)是一个可能的范围。

根据IPCC第四次评估报告的结论,人类活动造成的温室气体和气溶胶的排放"很可能"(90%以上的可能性)是导致气候变化的主要原因。近100 a来由于人类活动的影响,大气中二氧化碳等温室气体含量增加,全球平均地表气温上升了约0.74℃。与1980—1999年相比,21世纪末全球平均地表温度可能会升高1.1~6.4℃。

表4-2　20世纪地球大气、气候和生物系统的变化(IPCC,2001)

指标	观测到的变化
生物和物理指标	
全球平均海平面	20世纪平均每年上升12 mm。
河流和湖泊持续时间	20世纪北半球中、高纬度地区减少了大约两个星期(非常可能)。
北冰洋冰盖的范围和厚度	最近几十年,夏末到秋初变薄了40%(可能),1950年以来春天和夏天范围减小了10%~15%。
非极地冰川	20世纪以来大范围缩小。
雪盖	自1960年代全球卫星观测开始,面积下降10%(很可能)。
永久冻土	在极地、亚极地和山地一些地区解冻、变暖和退化。
厄尔尼诺事件	在过去20~30 a中,与之前100 a相比,更频繁、持久和强烈。
生长季节	在北半球,特别是在高纬度地区,过去40 a中每10 a大约变长14 d。
植物和动物范围	植物、昆虫、鸟类和鱼类向极地和高海拔地区移动。
繁殖、开花和迁徙	频率增加,特别是在厄尔尼诺事件中。
珊瑚礁漂白	频率增加,特别是在厄尔尼诺事件中。
经济指标	
气候相关的经济损失	过去40 a中,扣除通货膨胀因素,全球的可比损失上升了一个数量级,观测到的上升趋势部分与社会经济因素有关,部分与气候变化有关。

气候变化的影响对象表现在多个方面,如:全球平均海平面,河流和湖泊持续时

间,北冰洋冰盖的范围和厚度,非极地冰川,雪盖,永久冻土,厄尔尼诺事件,生长季节,植物和动物范围,繁殖、开花和迁徙,珊瑚礁白化、社会经济系统,等等(表4-2)。气候变化还会对人类社会的文化、社会经济发展、生产与消费模式等方面产生深远的影响(图4-2)。

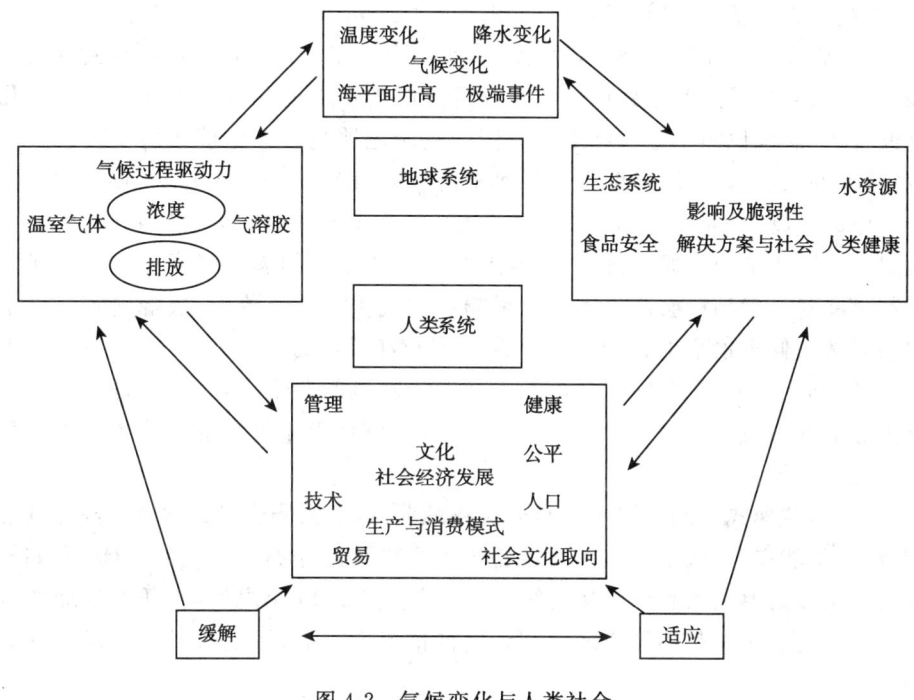

图4-2 气候变化与人类社会

近几十年以来,我国的气温呈逐渐上升趋势,以冬季和西北、华北、东北地区最为明显。1985年以来,我国已连续出现了16个全国范围的暖冬。降水自20世纪50年代以后逐渐减少,华北地区呈现出暖干化趋势。国内外科学家使用31个复杂气候模式,对6种代表性温室气体排放情景下未来100 a的全球气候变化进行了预测,结果表明:全球平均地表气温到2100年将比1990年上升1.4~5.8℃;我国气候将继续变暖。在未来气候变化条件下,我国的极端天气气候事件发生频率可能增大,将对我国的自然生态系统、社会经济发展以及人们的生产生活产生巨大影响。

二、极端气候事件

极端天气事件是一种在特定地区和时间内的罕见事件,一般认为,极端天气事件发生的概率小于0.1。极端天气特征因地区不同而异。单一的极端事件可能是由于自然原因或者人为原因造成的。当一种型态的极端天气持续一定的时间,特别是该事件产生一个平均极值或总极值(如:某个季节的干旱或暴雨)的情况下,它可归类于一个极端气候事件。

IPCC 第三次评估报告指出,20 世纪(1901—2000 年)全球平均地表温度升高 0.6℃,比第二次报告高出 0.15℃,第四次评估报告指出更新的 100 a(1906—2005 年)线性趋势大小为 0.74℃(0.56~0.92℃),大于 IPCC 第三次评估给出的 1901—2000 年增加 0.6℃(0.4~0.8℃)的趋势大小。每次报告都比前一次所得到的变暖趋势强,一个重要的原因就是新评估报告分析时段内增加的几年与以往年份相比几乎都是偏暖的,这也说明了近些年来全球变暖越来越明显。在全球气候变暖的大背景下,极端事件发生的频率、强度等会如何变化是第四次评估报告以来气候变化研究中普遍关注的问题。Katz 等(1992)认为与气候平均态相比,极端气候事件对气候变化更敏感。不同于平均气候态的变化,与极端事件的发生频率或强度有关的任何气候变化都可能对自然和社会产生重大的影响。在气候变化背景下,极端气候事件集中表现为异常气候现象增加。1998 年夏季中国长江流域的洪涝、2003 年夏季欧洲大陆的热浪、2005 年美国遭遇的卡特里娜(Katrina)飓风的袭击等,这些都是在社会上产生重大影响的由极端天气引发的灾难性事件。目前,极端气候事件的增加主要表现在以下两个方面:

(1)大多数模式预测海洋中温盐环流将减弱,这一减弱会导致向欧洲高纬度热输送的减少,虽然在 21 世纪末之前气候变暖不会导致海洋温盐环流的关闭,但如果全球变暖的强度足够大而且能维持足够长的时间,在 2100 年之后,在任一半球温盐环流都将彻底而且可能是不可逆地关闭。这种情况发生后,可能将对地球发生灾难性影响。

(2)气候变暖导致厄尔尼诺现象增多。厄尔尼诺现象又称厄尔尼诺海流,是太平洋赤道带大范围内海洋和大气相互作用后失去平衡而产生的一种气候现象,它是由于沃克环流圈东移造成的。正常情况下,热带太平洋区域的季风洋流是从美洲走向亚洲,使太平洋表面保持温暖,给印尼周围带来热带降雨。但这种模式每 2~7 年被打乱一次,使风向和洋流发生逆转,太平洋表层的热流就转而向东走向美洲,随之便带走了热带降雨,出现所谓的"厄尔尼诺现象"。研究表明,厄尔尼诺现象发生后,在西北太平洋产生并在我国东南沿海地区登陆的热带风暴(台风)的个数均比正常年份少。与此同时,在厄尔尼诺现象发生的当年,通常我国北方夏季易发生高温、干旱。其主要原因是:在厄尔尼诺现象发生时我国的夏季风较弱,季风雨带偏南,主要位于我国中部或长江以南地区,北方降雨量会大大减少,这就使得我国北方地区夏季往往会出现持续干旱和高温。例如,在 1997 年强厄尔尼诺现象发生后,我国北方的干旱和高温即十分明显。此外,在厄尔尼诺现象发生后的次年,我国南方(包括长江流域和江南地区),容易发生低温、洪涝。历史资料表明,近百年来发生在我国的 1931 年、

1954年和1998年三次严重洪水,都发生在厄尔尼诺发生年的次年。特别是1998年我国南方地区遭遇的特大洪水,厄尔尼诺便是最重要的影响因素之一。在气候变暖背景下,全球大洋环流规律受到影响,可能导致厄尔尼诺现象发生频率比以往更高,由此对我国的影响也会更加明显。

2008年初发生在我国南方地区的雪灾与冻害事件是全球气候变化区域性特征的明显表现,长江下游地区亦受到严重影响。《2008年中国南方雪灾受灾情况调查报告》中指出,2008年中国雪灾使2008年1月10日起中国浙江、江苏、安徽、江西、河南、湖北、湖南、广东、广西、重庆、四川、贵州、云南、陕西、甘肃、青海、宁夏、新疆等19个省级行政区均受到低温、雨雪、冰冻灾害影响,死亡60人;失踪2人,紧急转移安置175.9万人;农作物受灾面积727.08万 km^2;倒塌房屋22.3万间,损坏房屋86.2万间;直接经济损失537.9亿元。其中湖南、湖北、贵州、广西、江西、安徽等6省(区)受灾最为严重。河南、陕西、甘肃、青海等地雨雪持续日数超过百年一遇,贵州、江苏、山东等地达到50年一遇。其特征表现为降雪量大,降雪范围广,持续降雪时间长,主要降雪影响地区比往年偏南,降雪带来的灾害性比往年严重。从全球气候的宏观变化以及此次南方降雪的具体天气过程来讲,2008年处在一个拉尼娜的状态下,就是赤道东太平洋地区的海温要比常年偏低0.5℃以下,而这个现象对中国的气候影响是非常显著的。在拉尼娜现象影响下,造成东亚地区经向环流异常,这样一个环流形势非常有利于我国北方冷空气的南下,它导致南方广大地区出现冷冬。同时,下雪或者下雨必须满足的两个条件就是来自于热带地区暖湿气流以及有来自于高寒地区的冷空气。在这种背景下,形成了特异的气候过程,导致了明显的气象灾害。2008年主要发生在我国南方地区的雪灾与冻害,对电力系统、电煤运输的交通、煤炭生产和供应、公民出游与回家过春节、交通运输、通讯、农产品供应以及人的生命健康造成了巨大损失。

三、我国与气候变化相关的基本国情

(一)气候条件差,自然灾害较重

中国气候条件相对较差。中国主要属于大陆型季风气候,与北美和西欧相比,中国大部分地区的气温季节变化幅度要比同纬度其他地区相对剧烈,很多地方冬冷夏热,夏季全国普遍高温,为了维持比较适宜的室内温度,需要消耗更多的能源。中国降水时空分布不均,多分布在夏季,且地区分布不均衡,年降水量从东南沿海向西北内陆递减。中国气象灾害频发,其灾域之广、灾种之多、灾情之重、受灾人口之众,在世界上都是少见的。

（二）生态环境脆弱

中国是一个生态环境比较脆弱的国家。2005年全国森林面积1.75亿hm^2，森林覆盖率仅为18.21%。2005年中国草地面积4.0亿hm^2，其中大多是高寒草原和荒漠草原，北方温带草地受干旱、生态环境恶化等影响，正面临退化和沙化的危机。2005年中国土地荒漠化面积约为263万km^2，已经占到整个国土面积的27.4%。中国大陆海岸线长达1.8万km，濒邻的自然海域面积约473万km^2，面积在500 m^2以上的海岛有6500多个，易受海平面上升带来的不利影响。

（三）能源结构以煤为主

中国的一次能源结构以煤为主。2005年中国的一次能源生产量为20.61亿t标准煤，其中原煤所占的比重高达76.4%；2005年中国一次能源消费量为22.33亿t标准煤，其中煤炭所占的比重为68.9%，石油为21.0%，天然气、水电、核电、风能、太阳能等所占比重为10.1%，而在同年全球一次能源消费构成中，煤炭只占27.8%，石油36.4%，天然气、水电、核电等占35.8%。由于煤炭消费比重较大，造成中国能源消费的二氧化碳排放强度也相对较高，减排压力巨大。

（四）人口众多

中国是世界上人口最多的国家。2005年底中国大陆人口（不包括香港、澳门、台湾）达到13.1亿，约占世界人口总数的20.4%；中国城镇化水平比较低，约有7.5亿的庞大人口生活在农村，2005年城镇人口占全国总人口的比例只有43.0%，低于世界平均水平；庞大的人口基数，也使中国面临巨大的就业压力，每年有1000万以上新增城镇劳动力需要就业，同时随着城镇化进程的推进，目前每年约有上千万的农村劳动力向城镇转移。虽然中国的人均能源消费水平仍处于比较低的水平，2005年中国人均商品能源消费量约1.7 t标准煤，只有世界平均水平的2/3，远低于发达国家的平均水平，但由于人口数量巨大，对各类资源的需求仍十分巨大。

（五）经济发展水平较低

中国目前的经济发展水平仍较低。2005年中国人均GDP约为1714美元（按当年汇率计算，下同），仅为世界人均水平的1/4左右；中国地区之间的经济发展水平差距较大，2005年东部地区的人均GDP约为2877美元，而西部地区只有1136美元左右，仅为东部地区人均GDP的39.5%；中国城乡居民之间的收入差距也比较大，2005年城镇居民人均可支配收入为1281美元，而农村居民人均纯收入只有397美元，仅为城镇居民收入水平的31.0%；中国的脱贫问题还未解决，截至2005年底，中国农村尚有2365万人均年纯收入低于683元人民币的贫困人口。

从这一系列国情看,中国在应对气候变化方面面临严峻的挑战。气候变化对自然生态系统和国民经济已经产生了诸多影响,并将继续产生影响,有些影响可能是不可逆和灾难性的。及早研究、及时采取减缓与应对气候变化的措施,可以减少气候变化的不利影响,增加我们抵御气候危机、自然危机的信心和能力。

四、气候变化对生态质量的影响

气候变化及其影响是多尺度、全方位、多层次的,其正面和负面影响并存,但负面影响更受人们关注。全球气候变暖对许多地区的自然生态系统已经产生了影响,并且今后将继续产生持续影响,这些影响主要表现在冰川退缩与冻土融化、土地沙漠化加剧、海平面升高、生物生长节律和分布范围发生改变,等等。

(一)冰川与雪盖融化、海平面上升

对于极地地区而言,从 20 世纪 70 年代末到 21 世纪初,由于气候变暖,北极地区格陵兰冰盖表面消融区面积明显扩大,大约增加了 16%,大气—海洋环流模型模拟研究结果表明,如果全球温度每百年上升 2.7℃ 以上,并保持这种稳定增加的状况,格陵兰冰盖将消失,从而导致海平面上升。

IPCC 报告指出,20 世纪(特别是 1960—2000 年间)以来,世界各地高山冰川(雪盖)加速退缩:如欧洲阿尔卑斯山几条冰川从 1850—1988 年平均每年减少 15.6 m;1928—2000 年,美国华盛顿州"南 Cascade 冰川",前缘位置退缩了一半;1976—2000 年,位于坦桑尼亚境内的 Furtwangler 冰川面积减少了 1/2;赤道地区的乞力马扎罗冰川雪景几乎消失。全球气候变暖对中国冰川(雪盖)具有巨大影响,研究表明,由于气候变暖,中国冰川面积近 40 年平均减少了 7%。从 20 世纪 70 年代到 21 世纪初,青藏高原的冰川面积从约 4.99 万 km^2 减少到约 4.44 万 km^2,总面积减少大约 5000 km^2,地面观测和卫星遥感数据表明,青藏高原绝大部分冰舌呈现退缩状态,并且大部分雪线在逐渐上升。此外,在过去的几十年间,天山乌鲁木齐河源 1 号冰川持续退缩,1992 年东、西两个冰川分支完全隔断,冰面高度降低了 10 m 左右,特别是 20 世纪末,冰川退缩的幅度急剧增大。随着冰川的加速消融,虽然可短期内增加当地河流的冰川水源补给,起到增加径流的作用,但在冰川面积逐渐减少的情况下,会导致水源减少,最终一些主要受冰川补给的河流将趋于干涸。气候变暖将对以青藏高原为主体的高亚洲地区产生深刻影响,冰川退缩将加剧。

气候持续变暖将加速极地、次极地以及山区永冻土的融化,使得其中许多地区易于出现沉降和滑坡从而影响基础建设、水源和湿地生态系统。

(二)导致土地沙漠化加剧

全球气候的变化主要以气候变暖为特征,气候的变暖和变干是相联系的,结果会导致荒漠化的加剧,与此同时,荒漠化的发展也会反馈到全球变化。荒漠化会降低陆地生态系统的地表生物量和生物生产力,破坏正常的生物地球化学循环过程,并可能会通过增加土地表面的反照率而对全球气候变化起作用,或增加这种变化的潜在性。受全球气候变化的影响,我国北方很多地区气候干旱化趋势明显,很多地区的降雨量较20年前减少了一倍以上,众多眼泉水干涸,山谷小溪断流,地表径流的水量和丰水时段减少,湖泊水位下降,地表植被变得稀疏,由此造成了放牧草场面积的减少和沙漠化土地面积的迅速增加。虽然很多地区的土地沙漠化与人为因素如过度放牧、管理不善等因素有关,但气候变化客观上加剧了沙漠化的速度和强度。

(三)导致海平面上升

海平面上升虽然是缓慢而持续的现象,但其长期积累值将会相当大,对沿海经济区的发展和建设影响极为严重。海平面上升分为全球性海平面上升和区域性海平面上升。全球海平面上升已经引起世界各国政府和科学家的广泛关注。全球性海平面上升是由于全球变暖引起两极冰川融化以及海水增温导致水体膨胀而造成的。20世纪70—80年代,太平洋地区海平面上升的趋势非常明显,最大上升区出现在东南亚地区;大西洋上,除了非洲中部为中心的赤道大西洋地区下降外,其他地区基本上都是上升区。通常而言,气温和水温都较高时,南极大陆上的冰盖沿冰川向海洋中滑动,漂移到海岸的冰架,由于气候较暖,冰的结构较散,加之冰架在海上的支撑力因海冰的减少也减少,那么当受海浪、潮流的冲击较大时,就容易崩塌到海上形成冰山。这些冰量是陆地冰川向海洋中净输入的水量,从而使海水增多,海平面上升。

第二节 气候变化对自然生态系统的影响

气候变化的不利影响,即脆弱性问题是生态系统可持续发展面临的巨大挑战。自然生态系统不但为人类提供食物、木材、燃料、纤维、药物、休闲场所等社会经济发展的重要组成成分,而且还维持着人类赖以生存发展的生命支持系统,包括水体的净化、缓解洪涝和干旱、生物多样性的产生与维持、气候的调节等。因此,自然生态系统对气候变化的响应直接关系到人类社会的可持续发展,同时也关系到自然系统自身可持续发展能力的问题。如果对自然生态系统非持续性的开发利用和干扰,将使生态系统的脆弱性增加。而保护自然生态系统并提高适应气候变化能力的各种措施则可促进可持续发展。

张家宝(2006)在分析新疆生态环境变化的影响因子中指出,气候变化是各种自然因素中的首要因素。最近40多年来,特别是从1987年以来,新疆气候变暖、变湿明显,总体说来,有利于生态环境的恢复和改善。表现在:南疆地表径流量有所增加;

艾丁湖再生、艾比湖和博斯腾湖湖面扩大;博湖矿化度降低;从孔雀河、开都河向塔里木河干流下游调水量增加;植被覆盖绿度值有所增加等。当然,也存在着冰川退缩进一步加剧的潜在危险等。人类活动对生态环境有正、负两方面效应。

一、气候变化对森林的影响

1. 温度胁迫

温度是物种分布的主要限制因子之一,高温限制了北方物种分布的南界,而低温则是热带和亚热带物种向北分布的限制因素。在未来气候变化的预测中,全球平均温度将升高,尤其是冬季低温的升高,这对于一些嗜冷物种来说无疑是一个灾难,因为这种变化打破了它们原有的休眠节律,使其生长受到抑制;但对于嗜温性物种来说则非常有利,温度升高不仅使它们本身无需忍受漫长而寒冷的冬季,而且有利于其种子萌发,使它们演替更新的速度加快,竞争能力提高。

2. 水分胁迫

虽然现有大气环流模型预测全球降雨量将有所增加,但是由于地区和季节的不同而存在很大的差别。例如预测结果表明,在中纬度内陆地区其降雨会相对减少,尤其是在夏季,在一些热带地区其干旱季节也将延长。此外,气温升高也将导致地面蒸散作用增加,使土壤含水量减少,造成植物在其生长季节中水分亏缺,从而使其生长受到抑制,甚至出现落叶及顶梢枯死等现象而导致衰亡。但是对于一些耐旱能力强的物种(如一些旱生灌丛)来说,这种变化将会使它们在物种间的竞争中处于有利的地位,从而得以大量地繁殖和入侵。

3. 物候变化

冬季和早春温度的升高还会使春季提前到来,从而影响到植物的物候,使它们提前开花放叶,这将对那些在早春完成其生活史的林下植物产生不利的影响,甚至有可能使其无法完成生命周期而导致灭亡,从而导致森林生态系统的结构和物种组成的改变。

4. 日照和光强的变化

日照时数和光照强度的增加,将有利于阳性植物的生长和繁育,但对于耐阴性植物来说,其生长将受到严重的抑制,尤其是其后代的繁育和更新将受到强烈的影响。

5. 有害物种的入侵

有害物种往往有较强的环境适应能力,它们更能适应强烈变化的环境条件而处于有利地位。因此,气候变化的结果可能使它们更容易侵入到各类生态系统,从而改变原有系统的种类组成和结构。此外,气候变化还将通过改变树木的生理生态特性

(如气孔的大小和密度、叶面积指数等)和生物地球化学循环等途径对不同物种产生影响。而不同物种的耐性、繁殖能力和迁移能力在新系统的形成中也起着重要的作用。总之,气候变化对森林生态系统的结构和物种组成的影响是各个因素综合作用的结果。它将使一些物种退出原有的森林生态系统,而一些新的物种则入侵到原有的系统中,从而改变原有森林生态系统的结构和物种组成。这些影响对不同森林生态系统之间的过渡区域可能尤为严重。

6. 森林类型分布

由于在不同的区域其未来气候变化的情形不一致,而不同的森林类型也有其独特的结构和功能等特点,因此,气候变化对各个森林类型的影响是不同的。

(1)一般认为,随着全球气候变暖,热带雨林的更新将加快。总体上,热带雨林将侵入到目前的亚热带或温带地区,雨林面积将有所增加,但是有些地区降雨的减少也可能加速季雨林和干旱森林向热带稀树草原的转变。此外,从对环境变化的适应性来看,热带森林比温带森林更"娇气"一些,它的生长与水分的可利用性和季节性关系更为密切,所以热带森林在其干旱的边缘地带被草地或稀树草原吞食以及周围村落等人为活动的影响下,可能会变得比较脆弱。全球气候变暖的模式表明:湿热带区域的平均气温上升比中、高纬度地区要小,一般只有 $1\sim 2℃$,但降雨量可能增加较多,降雨过多,土壤积水,会限制湿热带许多森林的生长。此外,不按季节的降雨,会使大多数树木不落叶,地面的枯枝落叶层不能形成,节肢动物,如蜈蚣、甲虫等因缺乏栖息生境和食物而大量减少,由此影响到生物链上的一系列物种,进而影响整个森林生态系统的物质流、能量流,使原本复杂多样的森林生态系统失稳、简单化,直至构成一个更为脆弱的新平衡体系。此外,随全球变暖而增加的热带风暴对热带森林的结构和组成以及分布也将产生重大的影响。

(2)温带森林是受人类活动干扰最大的森林,地球上现存的温带森林几乎都成片断化分布,因此,未来气候变化对温带森林的影响是巨大的。一般认为,随着全球气候变暖,温带将向极地方向扩展,而温带森林也将侵入到当前北方森林地带,而在其南界则将被亚热带或热带森林所取代,同时由于温带内陆地区将受到频繁的夏季干旱的影响,从而导致温带森林景观向草原和荒漠景观转变。因此,温带森林面积的扩张或缩小主要取决于其侵入到北方森林的所得和转化为热带或亚热带森林及草原的所失。

(3)北方森林被认为是目前地球上最为年轻的森林生态系统,还处于不断形成和发育之中,易受到各种外部因素的干扰。而在未来的气候变化中,由于高纬度地区的增温幅度远比低纬度地区的增温幅度大,因此,目前的研究基本一致地认为气候变化对北方森林的影响要比对热带和温带森林的影响大得多。

7. 森林生产力

森林生产力是衡量树木生长状况和生态系统功能的主要指标之一。大气中 CO_2 浓度上升及由此而引起的气候变化被认为将改变森林的生产力。这主要表现在 CO_2 浓度升高的直接作用和气候变化的间接作用两个方面。一般认为，CO_2 浓度上升对植物将起着"肥效"作用。因为，在植物的光合作用过程中，CO_2 作为植物生长所必需的资源，其浓度的增加有利于植物通过光合作用将其转化为可利用的化学物质，从而促进植物和生态系统的生长和发育。目前，大部分在人工控制环境下的模拟实验结果也表明 CO_2 浓度上升将使植物生长的速度加快从而对植物生产力和生物量的增加起着促进作用，尤其是对 C3 类植物其增加的程度可能更大。但是，并不是所有的植物都对 CO_2 浓度升高表现出相应的敏感性，也有一些研究表明：即使在高水平营养供给下，同样还有许多物种对 CO_2 浓度的升高没有反应。此外，CO_2 浓度升高对植物的影响根据其所在的生物群区、光合作用方式和生长形式的不同而存在着较大的差异。也就是说，生长速率快的物种比生长速率慢的物种对 CO_2 升高的响应更大。一般认为，CO_2 浓度升高对森林生产力和生物量的增加在短期内能起到促进作用，但是不能保证其长期持续地增加。因为，在竞争环境中生长的树木对 CO_2 升高的反应常常表现出比单个生长的树木的反应要小，而森林物种组成的长期变化也能间接地影响森林生产力。此外，CO_2 浓度的升高将使植物叶片和冠层的温度增加以及气孔传导率下降，从而使植物受到热量的胁迫，使其生长被抑制。CO_2 所引起的温度升高似乎对植物的生长又将进一步产生负面作用，因为大气环流模型对气候的预测结果认为晚上的增温幅度将比白天要高，这样就可能使植物在晚上的暗呼吸作用加大，从而白白"耗费"更多的初级生产力；其次，温度的升高将增加土壤水分蒸发量，导致土壤水分下降，从而可能引起植物的"生理干旱"，限制植物的光合作用和生长速度；此外，温度的升高还会增加土壤微生物的活性，加速有机质的分解速率和其他物质循环，改变土壤中的碳氮比，使植物的生长受到氮素缺乏的制约。

气候变化已经对中国的森林和其他生态系统产生了一定的影响，主要表现为近 50 年中国西北冰川面积减少了 21%，西藏冻土最大减薄了 4~5 m。未来气候变化将对中国森林和其他生态系统产生不同程度的影响，可主要归结为以下三个方面：(1)森林类型的分布北移。从南向北分布的各种类型森林向北推进，山地森林垂直带谱向上移动，主要造林树种将北移和上移，主要造林树种和一些珍稀树种分布区可能缩小。(2)森林生产力和产量呈现不同程度的增加。森林生产力在热带、亚热带地区将增加 1%~2%，暖温带增加 2% 左右，温带增加 5%~6%，寒温带增加 10% 左右。(3)森林火灾及病虫害发生的频率和强度可能增高。

气候变化对森林群落影响最大的气候因素是水分指标。无论是群落类型还是林分结构的变化,降水量的减少都会造成群落中原树种生物量的降低。然而,在温度升高而降水量基本不变的情况下,群落生物量水平将有所提高。气候变化引起森林生产力的变化率从东南向西北递增。预测表明,我国热带、亚热带地区生产力变化率增值较小,绝大部分地区只增加1%,部分地区(北部热带)增加2%,我国温暖带湿润和亚湿润区增加2%,暖温带的干旱区和亚湿润区的渭河区增加4%~5%。温带绝大部分地区增加5%~6%,其中小兴安岭和长白山区增加4%~5%。寒温带大兴安岭地区增加10%。中国主要造林树种净生产力的变化是,兴安落叶松净生产力增长最大为8%~10%,红松次之为6%~8%,油松为2%~6%,马尾松和杉木为1%~2%,云南松为2%,川西亚高山针叶林增加8%~10%。

二、气候变化对草原的影响

我国草原的分布大体呈东北、西南向延伸,包括东北、华北、西北和青藏等四大草原区,大面积的温带草原处于内陆的干旱半干旱地带,年降水量在50~450 mm之间,内蒙古草原的年降水量只有250~350 mm,新疆草原为50~195 mm,极度干旱的阿拉善地区只有37 mm。CO_2倍增,气候变暖,使草原干旱出现几率大,持续时间长,草地土壤侵蚀危害严重,土地肥力降低;草地在干旱气候与荒漠化、盐化的作用下,初级生产力下降;草地景观呈荒漠化趋势。近10年来内蒙古草原区沙地、流沙面积明显增大,其中流沙面积增加2~3倍,20世纪80年代与50年代比较,草原区内50%~70%的高草群落和密草,都变成了低矮而稀疏的植被,沼泽面积减少70%以上,许多湖泊干涸。另外,内蒙古高原西部荒漠带与草原带分界线及荒漠草原亚带与典型草原亚带分界线(北段)近20年均分别向东扩展100 km左右,移动速度平均每年约3~5 km。模型预测气候变化对西北草原的影响结果表明,气温升高1℃,降水增加10%,天山以北的草原和稀灌木草原的面积将增大;塔克拉玛干沙漠面积将减少,胡杨树林将消失,部分地发展为草甸和草本沼泽;柴达木盆地的大片戈壁、盐壳及风蚀沙地将有50%发展为荒漠植被;青海湖周围的草甸和沼泽向北延伸到祁连山下,向西延伸到柴达木盆地边缘;昆仑山山顶水砾石部分被垫状驼绒藜和藏亚菊沙朔砾代替。

三、气候变化对荒漠及荒漠化过程的影响

我国荒漠化土地面积已经达$2.62×10^6$ km^2,占国土总面积的27.3%,其中风蚀荒漠化土地$1.61×10^6$ km^2,水蚀荒漠化土地$2.05×10^5$ km^2,冻融荒漠化土地$3.63×10^5$ km^2,盐渍化土地$2.33×10^5$ km^2,其他原因造成的荒漠化土地$2.14×10^5$ km^2,荒漠化地区主要分布在西北及华北北部。新疆是我国的一个"荒漠大区",荒漠化土地占总土地面积的43%。荒漠化和沙漠变迁与气候变化引起整个干旱、半

干旱地区区域自然环境的改变有关。我国目前干旱区(包括干旱、半干旱和半湿润干旱区)的总面积为 2.98×10^6 km²,占国土总面积的 39.3%,极端干旱区为 6.97×10^5 km²,湿润区减少 2.57×10^5 km²,干旱区总面积(不包括极端干旱区)增加 1.88×10^5 km²。若温度上升 4℃,我国干旱区范围扩大 8.43×10^5 km²,而湿润地区范围缩小 9.59×10^5 km²。

由于沙漠化是干旱自然气候和人类不合理活动的产物,对于全球气候变化,沙漠化土地以敏感的下垫面性质得到响应,并且在响应的过程中又以沙漠化土地特殊环境的反馈作用影响气候。对于干旱半干旱地区的景观特征及其大气组分产生根本性影响的机制,就是通过干扰干旱半干旱地区的地气能量交换平衡而产生效力,具体表现在对地表反照率、地表粗糙度、土壤水分、大气粒子含量、水分交换及地气能量平衡的扰乱,从而对中、小尺度的区域性气候产生影响。沙漠化不仅使土壤丧失生物生产力,而且也引起地表小气候恶化,使生态系统和小气候同时往不利方向变化。沙漠化对地气能量平衡的另一个根本性的影响表现在对水文循环的破坏。多数情况下,植被的减少或消失,升高了地表和近地表的温度,提高了近地表的风速,降低了近地表层的大气湿度,进而导致了地表径流和潜在蒸散的增加。

四、气候变化对沿海及海洋生态系统的影响

我国的红树林主要分布在广东、广西、海南岛、福建及台湾 5 省区,其中以海南岛东北部和东部沿海生长最为繁茂,红树林既是陆生生态系统的一部分,也是海洋生态系统的一部分(属湿地海岸生态系统);既受到气温上升的影响,又受到海平面上升的直接影响。所以全球气候变化对红树林生态系统的影响是多重的。红树林生态系统能积聚泥炭和淤泥,这使它们有可能适应海平面的上升。如果海平面上升速度高于沉积速度的话,将出现某些红树林植被的重新分布;当平均潮高超过基质上升高度,红树林将减少。预计温度上升不会对红树植物产生很大影响。红树植物光合作用的最适叶面温度为 28~32℃,叶面温度为 38~40℃时光合作用量几乎为零。所以 21 世纪全球气温如果上升 1.5~4.5℃,不会对红树林物种带来严重的不良后果。而热带地区降水量可能变化,这将对红树植物的生长产生深刻影响。因为红树植物对盐度的要求有一定的生态幅度,一些种在比较低的盐度下会出现最大生长值。如果降水量较少,土壤盐度增加,植物生长将会减慢。为保护红树林,减少全球变化和人类干扰带来的不利影响,我国政府采取了有效措施,先后在海南、广西、广东和福建等地建立了 7 个国家级海洋自然保护区,另外还建立了各地方海洋部门自然保护区。

我国的珊瑚礁主要分布在海南省,全岛约有 1/4 的岸段分布珊瑚礁。珊瑚礁是海洋环境生物多样性最丰富的生态系统。许多种对温度变化较敏感,如果全球变暖导致海洋温度增加 2~3℃,由此带来的海平面上升会对这些珊瑚礁构成严重的威

胁,但某些珊瑚礁受到气候变化所带来的不良影响并非十分严重,而且一些珊瑚礁还可能受益于海平面上升。目前许多印度礁、太平洋礁由于常常暴露于空气之中而受到影响,因此任何海平面上升都会促进它们的生长发育。另外,海水温度的变暖也会扩大一些珊瑚礁的生长范围。

五、气候变化对湿地生态系统的影响

在湿地影响气候变化的同时,气候变化又对湿地产生着重大的影响。主要包括:水循环变化对内陆湿地的影响;海水温度升高、海平面上升对沿海湿地和珊瑚礁的影响以及其他气候变化对与湿地相关的农业生产的影响,同时也包括由于气候变化影响人类活动进而间接影响湿地。许多类型的湿地是全球气候变暖的指示器,如红树林、珊瑚礁、泥炭层湿地等。

温度、降水量和蒸发量变化对河流和湖泊等内陆湿地的流量和水位变化有着重大影响。干旱和半干旱地区的河流和湖泊湿地对降水变化尤其敏感,降水变化可以大大改变湿地面积。例如,由于喜马拉雅山脉冰川的融化,在亚洲半干旱地区,永久性的河流夏季将出现短期到中期的流量增加;因为冰川的消失,随后流量将会减少。另外,温度的升高可能导致湖泊水质下降,也可能促进外来物种(如风信子、鼠尾草)的入侵和蔓延。其他内陆湿地也将受到气候变化的影响。中高纬度地区大量冻土层的减少,会导致该地区泥炭地的减少,从而造成大量的 CO_2 和 CH_4 不断释放到大气中。同样,蒸发量的增加和降水量的减少也对热带泥炭地产生不利影响。

全球气候变暖导致海水温度升高、海平面上升及风暴活动频繁,进而对沿海湿地产生重大影响。海平面上升会导致许多河口、海岸滩涂、红树林等湿地淹没。海水温度上升导致地表寒带的泥炭冻土融化,加速碳的释放,又将进一步加速全球变暖的进程。全球气候变暖导致地表—大气的水平衡失调,许多珍稀濒危动植物将会灭绝,生物多样性也会减少。世界许多三角洲是迁徙涉禽的重要停歇地,海平面上升和其他与气候相关因素引起湿地的变化会威胁水鸟和其他野生动物的存在。湿地生物珊瑚礁对温度变化非常敏感,水温短期上升 1~2℃,就可以使珊瑚礁"褪色";当温度持续升高 3~4℃,就可造成珊瑚大面积死亡。海水温度的升高和 CO_2 浓度的增加会威胁到珊瑚礁的存在。据估计,由于全球变暖已导致全世界的珊瑚礁减少了 27%。如果全球持续变暖,到 2030 年 60% 的珊瑚礁将消失。

湿地植物水稻是人类的主要食物,是世界上最重要的农作物之一。在亚洲的热带地区,微小的升温就会对水稻产生不利影响。有气象学者指出,澳大利亚 2002 年的平均温度要比此前长时期内年平均温度高 1.6℃,高温加剧了旱情,导致澳大利亚东部地区水稻产量锐减。

气候变化改变着人类活动,从而对湿地产生了间接影响。由于气候变化影响地

区,特别是干旱和半干旱地区的水循环,降水减弱,干旱发生的频率与持续的时间增加。人类对干旱的应对通常是加大对淡水的利用,以满足城市与农业用水。这将会导致河流流量的减少,湖泊的消失,以及水位更大幅度的波动,从而导致湿地功能的下降和退化,进一步加大对湿地的压力。

六、气候变化对动植物的影响

(一)气候变化对动植物的影响方式

仅仅在20世纪100年间,地球平均气温就上升了0.6℃,在地质学上像这样短时间内大幅度升温的过程是非常罕见的,这会给生态系统造成巨大的影响。其中,春季物候现象的改变即非常明显。例如:雏鸟孵化和初鸣的提前;候鸟到来的提前;蝴蝶出现的提前;两栖动物鸣叫和产卵的提前;植物发芽和开花期的提前。自20世纪60年代以来,春季物候现象提前的现象日益增多。

气候变化对于土壤和生物具有重要影响。当气候变化引起的胁迫与其他胁迫因子共同作用于生态系统时,会导致一些独特的生态系统和濒危物种受到严重威胁,甚至完全灭绝。虽然大气CO_2浓度升高将会在一定时期内使植物的净初级生产力增加,但是,气候变化以及伴随而来的扰动规律的变化可能会使净初级生产力减少。一些全球模型预计,在21世纪的前50年,陆地生态系统对碳的净吸收将会增加,但是随后会稳定或降低,此期间陆地生态系统的碳汇功能可能存在明显的边际效应。气候变暖将导致土壤有机碳分解速率加快,更多的CO_2被从土壤中转移到大气中,这种正反馈作用可能会进一步加剧大气中CO_2浓度的增加速率,使得全球更加温暖化。此外,植物生长受多种气候因素的影响,气候变化条件下植被分布状况会发生改变。C3和C4植物对于气候变化的响应可能会呈现出不同的规律,在气温高和降水少的条件下C4植物比C3植物更有竞争优势,因此朝向更炎热和干旱地区演变的趋势意味着C4植物将变得更加有优势。目前,已经有证据表明,在地理分布上C3植物优势地区在北半球已被推得更北而在南半球被推得更南。植物分布规律和生物量的改变又可能会影响到地表特性(如反照率),而地表特性的改变反过来又可进一步引起气候变化。

气候变化会增加在许多自然生态系统中出现突变和非线性变化的风险,这将直接影响到这些生态系统的功能、生物多样性和延续力。气候变化的幅度和速度越大,负面影响的风险也就越大。IPCC指出,不稳定阶段的改变和气候地带性的变迁可以导致陆地和海洋生态系统的突然崩溃,伴随着出现生物组成和功能的显著变化以及生物绝迹的风险增加;即使水温持续性升高仅仅1℃,其自身或再加上任何其他的强迫(如过度的污染或淤积),就可以引起珊瑚喷出他们的藻类(珊瑚变白)并最终导致一些珊瑚死亡;气候变暖导致生物多样性丧失,物种数量减少;气候变化会导致生物生长节律和分布范围发生改变、中高纬生长季节延长、动植物分布范围向极区和高海拔区延伸、某些动植物数量减少、一些植物开花期提前等种种生物异常现象。

当然,气候变暖对动植物也具有正效应。例如,随着大气中 CO_2 浓度的增加,所有植物的光合作用率都将增加。在 CO_2 浓度增加一倍时,有研究表明许多植物的光合作用率与现在相比将增加 50% 以上。在我国,20 世纪 80 年代以来黑龙江省气候呈现的显著变暖为产量和种植北界均显著地受温度条件限制的水稻种植提供了条件。在一些地形地貌和土壤条件适合的情况下,年平均温度变化 1℃,水稻可增加一个熟级。

(二)气候变化对动植物的影响机制

气候变化对动植物的影响机制主要包括种群层次和生态系统层次两方面的影响。

1. 种群层次

(1)两栖动物和爬行动物

气候变化对变温动物的物种繁衍、地理分布和种间关系具有直接作用。温度和湿度会影响变温动物的繁殖过程和种群动态。两栖爬行动物的卵子和精子的产生依赖于物候和温度条件,因此,对于那些由温度决定性别的爬行动物而言,气候变化将影响其种群动态。例如锦龟(Chrysemys pictus),后代性别比例高度依赖于 7 月的平均温度,即使适度升温(2~4℃)也会对雄性后代的繁殖产生潜在的威胁,这最终将导致种群数量的改变。对于某一种群而言,性别比例失调使种群结构变为衰退型,这种影响是潜在、长期的,往往当人们认识到气候变化对某种生物种群数量产生影响时,该种群数量的衰减甚至灭绝已经不可避免。

(2)鸟类

鸟类迁徙不仅是对气温的反应,还受光周期、遗传控制系统、具体生境变化(如食物多寡、被捕食情况等)的调节。光周期作用、遗传控制系统相对固定和滞后,而气候变化则会对鸟类的迁徙作用产生短期的刺激或拮抗作用。

(3)哺乳动物

针对大型哺乳动物研究表明,极端的气候虽然不独立地影响种群密度,但可能影响其幼体在冬季的存活数。受北大西洋涛动的影响,增加的暖冬发生频率影响了在英国和挪威的马鹿及土耳其盘羊的生育和繁衍。哺乳动物的生活史对气候变化的响应将对种群动态产生干扰,这种干扰作用在同龄群体到达成熟繁殖期时或者当种群密度足够大(如土耳其盘羊)时才能够发生。

2. 生态系统层次

在生态系统层次上,动植物对气候变化的响应主要体现在捕食和竞争两方面。

(1)捕食

有研究表明,不列颠一些两栖动物的繁殖季节因为冬季变暖而变化。这一变化影响了水体中生物繁殖小生境的更替,从而直接影响了水体中的营养关系,例如林蛙并没有改变它们的繁殖季节,北螈却提前进入水体进行繁殖,因此,早繁殖的蛙卵和幼虫面临更容易被北螈捕食的危险,这样的例子表明了动物物候对气候变化更高层次的反应。在美国西部和哥斯达黎加,有研究表明种群锐减与流行病的发生和降水量的变化存在内在联系,而流行病的发生和降水量的变化都与气候变化有关,例如,气候变化导致了哥斯达黎加的蛙种群与蛇鳞蜥种群同时锐减。再如,欧洲的暖冬天气破坏了冬尺蠖蛾的孵化和橡树破芽的一致性,从而导致了可被大山雀食用的昆虫数量与大山雀营巢时期的食物需求峰值的背离,原本应一致的事情却未同步发生,这预示着气候变暖可能对大范围的生态系统内的种间关系和生态群落的稳定性造成严重影响。

(2)竞争

物种的生态位大小与其生活能力呈负相关。面对气候变化,大多数物种改变其基因结构和生理机能以应对这种变化,使其生态位与环境保持一致。但这种进化永远是滞后的,这就导致生态位的扩大和生活能力的减小。由于生态位扩大,本地物种之间竞争加剧,一些物种扩散到原先不适合的栖息地,导致生物入侵,同样加剧了本地和外来物种之间的竞争。气候变暖将打破固有的竞争格局。候鸟在春季推迟到达栖息地可能会与早先到达的物种形成对营巢地点的更强烈的竞争。对大陆海洋生物的长期观测数据显示,当关系密切或相互竞争的物种对于气候变化表现反差或敏感程度不同时,其种间关系则可能改变。

生物界中,不同生物的种内和种间扩散速率差异很大,物种之间的扩散能力有很大不同。与历史上物种的扩散过程不同,现在很多物种必须通过人类活动干扰较大的地带才能扩散到其他生态环境中。很多由于气候变暖而适宜某些物种生存的地区超过了这些物种的扩散能力,一些低适应性、低扩散能力的物种一方面面临气候变化导致的生境的破坏,另一方面又不能扩散到其他栖息地,最终导致这些物种的灭绝。

气候变化为另一些扩散与适应能力强的物种创造了物种繁衍的机会,加之人类活动的作用,生物入侵趋势将加重。由于从低海拔或低纬度地区的入侵速度快于当地物种向更寒冷地区的退却速度,物种分布的变化通常是不对称的,这将导致物种多样性暂时的增加。生物入侵将改变群落固有的食物关系,使竞争更充分,必然导致一些物种的灭绝。

第三节 气候变化对农业的影响

一、气候变化对农业的影响方式

气候变化对经济社会的最大影响之一是农业,这体现在对农业生产布局、农业生产结构,以及农业病虫害的发生和防治等等方面。气候变化将使农业生产面临以下三方面突出问题:农业生产的不稳定性增加,产量波动大;农业生产布局和结构将出现变化,作物种植制度可能发生较大变动;农业生产条件改变,农业成本和投资大幅增加。气候变暖将导致地表径流、旱涝灾害频率和一些地区的水质等发生变化,特别是水资源供需矛盾将更加突出。

对于农业生产而言,如果温度升高超过某一阈值,就会影响一些作物的关键生长期(如导致水稻不结实、玉米花粉败育、土豆块茎发育不良)进而影响作物产量,而阈值本身是随作物和物种的不同而变化的;如果温度超过了关键临界值,即使持续时间很短,也会造成这些作物出现严重减产。谷类作物模型表明,在温带地区,温度增加较低时产量会增加,但温度增加较高时,产量将会减少。在大多数热带和亚热带地区,对于多数预测的温度升高情景,预测的谷物潜在产量都会降低。亚热带和热带旱地农田中,有的地区雨量大幅度减少,对作物产量的负面影响将更大。这些估计中包括了农民的一些适应性反应以及 CO_2 增加后的正面效应,但并未包括由于虫害侵扰和气候极端事件变化而预计所增加的影响。气候变化还可能影响牲畜的生理和生活习性,从而可能对畜牧生产产生重要影响。

气候变化将使全球的粮食价格升高,而且可能使脆弱人口遭受饥饿的风险增加,并且气候变化将加剧许多水资源缺乏地区的水短缺。水需求一般随人口增长和经济的发展而增加,但一些国家的水需求会因水利用效率提高而减少。预计气候变化将使世界许多缺水地区的供水大量减少,一些地区的水供应会增加。但预计对大多数发展中国家的市场综合影响都将是负面的。

对于中国而言,气候变化已经对我国农业产生了一定的影响,其表现之一为自 20 世纪 80 年代以来,中国的春季物候期提前了 2~4 d。未来气候变化对中国农牧业的影响主要表现在:(1)农业生产的不稳定性增加,如果不采取适应性措施,小麦、水稻和玉米三大作物均以减产为主。(2)农业生产布局和结构将出现变动,种植制度和作物品种将发生改变。(3)农业生产条件发生变化,农业成本和投资需求将大幅度增加。(4)潜在荒漠化趋势增大,干旱出现的几率增大,持续时间加长,土壤肥力进一步降低,初级生产力下降。(5)气候变暖对畜牧业也将产生一定的影响,某些家畜疾病的发病率可能提高。

二、气候变化对农业影响的研究实例(以江苏省为例)

历史气候资料分析结果表明,从 1961—2008 年江苏省的年平均气温呈逐渐增加趋势(图 4-3),期间最高温度和最低温度分别出现在 2007 年和 1969 年,其数值分别为 16.4 和 13.9℃。特别是在 1980—2008 年期间,江苏省年平均温度的增加速率更大,年平均温度随年份变化的趋势线斜率达到了 0.067,此速率大大高于 1961—2008 年的温度增加速率(图 4-4),这表明近 30 年来江苏省气候变暖速率在加快。

从图 4-3 可以看出,1961—2008 年江苏省年降水量无显著增加或降低趋势,但降水量的年际间变异较大,其最高和最低年降水量分别出现在 1991 年和 1978 年,其数值分别为 1447.7 和 557.3 mm。而 1961—2008 年的多年平均降水量为 1006.1 mm。

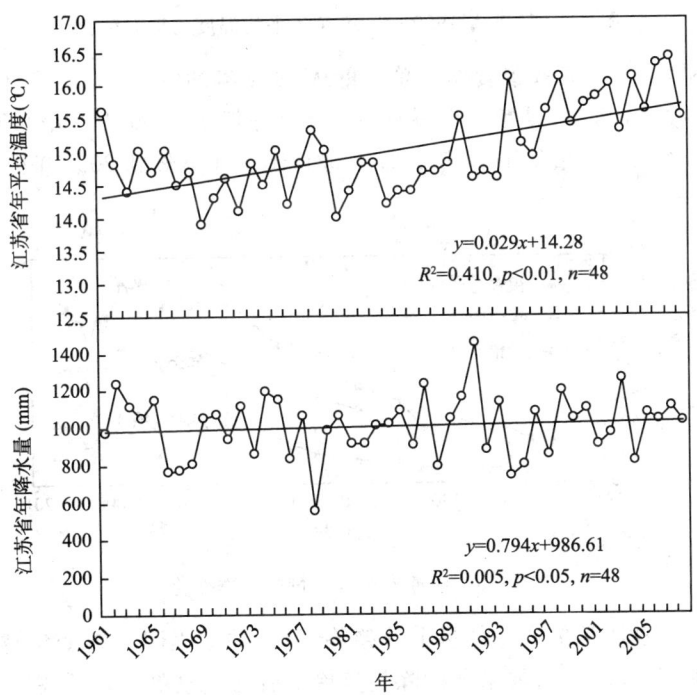

图 4-3 江苏省 1961~2008 年年平均温度及年降水量的动态变化

近几十年来,江苏省气候还表现出如下的变化特点:夜间极端最低温度的日数呈显著下降趋势,低温日数也呈现显著下降趋势,江苏省冬季增温趋势比较明显。秋季降水量显著下降,而冬季降水量显著上升。年降水日数无显著变化趋势。

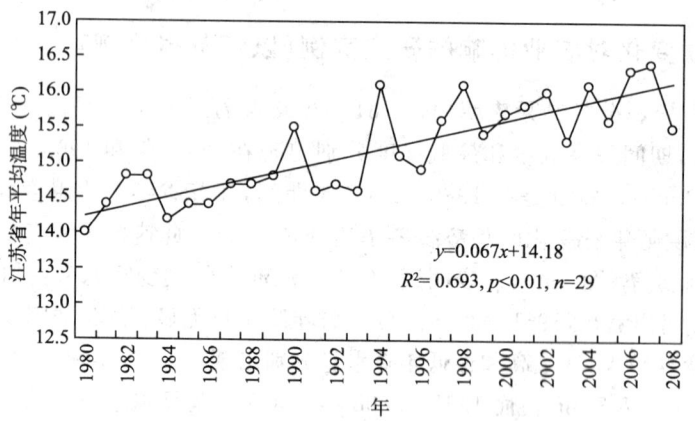

图 4-4　江苏省 1980—2008 年年平均温度的动态变化

统计资料表明,江苏省粮食作物总产量从 1949 年的每年 748.5 万 t 增长到 2007 年的 3132.24 万 t,其中,夏粮产量从 1949 年的每年 217.00 万 t 增长到 2007 年的 1070.70 万 t,而秋粮产量从 1949 年的每年 531.50 万 t 增长到 2007 年的 2061.54 万 t(图 4-5)。

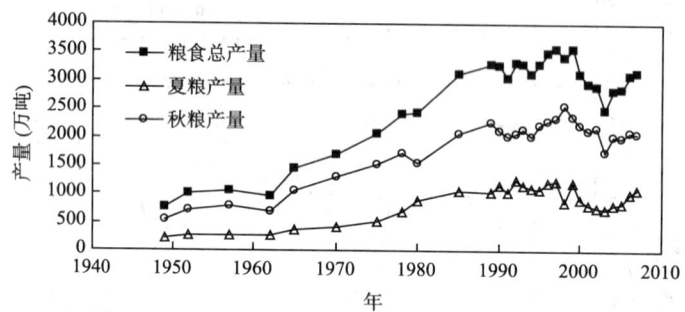

图 4-5　江苏省粮食产量的年季变化

江苏省的粮食实际单产总体呈上升趋势,但这并不表明气候变化越来越有利于粮食单产的提高。因此,需要采用剔除趋势单产后的气象单产来反映气候变化(特别是降水和温度变化)对粮食生产的影响。趋势单产反映了粮食生产水平不断上升的趋势,其数值受粮食品种更新、耕作水平提高、政策环境、市场行情以及农民种粮积极性等因素影响。由于趋势单产总体呈上升趋势,因而可对趋势单产进行拟合,则趋势单产与实际单产的残差则为气象单产。进而可用气象单产占实际单产的比例,即相对气象单产,来反映近几十年来粮食单产在气候变化条件下的相对变化趋势。

图 4-6 表明,1961—2004 年期间全年粮食作物相对气象单产与年降水量之间的

关系可用一元线性方程拟合,随降水量增加全年粮食作物相对气象单产呈减少趋势,描述二者关系的方程为:

$$y = -0.010x + 9.80 \tag{4-1}$$

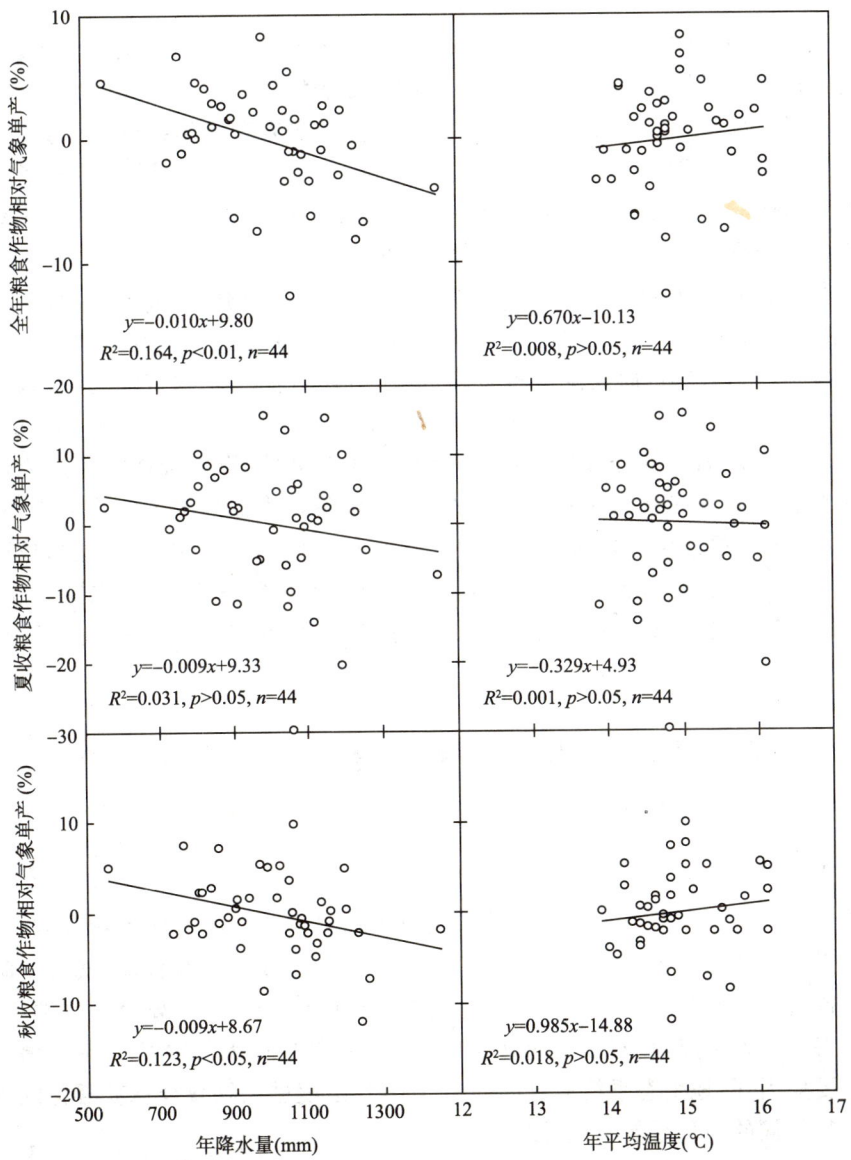

图 4-6 江苏省 1961—2004 年粮食作物相对气象单产与年降水量及年平均温度的关系

式中 y 为全年粮食作物相对气象单产,单位为%;x 为年降水量,单位为 mm。同样,秋收粮食作物相对气象单产随降水量增加而逐渐减少,二者关系可用一元回归方程描述:

$$y = -0.009x + 8.67 \qquad (4\text{-}2)$$

式中 y 为秋收粮食作物相对气象单产,单位为%;x 为年降水量,单位为 mm。

夏收作物相对气象单产与年降水量之间无显著线性回归关系,由此表明,全年粮食作物相对气象单产与年降水量之间的关系主要体现在秋收作物与降水量之间的内在联系上。进一步分析表明,1961—2004 年期间全年粮食作物、夏收作物、秋收作物相对气象单产与年平均温度之间均无一元线性回归关系,这也从一定程度上说明近几十年的气候变暖并未造成江苏省粮食作物的减产。

江苏省近几十年的多年平均降雨量超过 1000 mm,雨水比较丰沛,并且有较多的"客水"流入省内,因而水分条件不是作物生长的限制因子。在灌溉水源充足的旱年,粮食产量相对较高,而在降雨量较多的年份,则可能出现水涝灾害、有效积温较低、日照时数偏少等现象,所以,总体上看,降雨量升高会导致相对气象单产的下降。江苏省年降雨量的大部分都集中于夏季,由图 4-6 可见,降雨量增加所造成的粮食作物减产主要体现在秋收作物的减产上,由降雨量较多而导致的水涝灾害、有效积温较低、日照时数偏少等现象也主要表现在对秋收作物的影响上,可能造成减产的秋收作物为水稻、玉米、大豆等。而由于夏收作物(主要是冬小麦)主要生长于冬、春季,全年降雨量分配于此期间的数量相对较少,因此对粮食作物生产的影响不明显。

第四节 陆地生态系统对气候变化的反馈

一、陆地生态系统碳循环与气候变化

陆地生态系统植被一方面为人类和其他生物提供各种各样的生物资源,另一方面它也对气候变化产生影响。气候变化主要以气候变暖为主要特征,气候变暖与全球碳平衡过程的破坏有关。地球上的有机碳库(即活性碳库)主要由土壤碳库、大气碳库和海洋碳库组成,化石燃料的燃烧和森林破坏是造成大气中 CO_2 浓度增加的两个最主要原因,陆地生态系统通过改变大气 CO_2 浓度进而导致全球变暖是陆地生态系统影响气候的一种重要方式(图 4-7)。

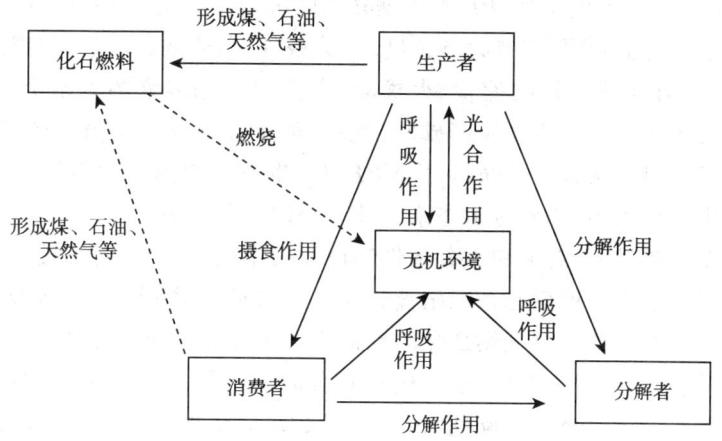

图 4-7　地球碳循环基本过程

陆地生态系统通过光合作用固定大气中的 CO_2，同时，通过植物的呼吸作用和土壤的呼吸作用向大气中释放 CO_2，土壤呼吸的影响因素主要为温度、湿度、根、凋落物、土壤类型、土壤微生物等，而植物呼吸的影响因素主要有氮含量、生物量、温度、湿度、植物种类等（图 4-8）。植物的净初级生产量（NPP）为总初级生产量（GPP）和植物自养呼吸（Ra）的差值，陆地生态系统的净碳交换过程可表示为：

$$NEE = Rh - NPP \tag{4-3}$$

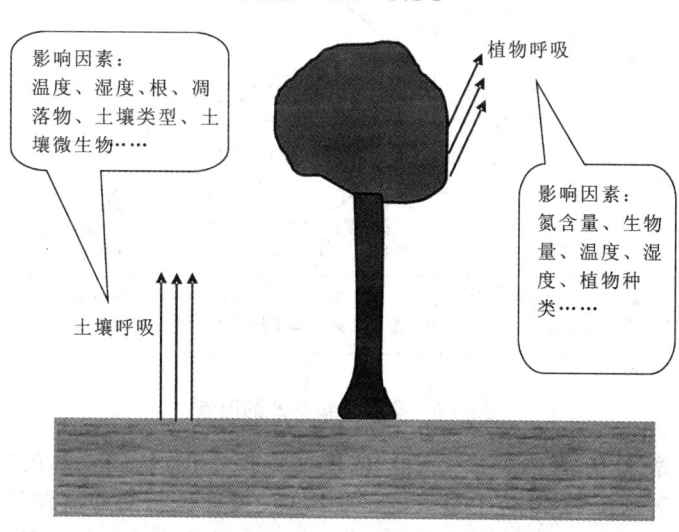

图 4-8　土壤呼吸和植物呼吸的影响因素

式中 NEE 为净生态系统交换，Rh 为土壤异养呼吸，NPP 为净初级生产量。初级生产量值的大小主要由光照、二氧化碳浓度、水分条件、营养物质、氧气和温度六个因素决定(图 4-9)。在不考虑动物捕食、火扰动、人为扰动等因素的基础上，当 Rh 大于 NPP 时，生态系统通过呼吸作用释放的碳量大于通过光合作用固定的碳量，此时生态系统处于净碳释放状态；当 Rh 小于 NPP 时，生态系统通过呼吸作用释放的碳量小于光合作用固定的碳量，此时生态系统处于净碳吸收状态。

在气候变化背景下，温度和水分条件都可能发生改变，而这将直接影响到光合作用和呼吸作用。由于陆地生态系统植被光合作用和呼吸作用均受气候因子的作用，由此便导致陆地生态系统对气候变化的反馈方式可能会呈现出三种不同形式：(1)当气候变化对呼吸的促进作用比气候变化对光合的促进作用更大时，气候变化会导致植被通过呼吸作用排放更多的碳到大气中，那么这必将加速气候变暖，由此，气候愈变暖，陆地生态系统的碳则可能丢失更多。(2)当气候变化对呼吸的促进作用比气候变化对光合的促进作用更小时，气候变化会导致植被从大气中固定更多的碳，这就能够在一定程度上减缓气候变暖的速度。(3)如果气候变化对光合和呼吸的影响程度均等，则陆地生态系统处于一种碳平衡的状态。目前，大多数学者认为在气候变化条件下，陆地生态系统会表现出正反馈，即陆地生态系统会释放更多的碳到大气中，从而导致气候进一步变暖。

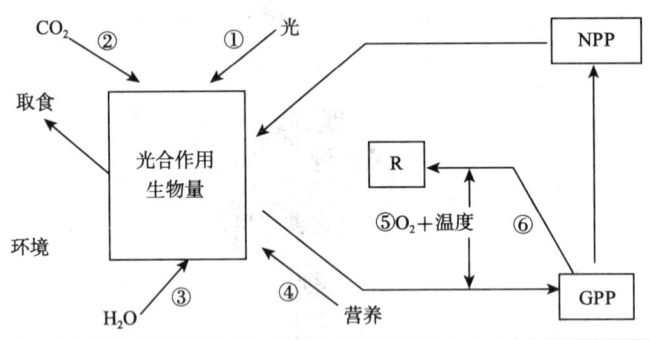

图 4-9 影响初级生产的因素

陆地生态系统中，森林对大气 CO_2 浓度的调控作用最强，森林的生物量远远高于其他陆地生态系统，是陆地上最大的植物碳库，森林植物的寿命较长，是一个稳定的碳库，它可使从大气中吸收的 CO_2 长时间保留在其中。由于肥料的施用和人为管理，农田生态系统的生产力很高，但农田生态系统中固定的碳有很大一部分又通过畜牧业、焚烧等方式迅速回到大气中，仅仅有一部分进入土壤的稳定有机碳库。草地生态系统的生产力低于森林,对于碳的截留能力也低于森林生态系统。湿地生态系统中由于有水层的存在,抑制了土壤碳向大气中的释放,所以单位面积湿地的碳储量很高。

二、陆地植被覆盖状况与气候变化

气候变化会使陆地生态系统的植被覆盖状况发生改变,植被覆盖状况的改变又会影响气候状况。陆地约占地球表面1/3的面积,是气候系统中不可分割的成员之一。一方面,发生于陆面的各种过程受全球气候变化及区域气候分布特征的制约。另一方面,作为大气运动的下边界,陆面通过交换水汽和能量等特定的方式与大气发生复杂的相互作用,从而对区域乃至全球气候产生重大影响。植被覆盖及其变化通过改变反照率、粗糙度及土壤湿度等地表属性对气候产生极其重要的影响,是陆面过程的核心问题。

近年来,由于大面积的森林砍伐、垦荒种植,破坏了地球表面的生态平衡,造成了自然环境的恶化,尤其是气候的恶化。热带雨林的大面积砍伐、非洲土地沙漠化、全球变暖以及水资源缺乏等一系列问题引起了世界各国政府及科学界空前的重视,并成为人类面临的巨大社会问题和前沿科学问题。在全球及区域气候变化对植被影响的研究背景下,陆面植被覆盖及其变化对区域气候的影响也成为人们关注的焦点,从简单"桶式"模式,到更复杂的陆面过程方案,仅仅20多年的时间,陆面过程的研究逐渐深入。我国处于典型的季风性气候区,气候异常经常发生。近年来,随着全球气候变化,我国的区域气候灾害有增多的趋势,尤其是我国广大的西北和华北地区,由于不合理的土地利用,引起森林、牧场等的严重破坏,直接受到干旱和沙漠化的威胁,植被退化对我国区域气候的影响日益受到国内外科学家的关注。在植被变化对气候影响方面的研究中,土地荒漠化和热带雨林砍伐是全球植被退化中最重要的两大问题,长期以来一直受到科学家们的密切关注,并进行了大量的深入研究。

(一)土地荒漠化对区域气候的影响

查尼(Charney)首次研究了在沙漠边缘植被变化对气候的潜在影响,发现北非附近地表反照率增加直接影响着地表能量平衡,在半干旱地区,引起大气辐射冷却和补偿性下沉的增加,因此抑制了降水的发展。其后,大量的研究指出,土地荒漠化导致较高的地表反照率、较小的土壤水分含量及较低的地表粗糙度使降水减少,植被和土壤进一步恶化,加速了荒漠化进程,形成一系列的正反馈,这些工作Nicholson等进行了综述。研究发现,植被退化不仅对荒漠化地区的气候造成了很大的影响,改变了地表温度,减少了降水、蒸发和土壤湿度,其影响还可扩展到其外围地区。Dirmeyer等认为,荒漠化区域邻近地区的海陆分布决定着气候对沙漠化的敏感性,而且局地气候主要通过水汽通量辐合的改变而发生响应。在大多数地区由于地表吸收的短波辐射减少,地表温度有所下降,但部分地区(尤其是非洲萨赫勒地区)却由于土壤水分含量及潜热通量的减少使地表温度有所上升。降水也并不是在所有荒漠化地区都有显著的减少,就年平均而言,降水在不同的季风区也有不同的响应。植被退化对气候的影响随着退化区域的不同有较大的时空差异,就非洲来说,北非的降水对荒漠化的敏感性远大于南非,而亚洲、澳大利亚等地由于荒漠化引起的降水减少只在夏季较为明显,比较研究指出,非洲萨赫勒地区对植被退化最敏感,而且数值模拟的降水减少与近几十年来观测结果一致,说明这种变化确实是由于植被退化所致。

(二)热带森林砍伐对区域气候的影响

由美国、英国、法国和巴西科学家组成的一个科研小组采用 11 种计算机模拟方法研究森林吸收 CO_2 的作用,结果发现,受大量砍伐影响,目前热带雨林每年比过去少吸收 15 亿 t 的 CO_2,这个数字占每年人类活动所造成的 CO_2 排放量的近 20%。由于森林的"吸热"作用在降低,大气层的温室气体越积越多,从而加剧了气候变暖。

参与研究的美国大气科学家坎纳德尔指出,森林能够有效地吸收 CO_2,因此保护森林有利于稳定大气中温室气体的浓度。

(三)植被变化对区域气候影响的机理研究

由于陆地较小的热容量和植被覆盖的复杂地理分布及季节变化,使地气相互作用不同于海气相互作用,植被变化对气候影响的机制至今还没有统一的认识(表4-3)。查尼从理论上提出了沙漠化问题的地球生物—物理反馈机制:即陆面状况的变化→反照率的异常→地面辐射平衡→气候变化,之后,大量研究从反照率、粗糙度及土壤湿度等地表属性探讨植被变化的气候影响机制。植被退化后,反照率增加使更多的太阳辐射从地表反射,气柱失去辐射热量,为了保持热平衡,空气补偿下沉,上升运动减少,水汽辐合减弱,导致大范围的降水减少。反照率变化引起的云辐射强迫在地面温度初始的冷却中也有一个负的反馈,与降水变化后引起的蒸发减少共同导致地表温度变化。粗糙度是影响地气湍流输送的关键参数,它通过改变地表热通量及风速而影响水汽通量辐合。植被变化导致的土壤湿度变化通过改变地表热容和向大气输送的感热、潜热等,从而影响气候的变化。在干燥或土壤湿度较小的条件下,植被能减小地面反照率,增加地面净辐射,有利于局地对流增强,使降水增加。但是,植被变化导致的气候变化决不是单一因子作用的结果,植被变化将导致所有的地表参数发生变化,这些因子通过改变复杂的能量和水汽收支,最终影响气候变化。也有模拟研究认为,热带雨林砍伐后,降水减少最初是由于蒸散量的减少造成的,而降水的减少又进一步减少了蒸散量,同时由于弱的地表蒸发使潜热通量减少,导致净辐射能量收支的减少,因此,区域大气环流减弱,输送到砍伐区的水汽更少,由于净辐射能的减少及地表蒸散量的减少互相补偿,地表温度没有较大变化。

表 4-3　20世纪90年代以后国外部分作者在植被变化的气候效应方面的研究（引自李巧萍和丁一汇，2004）

作者	模式	分辨率(°)	陆面方案	积分时间	粗糙度/m	反照率	ΔT/℃	ΔP/mm	ΔE/mm	水汽辐合
Shukla 等	NMC	谱模式(R40)1.8×2.8	SiB	1 a			+2.0	−640	−500	减少
Nobre 等	NMC	谱模式(R40)1.8×2.8	SiB	1 a	2.65/0.08	0.13/0.20	+2.0	−640	−500	减少
Dickinson 等	CCM 1	谱模式(R15)4.5×7.5	BATS	3 a	2.0/0.05	0.12/0.19	+0.6	−511.0	−25.5	减少
H-S	GCM 1-OZ	谱模式(R15)4.5×7.5	BATS	6 a	2.0/0.2	0.12/0.19	+0.6	−588.0	−232.0	减少
Lean 等	U KMO	格点模式 2.5×3.75	Warrilow	3 a	0.8/0.04	0.14/0.19	+2.1	−295.7	−198.0	减少
Manzi	EMER-AUDE	谱模式(R42)2.8×2.8	ISBA	4.2 a	2.0/0.06	0.13/0.20	+1.3	−15.0	−113.0	减少
Xue 等	COLA-GCM	谱模式(R18)1.8×2.8	SSiB	3 Mon		012/0.30	升高	减少	减少	减少
Polcher 等	LMD	格点模式 2.0×5.6	SECH IBA	1.1 a	未改变	0.098/0.177	+3.8	+394.0	985.0	增加
Polcher 等	LMD	格点模式 2.0×5.6	SECH IBA	11 a	2.3/0.06	0.14/0.22	+0.1	−186.2	−127.8	减少
Zhang 等	NCARCCM 1	谱模式(R15)4.5×7.5	BATS	11 a			−0.2	250.9	137.6	增加
Lean 等	U KMO	格点模式 2.5×3.75	Warrilow	10 a	2.1/0.026	0.13/0.18	+2.3	157.0	295.7	增加
Douglas 等	COLAGCM	谱模式(R18)2.8×1.8	SSiB	4 Mon	2.65/0.06	0.13/0.30	+0.2	减少	减少	减少

注：表中 H-S 指 Henderson-Sellers；粗糙度和反照率中的两个值分别为控制试验和敏感性试验中所取的值；ΔT、ΔP 和 ΔE 分别为试验中温度、降水和蒸发量的变化值。

第五节 减缓与适应气候变化的对策措施

适应性一般是指系统的活动、过程或结构本身对气候变化适应、减轻潜在损失或对付气候变化后果的能力。自然生态系统的适应性包括两个方面,一是生态系统和自然界本身的自身调节与恢复能力;二是人为的作用,特别是社会经济的基础条件,人为的影响和干预等。提高适应气候变化能力的许多措施和要求与促进可持续发展的要求是一致的。正确的措施,既能减少气候导致的脆弱性,又能促进生态系统的可持续发展。

一、减少温室气体排放

通过减少温室气体排放,可以减缓气候变暖速率和程度,减少的温室气体排放量越多,采取的减排行动越早,气候变暖的幅度则越小。减少温室气体排放甚至稳定其在大气中的浓度,可推迟和减少气候变化所造成的危害。减少温室气体排放将减轻气候变化对自然与经济社会系统的压力,减排后平均温度增加速度减慢,可以使人类有较多的时间去适应气候变化。因此,减缓措施将推迟和降低气候变化造成的破坏并产生可见的环境与社会经济效益,温室气体减排将使得大气中温室气体浓度稳定在较低水平,将温室气体浓度稳定在较低的水平能降低超过生态系统温度阈值的风险。

农田生态系统是重要的温室气体排放源,以单位质量计算,温室气体 CH_4 和 N_2O 的增温潜势是 CO_2 的几十倍和几百倍,因此在农田生态系统中,一方面要注意加强农田生态系统的固碳作用,另一方面要减少 CH_4 和 N_2O 的排放。氮肥施用促进了农田生态系统中的重要温室气体 N_2O 的排放,长期以来,由于肥料施用方式不合理,肥料效率不高等原因造成有很大一部分氮素以温室气体 N_2O 形式排放到大气中。为此,应根据实际土壤和农作条件进行适量、适时施肥,增加氮素被作物吸收的数量,减少向大气中的释放。同时,积极培育高效利用氮素的作物新品种,在农业生产中选用优质高效利用氮素的作物品种。还应大力推广缓、控施肥料的使用,在施用缓、控施肥料的情况下,可减缓氮素释放进入土壤的速度,能够在较长时间内被作物所利用,从而大幅度提高氮素进入作物的量并减少逸散损失量(图4-10)。

二、充分挖掘生态系统固碳潜力

增加碳汇减少碳源,可减缓气候变化的影响,主要指增加植被、土壤和耐久木材产品中贮存的碳量,如增加天然林、人工林、草地、农林综合生态系统的面积和碳密度;使用可持续的生物制品,特别是耐久、耐用的木材产品,扩大碳存储;增大土壤碳固存等。通过大力发展和使用可持续发展的生物产品如薪炭林等,以减少或替代高耗能的矿物燃料;积极推广太阳能、风能、水能等可再生能源和其他替代能源;或将碳贮存向长寿命木材制品转移。

据 IPCC 估计,到 2050 年,生物碳减排潜力大约 1000 亿 t(累计)的量级,大约等于同期预测化石燃料排放的 10% 到 20%。虽然这一估算具有很大的不确定性,但自然生态系统的固碳潜力非常客观。自然生态系统的碳减排主要可采用三种形式,即保存现有碳库,扩大碳库增加碳吸收,使用可持续的生物产品。森林、农田生态系统具有重要的碳减排潜力,实现这种潜力取决于土地和水的可获得程度及所采用的土地管理制度的水平,尽管自然生态系统的固碳能力可能不是永久的,但这种固碳能力可为进一步开发和实施其他措施赢得宝贵的时间。

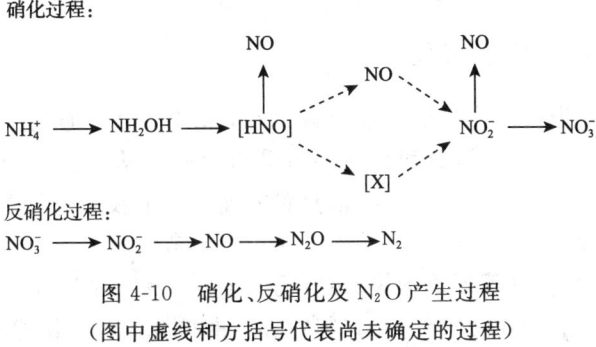

图 4-10　硝化、反硝化及 N_2O 产生过程
(图中虚线和方括号代表尚未确定的过程)

陆地生态系统中的植物通过光合作用将大气中的碳固定到生态系统中,同时植物和土壤通过呼吸作用,将贮存在生态系统中的有机碳以 CO_2 的形式排放到大气中去。陆地生态系统的固碳即延长有机碳在生态系统中的存留时间,减少进入大气的 CO_2 的量。具体而言,可采取两方面的措施。

(1)继续积极推动植树造林,实施退耕还林和退耕还草,促进森林和草地生态系统恢复。近几十年来,我国实施的五大防护林生态工程(三北、太行山绿化工程、海岸带防护林体系、长江中上游防护林体系和农田林网防护林体系),大大增加了我国生态系统吸收大气 CO_2 的能力。今后,应继续推动以这五大防护林生态工程为基础的森林植被恢复工作,加强林木、牧草间作的生态工程建设。此外,还应进行如下工作:保护天然林,推广和种植速生丰产人工林,保育天然草地并建设人工草地,注重利用边际土地种植生物质能源,并以此来促进生物质能源的开发。

(2)重视和加强土壤(尤其是农田土壤)的固碳潜力。农田生态系统是受人类活动影响最大的生态系统,采取不同的农业管理措施对农田土壤的碳储量和固碳能力具有重要影响。农田土壤的碳贮量主要取决于作物生物量的输入和土壤的呼吸作用。农田生态系统的固碳需要减少土壤呼吸和增加作物秸秆的输入。目前国内外推广的免耕法和秸秆还田就是增加土壤固碳量的有效措施。例如,保护性耕作可以保留更多的作物残茬进入土壤,减少对土壤团粒的破坏,从而促进土壤碳积累。这不仅能控制土壤侵蚀,而且能固定大气中的 CO_2,减缓全球变暖的趋势。保护性耕作等方法具有控制土壤侵蚀、固定土壤有机碳的极大潜力,在欧美一些地区已经获得成功。应该在中国农业中也推广运用这一措施,依此将中国农业土壤变为大气 CO_2 的汇。国内外研究表明,连续10年实行保护性耕作后,耕层土壤中有机碳增加量可达7%~50%,也有学者认为,近30年来,美国通过科学的农业管理措施(如保护性耕作)使农田土壤有机碳平均每年增加约0.14 Pg C($1Pg C=10^{15}$ g C)。根据在欧洲的14个长期定位试验结果预测,在未来的100年内,通过施加牲畜粪肥、淤泥和作物秸秆还田等农业管理措施可以使土壤每年增加0.15 Pg C。通过改变农业耕翻措施增加土壤的固碳能力是今后可在全国范围内大面积推广的重点技术措施之一。

三、进一步贯彻实施节能减排

中国目前正在进行国家性的节能减排行动,这必将对于遏制全球变暖发挥重要作用。从国外经验看,欧美国家对清洁燃料采取政府补贴的方式;日本对低能耗、低污染、高附加值的高科技企业在税收、信贷等方面采取了极大的优惠措施。这些措施对于我国的节能减排工作具有良好的借鉴作用。在节能减排方面可采取的主要措施有:强化节能减排目标责任评价考核;在电力、钢铁、有色、建材等主要工业领域进行节能降耗,加快淘汰落后生产能力,遏制高耗能、高排放行业过快增长;在建筑领域大力发展省地型建筑,推动建筑节能改造;强化污染防治,加快节能减排技术开发和推广;在交通领域调整运力结构,选用节能型车辆;在商用和民用领域鼓励采用高效节能产品和办公设备;在农村大力发展沼气,推广省柴节煤灶,推动农村生产用能方式的改变;实施有利于节能减排的经济政策,如根据具体情况征收碳排放/能源税,适当进行碳排放权的交易,对减排行为提供补贴并对高能耗行为进行惩罚性征税;加强节能减排宣传,组织开展"节能减排全民行动"等。

四、大力加强农业应对气候变化的能力

农业问题是发展中国家的核心问题,农业问题的关键是粮食安全,粮食安全关系到国家发展战略的总体实现效果。在气候变化背景下,农业是受影响最大的产业,由于气候变化所造成的粮食安全问题可能会变的更为突出,这将成为气候变化对我国经济社会最为现实和直接的影响方面。为加强农业应对气候变化的能力,可采取以下措施:

(1)增加对农业的直接补贴。通过增加对农业的直接补贴,可使农民增加对农业的投入,推动一系列措施的实施以减少气候变化所导致的病虫害、产量下降等危害,同时可促进社会资金向农业的流动。

(2)大力加强农田基本水利设施的建设。在气候变化背景下,中国北方地区降雨量可能会比目前减少,这可能直接威胁到当地的农业生产活动。为此,必须有计划、

有步骤地在北方干旱地区积极开展农田基本水利设施建设,同时加强对现有设施的维护,以提高今后农田生态系统抵御干旱化威胁的能力。

(3)积极推动农业合作化和产业化。在传统的农户耕作模式下,农田基本设施的建设不能有效进行,很多地区仍在使用几十年前的农田基本设施,不能有效组织社会化大生产,此外单一农户耕作模式下种植结构的合理性较差,对自然灾害的防御能力较差。而在集体农业合作化和产业化条件下,则可有效组织农田基本设施的建设,能够及时获取信息并迅速调整种植结构和种植方式,从而增强因气候变化所导致的农业危害的抵御能力。

(4)合理调整种植业布局和结构。由于喜温和喜凉作物对气候变化的响应呈现出明显不同的响应规律,C3 和 C4 作物对于气候变化的响应也明显不同,气温高和降水少的条件下 C4 植物比 C3 植物更有竞争优势,因此 C4 植物在更炎热和干旱的地区将变得更加有优势。根据这种状况,可适当调整种植业布局和结构,在气温高和降水少的地区适当增加 C4 作物的种植面积,而在气温相对较低和降水相对多的地区适当增加 C3 作物的种植面积。

(5)不断提高农业科技研究水平。要对气候变化对农田生态系统所造成的危害类型、危害程度、危害机制进行研究,通过调整农业结构和种植抗病虫害作物等措施,对这些危害提前准备,提前防御,尽可能减少气候变化对农业可能带来的损失。

五、积极推动碳贸易的研究与实施

今后碳贸易研究的重点应放在碳贸易的具体操作机制上,具体内容包括:碳贸易基准的设定,对有碳贸易项目和没有碳贸易项目的经济实体之间的收益和成本进行社会经济分析,评估环境效益和风险,编制碳贸易项目的注意事项,鉴别买方降低废气排放的措施;根据贡献多少和公平原则就机构设置和收益分配同碳基金之间的法律关系开展研究;碳贸易项目设计文献和方法措施,外部验证的检查程序,碳基金减排购买协议的形式和推广方式;产业政策和碳贸易机制的发展和融合;实施碳贸易项目后对环境的可持续性评价,对应对气候变化的贡献程度等。

《京都议定书》计划通过富国的企业出售碳排放指标给发展中国家,以投资更加有效的节能项目。工业化国家可通过其造林、再造林、减少毁林和森林管理等活动,或通过在发展中国家实施清洁发展机制(Clean Development Mechanism CDM)造林项目获得的碳信用用于抵消承诺的温室气体减排指标。此方法能帮助建立全球碳指标贸易,扩大排放贸易市场。至今已经进行了少量国家间碳贸易项目(约几百个),其中 2/3 的项目在巴西、中国和印度。据估计,这些项目每年能减少近 1.15 亿 t CO_2 的排放。中国林业科学研究院的刘世荣指出,发展中国家的落后地区通过实施 CDM 机制开展造林和再造林项目,既可以使发达国家完成承诺的温室气体减排指标,抵消其排放量,又有助于贫困地区的人口获取造林的碳收益,减少贫困,增加就业、发展经济和改善环境。因此,由CDM产生的碳贸易将会给发展中国家落后地区成千上万的贫困人口带来显著的社会、经济和环境效益。发展碳汇林业和实施CDM碳汇项目符合中国林业发展战略,对加快中国林业生态建设、改善区域生态环境、开发生物质能源和减少贫困均具有促进作用,也为中国林业发展提供了契机。中国在广西成功开发了全球第一个造林、再造林碳汇项目,但在此基础上,仍需要加大CDM在中国市场的运作以及相关政策、标准和方法学研究与试验示范,拓展未来更大的碳汇交易市场份额。

第六节 我国适应气候变化的重点领域

一、农业

继续加强农业基础设施建设。加快实施以节水改造为中心的大型灌区续建配套,着力搞好田间工程建设,更新改造老化机电设备,完善灌排体系。继续推进节水灌溉示范,在粮食主产区进行规模化建设试点,干旱缺水地区积极发展节水旱作农业,继续建设旱作农业示范区。狠抓小型农田水利建设,重点建设田间灌排工程、小型灌区、非灌区抗旱水源工程。加大粮食主产区中低产田盐碱和渍害治理力度,加快丘陵山区和其他干旱缺水地区雨水集蓄利用工程建设。

推进农业结构和种植制度调整。优化农业区域布局,促进优势农产品向优势产区集中,形成优势农产品产业带,提高农业生产能力。扩大经济作物和饲料作物的种植,促进种植业结构向粮食作物、饲料作物和经济作物三元结构的转变。调整种植制度,发展多熟制,提高复种指数。

选育抗逆品种。培育产量潜力高、品质优良、综合抗性突出和适应性广的优良动植物新品种。改进作物和品种布局,有计划地培育和选用抗旱、抗涝、抗高温、抗病虫害等抗逆品种。

遏制草地荒漠化加重趋势。加强人工草场建设,控制草原的载畜量,恢复草原植被,增加草原覆盖度,防止荒漠化进一步蔓延。加强农区畜牧业发展,增强畜牧业生产能力。

加强农业新技术的研究和开发。发展包括生物技术在内的新技术,力争在光合作用、生物固氮、生物技术、病虫害防治、抗御逆境、设施农业和精准农业等方面取得重大进展。继续实施"种子工程"、"畜禽水产良种工程",搞好大宗农作物、畜禽良种繁育基地建设和扩繁推广。加强农业技术推广,提高农业应用新技术的能力。

二、森林和其他自然生态系统

制定和实施与适应气候变化相关的法律法规。加快《中华人民共和国森林法》、

《中华人民共和国野生动物保护法》的修订,起草《中华人民共和国自然保护区法》,制定湿地保护条例等,并在有关法津法规中增加和强化与适应气候变化相关的条款,为提高森林和其他自然生态系统适应气候变化能力提供法制化保障。

强化对现有森林资源和其他自然生态系统的有效保护。对天然林禁伐区实施严格保护,使天然林生态系统由逆向退化向顺向演替转变。实施湿地保护工程,有效减少人为干扰和破坏,遏制湿地面积下滑趋势。扩大自然保护区面积,提高自然保护区质量,建立保护区走廊。加强森林防火,建立完善的森林火灾预测预报、监测、救援、林火阻隔及火灾评估体系。积极整合现有林业监测资源,建立健全国家森林资源与生态状况综合监测体系。加强森林病虫害控制,进一步建立健全森林病虫害监测预警、检疫及防灾减灾体系,加强综合防治,扩大生物防治。

加大技术开发和推广应用力度。研究与开发森林病虫害防治和森林防火技术,研究选育耐寒、耐旱、抗病虫害能力强的树种,提高森林植物在气候适应和迁移过程中的竞争和适应能力。开发和利用生物多样性保护和恢复技术,特别是森林和野生动物类型自然保护区、湿地保护与修复、濒危野生动植物物种保护等相关技术,降低气候变化对生物多样性的影响。加强森林资源和森林生态系统定位观测与生态环境监测技术,包括森林环境、荒漠化、野生动植物、湿地、林火和森林病虫害等监测技术,完善生态环境监测网络和体系,提高预警和应急能力。

三、水资源

强化水资源管理。坚持人与自然和谐共处的治水思路,在加强堤防和控制性工程建设的同时,积极退田还湖(河)、平垸行洪、疏浚河湖,对于生态严重恶化的河流,采取积极措施予以修复和保护。加强水资源统一管理,以流域为单元实行水资源统一管理,统一规划,统一调度。注重水资源的节约、保护和优化配置,改变水资源"取之不尽、用之不竭"的错误观念,从传统的"以需定供"转为"以供定需"。建立国家初始水权分配制度和水权转让制度。建立与市场经济体制相适应的水利工程投融资体制和水利工程管理体制。

加强水利基础设施的规划和建设。加快建设南水北调工程,通过三条调水线路与长江、黄河、淮河和海河四大江河联通,逐步形成"四横三纵、南北调配、东西互济"的水资源优化配置格局。加强水资源控制工程(水库等)建设、灌区建设与改造,继续实施并开工建设一些区域性调水和蓄水工程。

加大水资源配置、综合节水和海水利用技术的研发与推广力度。重点研究开发大气水、地表水、土壤水和地下水的转化机制和优化配置技术,污水、雨洪资源化利用技术,人工增雨技术等。研究开发工业用水循环利用技术,开发灌溉节水、旱作节水与生物节水综合配套技术,重点突破精量灌溉技术、智能化农业用水管理技术及设备,加强生活节水技术及器具开发。加强海水淡化技术的研究、开发与推广。

四、海岸带及沿海地区

建立健全相关法律法规。根据《中华人民共和国海洋环境保护法》和《中华人民共和国海域使用管理法》,结合沿海各地区的特点,制定区域管理条例或实施细则。建立合理的海岸带综合管理制度、综合决策机制以及行之有效的协调机制,及时处理海岸带开发和保护行动中出现的各种问题。建立综合管理示范区。

加大技术开发和推广应用力度。加强海洋生态系统的保护和恢复技术研发,主要包括沿海红树林的栽培、移种和恢复技术,近海珊瑚礁生态系统以及沿海湿地的保护和恢复技术,降低海岸带生态系统的脆弱性。加快建设已经选划的珊瑚礁、红树林等海洋自然保护区,提高对海洋生物多样性的保护能力。

加强海洋环境的监测和预警能力。增设沿海和岛屿的观测网点,建设现代化观测系统,提高对海洋环境的航空遥感、遥测能力,提高应对海平面变化的监视监测能力。建立沿海潮灾预警和应急系统,加强预警基础保障能力,加强业务化预警系统能力和加强预警产品的制作与分发能力,提高海洋灾害预警能力。

强化应对海平面升高的适应性对策。采取护坡与护滩相结合、工程措施与生物措施相结合,提高设计坡高标准,加高加固海堤工程,强化沿海地区应对海平面上升的防护对策。控制沿海地区地下水超采和地面沉降,对已出现的地下水漏斗和地面沉降区进行人工回灌补水。采取陆地河流与水库调水、以淡压咸等措施应对河口海水倒灌和咸潮上溯。提高沿海城市和重大工程设施的防护标准,提高港口码头设计标高,调整排水口的底高。大力营造沿海防护林,建立一个多林种、多层次、多功能的防护林工程体系。

本章小结

气候变化是指气候平均状态统计学意义上的巨大改变或者持续较长一段时间($\geqslant 10$ a)的气候变动。气候变化的主要表现形式为大气中温室气体浓度升高、全球平均温度升高、海平面上升等,气候变化还可能导致极端气候事件增加。

气候变化对森林的影响主要表现在温度胁迫、水分胁迫、物候胁迫、日照和光强的变化、有害物种的入侵、生态系统类型和面积的变化。在气候变暖背景下,森林生长状况会受到影响,不同森林类型的分布面积可能会有所变化。气候变暖可能会使草原干旱发生频率增大,持续时间更长,草地土壤侵蚀危害更严重,土地肥力降低,草地景观呈荒漠化趋势。全球变暖带来的海平面上升会对某些对温度比较敏感的珊瑚礁物种构成严重的威胁,但某些目前暴露于空气之中的珊瑚礁则可能受益于海平面上升。当气候变化引起的胁迫与其他胁迫因子共同作用于生态系统时,会导致一些独特的生态系统和濒危物种受到严重威胁,甚至完全灭绝。气候变化会使陆地生态系统的植被覆盖状况发生改变,植被覆盖状况的改变又会影响气候状况。

就目前的研究和实践而言,可采取如下措施来减缓和适应气候变化:减少温室气体排放,充分挖掘自然生态系统固碳潜力,进一步贯彻实施节能减排,大力加强农业适应气候变化的能力,积极推动碳贸易的实施。

复习思考题

1. 试述20世纪地球大气、气候和生物系统的变化。
2. 试述我国与气候变化相关的基本国情。
3. 气候变化对生态质量的影响有哪些?
4. 我国实施的五大防护林工程是哪些?
5. 论述气候变化对湿地的影响。
6. 论述气候变化农业的影响。
7. 陆地植被覆盖状况与气候变化的相互关系。
8. 我国适应气候变化的对策措施有哪些?
9. 我国适应气候变化的重点领域有哪些?

参考文献

Charney J G. 1975. Dynamics of deserts and drought in the Sahel [J]. *Quarterly Journal of the Royal Meteorological Society*, **101**(428):193-202.

Dirmeyer P A, Shukla J. 1996. The effect on regional and global climate of expansion of the world's deserts [J]. *Quarterly Journal of the Royal Meteorological Society*, **122**(530):451-482.

Firestone M K, Davidson E A. 1989. Microbiological basis for NO and N_2O production and consumption in soil[M]. In Andreae M O, Schimel D S, eds. Exchange of Trace Gases between Terrestrial Ecosystems and the Atmosphere. Chichester: John Wiley and Sons, 7-21.

Houghton J T, Ding Y H, Griggs D J, et al. 2001. IPCC, Climate change 2001: The scientific basis[C]: Observed Climate Variability and Change. Cambridge, United Kingdom and New York, USA: Cambridge University Press.

IPCC. 2007. Climate change 2007: The physical science basis [C]: Contribution of Working Group 1 to the Fourth Assessment Report of the Intergovermental Panel on Climate Change. Cambridge, United Kingdom and New York, USA: Cambridge University Press.

Katz R W, Brown B G. 1992. Extreme events in a changing climate: Variability is more important than averages [J]. *Climatic Change*, **21**(3):289-302.

Nicholson S E, Tucker C J, Ba M B. 1988. Desertification, drought, and surface vegetation: An example from the West African Sahel [J]. *Bulletin of the American Meteorological Society*, **79**(5):815-829.

Parton W J, Mosier A R, Ojima D S, Valentine D W, Schimel D S, Weier K, Kulmala A E. 1996. Generalized model for N_2 and N_2O production from nitrification and denitrification[J]. *Global Biogeochemical Cycles*, **10**:401-412.

Solomon S, Qin D H, Manning M, et al. 2007. Climate Change 2007—The Physical Science Basis [M]. New York: Cambridge University Press, 270.

Walther G, Post E, Convey P, Menzel A, Parmesan C, Beebee T J C, Fromentin J, Hoegh-Guldberg O, Bairlein F. 2002. Ecological responses to recent climate change [J]. *Nature*, **416**(28):389-395.

傅敏宁, 郑有飞, 樊建勇, 等. 2008. 鄱阳湖地区生态环境与气象灾害监测系统[J]. 自然灾害学报, **17**(1):134-138.

何建坤, 刘滨. 2005. 在可持续发展框架下应对气候变化的挑战[J]. 环境保护, (2):17-20.

何建坤, 刘滨, 陈迎, 等. 2006. 气候变化国家评估报告(Ⅲ):中国应对气候变化对策的综合评价[J]. 气候变化研究进展, **2**(4):1673-1719.

胡宜昌, 董文杰, 何勇. 2007. 21世纪初极端天气气候事件研究进展[J]. 地球科学进展, **22**(10):1066-1075.

江苏省统计局. 2007. 江苏统计年鉴2007[M]. 北京:中国统计出版社.

江苏省统计局. 2008. 江苏统计年鉴2008[M]. 北京:中国统计出版社.

李克让, 曹明奎, 於琍, 等. 2005. 中国自然生态系统对气候变化的脆弱性评估[J]. 地理研究, **24**(5):653-663.

李巧萍, 丁一汇. 2004. 植被覆盖变化对区域气候影响的研究进展[J]. 南京气象学院学报, **27**(1):131-140.

刘江. 2001. 中国可持续发展战略研究[M]. 北京:中国农业出版社, 421-450.

徐华清, 郭元, 郑爽, 等. 2004. 全球气候变化:中国面临的挑战机遇及对策[M]. 北京:经济科学出版社.

杨持. 2008. 生态学[M]. 北京:高等教育出版社.

张家宝. 2006. 新疆气象与生态环境[J]. 新疆气象, **29**(2):1-3.

钟秀丽, 林而达. 2000. 气候变化对我国自然生态系统影响的研究综述[J]. 生态学杂志, **19**(5):62-66.

第五章 陆地生态系统与气象

第一节 荒漠生态系统与气象

一、荒漠生态系统的概念及其特点

(一) 概念

荒漠生态系统是地带性干旱气候,雨量在 200 mm 以下,或高寒地区地表仅有稀疏荒漠植被覆盖,栖息的生物种群和荒漠环境组成的一个独特的陆地生态系统。主要分布在亚热带干旱区,往北可以分布到温带干旱区以及地球上高原极地地区如北极等区域。

(二) 特点

1. 面积巨大

荒漠分布于除南极洲外的各大洲。全世界荒漠面积为 4200 万 km², 约占地球陆地面积的 31%, 大部处于北、南纬 15°~35°之间,部分地区分别达到南纬 55°和北纬 51°。在亚洲和非洲,从外阿尔泰戈壁、河西走廊、准噶尔盆地、塔里木盆地、柴达木盆地至帕米尔、昆仑山、哈萨克斯坦、中亚、西南亚,一直到撒哈拉,几乎连成一个巨大的荒漠带。北美洲西南部从大盆地到索诺拉连成又一片荒漠区。南半球的荒漠分布于南部非洲的纳米布和卡拉哈里盆地。澳洲中部广布着一大片荒漠区。南美洲的荒漠分布于曼蒂、巴塔哥尼亚和阿塔卡马。各地荒漠大多位于盆地、山麓平地、滨海平地和丘陵坡地。

2. 气候条件恶劣

荒漠生态系统中云量少,可接受更多的太阳辐射,所以能量比较充足,但数量因各荒漠区所处纬度而异。低纬度(如纬度 10°~20°)荒漠区太阳辐射量高达 6.69~8.37×10⁵ J/(cm²·a),中纬度(如纬度 40°)荒漠区为 5.02~6.28×10⁵ J/(cm²·a)。前者夏季 7 月(南半球 1 月)平均温度高达 30~35℃,绝对最高温度 46~57℃,冬季 1 月(南半球 7 月)平均温度也在 3~24℃,绝对最低温度 0~-5℃。极端干旱是荒漠生态系统气候最重要的特点之一。年降水量一般为 50~150 mm，也有少到 20 mm 以下的，最多的也不过 200~300 mm。荒漠中经常有 5 m/s 的大风。植物、动物种类较少，荒漠生态系统初级生产力非常低。

二、荒漠生态系统的气象特点

荒漠生态系统具有以下气象特点：终年少雨或无雨，年降水量少于 200 mm。气温、地温的日较差、年较差大，多晴天，风沙活动频繁，地表干燥，对荒漠生物、土壤而言，具有重要意义的是水、热条件组合的季节动态。

根据水、热条件季节变化结合生物活动的季节节律，可将世界荒漠气候分为四大生物气候类型：

地中海荒漠生物气候类型：夏季干旱高温，生物活动受到抑制，植物有夏季休眠现象；冬季不太寒冷且有降水，有利于生物活动，大量发育着短生植物。分布在中亚、西南亚、北撒哈拉、南澳、北美大盆地索诺拉。

亚洲中部温带夏雨荒漠生物气候类型：冬季严寒少降水，春季干旱，夏季高温有降水，植物生长发育在夏季后期才开始，延长到秋季，冬季休眠。分布在亚洲中部、南撒哈拉、北澳、南美东部、北美奇瓦瓦。

准噶尔、哈萨克斯坦荒漠生物气候类型：一年中各季节降水较均匀，气温较低，夏季高温，冬季严寒，植物有夏季休眠现象，春季有短生植物发育。主要分布在准噶尔、哈萨克斯坦、北美莫哈维。

雾带荒漠生物气候类型：降水靠冬春雾凝结成露水，渗入土壤中供植物吸收，同时植物也可以直接从雾中吸收一些水分，主要分布在南非纳米布、南美阿塔卡马。

三、沙漠化成因及监测指标体系

（一）沙漠化的定义

沙漠化作为全球重要的环境问题之一，严重地影响和困扰着全人类的生存与社会的可持续发展，不仅威胁到整个人类的生存环境，而且已成为制约全球经济发展和社会稳定的障碍因素。因此，越来越受到国际社会的广泛关注。

1977 年联合国荒漠化大会明确了沙漠化的定义，即土地的生物潜力降低或破坏，并最终导致类似沙漠的环境。1992 年联合国环境与发展大会完成的《21 世纪议程》及 1994 年 6 月通过的《联合国关于发生严重干旱和/或荒漠化的国家特别是在非洲防治荒漠化的公约》又对上述定义进行了补充，提出了沙漠化是由于气候变化和人类活动等因素造成的干旱、半干旱和干燥半湿润地区的土地退化。

沙漠化的内涵为：时间上，是发生在人类历史时期，特别是最近一个多世纪以来；

空间上,发生于干旱和半干旱及部分亚湿润地区;成因上,是在干旱多风、生态环境脆弱的自然条件基础上,加上气候变化、人类活动等因素作用的结果;内容上,包括风力作用下的土地风蚀、风沙流、流沙堆积、沙丘活化与前移等一系列过程;景观上,是一个以风沙活动及其造成的地表形态为景观标志的渐变过程,最终大多形成类似沙漠的景观;实质上,是有时空等条件限定的一种以风沙活动为主要标志的土地退化过程;发展趋势上,沙漠化土地的分布和强度与区域的干旱程度和人类活动关系密切,特别是在人类活动的积极或消极影响下,沙漠化土地会呈现出逆转或发展的趋势;沙漠化结果上,地表逐渐为风蚀地、粗化地、流动沙(丘)地等侵占,造成土地生产力下降、土地生产潜力衰退和可利用土地资源的丧失等。

(二)沙漠化的监测评价指标和分级

沙漠化监测评价指标是判断沙漠化程度的有效手段。因而,建立沙漠化监测评价指标体系就成为指标设置最关键的问题。监测指标体系的设置一般遵循以下几大原则:综合性原则、动态性原则、主导性原则、科学实用性原则和多层次性原则。从而,选取的指标不仅要有代表性,能反映沙漠化过程;同时又要具有较强的实用性,还要便于数据的获取。

沙漠化是土地生态系统一个复杂的贫瘠化过程,因此一般认为,应在自然条件、人类及社会经济方面去确立一些指标,但因为对指标的选择和应用缺乏一致性,全球范围内的、较为统一的指标系统还没有建立起来。联合国粮农组织(FAO)和联合国环境规划署(UNEP)以沙漠化评价为目的制定了一个反映沙漠化成因及动态的指标体系,包括了表征沙漠化现状、发展速率与危险性的许多指标,李祥余等认为它是目前最为完整的沙漠化监测指标系统(表5-1)。在国内,许多学者都对沙漠化程度及其等级类型划分做过研究,其中朱震达的表述最有代表性(表5-2)。

表5-1 沙漠化监测评价分级标准

评价方面	指标	分级			
		轻度	中度	强度	极强度
沙漠化现状	1. 沙丘占地百分比(%)	<5	5~15	15~30	>30
	2. 土壤表层土损失率(%)				
	a. 原生土层厚度<1.0 m	<25	25~50	50~75	>75
	b. 原生土层厚度>1.0 m	<30	30~60	60~90	>90
	3. 现实生产力占土地潜在生产力比率(%)	>85	65~85	25~65	<25
	4. 土壤厚度(cm)	>90	90~50	50~10	<10
	5. 地表岩砾覆盖率(%)	<15	15~30	30~50	>50

续表

评价方面	指标	分级			
		轻度	中度	强度	极强度
沙漠化速率	1 面积年扩大率(%)	<1	1~2	2~5	>50
	2 土壤损失[M t/(hm²·a)]	<2	2~3.5	3.5~5.0	>5.0
	3 生物生产力年下降率(%)	<1.5	1.5~3.5	3.5~7.5	>7.5
	4 1 m 线的年输沙量(m³)	<5	5~10	10~20	>20
内在危险性	1 土壤结构	沙壤土，粉砂，沙黏壤土	其他	壤质沙土	沙土
	2 2 m 高年均风速(m/s)	<2	2~3.5	3.5~4.5	>4.5
	3 起沙风频率(V≥6 m/s)(%)	<5	5~20	20~33	>33
	4 沙粒运动潜在能力	<5	5~15	15~25	>25
人畜压力	1 人口超载率(%)	<-34	-34~0	0~100	>100
	2 牲畜超载率(%)	-80~-34	-34~0	0~100	>100

表 5-2　沙漠化土地的分类指标

类型	年扩大面积占该区面积(%)	流沙面积占植被盖度生物量(%)	地表形态特征	植被盖度(%)	生物量(t/hm²)
潜在的沙漠化土地	0.25	<5	偶见流沙点	>60	>3
正在发展的沙漠化土地	0.5~1.0	5~25	流沙、灌丛沙堆及风蚀地相间	60~30	3~1.5
强烈发展的沙漠化土地	1.0~2.0	25~50	灌丛沙堆密集，吹扬强烈	30~10	1.5~1.0
严重的沙漠化土地	>2.0	>50	流动沙丘占绝对优势	<10	<1.0

四、沙尘暴

(一)沙尘暴的概念及沙尘暴的观测

在气象学中，将沙尘天气分为浮尘、扬沙和沙尘暴3个等级。浮尘指在无风或风力较小的情况下，尘土、细沙均匀地浮游在空中，使水平能见度小于10 km；浮游的尘土和细沙多为远地沙尘经上层气流传播而来，或为沙尘暴、扬沙出现后尚未下沉的沙尘。扬沙指由于风力较大，将地面沙尘吹起，使空气相当混浊，能见度小于10 km。沙尘暴指强风把地面大量沙尘卷入空中，使空气特别混浊，水平能见度低于1 km。强烈的沙尘暴(瞬时风速大于25 m/s，风力10级以上)可使地面水平能见度低于50 m，破坏力极大,俗称"黑风"。

沙尘暴和扬沙天气的发生一般需要有两个条件:足够强劲持久的风力;地表丰富的松散干燥的沙尘。在强大气流驱动下,地面缺少植被覆盖时,气流携带大量地表粉尘,悬浮在空中形成沙尘,其高度达1000～2500 m,严重时可达2500～3200 m。我国北方春季沙尘天气是特殊的地理环境和气象条件所致的自然现象。我国西北及华北大部分地区属中纬度干旱和半干旱地区,地面多为沙地、稀疏草地和旱作耕地,植被稀少,特别是春季地面回暖解冻,地表裸露,多细沙尘土,狂风起时,沙尘弥漫,在本地及狂风经过地带形成沙尘天气。

观测表明,产生沙尘的地表物质以粉尘为主,其颗粒直径多在0.063～0.002 mm之间。通常条件下,沙尘物质主要来源于天然戈壁和沙漠,但在某些情况下,如沙尘天气途经地带的地表物质组成中含有丰富的粉尘物质、表土干燥疏松,也可形成严重的沙尘暴。

新中国成立后的50年间,我国华北地区沙尘天气发生的日数呈减少的趋势。沙尘暴和扬沙年平均日数都是在20世纪50年代最高,60年代减少,之后70年代又有回升的趋势,到80年代又减少,90年代最少。其中沙尘暴和扬沙日数从80年代到90年代的变化率最高,并分别在1985年和1984年发生了突变。我国北方地区强和特强沙尘暴的发生频数从50年代到90年代呈上升趋势,并且频率加快、间隔变短、强度增大。2000年后,沙尘天气次数陡增,其影响和损失明显增加。通过对华北气象台站网连续40多年观测数据的分析表明,我国华北地区的沙尘日数在减少。例如,北京20世纪50年代平均沙尘暴日数、扬沙日数和浮尘日数分别是20世纪90年代的8倍、14.5倍和3.2倍。反映了40年来沙尘天气日数减少的总趋势。2000年入春后到4月25日,华北地区的强沙尘次数为8次,是20世纪90年代历年同期发生次数的3倍左右,反映了2000年华北地区天气活动的异常。根据沙尘天气的分级,这8次沙尘天气均未形成沙尘暴,属扬沙天气,但影响范围达到华北和华东地区共200万 km^2,对国民经济造成了重大的直接和间接损失。

(二)我国沙尘暴成因

1. 我国北方地区大风日数的增减是气候周期性变化的反映

2000年我国发生了多次强沙尘天气。2000年强沙尘天气陡增是因为处于反厄尔尼诺事件(即拉尼娜事件)的高峰期所致。20世纪50—90年代,气象站的记录表明我国北方春季大风日数的增减与沙尘日数的增减是一致的。大风日数的增减是气候周期性变化的反映。每年冬春季寒潮大风的出现与冬季风的强度有关。东亚季风有明显的10～50 a尺度的变化。亚洲冬季风与厄尔尼诺事件(指赤道中东太平洋海表异常增温现象。当厄尔尼诺发生时,整个赤道太平洋的大气状况都会改变。这种大范围的变化扰乱了正常的环流状况,并通过大气环流的作用进一步影响到其他地区)有密切关系,在厄尔尼诺年东亚冬季风强度弱,而在反厄尔尼诺事件(指赤道中东太平洋海表异常降温现象。它同样会扰乱正常的环流状况,并进一步影响到其他地区)的发生年东亚冬季风势力强。在20世纪70年代,反厄尔尼诺事件占优势,我国北方由寒潮大风所引起的强沙尘天气出现很频繁;在20世纪80—90年代,厄尔尼诺事件占优势,由寒潮引起的强沙尘天气出现较少。2000年是处在20世纪最强的一次厄尔尼诺事件以后反厄尔尼诺事件的高峰期,这一大范围的海洋大气过程,其变化速度和强度超过以往,造成我国北方1999年冬季至2000年春季强寒潮大风的频繁出现。加之2000年春天华北地区和西北地区东部气温显著偏高,降水稀少,植被还未形成,且在每次大风到来之前均没有可以抑制扬沙的明显降水过程,致使解冻后大面积表层土壤干燥、疏松,因此引起多次强沙尘天气。

2. 地表覆被状况局部改善而整体恶化是强沙尘天气产生的另一个重要原因

强沙尘天气的频发区和重灾区主要位于中纬度的干旱、半干旱区,即受荒漠化严重影响和危害的地区。这个地区对全球气候变化最为敏感。在全球气候变化的影响下,我国北方地区干旱和暖冬现象日益加剧,加之不合理的人为活动干扰,造成了大面积植被的破坏,加剧沙化、水土流失、土壤次生盐渍化和土壤物理性质的恶化。荒漠化的加速蔓延和扩展是强沙尘暴灾害频繁发生的主要原因。多年来我国对沙化土地既有治理,也有破坏,但总体上破坏大于治理,土地沙化形势严峻。遥感分析表明,我国北方地区地表覆被状况的变化因地而异。有的地方由于控制土地利用强度,还林还草、积极治理或者因城市扩展将裸露土壤变为水泥地面和草坪等,地表状况有所改善。与此同时,有的地方由于不合理的人为活动,滥垦、滥伐、滥牧、滥用水资源,造成了大面积植被的破坏,土地沙化过程在蔓延和扩展。我国地表覆被变化的基本状况是:建设与破坏相抵后,土地沙化面积仍在迅速增长,局部有改善,整体在恶化。这一状况为沙尘天气频发提供了物质来源。

单独地表覆被状况恶化还不能构成强沙尘天气。在20世纪80—90年代厄尔尼诺事件占优势,我国北方寒潮出现频率较低的气候背景下,由于地表覆被状况恶化引起沙尘天气加重的现象并不明显。但是,一旦出现频繁寒潮大风天气,再加上地表覆被状况恶化,两个原因叠加,就造成了强沙尘天气的连续出现。

(三)我国沙尘暴主要来源

沙尘源区虽然主要是沙漠、干枯的湖床以及半干旱的沙漠边缘,但是在植被覆盖减少的较干旱地区或者土壤表面过度受到人类活动干扰的地区,也会成为沙尘暴的源区。沙尘暴的源区主要分布在北半球的沙漠地区,而南半球的沙尘释放则相对较少。因此,亚洲沙尘暴的主要源区为:①原始沙漠与荒漠类型区;其中有中国境内的塔克拉玛干沙漠、古尔班通古特沙漠、巴丹吉林沙漠、毛乌素沙地、腾格里沙漠、乌兰布和沙漠以及库布齐沙漠等,还包括蒙古的戈壁沙漠和哈萨克斯坦等国的沙漠地区。②河湖干枯土壤类型区:主要有我国境内的塔里木河下游区、台台玛湖地区、叶尔羌河下游区、艾比湖区、玛纳斯湖区、苏格淖、嘎顺淖等,以及蒙古的戈壁沙漠和哈萨克斯坦等国的类似地区。③绿洲内农田:主要有不同土壤质地、不同利用和耕作方式下的农田。④胡杨林土壤区:主要是南疆胡杨林分布区和黑河下游的额济纳旗地区。⑤土壤表面受到人类活动干扰的地区:主要是地县、乡级城镇居民人为活动影响的无覆盖土壤区农田(图 5-1)。

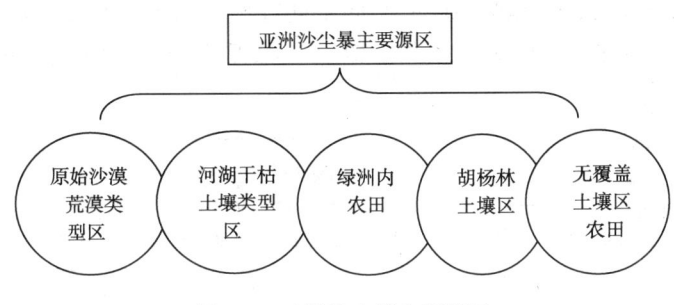

图 5-1　亚洲沙尘暴主要源区

(四)未来沙尘暴变化趋势

观测资料分析表明,近几十年来,我国北方地区的气候有明显的干旱化趋势,地表湿润指数和土壤湿度明显变小,这为沙尘暴的发生提供了气候背景。多个全球气候模式以及区域模式的分析结果指出,未来几十年内,在全球变暖的影响下,北半球中纬度内陆地区,降水量变化不大,但温度显著升高,地表蒸发加大,土壤变干。这是有利于沙尘暴发生的不良气候背景,再加上土地资源利用不合理的局面短期内难以根本扭转,草地资源退化和减少的状况难以根本改变,以及水资源短缺的矛盾日趋严重,在全球增暖和我国北方地表植被状况没有根本好转的情况下,今后如果再逢反厄尔尼诺事件等引起的强冬季风年,严重的沙尘天气则很有可能出现。

(五)沙尘天气预测系统的建立

在沙尘暴数值模拟中,关键问题是对起沙源的数值模拟,而沙尘源的范围、地表特征、起动的粒子通量以及粒子的尺度分布等都涉及非常复杂的过程。国内对沙尘输送的模拟已有不少工作,而对沙尘源的模拟尚不太多。且在沙源的处理上,一般也多采用参数化的方法,因而,难以满足实际应用的需要。孙建华等采用了非参数化方案来模拟起沙过程,该方案既考虑起沙机制中的宏观物理过程,又顾及其微物理机制的起沙模型,而不是经验的起沙模型。

王自发等采用天气类型、摩擦速度和土壤湿度三个控制因子设计了东亚地区的起沙机制模型,通过分析蒙古和我国北部气象台站的观测资料,获得这些因子的临界域值,并以此为基础发展了沙尘数值预报模式。目前,此机制已经应用于我国台湾地区以及韩国、日本等国有关空气质量的模式中,估计沙尘的发生及产生的沙尘释放量。为了比较合理、定量地进行起沙天气的数值预测,一个完整的沙尘天气预测系统应包括5个部分:天气模式、陆面模式、起沙模式、输送模式以及数据集。

王自发等建立的沙尘天气预测系统(图5-2)包括:数据,起沙模式前处理,有限区域中尺度模式包含有陆面过程、起沙模式和输送模式。图5-2中虚线框内的天气模式、起沙模式和输送模式耦合在一起,同步进行积分。输送模式还需要天气模式的水平风场、温度、垂直运动以及位势高度等变量的驱动,输送模式计算每个格点的瞬时平均沙尘浓度。

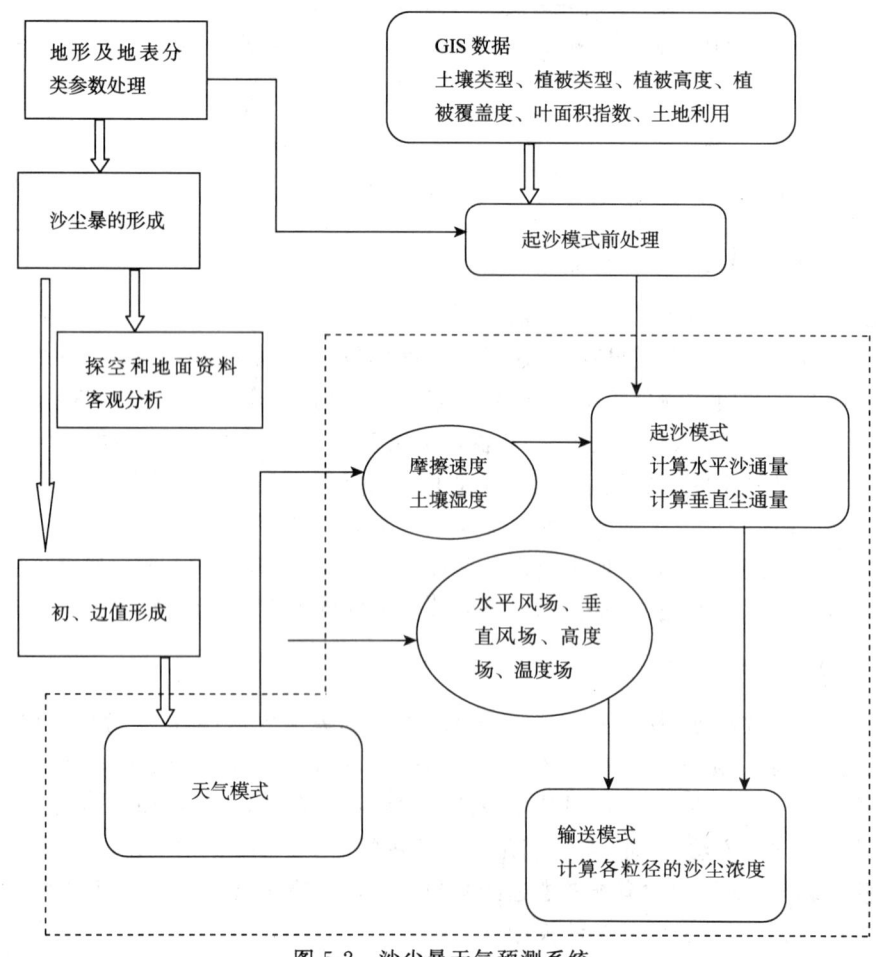

图 5-2 沙尘暴天气预测系统

(六)沙尘暴的气候效应

沙尘暴中的土壤尘埃粒子或沙尘粒子(即矿物气溶胶)是大气气溶胶含量和光学厚度的主要贡献者,特别是在亚热带和热带地区,这种贡献作用更加明显。研究表明,东亚地区各种规模的沙尘暴虽然主要发生在春季,但在夏、秋及冬季也时有发生。其扩散和影响范围也不局限于中国以及东亚地区,它还可以越过太平洋到达北美。这样一种时空规模的矿物气溶胶粒子,必将对全球气候产生重大影响。它们通过对太阳短波辐射和地球长波辐射的散射和吸收,可以产生重要的辐射强迫效应。沙尘粒子还可以作为云凝结核影响云的形成、云的辐射特性和降水,产生间接的气候效应。沙尘粒子所携带的营养物质输送到海洋之后,将对海洋的初级生产力产生影响,并进而影响海洋的碳循环,造成大气二氧化碳浓度的变化。此外,与沙尘暴有关的土地利用与土地覆盖的变化也会以间接方式影响地球气候。目前,对沙尘直接和间接气候效应估计的不确定性还都比较大。这些沙尘气候强迫的不确定性直接影响对过去气候变化成因的判定以及对未来气候变化的预测。

第二节 草地生态系统与气象

一、草地生态系统

草原是内陆干旱到半湿润气候条件的产物,以旱生多年生禾草占绝对优势,多年生杂类草及半灌木也或多或少起着作用。世界草原为陆地总面积的1/6,总面积约2400万 km^2,大部分草地作为了天然放牧场。因此,草原不但是世界陆地生态系统的主要类型,而且是人类重要的放牧畜牧业基地。

根据草原的组成和地理分布,可分为温带草原与热带草原两类。前者分布在南北两半球的中纬度地带,如南美草原、欧亚大陆草原和北美大陆草原等。这里夏季温和,冬季寒冷,春季或晚夏有一明显的干旱期。由于低温少雨,草群较低,其地上部分高度多不超过 1 m,以耐寒的旱生禾草为主,土壤中以钙化过程与生草化过程占优势。后者分布在热带、亚热带,其特点是在高大禾草(常达 2~3 m)的背景上常散生一些不高的乔木,故被称为稀树草原或萨瓦那草原。这里终年温暖,雨量常达 1000 mm 以上,在高温多雨影响下,土壤强烈淋溶,以砖红壤化过程占优势,比较贫瘠。但一年中存在一个到两个干旱期,加上频繁的野火,限制了森林的发育。

虽然地球上的草原从温带分布到热带,但它们在气候坐标轴上却占据着固定的位置,并与其他生态系统类型保持特定的联系。在寒温带,年雨量 150~200 mm 地区已有大面积草原分布,而在热带,这样的雨量下只有荒漠分布。影响草原分布的决定因素是水分与热量的组合状况,低温少雨与高温多雨的配合有着相似的生物学效果。草原处于湿润的森林区与干旱的荒漠区之间。靠近森林一侧,气候半湿润,草群繁茂,种类丰富,并常出现岛状森林和灌丛,如北美的高草草原、南美的潘帕斯、欧亚大陆的草甸草原以及非洲的高稀树草原等。靠近荒漠一侧,雨量减少,气候变干,草群低矮稀疏,种类组成简单,并常混生一些旱生小半灌木或肉质植物,如北美的矮草草原、我国的荒漠草原以及前苏联欧洲部分的半荒漠等。在上述两者之间为辽阔而典型的禾草草原。总的看来,水分条件限制了草原,其动植物区系的丰富程度及生物量均较森林为低,但显著比荒漠高。如与森林和荒漠比较,草原动植物种的个体数目以及较小单位面积内种的饱和度是相对丰富的。

与其他生态系统类型一样,草原不但存在于一定的空间,而且是地球演化史上一定时期的产物。地球上的被子植物从白垩纪末期起开始繁盛,并逐渐发展成最大的一个植物类群。其中较年轻的一个大科——禾本科从第三纪中期开始分化,并很快分布到全世界,现在约有 4500 种,其中有些是草原植被的主要建成者。称号"草原之王"的针茅属,其诞生时期不迟于渐新世,因在北美渐新世与中新世地层中都曾发现针茅的化石。孢粉资料证明,中新世时期在欧亚大陆也已广泛存在草原景观,进入第四纪以后,草原逐渐扩大其面积,至少在晚更新世(距今 10 万 a)前已形成目前的草原类型。

与一般的生态系统一样,生存环境、生产者、消费者和分解者是草地生态系统的基本结构。植物产品是植物把日光能积累起来,利用光合作用生产初级产品,它为生态系统提供了最初的能量积累和系统的驱动力;食草动物以植物产品为食物,称为一级消费者或二级生产者;食肉动物又以草食动物为食物,称为二级消费者,或三级生产者,因为食肉动物有可能多级摄食,因而出现高级消费者,形成生态系统中的食物链。食物网是由众多的食物链构成的。食物链从一个级到另一个级称为营养级。前一个营养级生产者作为营养源,被后一级消费者摄食以后,其营养物质大约 1/10 转化为消费者的生物体,其余 90% 为消费者维持生命所消耗,这一规律称为 1/10 法则。各个营养级之间,由低到高,成 1/10 的斜率缩小的趋势,被形象地称为"营养级金字塔"。"营养级金字塔"可用生物体数量表示,称为数量金字塔,也可用生物体重量单位表示,称为重量金字塔,还可用能量单位表示,称为能量金字塔。其中数量金字塔斜率最大,重量金字塔与能量金字塔斜率相当接近,常互相代替。

草地生态系统有如下基本特征:①有一定的生存环境。生存环境包括生产水平、管理水平、文化水平等社会环境和大气、土地等非生物环境两大类。其中,社会环境影响生产手段与开发水平,非生物环境影响草地类型。②有一定的界面。草地生态系统如同其他生态系统,草地生态系统有相对稳定的界面,在此界面以内系统的各种活动程序才能得以进行,越出界面系统的特征顿失。③有一定的空间。草地生态系统是占有空间的实体,在同一空间内,两个以上的性质相同的系统不能同时容纳,例如同一地方不可能既是草地生态系统又是森林生态系统,但不排除性质不同的系统。④有一定的时间阶段。草地生态系统既是有生命的实体,必然有其发生学的阶段特征。生态系统本身有成熟程度的不同,幼龄阶段活力充沛,可能获得较多产品,而老龄阶段则相反。社会因素则导致开发水平的不同。⑤有一定的组分。通常含有植物、动物、微生物等生物学组分,这是系统的核心;大气、土地、位点等非生物学组分,还有生产水平、科技水平、生活水平等社会组分。获得稳产丰产的关键就是组分优化组合和科学管理。⑥有一定的组合单元。草地生态系统可以分解为若干单元。如草地生态系统可以分为植物生产系统和动物生产系统;植物生产系统之内,可以分为人工草地系统和天然草地系统等;在动物生产系统之内又可以包含草地-牛系统,草地-羊系统等。⑦有一定能量、元素、信息流程,亦即系统的"序"。"序"是生态系统结构和功能的集中体现。良好的"序"标志着良好的生产功能和生产水平;"序"的紊乱必然导致生态系统的功能紊乱甚至使生态系统崩溃。⑧有外延趋势。草地生态系统内部能量积累到一定限度,就产生外接键。它具有外向与其他生态系统结合的趋势,从而为系统耦合创造机遇。这是由系统的开放性发展而来的外向延伸性,可能发生跨区域的、国际的、甚至洲际的系统间的能量与元素的交换,亦即产品交换。⑨有一定的生产格局。作为农业化的草地系统,它的生产格局包括系统的开放、信息流程、外延通路和单元组合。⑩有生产潜势。生态系统中的生产力在某一阶段是有限制的,但生态系统本身处于不断运动发展之中,社会的生产水平、科技水平也在不断发展,因而它可能不断形成新的生产潜力(图5-3)。

　　草地生态系统的基本功能有:①开放的功能。任何生态系统必须从阳光中获取能量,从土壤中获得养分,同时又能形成新的产品输出系统,才能维持其生命永续存在,因而都是开放的,这也是人类可以影响生态系统的依据,使它具有社会需要的生产特性。②适应的功能。生态系统内部及外部的条件处于不断变化之中,草地生态系统以植物和食草动物为主体的生物群落与其生存环境共同构成开放的生态系统。人工草地生态系统和天然草地生态系统是它的两大类,是农业生态系统的一个组成部分。主要是生产饲用植物、动物和动植物产品。世界范围内,草地比耕地面积大1倍多,中国的草地面积约比耕地面积大3倍多。全世界植物生物量中约6%来自草地生态系统。它不仅为人类提供大量的动植物产品,也是地球生物圈不可缺少的生态屏障。由于世界人口的骤增,草地生态系统承受着空前压力,草地生态系统正被荒漠化与农垦地蚕食,这已成为举世关注的问题。系统内部各个组分/亚系统之间,在系统生存和发展运动中可自我调节以相互适应,从而表现其全系统对于环境的适应能力,保持系统的相对稳定。适应性来自两个方面:一是生物本身的适应性。生物本身具有一定限度的可塑性就表现出了这种适应功能;如逆境或顺境中动植物的减产或增产、生物组成种类的变动;生产者与营养源之间的调节能力。二是环境的适当改变(如采取若干农业措施),以满足生态系统的需要;适应功能的大小,表现为生态系统的弹性,即生态系统的稳定性。当干扰力量过大,超过其适应功能的范围时,如对草地滥垦及长期重牧,可使系统失去自我恢复的能力而崩溃。③排序的功能。能流、物流、信息流等流程网络构成了生态系统,系统内各组分之间保持一定的层次及结构模式,从而保证在运动过程中有一定的、具有不可逆转的能流和元素流的流程网络。流程网络就是序的体现。序的相对稳定和特色,使得生态系统是可以辨识的客观实体。它体现为系统的严整结构、因果关系、运行的可重复性。一个草地生态系统会因生态系统丧失排序的功能,陷于无序状态等原因而不复存在。④反馈的功能。系统在生存和运动中所制造的后果,可反作用于自身,通过信息网络对全系统的各个部分发生不同程度的影响。当反馈功能失灵时,将使系统适应性降低,系统陷于僵化,趋向衰老以至死亡(图 5-3)。

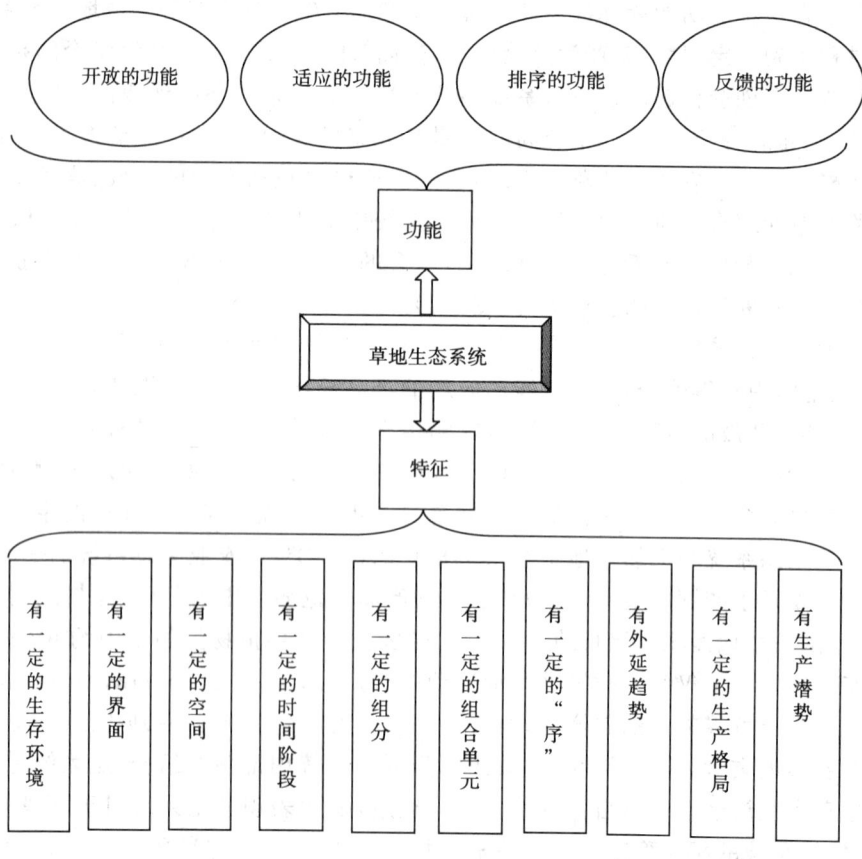

图 5-3　草地生态系统的特征和功能

我国的青藏高原地区是地球表层上独特的地域单元之一,对外界因素的扰动具有高度的脆弱性和敏感性。草地生态系统是青藏高原面积最大的生态系统,各类草地面积约占青藏高原总面积的50%。草地生态系统不仅是高原地区发展的重要生产资料,而且对于维护江河流域的水土平衡、保护青藏高原生物多样性有着重大的生态功能和生态价值。

二、草地生态气象要素指标

根据草场指示种群、植被覆盖度、植被种类、土壤水分等指标在气象或气候因子驱动下的生态功能变化,我们可以开展相关的草地生态气象的研究和评估工作。

指示种群:种群是指生长在同一地域中同种个体组成的复合体。指示种群是指草地植物群落中具有指示意义的牧草种类。指示种群是某一地域环境条件长期作用的结果,是划分草场类型的主要指标。

种群密度:是指单位面积内同种牧草的植株数量。能反映不同类型草场植物群落中各种牧草数量的多少和牧草种类的组成状况。可以采用实地调查法获取种群密度。即:牧草生长季节,在草地生态监测区域内选取有代表性的 $1 m^2$ 样方,清数各种牧草的株丛数。

植物丰富度:是指监测区域内植物群落中所出现的牧草种类数量。植物丰富度是物种多样性的最重要和最基本的指标。可以采用样方法获取群落中所出现的草种数量。

植被覆盖度:是指植被冠层的垂直投影面积占对应土地面积的百分比。覆盖度表征牧草生长季不同阶段生长发育的繁茂程度,与环境条件存在密切关系。植被覆盖度可采用地面测定法和卫星遥感法来观测。

叶面积指数:单位土地面积上植物绿色面积与土地面积的比值。动态监测叶面积指数,是研究环境气象因子、土壤因子对植株生长影响的基础。叶面积指数可用植物冠层分析仪或叶激光仪直接测定,也可采用卫星遥感法进行大范围测定。

植被长势:牧草长势情况是其生长环境中各种因素综合作用的结果,它可以直观地反映环境因子对其生长发育所需条件的满足程度,而且在不同的生长发育时期,环境因子的影响程度可能有较大差异。植被长势可采用地面观测法和卫星遥感法测定。

物候期:物候现象同周围环境密切相关,是适应过去一个时期内气候和天气规律的结果,是比较稳定的形态表现。通过长期的物候观测,可以了解牧草生长发育季节变化同气候及其他环境条件的相互关系,作为指导牧事生产的科学依据。一般选择优势种牧草进行野外观测。

牧草产量:是指在牧草生长发育的不同阶段,其地上器官能被动物采食利用部分的产量。牧草产量是衡量草地第一性生产力的重要指标和决定草地承载力的根本基础。可以用样方法获取牧草不同生长季的产量。测定代表性样方适当留茬情况下剪下部分的鲜重和风干后干重,由此计算一定区域的牧草产量。

牧草干物质重量:是指牧草植株经干燥后的重量。干物质是牧草光合作用的产物,其重量是表征天然牧草生长状况的基本特征量之一,是确定牲畜存栏数的重要依据。一般采用自然风干法,其重量称为牧草的风干重(含结合水);亦可采用烘干法,其重量称为绝干重(不含水分)。

粗脂肪:是指饲料、动物组织、动物排泄物中脂溶性物质的总称,这里指牧草中的脂溶性物质。粗脂肪是牧草中主要的一类营养素,是衡量草场草质优劣的主要指标之一。

粗纤维:是植物细胞壁的主要组成成分,包括纤维素、半纤维素、木质素及角质等。粗纤维是牧草中不易或不能被动物消化利用的成分,牧草的粗纤维含量越高,表明草质越低劣。

牲畜种类:是指经人类驯养培育,具有独特生产性能的动物类别。马、牛、羊、骆驼等不同牲畜就是不同的牲畜种类。牲畜种类作为草地生态系统组成因素,通过其内部具有的复杂性参与和影响草地生态环境的其他因素。可通过调查统计获取。

种群分布:是指在一定面积的草场内同种家畜个体组合的生存期长短或出现活动的频度。其生态意义是参与草地生态物质循环,维持能量和生态平衡,影响草地植被类型等。可通过调查统计的方法获取。

草畜平衡:是指在一定区域和时间内通过草原和其他途径提供的饲草饲料量与饲养牲畜所需的饲草饲料量保持动态平衡。草畜平衡的生态意义是对草地生态系统的能量、营养、水分、生物的动态平衡等起着至关重要的作用,是促进草地生态系统良性循环,实现草地资源可持续利用的基础。草畜平衡的获取可以通过对饲草饲料总贮量和贮草潜能进行测算,包括草原面积、类型、等级与草原退化、沙化面积和程度,再根据牲畜数量调查结果计算分析来确定。即:

$$草原面积(数值) \times 单位面积产量 \times 综合营养价值等级(数值)$$
$$= 牲畜数量 \times 个体营养综合需求量$$

载畜量:是指在适当放牧的情况下,每单位面积的草地所能饲养的牲畜头数和承受的放牧时间。载畜量是表征草地自然生产潜力大小的重要指标之一。利用草地载畜量可为科学合理的利用草地资源,防止过度放牧引起草场退化提供科学依据。载畜量的测定一般根据草地产量和牲畜采食量获取。

动物物候:是指在自然环境中,动物生命活动的季节现象。获取动物物候,可以进行专题生态分析服务,生态园林建设,以及研究区域及古气候对草地生态系统变化的漫长影响等。动物物候一般通过实地观测获得。

三、干旱对草地植物的影响

由于降雨过少导致的草地干旱是影响草地植物生长的一个重要气象因素。

草地植物常遭受的有害影响之一是缺水,当植物耗水大于吸水时,就使植物细胞组织内水分亏缺。过度水分亏缺的现象即称为干旱。旱害是指土壤水分缺乏或大气相对湿度过低对植物的危害。植物抵抗旱害的能力称为抗旱性。植物干旱表现为生长减慢和萎蔫,萎蔫又分暂时萎蔫与永久萎蔫。

干旱使得植物细胞膜的结构及透性改变,当植物细胞失水时,原生质膜的透性增加,大量的无机离子和氨基酸、可溶性糖等小分子被动向组织外渗透。干旱还会破坏植物正常的代谢过程,细胞脱水对代谢破坏的特点是抑制合成代谢而加强了分解代谢,即干旱使合成酶活性降低或失活而使水解酶活性加强。水分不足会使光合作用显著下降,直至趋于停止。水分胁迫下,植物净光合速率、叶绿素含量均下降,气孔阻力增加,叶绿体超微结构受损;PSⅡ(PSⅡ:类囊体膜上存在的多蛋白亚基复合体)、原初光能转化效率(Fv/Fm)(Fv:可变荧光 Fm:最大荧光)和潜在活性(Fv/Fo)(Fo:初始荧光)降低,影响光合电子传递和 CO_2 同化的正常运转。同时,干旱使植物细胞产生大量活性氧,酶促防御中 SOD(SOD:超氧化物歧化酶)、CAT(CAT:过氧化氢酶)的活性先升后降,膜系统受损,即干旱对膜系统起主要的抑制作用。通常,干旱可阻碍植物根的生命活动能力,并使根系吸水功能受到抑制。不过,轻度干旱可促进营养物质向根部运输,减少冠部分配,使得根冠比增大。

土壤水分的变化还影响草地植物的生长发育进程,干旱将导致植物生育期缩短,干物质积累减慢,但复水后存在一定的补偿作用:缺水对草地植物生长造成的滞后效应在复水后将成为植物快速生长的驱动因素,反映了植物对水分变化的适应机制。此外,干旱亦影响草地植物净第一性生产力,如地下水埋深越大,生产力越小。

植物蒸腾速率对水分胁迫的反应甚为敏感,受气孔调节的影响,不同物种蒸腾及水分利用效率对水分变化的反应差异明显。全球变化将导致土壤水分和地下水的变化,从而影响植物的水分利用。在水分胁迫下,植物叶片的脯氨酸含量和可溶性糖水平提高,而淀粉含量降低,反映了植物对逆境的适应能力。总之,植物对水分变化的响应和适应,可通过某种程度上的物质代谢调节来产生。

植物干旱包括土壤干旱、生理干旱和大气干旱。土壤干旱是指土壤有效水分减少到凋萎含水量以下,使植物生长发育得不到正常供水的情形。生理干旱是指植物体内水分亏缺的生理现象,是因土壤环境不良,使根系生理活动受阻,吸水困难,导致植物体内水分失衡而发生的灾害。两者构成了植物干旱,表现为植物枯萎、减产。干旱主要与前期土壤湿度、植物生长期有效降水量以及植物蓄水量有关,具有复杂、多变和模糊三个特性。大气干旱是由于太阳辐射强、温度高、空气湿度低、有时还伴有中等或较强的风力使大气具有很强的蒸发力所致。大气干旱能对多种草地植物产生危害。

第三节 森林生态系统与气象

森林生态系统是陆地生态系统的重要组成部分,与其他植被类型相比,陆地上的森林植被具有最广泛的分布面积和最大的生物量积累,在陆地碳循环中发挥着重要作用。森林植被碳贮量占陆地生态系统植被碳贮量的绝大部分,其平均碳贮存密度也比农田和草地等生态系统植物的碳密度高得多。

一、森林的主要类型及其气候特点

(一)热带雨林生态系统

热带雨林分布在低纬度带(约 10°N～10°S),即赤道南北的热带界限内,是目前地球上面积最大,对人类生存环境影响最大的森林生态系统。热带雨林主要分布在中、南美洲亚马孙河流域、非洲刚果盆地、南亚等地区。中国云南、台湾、海南及澳大利亚局部地区也有分布。美洲、亚洲、非洲的热带雨林虽然分开为三大片,但它们都有非常类似的外貌和结构特点。

热带雨林地区的主要气候类型为热带雨林气候,又称赤道多雨气候。终年高温多雨,各月平均气温在 25～28℃ 之间,年降水量可达 2000 mm 以上。季节分配均匀,无干旱期。该区气候主要受纬度因素影响,每年太阳辐射量为 $(4.19～7.54)×10^5$ J/(cm²·a),使得全年高温,太阳辐射更强烈的地区将变为沙漠;大气环流:处在赤道低压带,信风在赤道附近聚集,辐合上升,所含水汽容易成云致雨;海陆影响:热带雨林气候所在地都靠海或在大河流域,使其雨量充沛,并使气温差较小,地势较低,适合雨林生长;植被影响:树的蒸腾作用强,使环境更加潮湿。

(二)亚热带常绿阔叶林生态系统

亚热带常绿阔叶林主要分布在东亚,特别是在中国分布最广,北起秦岭山地,南到北回归线附近及北热带地区的山地,西达云贵高原和西藏南部山地,东达台湾中部山地;日本的西南部和朝鲜半岛的南端也有小片分布。在很多情况下,常绿阔叶林的成层现象显著,可划分为乔木层(又可划分为 3 个亚层)、灌木层和草本地被层 3 层植物,郁闭度 0.9 以上。层外植物虽不及热带雨林那样繁茂,但也很普遍。

亚热带常绿阔叶林是亚热带湿润地区典型的地带性森林植被类型,分布地区属于明显的亚热带季风气候,夏季高温多雨,冬季温和少雨,春秋温和,四季分明。年平均气温 15～21℃,年降水量 1000～2000 mm,冬季降水少,但无明显干旱。

(三)温带落叶阔叶林生态系统

温带落叶阔叶林主要分布于中纬度湿润地区。世界范围内主要分布在三个区域:北美大西洋沿岸、西欧和中欧海洋性气候的温暖区和亚洲中部。其植物群落为落叶阔叶林,又称夏绿林或夏绿木本群落,主要树种是栎、山毛榉、槭、椴、椴和桦等。结构简单清晰,多为乔木层、灌木层、草本层和苔藓地衣层。林内木质藤本植物和附生植物均不多见,以草质和半木质藤本为主,攀援能力不强。

该生态系统内气候四季分明,夏季炎热多雨,冬季寒冷干燥,年平均气温 8~14℃,最热月平均温度 13~23℃,最冷月平均温度约 -6℃,年降水量 500~1000 mm。

(四)针叶林生态系统

针叶林生态系统处于北半球高纬度地区,面积约 1200 万 km^2,仅次于热带雨林生态系统,是寒温带地带性生态系统,它也是森林群落分布的最北界。针叶林生态系统生物成分较为贫乏。乔木以松、杉为主,有云杉和冷杉,还有西伯利亚松和西伯利亚落叶松等。多为单优种森林,树高 20 m 左右,这与阔叶林有明显区别。林下灌木稀疏,以常绿小灌木和草本植物组成的地被层很发达,常有多种藓类。林下落叶层很厚,多达 50 t/hm^2,分解缓慢。下部常与藓类组成毡状层。树木根系较浅,这是对土壤冻结层的适应。

针叶林生态系统处于寒温带,由于纬向跨度辽阔,气候状况多样。一般说,大陆性气候明显。年平均气温多在 0℃ 以下,夏季最长也仅一个月,最热月平均 15~22℃;冬季漫长,达九个月之久,最冷月平均 -38~-21℃。降雨多集中在夏季,年降水量 400~500 mm。

二、森林生态系统的特点及功能

(一)森林生态系统的特点

森林生态系统物种繁多、结构复杂,是个巨大的基因库。世界上所有森林生态系统保持着最高的物种多样性,是世界上最丰富的生物资源和基因库。森林分布不仅具有纬度地带性,还具有垂直地带性(图 5-4)。

森林生态系统比其他生态系统复杂。具有多层次,有的多至 7~8 个层次。一般可分为乔木层、灌木层、草本层和地面层等四个基本层次。明显的层次结构,层与群纵横交织,显示着系统的复杂性。以林木为主体的森林生态系统是个多物种、多层次、营养结构极为复杂的系统。

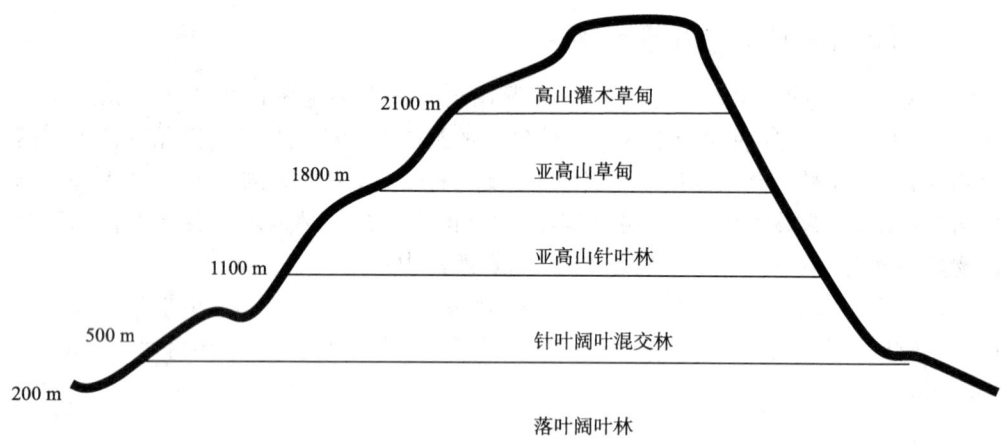

图 5-4　不同海拔的森林植被分布

森林生态系统类型多样。森林生态系统在全球各地区都有分布,森林植被在气候条件和地形地貌的共同作用和影响下,既有明显的纬向水平分布带,又有山地的垂直分布带,是生态系统中类型最多的。

系统的稳定性高。森林生态系统经历了漫长的发展历史,形成了内部物种丰富、群落结构复杂、各类生物群落与环境相协调、群落中各个成分之间以及与其环境之间相互依存和制约、保持着系统的稳态。

森林生态系统具有很高的自调控能力,能自行调节和维持系统的稳定结构与功能,保持着系统结构复杂、生物量大的属性。

生产力高、现存量大。森林生态系统是地球上生产力最高,现存量最大的生态系统,是生物圈的能量基地。

(二)森林生态系统的功能

森林生态系统的功能体现在如下几个方面:森林能够维护和改善人类赖以生存的生态环境,能够保持水土、涵养水源、调节陆地水分循环和小气候,增加区域性降水;森林能够防风固沙,调节空气、土壤温湿度,改良土壤,保障农牧业增产等;森林不断为人类提供木材,能源材料,各种林产品和动物、植物性的副产品。

三、森林生态系统与气象的相互作用

(一)森林生态系统的气象特点

太阳辐射和日照时数比空旷地区少。因为阳光投射到林冠时,有一部分被反射,大部分被吸收,仅有一小部分透过林冠到达林内,且强度和性质都发生了变化。

森林内气温变化和缓。白天林内阳光弱,树木蒸腾耗热,气温比林外空旷地区低,夜间林外空旷地区强烈放热冷却,而林内热量却不易散失,气温降低较慢,故夜间林内暖于林外。总的说来,森林地区年平均气温略低于空旷地区。

森林内风速小。风入森林后,由于摩擦和阻挡作用,风速很快减小。森林附近风速也比空旷地区小,风速降低的距离一般背风面要数倍于迎风面,其值视林地面积、林高和林型结构而定。

森林内的相对湿度和绝对湿度比空旷地区大。这是因为林内风速小,乱流交换弱,树木蒸腾作用和气温偏低所造成。其相对湿度和绝对湿度的最大差值均出现在早晨和傍晚。相对湿度最小差值出现在日出之前。绝对湿度最小差值出现在日出前和正午前后。一年中,林内绝对湿度和相对湿度的日变化夏季大,冬季小,林内外差值夏季最大,冬季最小。

树冠截留部分森林上空降水,致使林内所形成的径流强度比较小。例如,成熟的栎树林可截留降水 10% 左右,松林 13%～16%,稠密的云杉林达 32%。森林中还有特殊的水平降水和夜雨现象。由于森林及其附近湿度大,夜间辐射冷却,往往产生如雾、露、霜等水汽凝结物。有时气流携云雾经过山区,其中水滴被树干、枝叶截留,或凝结成雾凇,白天融化后落地流入土壤。这种现象称为森林的水平降水。潮湿地区的夏季午夜以后,林冠由于辐射冷却作用不断加强,森林中的湿空气随气温降低而渐趋饱和,在林木枝叶上凝成水滴,最后从枝叶上落下,形成森林夜雨。清晨日出后,气温回升,凝结作用停止,水滴开始蒸发,夜雨结束。

森林中的地温日较差较空旷地区小,并随深度的增加而迅速减小。林外地温变化深度大于林内。中、高纬度地区,林内地温夏季低于林外,且差值大;冬季林内地温高于林外,但差值小。低纬度地区,一年中林内地温均低于林外,日较差和年较差均小于林外。

(二)森林灾害与气象

森林灾害主要有病害、虫害、干旱、干热风、火灾、洪水、风倒、雪折,以及苗木的日灼、冻拔、生理干旱、霜冻、冰雹等,这些灾害无不直接或间接的与气象条件有关。这里主要介绍森林火灾和病虫害与气象条件的关系。

1. 森林火灾与气象

目前对森林危害最严重的是森林火灾。森林火灾是一种自然灾害,具有很强的周期性、突发性和破坏性。它的发生与天体演变、气候变化和人类活动密切相关。森林中各种可燃物的着火点取决于气象条件的变化情况,如湿度的大小、气温的高低、降水量的多少、风力的强弱等。一般认为,晴朗、高温、大风天气,常使森林中可燃物的含水量下降到 40% 以下,这时最易发生森林火灾。在气象条件中,空气湿度是火险天气中的关键因素。当空气湿度小于 60% 时,就有发生森林火灾的可能。气温对森林火灾的影响是多方面的,温度越高,可燃物中水分蒸发和变干的速度越快,火灾发生的可能性越大。气温还影响可燃物的着燃性,而且高温还会促使火势更加猛烈。另外,降水量减少,无雨日较长,森林可燃物的含水量将不断下降,森林火灾发生的可能性和严重性也随之增大。风力的大小与森林火灾的发生关系尤为密切,风不仅能把植被吹干,有助于燃烧,而且在火灾发生后,还能使火源得到充分的氧气供应,加速燃烧。同时使火势蔓延,扩大火灾面积,使地面火变为树冠火。

表 5-3 火险等级

火险等级	综合指数
1	0～8
2	9～28
3	29～45
4	46～61
5	62～80

通常而言,森林火灾发生的次数和危害程度以春季最多,最严重,秋季次之。由于每年气象条件变化的明显差异,火险期的早晚、长短也会出现不同的情况,例如冬季降雪量偏少,春季气温回升快,大风日数多,火险期会相应提前;若雨季开始晚,春旱持续时间长,火险期则会相应延长。如果降水量比常年偏多,冷空气活动频繁,气温降低,火险期则会相应推迟或缩短。

森林火灾的预报可分为大区预报、分片预报和单点预报三类,各类预报都综合考虑可燃物湿度、相对湿度、气温、风速、风向、降雨量等因子。此外,研究森林中可燃物类型、森林潜在火行为与气象条件的关系、与森林火灾有关的人工影响天气(降水、雷电)以及森林火险的红外遥感探测方法等,也为各国森林气象工作者所重视。

森林火险天气标准,从自然因子来看主要由可燃物和天气气候条件决定。但一般来讲,一个地区的可燃物和气候条件相对较稳定,而天气是变化的。张尚印等依据全国森林火险天气等级标准和国内外有关研究,选取指数 I,当日 14:00 气温、晴雨状况、14:00 相对湿度和风速风向、地被植物状况,对气象和环境要素作相关分析,确定森林火险天气标准,建立监测和预报方法,其表达式为:

$$y = f(I) + f(T) + f(V) + f(R) + f(m) + f(n) \tag{5-1}$$

式中 y 为火险等级综合指数,$f(I)$ 为指数,$f(T)$ 为 14:00 气温指数,$f(V)$ 为 14:00 平均风速,$f(R)$ 为 ≥ 0.1 mm 降水及其后连旱天数,$f(m)$ 为 14:00 相对湿度指数,$f(n)$ 为地被物类型指数。由综合指数查火险等级表(表 5-3),可判别一个地区每日的火险等级。

2. 森林病虫害与气象

王娟等以黑龙江大兴安岭为例研究了森林害虫发生面积与气象因子的关系。研究表明,年积温越高,虫害发生面积越大,原因是年积温升高导致害虫发育速度加快,危害期增长,种群数量增加;日平均温度与虫害发生面积没有任何相关关系;冬冻、春寒与虫害发生面积的关系不显著,原因可能是温室效应的影响,全球气温普遍变暖。年降水量与虫害发生面积呈现极显著的负相关,即年降水量越多,虫害发生面积越小。降水对于虫害发生面积的影响主要在于降水强度和持续时间两个方面的共同作用,长时间的强度降水对于食叶害虫、种实害虫具有强大的机械杀伤性,会降低害虫种群密度,从而减小虫害发生面积。春季阴雨与虫害发生面积呈现了显著的正相关关系,这是因为早春湿度的变幅对越冬过程结束后,复苏前后的幼虫、卵或茧蛹体内水分的调节影响较大。因此,春季阴雨对于保持一定的环境湿度和复苏虫体的体内湿度是极为有利的。年干燥度与虫害发生面积存在极显著的正相关关系。表明综合的经验指数比单一的气象因子更能准确地反映出与虫害发生面积之间的联系。这是由于气象因子对于害虫的作用并不是孤立的,而是相互影响、相互联系的,因此,综合经验指数能够更全面反映出其中的内在联系,也更优于其他单一的气象因子指标。

第四节 湿地生态系统与气象

湿地生态系统是指地表过湿地或常年积水,生长着湿地植物的地区。湿地是分布于陆地生态系统和水域生态系统之间,具有独特水文、土壤与生物特征的生态系统,是指天然或人工、长久或暂时之沼泽地、湿源、泥炭地或水域地带,带有静止或流动、咸水或淡水、半咸水或咸水水体者,包括低潮时水深不超过 6 m 的水域。湿地与森林、海洋并称为全球三大生态系统,被称为"地球之肾"、"生命的摇篮",是地球上重要的生态系统。湿地具有调节气候、涵养水源、保持水土、净化水质、美化环境、调蓄洪水、保持生物多样性等多种生态功能,正日益受到人们的重视。全世界湿地约有 5.14 亿 hm^2,约占陆地总面积的 6%。湿地在世界上的分布,北半球多于南半球,而且多分布在北半球的欧亚大陆和北美洲的亚北极带、寒带和温带地区。南半球湿地面积小,主要分布在热带和部分温带地区。加拿大湿地居世界之首,约 1.27 亿 hm^2,占世界湿地面积的 24%,美国有湿地 1.11 亿 hm^2,再其次是俄罗斯、中国、印度等。中国湿地面积约占世界湿地面积的 11.9%,居亚洲第一位,世界第四位。

联合国环境署 2002 年的权威研究数据表明,1 hm^2 湿地生态系统每年创造的价值高达 1.4 万美元,是热带雨林的 2~7 倍,是农田生态系统的 45~160 倍。在 2004 年 2 月 2 日第八个"世界湿地日"来临之际,国务院批准了《全国湿地保护工程规划》,

到 2030 年规划期末,中国将完成湿地生态治理 140 万 hm^2,建成 53 个国家级湿地保护与合理利用示范区,713 个湿地自然保护区,80 个国际重要湿地,届时将有 90% 以上的天然湿地得到有效保护,湿地生态系统的功能和效益将得到充分发挥。

湿地生态系统通过物质循环、能量流动以及信息传递将陆地生态系统与水域生态系统联系起来,是自然界中陆地、水体和大气三者之间相互平衡的产物。湿地这种独特生境使它具有丰富的陆生与水生动植物资源,是世界上生物多样性最丰富、单位生产力最高的自然生态系统。湿地在调节径流、维持生物多样性、蓄洪防旱、控制污染等方面具有其他生态系统不可替代的作用。水是生命存在不可缺少的要素,湿地是地球上淡水的主要蓄积地,人类生活用水、工业生产用水和农业灌溉用水除少量开采地下水外,均来源于湿地,湿地也是地下水的主要来源。湿地由于其特殊的生态特性,在植物生长、促淤造陆等生态过程中积累了大量的无机碳和有机碳,由于湿地环境中,微生物活动弱,土壤吸收和释放 CO_2 十分缓慢,形成了富含有机质的湿地土壤和泥炭层,起到了固定碳的作用。

湿地是自然生态系统中自净能力最强的生态系统。湿地水流速度缓慢,有利于污染物沉降。在湿地中生长的植物、微生物和细菌等通过湿地生物地球化学过程的转换,包括物理过滤、生物吸收和化学合成与分解等,将生活和生产污水中的污染物和有毒物质吸收、分解或转化,使湿地水体得到净化。

一、湿地生态系统的类型

(一)湿地的分类

海域。包括潮下海域和潮间海域。

河口。潮下河口:河口永久性水域和三角洲河口系统。潮间河口:具有稀疏植物的潮间泥、沙或盐碱滩;潮间沼泽包括盐碱草甸、潮汐半盐水沼泽和淡水沼泽;潮间有林湿地包括红树林、聂帕榈和潮汐淡水沼泽林。泻湖湿地:半咸至咸水湖,有一个或多个狭窄水道与海相通。盐湖(内陆排水区):永久性和季节性的盐水或碱水湖泥滩和沼泽。

河流和湖泊。河流包括永久性的河流和溪流、暂时性的季节性和间歇性流动的河流和溪流。湖泊包括永久性的淡水湖($8\ hm^2$ 以上)和季节性淡水湖($8\ hm^2$ 以上)。

农业、城市和工业。包括淡水养殖/海水养殖、池塘;灌溉田和灌溉渠道、季节性泛洪耕地、采盐池、蒸发池、开采、废水处理区。

沼泽。在高纬度地区,典型的沼泽常呈现一定的发育过程:随着泥炭的逐渐积累,基质中的矿质营养由多至少,而地表形态却由低洼而趋向隆起,植物也相应发生改变。沼泽发育过程由低级到高级阶段,因此有富养沼泽(低位沼泽)、中养沼泽(中位沼泽)和贫养沼泽(高位沼泽)之分。其中,低位沼泽、中位沼泽、高位沼泽是根据沼泽土壤中水的来源划分的。

(二)我国的湿地类型

中国的湿地类型多样,分布广泛。从寒温带到热带,从平原到山地、高原,从沿海到内陆都有湿地发育。大体上湿地可分为天然湿地和人工湿地两大类。1999年国家林业局为了进行全国湿地资源调查,参照《湿地公约》的分类将中国的湿地划分为近海与海岸湿地、河流湿地、湖泊湿地、沼泽与沼泽化湿地、库塘、稻田等六大类28种类型(表5-4)。

表5-4 我国湿地的类型及面积(根据2002年全国湿地调查的统计结果)

湿地 7648.55 万 hm²						
天然湿地 3620.05 万 hm²					人工湿地 4028.50 万 hm²	
近海与海岸湿地 594.17 万 hm²	内陆湿地 3025.88 万 hm²				稻田 3800 万 hm²	库塘 228.50 万 hm²
^	沼泽与沼泽化湿地 1370.03 万 hm²	湖泊湿地 835.15 万 hm²	河流湿地 820.70 万 hm²			

二、湿地生态系统的特点及其功能

(一)湿地生态系统的特点

系统的生物多样性。由于湿地是陆地与水体的过渡地带,因此它同时兼具丰富的陆生和水生动植物资源,形成了其他任何单一生态系统都无法比拟的天然基因库和独特的生境,特殊的水文、土壤和气候提供了复杂且完备的动植物群落,它对于保护物种、维持生物多样性具有难以替代的生态价值。

系统的生态脆弱性。湿地水文、土壤、气候相互作用,形成了湿地生态系统环境主要素。每一要素的改变,都或多或少地导致生态系统的变化,特别是水文,当它受到自然或人为活动干扰时,生态系统的稳定性会受到一定程度破坏,进而影响生物群落结构,改变湿地生态系统。

生产力的高效性。湿地生态系统同其他任何生态系统相比,初级生产力较高。据报道,湿地生态系统每年平均生产蛋白质 9 g/m²,是陆地生态系统的3.5倍。

效益的综合性。湿地具有综合效益,它既具有调蓄水源、调节气候、净化水质、保存物种、提供野生动物栖息地等基本生态效益,也具有为工业、农业、能源、医疗业等提供大量生产原料的经济效益,同时还有作为物种研究和教育基地、提供旅游等社会效益。

生态系统的易变性。易变性是湿地生态系统脆弱性表现的特殊形态之一,当水量减少以至干涸时,湿地生态系统演变为陆地生态系统,当水量增加时,该系统又演化为湿地生态系统,水文决定了系统的状态。

(二)湿地的多种生态功能

湿地是重要的水源地。除了江河、溪沟的水流外,湖泊、水库、池塘的蓄水,都是生产、生活用水的重要来源。据估算,我国仅湖泊淡水贮量即达 225 亿 m^3,占淡水总贮量的 8%。某些湿地通过渗透还可以补充地下蓄水层的水源,对维持周围地下水的水位,保证持续供水具有重要作用。

湿地是生态环境的优化器。大面积的湿地,通过蒸腾作用能够产生大量水蒸气,不仅可以提高周围地区空气湿度,减少土壤水分丧失,还可诱发降雨,增加地表和地下水资源。

湿地是重要的物种资源库。我国湿地分布于高原、平川、丘陵、海涂多种地域,跨越寒、温、热多种气候带,生境类型多样,生物资源十分丰富。

(三)湿地是重要的物产和能源基地

广阔多样的湿地,蓄藏有丰富的淡水、动植物、矿产及能源等自然资源,可以为社会生产提供水产、禽蛋、莲藕等多种食品,以及工业原材料、矿产品等。湿地水能资源丰富,可以发展水电、水运,增加电力和交通运输能力。许多湿地自然环境独特,风光秀丽,也不乏人文景观,是人们旅游、度假、疗养的理想佳地,发展旅游业大有可为。

(四)湿地与防汛

湿地是蓄水调洪的巨大贮库。每年汛期洪水到来,众多的湿地以其自身的庞大容积、深厚疏松的底层土壤(沉积物)蓄存洪水,从而起到分洪削峰,调节水位,缓解堤坝压力的重要作用。同时,湿地汛期蓄存的洪水,汛后又缓慢排出多余水量,可以调节河川径流,有利于保持流域水量平衡。

三、湿地与气候及气象

湿地与气候变化之间的关系是相互影响、相互作用的。作为温室气体的储存库、源和汇,湿地在缓解气候变化方面发挥着重要作用。在减缓气候变化影响方面,湿地主要有两方面作用:一是在温室气体(尤其是碳化合物)管理方面的作用;二是在物理上缓冲气候变化影响方面的作用。湿地是气候变化的调节器,又是气候变化的指示器。

湿地在全球碳循环中发挥着重要作用。由于其特殊的生态特性,湿地在植物生长、促淤造陆等生态过程中积累了大量的无机碳和有机碳。在湿地环境中，微生物活动弱，土壤吸收和释放二氧化碳十分缓慢，形成了富含有机质的湿地土壤和泥炭层，起到了固定碳的作用。湿地是全球最大的碳库，全球所有湿地面积之和仅占地球陆地面积的6%，但它却拥有陆地生物圈碳素的35%，碳总量约770亿t，超过农业生态系统（150亿t）、温带森林（159亿t）和热带雨林（428亿t）。温带和热带泥炭地是碳储量最高的湿地，其储存的碳总量约为540亿t，占全部湿地碳储量的70%左右。例如若尔盖泥炭地总面积4900 km^2，泥炭深度为0.3~8.8 m，泥炭总量约在10~40亿t。此外，沿海湿地和红树林也被认为是碳吸收最重要的海洋生态系统，单位面积的红树林沼泽湿地固定的碳是热带雨林的10倍。

如果温度升高、降水减少或土地管理措施不当引起湿地土壤变化，湿地固定碳的功能将大大减弱或消失，更可能使湿地由"碳汇"变成"碳源"。湿地中有机残体的分解过程产生大量的有机气体，其中最重要的是温室气体二氧化碳和甲烷。这些温室气体源源不断地释放，绝大多数直接进入大气中。全球天然湿地每年释放的甲烷约为10~20亿t，全球水田每年甲烷的释放量约为2~15亿t，它们分别占全球总释放量的22%和11%。从全球角度看，如果沼泽全部排干，则碳的释放量相当于目前森林砍伐和矿物燃料燃烧排放碳量的35%~50%。大气中二氧化碳和甲烷等温室气体积累会加强温室效应的影响而使地球表面温度逐年上升，从而对全球气候产生重大影响。早在20世纪50年代就有科学家指出，如果大气中的CO_2浓度增加1倍，地球表面温度将增加2℃。自20世纪以来，地球平均温度比19世纪升高了0.4~0.8℃；海平面已上升15~50 cm，其中湿地遭到破坏是全球变暖的影响因素之一。保护和恢复湿地，减少温室气体的排放，增加湿地对温室气体的吸收和储存，是减缓气候变化的一项重要措施。

湿地对调节区域气候有较大的影响，《湿地公约》和《联合国气候变化框架公约》均特别强调了湿地对调节区域气候的重要作用。湿地的水分蒸发和植被叶面的水分蒸腾，使得湿地和大气之间不断地进行着能量和物质交换，从而保持当地的湿度和降水量。在有森林的湿地中，大量的降水通过树木被蒸腾和转移，返回到大气中，然后又以雨的形式降到周围的地区。附近有沼泽湿地的区域产生的晨雾可减少土壤水分的丧失。湿地在增加局部地区空气湿度、削弱风速、缩小昼夜温差、降低大气含尘量等气候调节方面都具有明显的作用。据测定：地处半干旱地区的新疆博斯腾湖湿地周围比远离湿地的地域气温低3℃，湿度高14%，沙尘暴天数减少25%。对于城市而言，由于城市热岛效应明显，因此城市内部湿地对于调节城市小区域气候的作用尤为显著。

比如湖泊对周边地区白天有降温效应，夜间有增温效应，这种效应晴天大于阴天，夏季白天的降温效应大于夜间的增温效应，冬季的情况则相反，可抑制极端最高气温,抬升极端最低气温。研究发现:湖泊对温度的影响,近地层主要发生在上风岸2 km 以内和下风岸 10 km 以内,其中在 5 km 之内变化最为明显;影响的空间呈"舌状"分布,在下风方向,离岸距离越远,影响的高度越高;在 200~400 m 高度,影响的水平距离最大,可达几十千米。气象专家还发现:在有强冷空气或持续高温影响时,长江中下游的平原湖泊可使周边地区的温度增减 2℃左右,从而对气温起到一定的调节和补偿作用。特别是在强对流天气频发的夏季,湖泊的调温效应减小了气温直减率,增大了大气稳定度,从而使雷暴、冰雹、龙卷风等强对流天气出现的概率和强度有所减少,移动路径也有所改变。从某种意义上说,湖泊的调温效应是一种宝贵的自然资源。如充分考虑了这种气候效应,将会取得良好的效果。

四、湿地生态系统气象观测

构建一个科学合理的湿地生态系统气象观测指标体系应遵循以下 6 条原则:(1)代表性原则,要求能够反映生态环境的本质特征;(2)完整性原则,指标体系尽可能反映自然、生态和社会特征;(3)综合性原则,要求能够反映环境保护的整体性和综合性特征;(4)简明性原则,其指标尽可能少,评价方法尽可能简单;(5)方便性原则,要求指标的数据易于获得和更新;(6)通用性原则,要求其指标能与国标及国际指标兼容。另外,在构建监测指标体系时,还要因地制宜,便于操作,尽量和生态环境考核指标挂钩。为确保符合以上 6 条原则,可能还需要预先开展指标甄别筛选,从大量影响湿地生态系统变化的因子中选取易监测、针对性强、能说明问题的指标,力求以最少花费来获取必要的湿地生态环境信息。

在选择湿地气象生态环境观测指标时,应优先考虑生态类型的代表性和系统的完整性。如在确定了气象、水文、水质、底质、浮游植物、浮游动物、游泳动物、底栖生物和微生物等自然指标的基础上,还应适当兼顾人为指标(人文景观、人文因素等),一般监测指标(常规生态监测指标、重点生态监测指标等),以及应急监测指标(包括自然和人为因素造成的突发性生态问题)。对湿地气象生态环境的监测,除定点的监测外,还要结合宏观生态监测,如利用卫星遥感技术开展生态环境综合状况监测等。

第五节 农田生态系统与气象

一、农田生态系统

农田生态系统是以作物为中心的农田中,生物群落与其生态环境间在能量和物质交换及其相互作用上所构成的一种生态系统,是农业生态系统中的一个主要亚系统。农田生态系统由农田内的生物群落和光、二氧化碳、水、土壤、无机养分等非生物要素所构成,这样的具有力学结构和功能的系统,称为农田生态系统。

农田生态系统与陆地自然生态系统的主要区别是:系统中的生物群落结构较简单,优势群落往往只有一种或数种作物;伴生生物为杂草、昆虫、土壤微生物、鼠、鸟及其他小动物;大部分经济产品随收获而移出系统,主要供给人类摄食;养分循环主要靠系统外投入而保持平衡。农田生态系统的稳定有赖于一系列耕作栽培措施的实施,在相似的自然条件下,土地生产力远高于自然生态系统。

近年来,由于受不利气象条件影响,农田生态系统的稳定性一再受到挑战,频繁发生的各种农业气象灾害使农业蒙受巨大的损失。

二、农业生产与气象条件的关系

农业生产过程主要是在自然条件下进行的,气候和土壤条件是最基本、最重要的自然环境和资源因素。土壤的形成、水热状况和微生物活动等在很大程度上受气候条件的制约,可以说,农业是对环境气象条件最为敏感和依赖性最强的产业。不仅气象灾害给农业造成巨大损失,全球气候变化对未来农业可持续发展也带来巨大的威胁。

(一)大气提供了农业生物的重要生存环境和物质、能量基础

农业生产的对象是植物、动物、微生物等生命有机体,其生长发育和一切生命活动都离不开温度、水分、光照、气体成分、气流等气象要素。特别是绿色植物光合作用的基本原料和能源都主要来自大气环境,农业动物和农用微生物的物质能量转换过程又都建立在消费和分解绿色植物的基础上。

(二)大气提供了可供农业气象利用的气候资源

农业生物顺利完成生长发育或完成预定农事活动都需要有一定的物质基础、能量积累或有利环境,其中有利的气象条件可称为农业气候资源。严重不利的大气环境条件往往形成农业气象灾害,是导致农业生产波动的最主要原因。

(三)气象条件还对农业设施和农业生产活动的全过程产生影响

气象条件还对温室、畜舍、仓库等农业设施的小气候及生产性能产生影响,对农机作业、化肥和农药等生产资料的使用和效率、农产品加工、运输、贮藏等产后活动有很大影响。

(四)大气还影响着农业生产的宏观生态环境和其他自然环境

土壤、植被、水体等其他环境系统的形成演变很大程度上受到大气环境的影响和制约,土地、水资源、生物等其他自然资源的数量、质量及其与气候资源的相互配置关

系到农业生产类型分布和经济效益,特别是人类活动产生的温室效应导致的全球气候变化及其应对措施直接关系到人类社会、经济的可持续发展。

(五)农业生产活动对大气环境的影响

大规模垦荒、植树造林、水利工程等人类活动对局地大气环境产生各种影响,稻田和饲养反刍动物是仅次于二氧化碳的温室效应的温室气体甲烷的主要来源,但种植作物又是吸收多余二氧化碳、减轻温室效应的重要途径。局地农业措施也会对小气候环境产生影响。

总之,气象条件是影响农业生产最活跃的因素,农业生产的对象是生命有机体并主要在露天条件下进行,决定了农业生产是受大气环境条件影响最大的产业部门。同时,农业生产活动对周围的大气环境也会产生一定影响。

三、农业气象灾害

农业气象灾害是不利气象条件给农业造成的灾害,由温度因子引起的有热害、冻害、霜冻、热带作物寒害和低温冷害;由水分因子引起的有旱灾、洪涝灾害、雪害和雹害;由风引起的有风害;由气象因子综合作用引起的有干热风、冷雨和冻涝害等。与气象的概念不同,农业气象灾害是结合农业生产遭受灾害而言的。例如寒潮、倒春寒等,在气象上是一种天气气候现象或过程,不一定造成灾害。但当它们危及小麦、水稻等农作物,便成为农业气象灾害。

(一)温度因子引起的气象灾害

1. 高温热害

高温热害简称高温害,是高温对植物生长发育和产量形成所造成的损害,一般是由于高温超过植物生长发育上限温度造成的。主要危害水稻、棉花、马铃薯等作物。不同作物和同一作物的不同发育期其高温热害指标不同。可以笼统地把高温热害标准定为日平均气温≥29℃和≥30℃;日最高气温≥32℃和≥35℃。

高温对水稻的危害较为明显,危害敏感期是盛花—乳熟期。受害表现为最后三片功能叶早衰发黄,灌浆期缩短,千粒重下降,秕粒率增加。危害指标为连续3天日平均气温≥30℃,日最高气温≥35℃,日平均相对湿度≤70%,使处在开花灌浆期的水稻形成高温逼熟。一般,持续≥3 d,属轻度;持续≥7 d,属重度。

高温会造成玉米苗期的生长高度、干物重等受到明显影响。生育期不同,热害指标有明显差别,总趋势是苗期最耐热,生殖期次之,成熟期最不耐热。玉米在抽雄期当温度高于32℃,授粉将受影响;后期温度高于25℃,如又遇干旱将出现高温逼熟而减产。玉米发生中度热害时各生育阶段的热害指标,苗期为36℃;生殖期为32℃;成熟期为28℃。高温对马铃薯也有影响,受害后的马铃薯退化,薯块变小。

2. 低温灾害

低温灾害包括冷害、冻害、寒害、霜冻。

农业生物因0℃低温受到的伤害称为冷害。是指在农作物生育期的重要阶段,气温比要求的偏低(但仍在0℃以上)而引起农作物生育期延迟,或使生殖器官的生理机能受到损害,最终造成减产的危害。冷害具有明显的地域性,也有不同的名称。如:春季,发生在长江流域的低温烂秧天气,人们称为春季低温冷害,有时也称"倒春寒";秋季,长江流域稻穗扬花期遭受的低温冷害,称"桂花寒",而华南一带称"寒露风"。冷害因发生天气条件不同,分为不同类型。低温、寡照、多雨条件下为"湿冷型";天气晴朗时,有明显降温的为"晴冷型";持续低温天气下的为"持续型"。对于低温冷害而言,重点是记录分析发生范围、程度、发生频次。

冻害是指越冬作物、经济林果木以及人畜在越冬期间遇到较长时间的低于0℃的低温或剧烈降温(最低气温在0℃以下,有时可达-20℃以下)引起体内结冰或躯干冻伤,丧失生理活力,继而造成整体死亡或部分伤亡的现象。

在华南,许多热带作物遇10℃以下、0℃以上低温可使植株枯萎、腐烂或感病,直至死亡。在当地被称为寒害。

霜冻是指在植株生长季节里,夜间土壤和植株表面的温度下降到0℃以下使植株体内水分形成冰晶,造成植物受害的短时间低温冻害。春霜冻多出现在喜温作物的出苗(移栽)之后,而秋霜冻是在喜温作物成熟之前。农业气象中,常把日最低气温和地面最低温度<0℃作为霜冻的气候指标。霜冻受害程度视作物种类、生育期、生育期后天数等不同而不同。可采用地面观测调查与卫星遥感相结合的方式进行。

如表5-5所示,从冻害、寒害、冷害三者最基本的温度条件看,冻害发生时温度必须在0℃以下,作物遭受伤害;寒害发生时温度在0℃以上,作物遭受伤害;冷害是在温暖期间作物遭受10℃以上的低温影响。从发生季节看,冻害发生在冬季严寒期;寒害发生在温暖气候条件的冷凉期;冷害发生在温暖季节。从发生的地区看,冻害以北方温带为主,南方亚热带有些年份也出现冻害;寒害主要发生在热带、亚热带地区少数年份;冷害发生在全国各地,但主要是在东北地区和南方初秋季节。从危害的作物看,冻害主要危害越冬作物如冬小麦、果树和部分亚热带作物如柑橘等;寒害主要危害热带亚热带作物如橡胶、龙眼、荔枝等;冷害主要危害喜温作物如水稻、玉米、豆类等。从危害作物生育时期看,冻害发生在作物越冬休眠期;寒害发生在生长缓慢或停止生长期;冷害发生在作物孕穗、抽穗、开花、灌浆期。从作物受害机理看,冻害是植物组织脱水而结冰,造成植株组织伤害;寒害是造成植物生理的机能障碍,严重的可导致植株死亡;冷害造成作物生长发育的机能障碍,导致作物减产。从受害的时间过程看,冻害可以是长寒死亡,也可以是短期0℃以下受害;寒害受害过程时间较长,一般需有2d以上的低温天气过程,如橡胶树辐射型寒害在2d以上<10℃的低温受害,平流型寒害在5~10d的低温条件受害;冷害受害过程的时间长,一般在3d以上的低温天气,如水稻冷害指标是气温<20℃,或<18℃连续3d以上为冷害条件。

表5-5 冷害、冻害、寒害、霜冻区别

类型	温度条件	发生时期	生理反应	危害作物	作物状态	危害后果
冻害	<0℃	冬季或早春深秋	细胞脱水结冰	冬作物、果树	越冬期、停止生长期	植株部分或全株死亡,减产或绝收
寒害	0~10℃	冬季	生理机能障碍	热带、亚寒带作物	缓慢生长	植株伤害、减产或全株死亡
冷害	10~23℃	温暖期	生长发育障碍	喜温作物	积极生长	花器官受害或延迟生育减产
霜冻	<0℃	较温暖期	短时间脱水结冰	冬作物、果树、蔬菜	正常生长	植株花果受冻减产或严重减产

(二)水分因子引起的气象灾害

干旱。干旱是一种因长期无降水、少降水或降水异常偏少而造成空气干燥、土壤缺水的气候现象。干旱在气象学上有两种含义:一是干旱气候,二是干旱灾害。前者指最大可能蒸散量比降水量大得多的一种气候现象,通常干旱气候是指用彭曼公式计算的最大可能蒸散量与年降水量的比值大于或等于3.5的地区。与干旱气候不同,干旱灾害是指某一具体的年、季或月的降水量比多年平均降水量显著偏少而发生的自然灾害,它的发生区可以遍及全国。在干旱半干旱地区,由于降水量年际变化大,降水显著偏少的年份比较多,干旱灾害的发生频率往往比较高,而湿润气候区则相反。据1987—2006年资料统计,全国平均每年干旱受灾面积2557万hm^2。主要旱区发生在东北、西北、华北和江淮、江汉及四川盆地,但北方地区尤为严重。近20多年来各地虽然不断地修建水利工程和改进灌溉技术,使旱灾得到了不同程度的控制。但抗旱能力地区之间差异较大,加之经济的迅速发展、人口增长等原因,导致有限的水资源越来越短缺,干旱仍是制约作物产量的主要灾害,并有进一步加重的趋势。

用于描述气候干旱的指标有很多,诸如降水量、降水距平百分率、Palmer指数、综合干旱指数(表5-6)、土壤相对湿度(表5-7)等。气候干旱导致的干旱灾害使供水水源匮乏、危害作物生长、造成作物减产。可以说干旱是我国农业生产上最严重的一种农业气象灾害。

表 5-6 根据综合干旱指数划分的干旱等级

等级	类型	干旱影响程度
1	无旱	降水正常或较常年偏多,地表湿润,无旱象。
2	轻旱	降水较常年偏少,地表空气干燥,土壤出现水分不足,对农作物有轻微影响。
3	中旱	降水持续较常年偏少,土壤表面干燥,土壤出现水分较严重不足,地表植物叶片白天有萎蔫现象,对农作物和生态环境造成一定影响。
4	重旱	土壤出现水分持续严重不足,土壤出现较厚的干土层,地表植物萎蔫、叶片干枯,果实脱落;对农作物和生态环境造成较严重影响,工业生产、人畜饮水产生一定影响。
5	特旱	土壤出现水分长时间持续严重不足,地表植物干枯、死亡;对农作物和生态环境造成严重影响;对工业生产、人畜饮水产生较大影响。

表 5-7 根据土壤相对湿度划分的干旱等级

等级	类型	20 cm 深度土壤相对湿度	对农作物影响程度
1	无旱	$R>60\%$	地表湿润,无旱象
2	轻旱	$60\geqslant R>50\%$	地表蒸发量较小,近地表空气干燥
3	中旱	$50\geqslant R>40\%$	土壤表面干燥,地表植物叶片白天有萎蔫现象
4	重旱	$40\geqslant R>30\%$	土壤出现较厚的干土层,地表植物萎蔫、叶片干枯,果实脱落
5	特旱	$R\leqslant 30\%$	基本无土壤蒸发,地表植物干枯、死亡

洪涝。由于大雨、暴雨引起河流泛滥、山洪暴发淹没农田,毁坏农业设施或因雨量过于集中,农田积水造成的洪灾和涝灾,此灾害多发生在沿江、沿河和湖泊洼地的农田。作物受到洪涝灾害后的征状主要包括:田内积水(日数和深度)或土壤湿度达到饱和,植株被淹没,叶(茎、穗、谷粒)变色(枯萎霉烂),出现畸形穗,谷粒在穗上发芽等。在农业气象中,洪涝灾害发生后,主要记载天气气候情况、受害征状和受害程度。天气气候情况包括连续降水日数、过程降水量、日最大降水量及日期;植株受害程度反映作物受害的数量,主要统计其受害百分率。

连阴雨。连阴雨灾害是指连续出现 4~5 d 以上的阴雨天气,土壤和空气长期潮湿,日照严重不足,使农作物生长发育不良及产量和质量遭受严重影响的灾害现象。连阴雨的直接后果是气温持续偏低,无论是春、夏季或秋季,连阴雨造成的低温均可推迟作物的生长发育。春季连阴雨主要危害春季作物的播种、出苗,影响小麦抽穗、扬花、灌浆,使受粉受阻,籽粒不实;影响油菜开花,使荚果发育不正常。夏季连阴雨,影响收割、脱粒、晾晒,造成籽粒发芽霉变,棉花落铃落蕾。秋季连阴雨,容易使作物籽粒发芽、霉烂。灾害发生后,主要记载连续阴雨日数、过程降水量以及作物受害后的特征状况。

冰雹。冰雹是一种局地性强、季节性明显、来势急、持续时间短,以机械损伤为主的气象灾害,观测中专指直径在 5 mm 以上的固体降水。分为:(1)轻雹:冰雹大小如豆粒,直径 5 mm 左右,降雹会造成植物的叶片被打落或打成麻状,作物茎秆折断或打成秃茬子。(2)中雹:冰雹大小如杏子、核桃,直径 20~30 mm,降雹时可将树木细枝打折,树干皮层打成"遍体鳞伤",作物茎叶被打断成茬子,甘薯蔓被打烂。(3)重雹:冰雹大小如鸡蛋、拳头,直径约 30~70 mm,各种作物地上部分会被砸光,地下部分也受到一定程度的伤害。在农业气象中,重点是记录分析发生范围、程度、发生频次,与常年比较。可采用地面观测调查与卫星遥感相结合的方式进行。

(三)风灾

大风,通常指瞬间风速≥17 m/s(相当于 8 级)的风。一年中发生风灾的次数为风灾发生频次。强烈的大风是一种严重的灾害性天气。大风的危害是多方面的,如土壤风蚀、墒情锐减、禾苗枯萎等等。当风速较大或急风与暴雨相伴发生时,则会造成农作物大面积倒伏、植株折断、籽粒或果实脱落,减产严重。当风速≥30 m/s 的龙卷风出现时,则会拔树倒屋、飞沙走石,给农作物带来毁灭性的灾害。

(四)气象因子综合作用引起的灾害

干热风。干热风是造成大量蒸散的综合气象灾害,包括高温、低湿和风三个因子,但其主导因子是热,其次是干,其主要危害是破坏作物的水分平衡和光合作用的进行。干热风多发生在 5—7 月,是北方小麦生产的重大灾害之一(又称"风火"),主要在小麦乳熟期造成危害,轻者灌浆速度下降,粒重降低,重者提前枯死,麦粒瘦瘪,严重减产。1964 年陕西关中地区小麦受干热风危害减产 35%,1975 年甘肃武威和张掖地区春小麦因干热风千粒重下降 8~10 g,1982 年北方麦区受害 1400 万 hm²,占播种面积的 71%,减产 18.4~36.8 亿 kg。棉花、玉米、南方的早稻和中稻有时也受其害。

沙尘暴。沙尘暴是由于强风将地面大量尘沙吹起,使空气很浑浊,水平能见度小于 1 km 的灾害。沙尘暴强度等级划分一般采用风速和能见度两个指标。风速≥20 m/s,能见度<500 m 者为强沙尘暴;风速≥25 m/s,能见度<50 m 者为特强沙尘暴(俗称黑风)。沙尘暴是我国西北地区的严重灾害。利用卫星遥感监测沙尘暴是一种很好的方法,其物理基础是沙尘粒子的辐射特性。沙尘粒子的辐射特性主要体现在沙尘粒子的粒径大小、形状和成分上,其中粒径大小是决定沙尘的尺度参数及其散射特性的重要因素。通过不同通道监测值的数学组合,可以较好地获得沙尘暴、地表和云在反照率及亮度上存在的差异,来判识沙尘暴区。一年中发生沙尘暴的次数为沙尘暴发生频次。

寒潮。入侵我国的寒潮,它的"故乡"主要在严寒的西伯利亚地区。寒潮发生时会造成大风、剧烈的降温、雨雪、霜冻等恶劣的寒潮天气。寒潮过后,气温急剧下降,在 24 h 之内,气温急降 10℃ 以上,甚至可达 20℃,继而出现霜冻和结冰。这在秋季和春季对农作物的危害最大,对正在收割的经济作物和正在生长的农作物可以说是灭顶之灾。如秋季收割的大白菜和待采摘的各种水果,若遇到强大的寒潮,很可能造成一无所获;春季时,如果到四月份还出现较强的寒潮,就会使正在生长的冬小麦等夏收作物受到冻害,使产量大幅度减产。例如:20 世纪 50 年代,我国北方冬小麦区发生了最严重的冻害,仅小麦作物就减产约 30 亿 kg。寒潮带来的大风还常常在干燥、土质疏松的地带扬起沙尘,出现天昏地暗的沙尘暴天气。

此外,病虫害的发生与气象条件也有密切的联系。如气候变暖使各种病虫害发生面积增大、危害程度加重、冬小麦生育期提前;而降水量的变化也与害虫的大爆发和消亡密切相关。

四、我国的农业气象服务

面对每年给我国经济造成巨大损失的农业气象灾害,通过研究与总结,各地制定出一系列的农业气象灾害防御对策与措施。主要包括:发展水利灌溉、平整土地、改良土壤等农田基本建设,提高抗灾能力;营造农田防护林,以有效地防御干旱、高温热害和干热风;根据地区农业气象灾害的发生规律,特别是其季节分布特点,进行作物和品种布局;根据因时、因地制宜的原则,推行防灾抗灾的农业技术措施,以减轻或避免灾害损失,如适时播种、土壤耕作、合理灌溉、以水调温、增施肥料、改良土壤结构、灾前抢收、灾后补救等;采用喷洒抗旱剂、增温剂、萘乙酸、乙烯利等化学药剂,可以减轻干旱、干热风、低温冷害的危害;建立不同地区防灾抗灾、稳产增产的农业技术体系。

目前,我国现代农业气象服务体系已经形成并得到发展。农业气象服务设在国家、省、地、县四级气象机构内,已纳入气象基本业务。服务对象是各级决策与管理机构和广大农民群众。通过灾害性天气预报服务、人工增雨服务、农业防灾减灾服务、农业气象情报和预报服务,每年都产生了重大的经济和社会、生态效益。气象部门为农业服务的主要目的是防灾减灾,增产增收,改善生态环境。目前服务的主要内容及途径如下:

提供灾害性天气预报。为农业部门及广大农民提供旱、涝、低温、霜冻等灾害性天气的长、中、短期预报,提示农民在气象灾害到来之前做好防灾准备。

提供防灾、减灾的农业气象决策依据。根据所研究的成果,提供抗旱、抗低温、防霜等技术和措施,提供灾情信息。

农业气象监测。根据农田生态系统中作物和土壤通过气象因子、气候变化、人为干扰等因素驱动的生理、生化、物理过程而发生的生理、形态、理化特性、系统生态功能的变化以及该系统与外界环境的物质、能量交换所进行的监测,利用卫星遥感和地面农业气象网数据,提供作物长势、灾情、土壤水分、天气气候条件等农业气象监测、评估和预测信息,并分析气象条件利弊,提出趋利避害的农业生产管理建议。

提供作物生长及农业气象产量预报,提供播种、施肥、发育期、收获期预报。根据作物长势、面积及气象条件,进行农作物产量预报,定期向国家及省市提供预报结果,从而为农业经济发展服务。

农业气候资源分析及区划。每隔几年对全国各地农业气候资源进行系统分析,并进行分区,服务于全国农业结构调整和区域化农业生产发展。

人工影响天气。根据需要每年在合适的季节开展人工增雨的地面和飞机飞行作业以及人工防雹作业,防御灾害性天气对农业生产的不利影响,在全国防灾、减灾中发挥着重要作用。

为生态建设服务。生态环境变化与天气气候条件有直接关系,气象部门可提供对生态变化的监测结果,并提供与生态有关的气候环境变化资料及气候论证,为生态环境建设提供基础依据。

加强农业气象灾害预防的科学研究。既要重视单项研究,又要逐渐过渡到灾害系统的分析研究,着眼于灾害的群发性和多元关系,探索其复杂机制的物理背景,进而制订出从宏观到微观的配套防御措施。开展灾害预警系统的研究,提高灾害预测预报能力。重视环境影响和生物抗逆性的同步研究。特别要大力提倡对重大农业气象灾害开展多学科交叉、高层次研究和多因子的综合研究,以促进农业增产增收。

第六节　城市生态系统与气象

城市是人类社会发展到一定阶段的产物,是地球表面物质和能量高度集中和快速运转的地域。城市生态系统是人类生态系统的主要组成部分之一。人们都希望生活在优美的环境之中,建设"生态城市"的目标随之产生。它既是自然生态系统发展到一定阶段的结果,也是人类生态系统发展到一定阶段的产物。因此,城市生态系统指的是城市空间范围内的居民与自然环境系统和人工建造的社会环境系统相互作用而形成的统一体,属人工生态系统。它是以人为主体的、人工化环境的、人类自我驯化的、开放性的生态系统。简单地说,城市生态系统包括自然、经济、社会三个子系统,是一个以人为中心的复合生态系统。

一、城市生态系统的气候特征与气象问题

由于城市生态系统的高度复杂性,许多人从不同的学科对该系统进行了多方面的研究。随着社会的发展,人们对人居环境越来越关注,城市人类活动与城市气候关系的研究逐步深入开展起来。在大气候或区域气候的背景条件下,由于城市化的影响而形成的一种局地气候或小气候即为城市气候。城市气候既有所属区域大气候背景的

影响,又反映了城市化后人类活动所产生的作用,人类活动对气候的影响在城市气候中表现最为突出,这种影响随着城市的发展而日益广泛和深化。因此,不同大气候区的城市气候不尽相同,但也存在一些共同的城市气候特征,其中最基本的有以下几个方面。

(1) 热岛效应

由于城市下垫面特殊性质、空气中由燃料产生的二氧化碳等较多以及人为的热源等原因,城市气温明显高于郊区,这种情况称为"城市热岛效应"。城市热岛强度是夜间大于白天,日落以后城郊温差迅速增大,日出以后又明显减小。

(2) 干/湿岛

城市中由于下垫面多为建筑物和不透水的路面,蒸发量、蒸腾量小,所以城市空气的平均绝对湿度和相对湿度都较小。但由于城市下垫面的热力特性,边界层湍流交换以及人为因素均存在日变化,因此,城市绝对湿度的日振幅比郊区大,白天城区绝对湿度比郊区低,形成"干岛",夜间城区绝对湿度比郊区大,形成"湿岛"。

(3) 浑浊岛

由于城市空气中尘埃和其他吸湿性核较多,形成"浑浊岛"效应,在条件适合时,即使空气中水汽未达到饱和,相对湿度仅达 70%~80%,城市中也会出现雾,所以城市中的雾多于郊区。有些城市汽车排放的尾气,在强烈阳光照射下,还会形成一种以臭氧、醛类和过氧乙酰硝酸酯(PAN)等为主要成分的浅蓝色光化学烟雾,这种雾对人体是有害的。

(4) 城市热岛环流

由于城市热岛效应,市区中心空气受热不断上升,四周郊区相对较冷的空气将向城区辐合补充,而在城市热岛中心上升的空气又在一定高度向四周郊区辐散下沉以补偿郊区底层空气的空缺,这样一来就形成了一种局地环流,我们称其为城市热岛环流。这种环流在晴朗少云、背景风场极其微弱的静稳天气条件下最为明显。应该指出,虽然城市热岛效应夜间大于白天,但由于夜间郊区大气层结稳定,有时候还存在逆温层,因此上升气流并不强;而白天郊区大气层结本身不稳定,空气流入城市后,上升速度快,所以城市热岛环流白天比夜间强。另外,夜间的郊区风具有阵性。

(5) 凝结核与云量

城市中由于有热岛中心的上升气流,空气中又有较多的粉尘等凝结核,因此云量比郊区多,城市中及其下风方向的降水量也比其他地区多。

(6) 酸雨

城市中由于大量使用能源,向大气中排放出许多二氧化硫和氮氧化物,它们在一系列复杂的化学反应下形成硫酸和硝酸,通过成云致雨过程和冲刷过程成为酸雨降落。酸雨可导致土壤贫瘠,森林生长速度缓慢,微生物活动受到抑制,对鱼类生存构成威胁,并对人类健康造成不良影响,因此,城市酸雨已成为一个严重的环境问题。

(7) 城市环境气象问题

城市是一个复杂的抵御综合体。城市中光照和热量的反射和吸收过程与郊区都有所不同(图 5-5)。城市的出现,不仅以人工地物(如楼房)或地表(如广场)代替自然地表,而且引发风向、风速的变化或风的生、消,从而引起大气污染的轻、重变化。城市生态环境的超载开发,受影响最明显、污染最严重的是大气,因而引起了一系列的城市环境气象问题。

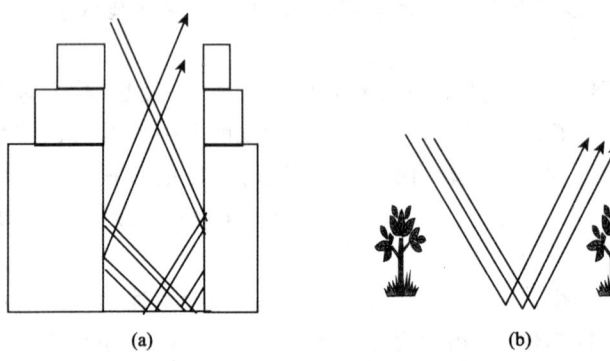

图 5-5　城市(a)和郊区(b)反射和吸收过程示意图

(8) 城市大气污染问题

由于城市人口集中、工业集中,车辆尾气、工厂等大量排放有害气体和污染物,致使大气污染严重。很多污染物积聚在城市街谷中,扩散受阻,容易导致大气污染事件。如 1952 年伦敦烟雾事件造成 4000 多人死亡。据日本 1973 年 5 月对 248 个城市的大气污染调查,约有 70% 的城市空气质量不达标,这不仅严重危害人体健康,而且对动、植物的生长和建筑物的寿命都有损害。

(9) 城市降水问题

由于街道和路面的封闭,自然降水几乎全排入下水道,使城市绿化植物得不到充足的水分,水平衡经常处于负值。由于城市高温,降水利用率低,植物蒸腾量变小,使城市相对湿度比农村地区低,形成"干岛"。

(10) 日照问题

空气污染极大地降低了辐射强度;城市建筑又因其大小、方向和宽窄的不同而改变了太阳辐射状况,即使在同一街道两侧也会出现很大差异(图 5-6)。比如,一条东西向的街道,北侧接受的

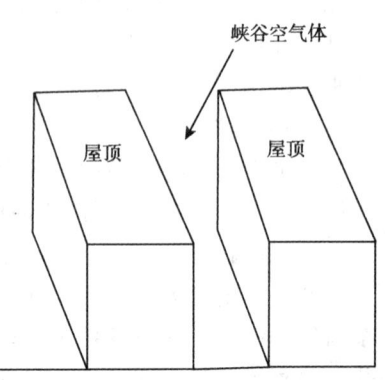

图 5-6　城市街谷示意图

太阳光远多于南侧。植物与建筑物之间距离太近,多存在荫蔽效果,由于接受的光量不同,树木被迫朝离开建筑物的方向不对称生长,导致偏冠。

(11) 城市雷暴、大雾频发问题

某些年份,我国大城市雷暴、雾发生的频率比常年偏多。例如北京市区,随着城市建筑面积的扩大,雷暴 1985—1987 年比 1981—1984 年增加了 27%,城区大雾发生的日数由 20 世纪 60 年代的年平均 10 d,发展到 80 年代的 22 d。这些灾害事件的发生均与城市热岛效应及污染严重紧密相联。

二、城市热岛效应

热岛是由于人们改变城市地表而引起小气候变化的综合现象,是城市气候最明显的特征之一。随着科学技术的飞跃发展,城市化的速度加快。由于城市独特的下垫面和人类活动产生的大量"人为热",直接增暖了城区的大气;城区建筑群密集、沥青和水泥路面比郊区的土壤、植被具有更大的热容量和吸热率,使城区储存了较多的热量;城区二氧化碳等有害气体较多,阻挡了地面长波辐射的外逸,再加上其他自然条件的共同作用,造成了同一时间城区气温普遍高于周围郊区气温,高温的城区处于低温的郊区包围之中,如同汪洋大海中的岛屿,人们把这种效应称之为城市热岛效应(图 5-7)。

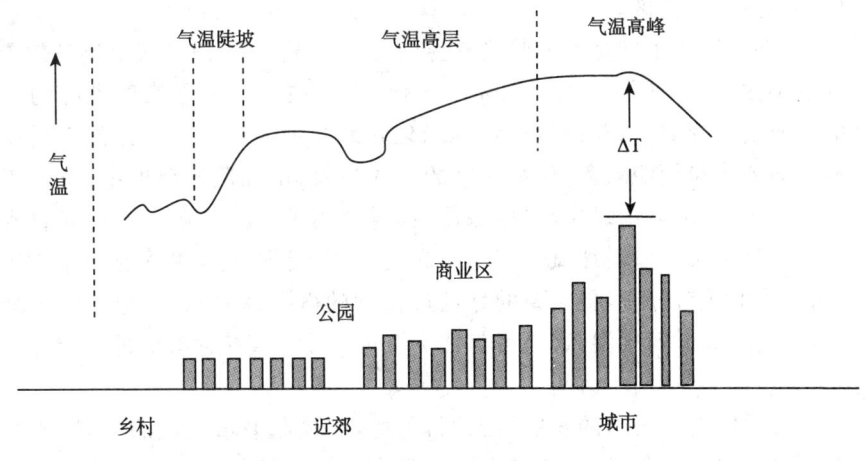

图 5-7 城市气温变化示意图

城市热岛直接或间接地对当时、当地的气候要素、居民生活和城市经济产生多种影响,影响有利也有弊。

有利影响:由于城市热岛效应使城区气温比郊区高,因此,城区冬季的积雪比郊区融化得快,这对交通十分有利。

在城市热岛效应的直接作用下,城区霜冻日减少,无霜冻日增多。

城市热岛效应使城区凝露量和结霜量都小于郊区。在条件适合时会产生城市夜间湿岛,在白昼和夜晚会使相对湿度减小。在热岛明显时往往会产生热岛环流,影响城市风场。在中高纬度城市冬季热岛效应能减少城区积雪频率、积雪时间和积雪深度。林德奎斯特曾对瑞典伦德城一次降雪后的地面积雪深度进行测量,城中心积雪深度不超过 3 cm,而郊区积雪深度为 6～8 cm。在降雪的当天中午,城中心气温为 0.5℃,而近郊只有－0.1℃。

不利影响:在低、中纬度地区的夏季,城市热岛效应会加重城区高温出现的频率,并因此带来巨大的经济损失。

在城市热岛的城区因低空有悬浮逆温层的存在,不利于大气污染物的扩散,容易形成大气污染。热岛效应会使大气污染物增加,提供更多的凝结核,生成云雾,使能见度变差,影响城市交通运输,雾凇还会影响电线线路的安全。

城市热岛效应会使城近郊区上空空气对流加强,从而容易出现局地大暴雨或强雷暴,在排水不畅时容易造成洪涝灾害。强雷暴会影响飞机的起降和飞行,还会干扰无线电通讯,击毁建筑物,击伤、击毁人畜,甚至引起火灾。

伴随城市化的加速,所造成的城市热岛效应如前所述影响将会更大,不容忽视。减少城市热岛效应的关键是彻底改造城市生态环境,树立城市生态学观念,统筹安排好居民区、商业区、工业区。

城、郊下垫面性质不同是形成热岛效应的重要因子之一,减轻城市热岛效应可从改变城区下垫面入手,加强人工生态环境建设,加快城区特别是热岛中心的绿化工作。在旧城改造的规划中,要留出充足的绿化场地。增大城市下垫面的反射率。城区屋顶和路面要尽量用淡颜色、保水性好的反光材料,增加阳光反射率,有助于降低城区气温。保护、增加城区绿化总量,绿化城区特殊空间,在楼顶、凉台上种树和草本植物。城市绿化不仅可以增加氧气,吸收和除去有害气体,过滤和净化污染物中的颗粒物,杀菌及降低城市噪音,更主要的是通过植物的微孔释放水分,把辐射热减少到最低限度,从而降低城区气温,这是目前情况下可采取的直接而有效地减轻热岛效应的措施。

城市热岛效应随着城市的发展而加剧,因此,在控制城市发展的同时,要控制城市人口密度、建筑物密度。因为城市人口高密度区也是建筑物的高密度区和能量高消耗区,形成气温的高温区。要控制人为热源,开发利用太阳能等新能源,减少城区人为热的释放,减轻城市热岛效应。加强城区自然通风,增加城区水域面积和喷水、洒水设施,使用清洁能源也可减轻城市热岛强度。

三、城市雾

雾是悬浮在近地面层大气中大量微细水滴（或冰晶）的可见集合体,是由悬浮在大气中微小液滴构成的气溶胶。雾和云的物理本质没有什么差别,差别仅在于各自所处的高度不同。白天温度比较高,空气中可容纳较多的水汽。但是到了夜间,温度下降,空气中能容纳水汽的能力降低,从而使一部分水汽凝结而产生大量悬浮在大气中微小液滴,如果目标物的水平能见度降低到 1 km 以内,就是雾。特别在秋冬季节,由于夜长,而且出现无云风小的机会较多,地面散热较夏天更迅速,以致使地面温度急剧下降,这样就使得近地面空气中的水汽,容易在后半夜到早晨达到饱和而凝结成小水珠,形成雾。秋冬的清晨气温最低,便是雾最浓的时刻。

（一）雾的形成

雾的形成可以通过以下两个途径：一是降低空气温度,使低层大气冷却到露点温度以下使水汽凝结。二是增加空气中的水汽,造成空气中水汽饱和,产生水汽凝结。

人们常把雾与霾混为一谈,霾是悬浮在大气中的大量微小尘粒、烟粒或盐粒的集合体。水平能见度在 1~10 km 的,称为轻雾或霭；水平能见度小于 10 km,且是灰尘颗粒造成的,就是霾或灰霾。另外,霾和雾还有一些肉眼看得见的"不一样"：雾的厚度只有几十米至 200 m,霾则有 1~3 km；雾的颜色是乳白色、青白色,霾则是黄色、橙灰色；雾的边界很清晰,过了"雾区"可能就是晴空万里,但是霾则与周围环境边界不明显。

（二）雾的分类

从天气学角度来看,雾主要有以下几类：

辐射雾：在日落后地面的热量辐射至天空,冷却后的地面冷凝了附近的空气。而潮湿的空气便会因此降至露点以下,并形成无数悬浮于空气里的小水滴,这便是辐射雾。它主要在秋天或冬天的清晨,天晴且风弱时出现,在日出后不久或风速加快后便会自然消散。多出现在晴朗、微风、近地面水汽比较充沛且比较稳定或有逆温存在的夜间和清晨。

平流雾：暖而湿的空气作水平运动,经过寒冷的地面或水面,逐渐冷却而形成的雾,气象上叫平流雾。

蒸发雾：即冷空气流经温暖水面,如果气温与水温相差很大,则因水面蒸发大量水汽,在水面附近的冷空气便发生水汽凝结成雾。这时雾层上往往有逆温层存在,否则对流会使雾消散。一般情况下,蒸发雾范围小,强度弱。

上坡雾：这是潮湿空气沿着山坡上升,绝热冷却使空气达到过饱和而产生的雾。这种潮湿空气必须稳定,山坡坡度必须较小,否则形成对流,雾就难以形成。

锋面雾：经常发生在冷、暖空气交界的锋面附近。锋前锋后均有，但以暖锋附近居多。锋前雾是由于锋面上方暖空气云层中的雨滴落入地面冷空气内，经蒸发，使空气达到过饱和而凝结形成；而锋后雾，则是由暖湿空气移至原来被暖锋前冷空气占据过的地区，经冷却达到过饱和而形成的。因为锋面附近的雾常跟随着锋面一道移动，军事上就常常利用这种锋面雾来掩护部队，向敌人进行突然袭击。

混合雾：有时兼有以上两种原因形成的雾叫混合雾。

烟雾：通常所说的烟雾是烟和雾同时构成的固、液混合态气溶胶，如硫酸烟雾、光化学烟雾等。城市中的烟雾是另一种原因所造成的，那就是人类的活动。早晨和晚上正是供暖锅炉的高峰期，大量排放的烟尘悬浮物和汽车尾气等污染物在低气压、风小的条件下，不易扩散，与低层空气中的水汽相结合，比较容易形成烟尘（雾），而这种烟尘（雾）持续时间往往较长。

由于各城市的具体环境（地理位置、地形、地貌、气候和水文条件等）相去甚远，因此，发生在城市中的雾也不尽相同。一般说来，沿海地区城市雾出现的频率较大，如北美、南美沿海、非洲海岸和亚洲东南沿海，雾日都比较频繁。我国东南沿海即是如此。而内陆广大地区特别是高原和沙漠地区的城市极少出现雾，如西宁和拉萨全年几乎无一个雾日。但其中也有个别情况，地处我国内陆的四川盆地，一年四季皆有雾出现，重庆就号称我国的雾都。

（三）城市雾害

城市雾是有害的天气现象。它的危害主要表现在以下几个方面：

危害交通运输。浓雾给交通运输带来数不尽的麻烦。飞机无法起飞和着陆，巨轮容易触礁，浓雾笼罩城市，车祸频繁发生，汽车只能缓缓行驶。尽管目前电子设备已经相当完善，雾仍然是影响空中、陆地及海上运输最严重的天气现象，使交通运输业受到生命、财产的巨大损失。

危害人体健康。雾中相对湿度大，雾中还有大量的烟尘和污染物，他们对人体健康都有危害。在城市和工矿区，对人体健康危害最大的是烟雾和光化学雾。光化学雾是大气中因光化学反应形成的一种有害混合烟雾。污染大气中的一次污染物（或称原发性污染物）碳氢化合物和氮氧化物在太阳紫外线作用下发生一系列光化学反应生成臭氧、醛类等二次污染物（或称继发性污染物），这两类污染物的混合体就是光化学烟雾。碳氢化合物和氮氧化物主要来自汽车排放的废气。光化学烟雾对人体的伤害主要是刺激眼睛和上呼吸道黏膜，加速人体衰老。

危害生态环境。雾使日照时数减少，雾浓度大，使空气湿度增加，气温降低，光照强度减弱，这些都对植物的生长发育不利。特别是在植物开花期，雾会使某些作物结实率降低，并且雾滴附着于作物表面，提供了植物病原孢子发芽所必需的水分，从而引起植物病害。海雾含盐量高,易使植物遭受盐害。特别是雾中含有大量污染物,其中的酸性污染物可在大气中逐步转化成硫酸和硝酸,形成酸雨、酸雪和酸雾。酸雨、酸雪和酸雾影响土壤营养系统,影响河流、湖泊的水环境,直接或间接地影响森林和植被,影响水栖植物和鱼类。总之,酸雾影响生态环境,烟雾和光化学烟雾使生态环境恶化。硫氧化物、氮氧化物和臭氧对植物都有害。此外,酸雾对城市建筑物和城市雕塑有很大的腐蚀作用。

(四)城市雾监测和预报

雾的监测一般是由气象台站进行观测。像城市机场、高速公路及码头这样的城市雾多发区,往往需要在各种自然条件下进行频繁的观测,因此,在有条件的情况下城市雾的监测一般是由仪器完成的。

雾监测仪器实质上是对雾影响能见度的测定,然后将测得的能见距离换算为雾的强度等级。能见度观测仪基本上分为两类:透射式能见度仪和散射式能见度仪。透射式能见度仪的原理是通过设置一个人工光源,在一定距离外检测光源衰减的程度,从而计算大气衰减系数,即可换算出能见距离。散射式能见度仪不是直接测定透射光,而是在光源光路的侧面测量由于空气分子、各种气溶胶粒子和细微的雾粒等引起的侧向散射光通量,再把散射光强换算为能见距离。在这两种仪器中,前者观测精度高,但受各种条件限制不利于实际业务使用,后者虽观测精度不如前者,但使用方便且不易受自然条件的限制,已用于城市机场、高速公路及码头雾的自动监测。此外,出于其他需要,还可对雾的化学成分和微物理学特性进行测定。

四、城市雷电

雷电是发生在大气层中同时具有声、光、电现象的物理过程。只有发展成熟并伸展很高的积雨云才有雷电现象出现。在发展成熟的积雨云里,云的上部以正电荷为主,云的下部以负电荷为主,但在云的底部,还有一个范围不大的带正电荷的区域,这里上升气流有局部的极大值。实测表明,在 $5\sim 10$ km 的高度主要是正电荷的云层,在 $1\sim 5$ km 的高度主要是负电荷的云层,但在云层的底部也有一块不大区域的正电荷聚集。雷雨云中的电荷分布很不均匀,往往形成多个电荷密集中心。每个电荷中心的电荷约为 $0.1\sim 10$ C,而一大块雷雨云同极性的总电荷则可达数百库仑。这样,在带有大量不同极性或不同数量电荷的雷雨云之间,或雷雨云和大地之间就形成了强大的电场。随着雷雨云的发展和运动,一旦空间电场强度超过大气游离放电的临界电场强度(大气中的电场强度约为 30 kV/cm,有水滴存在时约为 10 kV/cm)时,就会发生云间或对地的火花放电;放出几十乃至几百千安的电流;产生强烈的光和热(放电通道温度高达 $15000\sim 20000$℃),使空气急剧膨胀震动,发生霹雳轰鸣。这就是闪电伴随雷鸣叫做雷电的缘故。

(一)雷云的形成

产生雷电的条件是雷雨云中有电荷积累并形成极性。科学家们对雷雨云的带电机制及电荷有规律的分布进行了大量的观测和试验,积累了许多资料,并提出各种各样的解释,有些论点至今还有争论。

对流云初始阶段的"离子流"假说。大气中存在着大量的正离子和负离子,在云中的雨滴上,电荷分布是不均匀的,最外边的分子带负电,里层的带正电,内层比外层的电势差约高 0.25 V。为了平衡这个电势差,水滴就必须优先吸收大气中的负离子,这就使水滴逐渐带上了负电荷。当对流发展开始时,较轻的正离子逐渐地被上升的气流带到云的上部;而带负电的云滴因为比较重,就留在了下部,造成了正负电荷的分离。

冷云的电荷积累。当对流发展到一定阶段,云体伸入 0℃层以上的高度后,云中就有了过冷水滴、霰粒和冰晶等。这种由不同相态的水汽凝结物组成且温度低于 0℃的云,叫冷云。

暖云的电荷积累。在热带地区,有一些云整个云体都位于 0℃以上区域。因而只含有水滴而没有固态水粒子。这种云叫暖云或水云。暖云也会出现雷电现象。在中纬度地区的雷暴云,云体位于 0℃等温线以下的部分,就是云的暖区。在云的暖区里也有起电过程发生。

在雷雨云的发展过程中,上述机制在不同的发展阶段分别起作用。但是,最主要的带电机制还是由于水滴冻结造成的。大量观测事实表明,只有当云顶呈现纤维状、丝缕结构时,云才发展成为雷雨云。飞机观测发现,雷雨云中存在以冰、雪晶和霰粒为主的大量云粒子,而且大量电荷的积累即雷雨云迅猛带电机制,必须依靠霰粒生长过程的碰撞、撞冻和摩擦等才能发生。

(二)雷电的危害

雷电是一种严重的自然灾害,他给人类的生产生活造成了很大影响。近年来全球每年因雷电造成的经济损失高达几十亿美元,伤亡高达一万多人。我国每年因雷电造成经济损失数十亿人民币,上千人员伤亡。近年来,随着我国城市化进程的加快,城市雷电危害概率和造成的损失也成倍增加。其原因:一是现代化的城市发展迅速,高楼林立,加大了雷击概率;二是气候变暖,城市热岛现象增多,使大气环流增强,夏季雷暴期延长;三是随着科技的进步,当人类进入电子信息时代后,雷电灾害面大大扩大,从电力、建筑这两个领域扩展到几乎所有行业。纽约是雷电灾害最多的地区,近几年更是明显加强。中国雷电灾害最为严重的是广东省南部地区,东莞、深圳、惠州一带的雷电自然灾害已经达到世界之最。广东省的东莞雷电灾害非常严重,在夏季5—8月之间,雷电所带来的经济亏损占东莞当季 GDP 比例接近 6%,达上千万元。东莞每年都会发生多起雷电伤人事件,成为世界上雷击人员事件最频繁、最多的地区。是中国乃至世界雷电灾害的重灾区之一。

雷电造成的危害主要有几个方面:

雷电引起人身伤亡。闪电的受害者有 2/3 以上是在户外受到袭击。他们每 3 个人中有两个幸存。在闪电击死的人中,85% 是女性,年龄大都在 10~35 岁。死者以在树下避雷雨者最多。

雷电对人体的伤害。有电流的直接作用和超压或动力作用,以及高温作用。当人遭受雷电击的一瞬间,电流迅速通过人体,重者可导致心跳、呼吸停止,脑组织缺氧而死亡。另外,雷击时产生的火花也会造成不同程度的皮肤烧灼伤。雷电击伤,亦可使人体出现树枝状雷击纹,表皮剥脱,皮内出血,也能造成耳鼓膜或内脏破裂等。

广东省是全国雷电的高发区,每年因雷电遭受的人员伤亡和经济损失十分严重。据广东省气象局、省公安厅统计,2005 年全省发生雷电灾害 1676 宗,受雷击伤 59 人,击死 62 人,造成经济损失近 7 亿元。

雷暴是一种发展旺盛的强对流性天气。云中气流的强烈铅直运动,可使飞机失去控制;云中的过冷水滴,可造成严重的飞机积冰;冰雹可打坏飞机;现代飞机使用了大量的电子设备,特别是控制飞行状态的电子计算机,雷电对无线电罗盘和通信等电子设备造成严重干扰和破坏,直接影响飞机正常航行;雷击能损伤飞机的蒙皮。因此雷暴区历来被视为"空中禁区",禁止飞机穿越。自从天气雷达出现以后,人们能够及时而准确地发现雷暴,并对其进行监视和避让。雷暴属中小尺度天气系统,目前还难以准确预报。

(三)雷电的预防

雷电发生时产生的雷电流是主要的破坏源,其危害有直接雷击、感应雷击和由架空线引导的侵入雷。如各种照明、电讯等设施使用的架空线都可能把雷电引入室内,所以应严加防范。雷击易发生在缺少避雷设备或避雷设备不合格的高大建筑物、储罐;没有良好接地的金属屋顶;潮湿或空旷地区的建筑物、树木等处;由于烟气的导电性,烟囱特别易遭雷击;建筑物上有无线电而又没有避雷器和没有良好接地的地方也易遭到雷击。因此,预防雷电要做到以下几点:注意关闭门窗,室内人员应远离门窗、水管、煤气管等金属物体。关闭家用电器,拔掉电源插头,防止雷电从电源线入侵。在室外时,要及时躲避,不要在空旷的野外停留。在空旷的野外无处躲避时,应尽量寻找低洼之处(如土坑)藏身,或者立即下蹲,降低身体高度。远离孤立的大树、高塔、电线杆、广告牌等处。立即停止室外游泳、划船、钓鱼等水上活动。如多人共处室外,相互之间不要挤靠,以防雷击中后电流的互相传导。

五、城市气象与生活

人类的进化及文明的发展过程都与气候的变迁有关,不管世界物质文明发展到何种程度,人类都不能脱离赖以生存的大地、大气、水及动植物环境,人类没有支持它生存的外界环境更不可能存在。城市作为人类集中分布的主要地点,是一个国家和地区的政治、经济、文化的中心,是人类的主要集聚形式及主要集聚地之一,也是一个人口高度集中、经济高强度开发的人工生态系统。城市环境条件对人类生活的影响至关重要。外界环境作用于人体,在机体内引起各种复杂的反应,以便使人类更好地适应外界环境。

气象条件作为城市环境的重要因子对城市居民的生活有重要影响。随着我国城市扩大化迅速发展,城市人口增长较快,尤其是 20 世纪以来,经济繁荣、城市发展在给人们带来希望的同时,也面临着许多危机。其中城市气象灾害及其次生灾害已成为制约城市持续发展的重要环境因素,城市气象灾害所带来的危害也越来越大。

随着科学综合研究的发展,气象部门为满足人们对气象预报的不同需求,把观测到的各种气象要素,运用数理统计方法综合给出各种量化的预测指标——气象指数,如人体舒适度指数(表 5-8)。

表 5-8 人体舒适度指数

指数	分级	人体舒适度感受
86~88	4 级	人体感觉很热,极不适应,应注意防暑降温,以防中暑
80~85	3 级	人体感觉炎热,很不舒适,需注意防暑降温
76~79	2 级	人体感觉偏热,不舒适,可适当降温
71~75	1 级	人体感觉偏暖,较为舒适
59~70	0 级	人体感觉最为舒适,最可接受
51~58	-1 级	人体感觉略偏凉,较为舒适
39~50	-2 级	人体感觉较冷(清凉),不舒适,请注意保暖
26~38	-3 级	人体感觉很冷,很不舒适,要注意保暖防寒
<25	-4 级	人体感觉寒冷,极不适应,要注意保暖防寒,防止冻伤

一般而言,气温、气压、相对湿度、风速四个气象要素对人体感觉影响最大,人体舒适度指数就是根据这四项要素而构建的非线性方程。分为极冷、寒冷、舒适、偏热、闷热、极热等级别,表示人体对自然环境产生的各种生理感受。

(一)晨练气象指数

根据天空状况、风、气温、空气污染程度等条件,建立晨练外界环境气象要素的标准。分为 5 级(表 5-9)。

表 5-9　晨练指数

分级	晨练适宜度描述
1级	非常适宜晨练,各种气象条件都很好
2级	适宜晨练,一种气象条件不太好
3级	较适宜晨练,二种气象条件不太好
4级	不太适宜晨练,三种气象条件不太好
5级	不适宜晨练,所有气象条件都不好

(二)风寒指数

当环境气温降低到 $-4℃$ 以下时,如果人体未充分采取保暖措施,机体产热量将低于散热量,就会出现热的负平衡,时间过久会使机体受到伤害。冬季日最高气温小于或等于 $10℃$ 时,气象部门就要发布风寒指数。风寒指数综合考虑阴晴、风、温湿度和大气压等气象要素,给出人们对寒冷感觉的指数。北京地区风寒指数分为偏凉、较冷、很冷、寒冷、极冷等级别。

(三)空气污染指数

空气污染已成为人们日趋关注的重点。造成空气污染的原因很多,其来源包括汽车尾气、粉尘、工业区排放的有害物质、冬季小煤炉释放的二氧化硫等。人们在这样的环境中跑步、散步、做操、练气功等,日久天长容易导致健康状况下降或生病。但空气污染受季节及气象条件影响,在污染源排放量无大变化的前提下,空气污染气象指数与风、雨、雷电、气压、湿度等有密切关系。

空气污染指数预报能提示气象条件与污染物扩散之间的关系,使人们知道空气污染趋势,从而根据空气污染指数预报采取相应的措施。如果出现容易造成污染的气象条件,在污染比较严重的地区则应减少在室外的时间,少开门窗,尽量降低空气污染造成的伤害。晨练时亦不宜在空气污染严重的地方。

污染指数预报分为 5 级,当空气质量在 1~3 级时,均可以晨练;4 级时,选择适当的运动方式;而 5 级时必须停止晨练。

此外还有医疗气象指数,分为疾病低发期、易发期、多发期等级别。心脑血管病、感冒和呼吸系统疾病的气象指数分为:发病率小于 9% 的低发期、发病率 9%~20% 的易发期、发病率 21%~32% 的多发期和发病率大于 32% 的高峰期等。

本章小结

本章主要介绍了陆地上不同生态系统(荒漠生态系统、草地生态系统、森林生态系统、湿地生态系统、农田生态系统、城市生态系统)的特点及其与气象条件、气候变化的关系。

荒漠生态系统终年少雨或无雨,年降水量少于 200 mm。气温、地温的日较差、年较差大,多晴天,风沙活动频繁,地表干燥。草原是内陆干旱到半湿润气候条件的产物,草地生态系统在气候坐标轴上占据固定的位置,并与其他生态系统类型保持特定的联系。森林生态系统太阳辐射和日照时数比空旷地区少,气温变化和缓,风速小,森林内的相对湿度和绝对湿度比空旷地区大,森林内所形成的径流强度比较小。湿地在调节径流、维持生物多样性、蓄洪防旱、控制污染等方面具有其他生态系统不可替代的作用。湿地是气候变化的调节器,又是气候变化的指示器。气象条件是影响农业生产最活跃的因素,农业生产的对象是生命有机体,并主要在露天条件下进行,这决定了农业生产是受大气环境条件影响最大的产业部门。同时,农业生产活动对周围的大气环境也会产生一定影响。城市气候既有所属区域大气候背景的影响,又反映了城市化后人类活动所产生的作用,人类活动对气候的影响在城市气候中表现最为突出,这种影响随着城市的发展而日益广泛和深化。

陆地上各个生态系统内的物质循环和能量流动过程均与气象条件密切相关。在全球气候变化的大背景下,这些生态系统又与气候变化存在相互作用。此外,这些生态系统之间也存在内在联系。

复习思考题

1. 试述沙漠化的定义及我国沙尘暴的形成原因。
2. 试述森林生态系统与气候相互作用的表现形式。
3. 主要的农业气象灾害有哪些?
3. 我国的农业气象服务主要有哪些?
5. 城市生态系统的气候特征有哪些?
6. 城市气象灾害有哪些?
7. 分别描述人体舒适度指数和晨练指数、风寒指数、空气污染指数。
8. 论述城市热岛效应。
9. 湿地的类型有哪些?
10. 森林和湿地生态系统的特点分别是什么?

主要参考文献

FAO and UNEP. 1984. Provisional Methodology for Assessment and Mapping of Desertification. Nairofo:1-58.

Wang Z，Ueda H，Huang M. 2000. A deflation module for use in modeling long-range transport of yellow and over East Asia[J]. *Journal of Geophysical Reasearch*，**105**：26947-26960.

蔡晓明. 2002. 生态系统生态学[M]. 北京：科学出版社.

丁瑞强，王式功，尚可政，等. 2003. 近45a我国沙尘暴和扬沙天气变化趋势和突变分析[J]. 中国沙漠，**23**(3)：306-310.

贺宇. 2009. 农业气象服务现状与发展趋势[J]. 现代农业科学，**16**(2)：129-130.

姜会飞. 2008. 农业气象学[M]. 北京：科学出版社.

姜纪红，汤燕冰. 2007. 杭州西溪国家湿地公园生态气象监测研究[J]. 科技通报，**23**(6)：790-794.

黎明峰. 2006. 湖泊气象生态监测指标体系的科学设计[J]. 湖北气象，(2)：46.

李江风. 2002. 沙漠气候[M]. 北京：气象出版社，1-9.

李世奎，霍治国，王素艳，等. 2004. 农业气象灾害风险评估体系及模型研究[J]. 自然灾害学报，**13**(1)：77-87.

李祥余，李帅，何清. 2005. 沙漠化问题研究综述[J]. 干旱气象，**23**(4)：73-82.

刘引鸽. 2005. 气象气候灾害与对策[M]. 北京：中国环境科学出版.

卢琦. 2002. 荒漠化对全球气候变化的响应[J]. 中国人口·资源与环境，**12**(1)：95-98.

马树庆，袭祝香，王琪. 2003. 中国东北地区玉米低温冷害风险评估研究[J]. 自然灾害学报，**12**(3)：137-141.

石广玉，赵思雄. 2003. 沙尘暴研究中的若干科学问题[J]. 大气科学，**27**(4)：591-606.

孙建华，赵琳娜，赵思雄. 2003. 一个适用于我国北方的沙尘暴天气数值预测系统及其应用试验[J]. 气候与环境研究，**8**(2)：125-143.

王澄海. 2003. 气候变化与荒漠化[M]. 北京：气象出版社，107-144.

王娟，姬兰柱，Khomutova M. 2007. 黑龙江大兴安岭地区森林害虫发生面积与气象因子的关系[J]. 生态学杂志，**26**(5)：673-677.

吴兑，邓娇雪. 2001. 环境气象学与特种气象预报[M]. 北京：气象出版社.

吴忠标，李伟，王莉红. 2003. 城市大气环境概论[M]. 北京：化学工业出版社.

袭祝香，马树庆，王琪. 2003. 东北区低温冷害风险评估及区划[J]. 自然灾害学报，**12**(2)：98-102.

徐祥德，汤绪. 2002. 城市化环境气象学引论[M]. 北京：气象出版社.

杨持. 2008. 生态学[M]. 北京：高等教育出版社.

叶笃正，丑纪范，刘纪远，等. 2000. 关于我国华北沙尘天气的成因与治理对策[J]. 地理学报，**55**(5)：513-521.

张家诚. 1988. 气候与人类[M]. 河南：河南科学技术大学出版社，175-234.

张尚印，祝昌汉，高歌，等. 2001. 森林火灾天气等级确定及监测预报方法[J]. 气象科技，(2)：45-48.

张书余. 2002. 城市环境气象预报技术[M]. 北京：气象出版社.

朱震达，陈广庭. 1994. 中国土地沙质荒漠化[M]. 北京：科学出版社，36，60-80.

朱震达. 1998. 中国荒漠化(土地退化)防治研究[M]. 北京：中国环境科学出版社，6-7.

庄国顺，郭敬华，袁蕙，等. 2001. 2000年我国沙尘暴的组成、来源、粒径分布及其对全球环境的影响[J]. 科学通报，**46**(3)：191-197.

第六章 生态气象监测

第一节 生态气象监测需求、必要性和意义

生态环境是人类生存和发展的基本条件,是经济、社会发展的基础。保护和建设好生态环境,实现人类与生态环境的协调发展,是我国现代化建设中必须始终坚持的一项基本方针。

然而,我们的世界目前正面临着严重的环境问题:洁净淡水短缺,陆地和水生生态系统退化,土壤侵蚀加剧,生物多样性破坏,大气化学性质变化,全球气候也有发生较大变化的可能。这些地球环境的变化,已经超出了地球本身自然变动的变化范围,它们与战争、贫困、疾病和营养不良等灾难一样,对人类的生存构成了威胁。

人们已经认识到:地球是作为一个系统在运行着。在该系统中,海洋、大气和陆地以及其中的生命与非生命部分全都存在着相互联系。近年来的科学研究发现,人类活动正以多种方式显著地影响着地球系统的运行;人类造成的变化可以清晰地辨认出来,并超过了自然变率,其范围和影响可与许多大的自然强迫相提并论。但是,目前人们对地球作为一个系统如何运行、该系统的各部分如何链接以及系统各组成部分的作用,还知之甚少。

为了了解地球生态系统的现状,分析各部分之间的相互作用,尤其是定量地确定相互作用的关系,就必须建立可以长期、稳定获取全球多种地球物理参数的观测系统。

生态系统包括农业(农田)生态系统、草地生态系统、林业(森林)生态系统、城市生态系统、湿地生态系统、荒漠生态系统、海洋生态系统等,生态系统监测是地球系统监测的重要组成部分,监测的内容主要包括生物状况、大气、水、土壤、气候等。生态气象监测是生态系统监测的主要组成部分,是从影响生态系统的环境因子出发,侧重生态系统环境因素及其与生态系统的相互作用、相互影响的监测。生态气象监测与生态系统监测一样,是通过对大气、水、土壤、气候及其相关的生物状况等进行同步、长期的监测,获取天气气候要素对生态系统的综合影响及其影响的结果,向国家和社会各部门提供生态环境和质量状况的气象监测预测报告,为开发研制我国生态环境

质量监测预测预警业务系统提供基础数据,为发展天气、气候模式提供基础物理参数,为开展气候变化对生态环境质量的影响评价、农业气象服务等业务提供支持。

第二节 国内外发展现状和趋势

全球变化及其所导致的人类生存环境的变化越来越受到国际科学界和各国政府的关注和重视。自 20 世纪 80 年代以来,一些国家、国际组织和国际合作项目都纷纷建立国家、区域,甚至全球尺度的生态、环境观测和研究网络。如美国的"长期生态研究网络"(LTERN),英国的"环境变化网络"(ECN),国际地圈—生物圈计划(IGBP)在北半球的中国、美国及南半球的澳大利亚和阿根廷建立的 4 条观测带,联合国环境署(UNEP)在全球范围内建立的"全球环境监测系统"(GEMS),以及联合国教科文组织(UNESCO)和国际科联(ICSU)正在筹建的"全球陆地观测系统"(GTOS)等。

我国陆地生态系统观测网包括:中国气象局的气象观测网,中国科学院的(综合)陆地生态研究站网,水利部的水文观测网,农业部的农田生态站网和林业科学研究院的森林生态站网等。新中国成立以来,经过 60 年的建设和发展,中国已初步建立了地基、空基和天基相结合,门类比较齐全,布局基本合理的综合气象观测系统,实现了以地面、高空观测为主,向地面、高空、天气雷达、气象卫星观测协同发展的转变,实现了包括地面气象观测,大气环境观测,反映农田、草地、森林等生长和环境状况的农业气象观测及以 FY、NOAA、MODIS 为主的气象卫星遥感监测等的综合观测体系。

陆地生态观测的发展,将以地面网络观测为主,结合遥感、地理信息系统、全球定位系统和数学模型等现代手段,实现对各主要类型生态系统和环境状况的长期、全面的监测。生态气象监测已成为陆地生态监测不可缺少的组成部分。生态气象研究和服务的目的就是利用中国气象局气象综合观测系统,结合生态系统的其他观测网资料,开展生态气象研究,实现生态气象监测评估和预警服务的业务化,为国家实现自然资源的可持续利用和社会经济的可持续发展、建立生态安全和环境友好型社会提供决策依据。

第三节 监测依据与监测原则

一、监测依据

全球生态环境恶化、气候变暖早已引起世界广泛的关注,为了实现地球的生态安全,联合国、世界上许多国家相继出台了一系列的政策。主要有:

(1)1983 年第二次中国环境保护会议提出了经济建设、城乡建设和环境建设同步规划、同步实施、同步发展,做到经济、社会和环境效益统一的建设性意见。1984年,中国成立了国务院环境保护委员会和国家环境保护局,1989年颁布了《中华人民共和国环境保护法》。

(2)1992年6月,联合国环境与发展大会通过了关于全球保护环境,促进经济可持续发展的《21世纪议程》决议文件。该文件阐明了人类在环境保护与可持续发展之间必须做出的抉择和行动方案,对全球环境合作及建立新的伙伴关系提出了原则性的意见。

(3)根据《21世纪议程》的要求,中国政府组织52个部门、机构和社会团体,在联合国开发署(UNDP)的支持和帮助下,编制完成了《中国21世纪议程——中国21世纪人口、环境与发展白皮书》。1994年3月25日,经国务院第16次常务会议审议通过。为推动《中国21世纪议程》的实施,还制定了《中国21世纪议程优先项目计划》。

(4)1998年,中国颁布了《全国生态环境建设规划》,国家环保局升级为国家环境保护总局,各地政府建立了相应的机构,全国基本形成了现代环境保护管理体制。2000年,国务院颁布了《全国生态环境保护纲要》,明确了生态环境保护的指导思想、目标和任务。

(5)2001年,联合国启动了"新千年生态系统评估计划(MA)",旨在向决策者提供有关全球生态系统变化对人类生存环境影响的权威科学依据,以逐步恢复全球生态系统的生产力和服务功能。与此同时,中国启动了《中国生态系统评估计划》,围绕我国生态环境面临的突出矛盾和问题,对不同区域、主要生态系统和重大生态问题进行评估,建设、改善和保护生态环境,以提高人民的生活质量,实现社会的和谐发展。

(6)2001年,国家在"十五"计划《生态建设和环境保护重点专项规划》中,明确提出要围绕生态建设和环境保护的重点任务,结合国民经济信息化的进程,初步建成生态、环境、资源和灾害的综合监测体系,为中央和各级政府提供及时、可靠的决策依据,为全社会参与和监督提供丰富翔实的信息。

(7)天气气候条件作为不同时空尺度生态系统最活跃、最直接的驱动因子,对生态环境质量的影响引起气象部门的高度重视。为满足生态环境建设对气象的需求,2002年中国气象局下发了《关于气象部门开展生态监测与信息服务的指导意见》,明确要求在现有的气象监测预报服务体系的基础上,建立生态环境监测和信息服务体系。2005年制定下发了《生态气象观测规范(试行)》、《生态质量气象评价规范》、《生态监测指标体系》等规范性文件。青海、内蒙古、辽宁、宁夏、陕西等省(区)气象局针对本省生态脆弱区、敏感区和重大生态环境问题,相继建立了生态监测网,开展了生态监测评估服务。

(8)2006年,在国务院3号文件《国务院关于加快气象事业发展的若干意见》和中国气象事业发展战略的指导下,中国气象局为了加快建立与新世纪新阶段气象事业发展相适应的业务技术体制,下发了《业务技术体制改革总体方案》和包括《生态与农业气象轨道业务方案》在内的七个配套改革方案。《方案》明确提出中国气象局要建立和完善国家级、省级生态系统气象监测、预测和评估业务体系,以及针对主要生态环境问题和典型生态系统,结合气象部门自身的特点、优势和可能条件,重点开展重大生态问题的气象监测、评估和预测预报业务服务等任务。

二、监测原则

(1)中国生态气象监测站网的布局要充分发挥现有气象、农业、林业等系统生态监测站的作用,在健全国家生态综合监测站网的基础上,根据我国各类生态系统分布的特点,兼顾测站的代表性和典型性,对主要生态区和生态脆弱区建立生态气象监测站。根据一站多能的原则,尽可能立足于改造现有农业气象观测站和相关的专业观测站,增加观测项目,扩大功能,实现生态气象的综合观测。

(2)在设备建设方面,探测设备的稳定性、可靠性和实用性放在首位,采用成熟技术,确保观测、监测业务系统的稳定运行。

(3)积极采用国际通用的标准化技术,在监测系统软、硬件建设方面实现规范化和标准化。

(4)注重配套系统建设,特别是配套的实验室和维修保障系统的建设。

(5)充分利用气象部门地基、空基、天基等多种观测系统的综合作用,提高生态气象的监测水平。

第四节　农田生态气象监测

农业是国民经济的基础。农业作为经济社会活动的一个重要组成部分,具有经济功能、食物安全功能、社会功能、文化功能和生态功能。经济功能包括要素贡献和区域贡献,即生产商品性农产品,供给加工原料,供给资源(资本、生物能源、生物材料);维护区域多样性和稳定性。食物安全功能包括粮食安全和非粮食食物安全,即稳定供给质优价廉的粮油等大宗农产品、畜产品、园艺产品等。社会功能包括就业与社会保障,即农业就业、农业养老。文化功能包括文化与休闲,即传承农业文化;体验农业,理解自然;观光休闲,健康身心。生态功能包括资源保护和环境保护,即保持水土,保护动植物;创造环境绿地,净化大气和水源,维持生态平衡。农业的多功能性具有公共产品的特性,市场无法体现其完整的价值。

我国人口众多,资源相对匮乏。长期以来,人们只是着力于以各种技术和手段实现农业的经济功能;经济功能的单一过度强化,带来了严重的农田生态环境问题并制约着农业的可持续发展。进入 21 世纪,环境与可持续发展已成为世界范围内普遍关注的热点问题。如何在有限的资源条件下,进一步提高粮食和食物的生产水平,保障食物安全;同时又保护和改善农村生态环境,维护生态平衡,成为21世纪中国农业所面临的最严峻的挑战。

随着我国人口的增加,对食物的需求、农业的用地将增加,由农业驱动带来的生态环境变化将带来有利和不利两方面的影响。

正面影响:植物生长和光合作用需要吸收大量的CO_2,有助于减轻由于人类生活和生产活动所造成的CO_2增加对大气的污染,有利于维护自然界的生态平衡。

负面影响主要有:水资源消耗和农业污染的速度急剧增加。农业用水消耗量大,利用率低,占水资源消耗总量的比重很大,特别是灌溉农业的用水量更大。据联合国粮农组织的统计,全球平均每生产 1 t 谷物大约要耗水 1000 t。其中,北美和经合组织国家的农业用水占水资源开发总量的37%~45%;干旱地区的农业用水占总耗水量的2/3;澳大利亚盆地地区的农业用水占总耗水量高达90%以上。我国华北地区的农业用水占总耗水量的80%左右;由于整体供水潜力所剩无几,水资源短缺现象日益严重,不仅危及正常的农业生产活动,同时也对北京等一些重要城市的工业生产和居民生活产生了极为不利的影响。另外,现代农业生产中大量使用化肥和农药,对水环境造成严重污染。据测算,化学药剂中被真正有效利用的部分仅为10%~15%,其余大部分逐渐散失在空气、土壤和水中,其中约有50%随地表水渗入地下。由于土壤本身缺乏对化学物质的自净能力,长期使用农药会使一些有毒的化学物质沉积在土壤中或渗透到地下蓄水层,造成水资源的污染,进而通过在食物中的残留威胁到人类健康。

由农业驱动带来的生态环境破坏、水资源消耗、生态系统简单化、生态系统服务功能衰减、物种灭绝、水土流失、土地沙漠化、大气污染以及陆地、淡水和近海生态系统的污染及富营养化等问题,反过来又进一步影响农业生产,给农业生产造成了巨大损失,我国每年因生态破坏和环境污染所造成的经济损失高达2000亿元。

农业作为自然再生产与经济再生产密切结合的物质生产部门,其生产过程是不断与外界环境进行物质与能量交换的过程。农业生产高度依赖于天气气候条件;气象条件的组合匹配和时空分布状况,决定着农业生产对象的生长发育状况及其管理措施、最终产量、品质以及农产品的贮藏和流通等;旱、涝、冷害、寒害、霜冻、冻害等气象灾害和病虫灾害常给农业生产造成巨大损失;气象条件对农业生产过程的利弊影响,成为决定农业丰歉的重要因素。

一、农田生态气象监测功能

通过在典型的农田生态系统地段建立生态定位观测站及长期固定样地上,对农田生态系统的组成、结构、生产力、养分循环、水热循环和能力利用等在自然状态下或人为活动影响下的动态变化格局与过程进行长期监测,阐明农田生态系统发生、发展、演替的内在机制,农田生态系统自身的动态平衡,以及参与生物地球化学循环过程。

(一) 揭示农田生态系统演变规律及其动因

农田生态系统由不同种类的物种所组成,物种间的组合差异形成结构形式的不同;其要素主要包括水、土、气、生等。研究表明,CO_2 浓度增加改变了农田生态系统的物种组成与结构,如气候变暖将使目前的农作物种植北界北移,土地覆盖和利用的改变已造成全球范围内生物种类和品种的大量减少等。种类组成的改变会直接导致农田生态系统结构的变化;植物的死亡率以及随后的幼苗生长的改变同样对农田生态系统的结构构成影响;此外,人类活动造成农田生态系统景观的破碎化,也对其结构产生重要影响。关于农田生态系统的功能,目前关注的主要问题有:初级生产力、籽粒产量、凋落物分解、水分有效利用、碳汇功能、大气氮沉降、土地覆盖和利用的改变、生物多样性保护以及对全球变化的影响等。

通过对农田生态系统的组成、结构和功能及其演变过程的长期监测,从水分循环、大气循环和生物地球化学循环三方面系统分析研究农田生态系统对生态环境影响的物理、化学和生物学过程;从格局—过程—尺度有机结合的角度,研究水、土、气、生界面的物质转换和能量流动规律,定量分析不同时空尺度上生态过程演变、转换与耦合机制。

(二) 测定农田生态系统的生产力

农田生态系统是最主要的生命支持系统,是人类赖以生存与发展的物质基础。随着人口的增长、气候的恶化、资源的减少、粮食和能源的短缺,人类给农田生态系统造成的压力越来越大,使其可持续能力日益下降。因此保持和提高农田生态系统可持续的重要条件是保护农田生态系统的生产力。

农田生态系统的生产力及其地理分布除受植物本身的生物学限制外,主要受气候因子(如光、温度、降水、CO_2 浓度等)、土壤(如营养元素、土壤质地、有机物分解、呼吸过程)和人类的干扰(如病虫害防治、土地利用、管理措施等)的影响。通过对影响因子的长期监测,发展农田生态系统生产力的测定方法,包括直接收割法、光合作用测定法、CO_2 测定法、遥感与地理信息系统动态测定法等,揭示其时空分布变化规律、供给人类食物能力及其应变对策等。

(三) 建立农田生态系统功能指标体系

除生产食品和工业原料外,农田生态系统的服务功能及其效益主要包括:(1)涵养水源:包括补充地下水,改善水质,调节河川径流量,减少水旱灾害等。(2)保持水土:包括减少土壤崩塌,减少泥沙滞积和淤积,减少土壤退化。(3)维持大气平衡:包括固定CO_2和氮气、释放O_2、增加土壤肥力,维持大气中的CO_2和O_2的平衡,缓解温室效应。(4)调节气候:包括调节温度、干湿度、阻挡风沙、增加环境舒适度。(5)吸收和分解污染物质:包括植被直接吸附有毒尘埃、气体,植被根系及微生物吸收和分解有毒污染物质,净化空气、土壤和水体,减轻环境污染。(6)维持生物多样性:包括所提供的多样性生境生长、发育、繁殖的野生生物物种,所储藏的物种基因库。(7)游嬉效益:包括生态景观实体及其中的野生动植物为人们提供的众多游嬉机会,如观光、垂钓、野营、野餐等。(8)提供娱乐、美学、科研、教育等社会价值的效益。其价值可归纳为:涵养水源类价值,保护土壤类价值,固定CO_2与释放O_2类价值,游嬉类价值,保护野生物种类价值,教育、科研、历史与文化价值。

农田生态系统在受到压力胁迫情况下会产生健康风险,一般意义上的胁迫是指给生态系统造成负面效应的逆向胁迫。主要胁迫因子包括:农药等环境污染化合物(杀虫剂、杀菌剂、除草剂)、转基因植物(基因改良生物体释放于环境可能产生潜在的不良效应)、生态入侵、不当的农业生产活动、自然灾害特别是气象灾害。

通过对影响农田生态系统的服务功能、价值、健康指标的相关因子的长期监测,发展与建立主要农田类型生态系统服务功能及其价值评价、健康诊断指标体系,为农田生态系统的建设与保护及其可持续发展提供科学支持。

(四)揭示全球变化对农田生态系统的影响及其反馈作用

全球变化和农田生态系统之间的相互作用是一种相当复杂的过程,涉及气象与气候学、生物地球化学、水文学、土壤学、生理生态学、景观生态学和生态系统生态学等领域。要全面了解其相互作用的机制,必须研究全球变化对农田生态系统的综合影响,从单一因子(如CO_2浓度升高)扩展到多因子,从个体或单一群落水平扩展到生态系统水平。因此,不仅需要利用遥感、地理信息系统等先进技术测定在景观水平上的生态过程,也需要长期定位研究网络来监测农田生态系统功能对全球变化的反应,更需要大尺度样带来实现从局部到区域甚至全球尺度的转化。

全球变化对农田生态系统的影响,包括主要农田类型生态系统的种类、物种组成变化、物种间组合的变化;初级生产力、凋落物分解、水分有效性、碳汇功能、大气氮沉降、土地覆盖和利用的改变、生物多样性等的变化。农田生态系统对全球变化的反馈作用,包括对大气成分、全球气候的调节等。

(五)为气候系统模式提供基本参数

通过农田生态系统的长期定位观测和田间试验,不仅可为气候系统模式、特别是大气环流模型的校正和改进提供实验参数,也可为了解农田生态系统在缓和或加剧全球变化,特别是大气成分和全球气候方面的重要性积累实验证据。

(六)为农田生态环境监测和信息服务提供支持

面对日益严峻的生态环境问题,国家、农业生产部门迫切需要及时掌握有关农田生态环境监测与评估的全面信息,以便制定相应的应对策略。通过建立真正可供业务使用的农田生态气象监测体系,实现对农田生态系统的大面积动态监测和评估。可及时、准确地为国家、农业生产部门提供监测信息;为国家防灾减灾、农业可持续发展提供服务。

二、农田生态气象监测结构

(一)农田生态群落生理生态指标观测

(1)农作物发育期观测:从播种至收获的发育期。
(2)农作物生长状况观测:包括根(长度、数量、密度),茎(高度、密度),叶(数量、面积),穗(数量、长度),植被覆盖度等。
(3)生物量观测:包括根、茎、叶、穗的鲜、干重,总生物量鲜干重;籽粒千粒重。
(4)光合作用观测:包括光合速率、气孔阻力、蒸腾速率、叶面积指数、叶绿素含量等。
(5)营养成分组成测定:包括果实或籽粒的灰分、蛋白、脂肪、纤维、氨基酸等。
(6)有害物质污染测定:包括果实或籽粒中农药、重金属或有毒物质的含量等。
(7)作物冠层结构观测:包括测定与分析。

(二)农田生态群落土壤理化特征指标观测

(1)土壤物理特征指标:包括土壤容重、田间持水量、凋萎湿度、土壤机械组成、土壤紧实度等。
(2)土壤化学特征指标:包括土壤有机质含量(土壤有机碳 SOC 等)、土壤 pH 值、土壤矿质营养总量及可利用量(N、P、K、S 等)、土壤离子交换能力、土壤中农药、重金属和其他有害物质的累积量等。

(三)农田生态群落小气候观测

(1)常规气象要素观测:包括日照、温度、降水量、水汽压、风向、风速和气压等。
(2)太阳辐射各分量观测:包括总辐射、净辐射、直接辐射、反射辐射、散射辐射、紫外辐射、光合有效辐射(PAR)($<0.72\ \mu m$)、近红外($0.72\sim 4\ \mu m$),热红外($>4\ \mu m$)各波段的辐射观测。
(3)边界层梯度观测:在梯度塔的不同高度上布设各种观测仪器,进行气温、湿度、风向、风速等要素的观测。

(4)大气化学成分观测:包括大气干、湿沉降量及化学组成、酸雨、CO_2、N_2O、CH_4 和 O_3 浓度。

(四)农田生态群落水热通量观测

(1)农田水分平衡分量观测:包括降水、灌溉、地面蒸发、植物蒸腾、农田蒸渗、径流量,地下水埋深等。

(2)土壤水热通量的观测:在不同深度的土层布设各种观测仪器,进行不同土层的土壤温度、湿度、热通量观测。

(3)农田中的感热、潜热、动量和 CO_2 通量观测。

(五)遥感地物光谱观测

为将农田生态系统的监测从单一定位群落水平提升到生态系统水平,需加强遥感监测反演所需的地物光谱的定位观测。包括农作物长势、种植面积、估产、土地利用、农业气象灾害、病虫灾害等遥感动态反演对应的地物光谱。

(六)农田管理及其结果的观测

农田生态系统是生态系统中人为干预最多的生态系统。农田管理中的机械或人工耕作作业、田间施肥、灌溉及管理措施、种植制度的调整、土地利用方式的改变、病虫害的防治等,都会对农田生态系统的功能产生重要影响。农田管理及其结果的观测主要包括:农田施肥、灌溉的次数及其数量,种植制度安排,土地利用方式记载,病虫害防治的对象、用药、剂量,以及重要的农事耕作措施等。

三、农田生态气象监测布局

(一)布局原则

农田生态气象监测系统的布局应遵循以下原则:

(1)依托已有的观测台站,如现有的农业气象试验站、农业气象观测站和地面气象观测站等。目前中国气象局在全国设置有近 70 个农业气象试验站、583 个农业气象观测站和 2600 多个地面气象观测站。对现有观测网进行资源整合,通过改造和提升建设,建成覆盖全国范围的农田生态气象监测网。

(2)满足国家生态环境监测和信息服务业务建设的需求。采取疏密相结合的布局满足不同尺度,如全球、国家、区域尺度的应用和研究,特别是业务服务的需求。站网密度应覆盖全国,资料采集应实时、动态。

(3)考虑我国主要农田类型生态系统的区域分异特点,并覆盖主要的农田生态系统类型。在地域分异方面,应反映农田生态系统的东西差异、南北差异、山区丘陵垂直差异、水土资源的南北错位。在气候分异方面,应反映东部季风气候区、西部内陆干旱区、青藏高原区的差异。

(4)与农业部门和科学院系统已建立的生态网络站形成互补。目前农业部已建成由 42 个野外试验站组成的"土壤改良、培肥和肥料效益试验监测网",中国科学院已建成由 16 个野外试验站组成的农田生态系统监测网。在站网布局方面应形成互补和信息共享。

(二)布局方案

农业气象观测网是我国综合气象观测系统的重要部分,也是我国唯一把农业与气象紧密结合起来并实时反映作物生长和气象影响状况的监测网,在农业气象研究和业务服务中发挥了重要作用。近年来,随着生态气象领域的拓展,农业气象观测网也发挥着基础性作用。但是,随着我国现代农业的发展以及生态环境问题的日益严重,现有的农业气象观测站网和观测内容已不能较好地反映实际情况。

2007 年以来,中国气象局以需求为牵引,在稳定现有农业气象观测站网、重点调整观测任务,考虑国家需求、兼顾地方需求,明确职责、分类管理等调整原则的基础上,对现有的全国农业气象观测站点、观测任务、信息传输等进行了调整。2009 年 7 月 25 日,出台了《农业气象观测站网和观测任务调整实施方案》,将所有农业气象观测站点全部纳入国家统一管理体系,分国家农业气象一级和二级观测站,观测资料统一上传国家气象信息中心;重点加强服务全国需求的粮、棉、油等大宗作物气象观测,适量增加大农业观测站点;各省(自治区、直辖市)针对地方的服务需求,优化特色农业、设施农业等观测项目。农气观测站网和任务调整工作于 2009 年下半年完成,2010 年 1 月 1 日开始按照调整后的农业气象观测站网运行。

此次调整的目标是通过对现有农业气象观测任务及站网的改革、调整与完善,优化现有农业气象观测站点格局和观测任务,形成较为完善的现代农业气象观测体系;使农业气象观测站网布局更加科学,观测任务合理、明确,基本能够满足我国农业和农村经济发展、国家粮食安全及农业气象业务和服务工作的需求。

第五节 森林生态气象监测

森林是陆地上面积最大、结构最复杂、生物量最大、初级生产力最高的生态系统,其特殊功能决定了森林在维持生态安全、维护人类生存发展的基本条件中起着决定性和不可替代的作用。森林植被在参与生物地球化学循环过程中,通过与土壤、大气、水流在多界面、多层次、多尺度上进行物质与能量交换,改变和影响区域气候、水资源分布,起到涵养水源、净化水质、保护水土资源和抵御各种自然灾害的作用。在地表生物地球化学循环中,森林既是一些物质和能量形成的"汇",又是一些物质和能量释放的"源",还是大气—植被—土壤系统物质和能量流动的通道,起着重要的调节作用。在人类所面临的三大问题中,即全球气候变化、生物多样性保护和生物圈的可持续发展问题,森林是其中的关键环节,有着至关重要的作用。

近30年来,世界和我国在森林生态系统监测和研究方面获得了较快的发展。但总的来说,目前对森林生态系统的认识,如它的生态环境功能,特别是在调节改善环境、保护生物多样性及与全球变化的关系等方面认识得还很不够。

长期定位观测是国际上为研究、揭示生态系统的结构与功能变化规律而采用的重要手段。它通过在典型自然或人工的生态系统地段,建立生态系统定位观测站,在长期固定样地上,对生态系统的组成、结构、生物生产力、养分循环、水循环等在自然状态下或某些人为活动干扰下的动态变化格局与过程进行长期监测,阐明生态系统发生、发展、演替的内在机制和生态系统自身的动态平衡,以及参与生物地球化学循环过程等不可替代的研究方法。

国外森林生态系统的定位研究已有数十年的历史,著名的研究站有美国的 Baltimore 生态研究站、Hubbard Brook 试验林等。20世纪80年代以来,全球生态环境问题的日益严重,使得局地的生态环境监测很难满足大尺度的研究需要,因而迫切需要组建全球或区域性的生态环境监测、研究网络,以探讨森林生态系统在更宏观范围内的作用。国际上相继建立了一系列国家、区域和全球性的长期生态监测、研究网络,如美国长期生态研究网络(LTERN)和英国环境变化网络(ECN)等国家级生态网络,以及国际长期生态研究网络(ILTERN)和全球陆地观测系统生态网络(GTOS)等国际生态研究网络,这些生态研究网络在促进和加强对跨国、跨地区的长期生态现象与状况的了解以及与各生态站和各学科科学家之间的交流,改进更大时空尺度上的模拟结果等方面取得了重要成果,并在资源、环境管理决策中得到应用。

我国森林生态系统定位研究起步较晚,从20世纪50—60年代起开展了小规模的定位研究,80年代后期,森林生态定位研究站规模不断完善和扩大,并向网络化发展。中国科学院于1988年开始筹建中国生态系统研究网络(CERN)。CERN现拥有36个生态站、5个学科分中心和1个综合中心,其中包括9个森林生态系统试验站,已成为在国际上具有重要影响的国家级生态网络,与LTERN和ECN并称为世界三大国家级生态网络,是国际长期生态研究网络和全球陆地观测系统生态网络的发起成员。1992年原国家林业部根据我国生态环境建设需要,建立了由十多个生态站组成的中国森林生态系统研究网络(CFERN)(图6-1)。

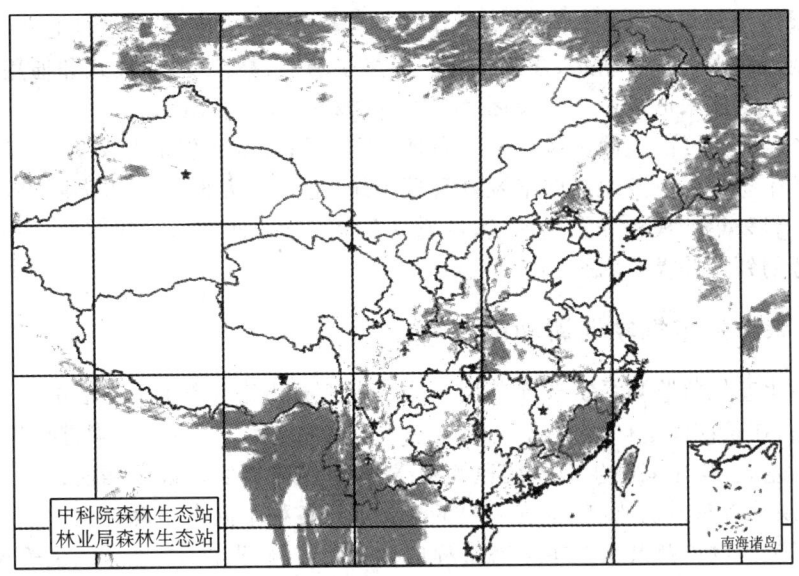

图 6-1 现有中科院和林业局森林生态网络站分布图

现有的森林生态环境监测体系取得了不同层次的长期监测数据信息与一系列研究成果,对于我国森林生态环境建设有较大的指导作用。但是,现有的森林生态环境监测体系无法满足中国气候观测系统建设的需要,主要体现在以下几个方面:

(1)现有的森林生态监测网络主要以科学研究为目的,无法满足业务运行的需要;

(2)我国现有森林生态站还不符合气候系统观测的要求,观测项目、范围、精度、时空分辨率等难以满足气候系统监测及预报准确率提高的需要,特别是亟待开展或加强气候系统及其相关的生态变化状况的监测。早在1974年,世界气象组织(WMO)和国际科联(ICSU)就提出了气候系统的概念,约占地球表面三分之一的陆地是气候系统重要而最为复杂的组成部分,发生于陆面的各种过程对气候、环境均具有显著的影响。近年来,陆面过程及其与气候的相互作用引起了人类社会的普遍关注,并逐渐成为了一个重要的科学研究领域。然而,由于缺乏陆面模式发展所需要的较全面的观测资料,很大程度上限制了陆面模式的发展;

(3)现有的森林生态站点稀少,尚不能满足我国森林生态环境建设尤其是区域监测和研究的需要;

(4)我国森林生态监测网络建设还没有达到合理的空间布局,也存在观测项目单一、重复建设状况。目前,我国很多部门在全国设有观测台站,这些台站没有从整个地球系统观测角度出发,一些关键区和敏感区台站设置明显不够。此外,只考虑到本部门的需要,台站观测项目单一,造成各个部门观测台站网的重复建设;

(5)缺少规范化和统一的监测技术体系以及现代化、自动化的观测设备。我国现有监测网络技术装备科技含量较低,探测范围、精度、分辨率等不能满足事业发展的需要。观测网未实现自动化、遥测化、数字化、多功能、高精度、开放式和通用化,脉动通量观测技术还未形成业务化应用。观测方法和手段相对落后。

为了及时、系统、准确了解森林生态环境质量的现状和发展趋势,需要建立中国区域森林生态气候业务观测网络及其管理系统,通过多方面集成和协调,形成统一、规范化资料采集处理和分发系统,满足地球系统科学监测和研究的需要,拓展气象预报和服务的领域并提高水平。

一、森林生态气象监测功能

森林生态气象监测系统选择典型自然或人工林生态系统地段,建立生态系统定位观测站,在长期固定样地上,对森林生态系统的水、土、气、生等要素进行长期监测,并以此为基础,构建森林生态系统监测网络,该系统主要实现以下功能:

(1)森林生态系统监测:按统一规范与要求对各种不同类型森林生态系统的主要环境因子和生物群落及其基本生态过程进行长期监测,提供水、土、气、生等长期监测数据,揭示森林生态系统及其环境要素的演变规律及其动因,为可持续发展服务。

(2)森林生态系统结构与功能分析:通过野外台站长期定位定时监测,从水分循环和碳循环入手,系统分析森林生态系统对生态环境影响的物理、化学和生物学过程,探讨森林生态系统生产力形成和调控机理。从格局—过程—尺度有机结合的角度研究水、土、气、生界面的物质转换和能量流动规律,定量分析不同时空尺度上生态过程演变、转换与耦合机制。

(3)森林生态系统与全球变化的关系研究:监测了解森林生态系统的现状和发展趋势,阐明我国不同区域森林生态系统对全球变化的作用机理,揭示气候变化对我国主要森林生态系统的影响,分析两者之间的相互影响与反馈机制,对于适应、减缓和控制生态气候,规范人类活动,保护生态系统有重要意义,并可为气候系统、生态系统、人类活动间相互作用模型的发展提供科学依据。

(4)发展气候、生态、经济社会系统耦合综合模型:为气象、气候、生态环境灾害预测预报模式、遥感提供基本输入参数和真值检验标准,发展气候系统、生态系统、人类经济社会活动等相互作用的综合耦合模式,开展大气、海洋、陆面过程与生态系统相互作用的研究,评估全球变化、气候变化对我国生态系统的影响,预测我国生态系统未来演变趋势。气候系统模式将成为预测未来气候变化的有力工具。气候系统模式的模拟和预测能力将不断加强,成为研究全球及区域气候形成、变异、气候系统各圈层之间相互作用和人类—气候—环境关系的有力工具。

(5)森林生态系统灾害监测与预警:地面监测网络与遥感技术相结合,对大面积的森林病虫害、火灾等进行监测和预警。森林植被和林草结合的国土生态安全是生态气象保障的主体和重点,需要不断提升气象预警预报水平,完善森林病虫害、火险监测、早期预警系统,为森林病虫害防治、林火预防和扑救决策提供支持。研究和预测预估气候变化趋势对国土生态安全体系的重大影响,为规划建设和优化结构提供决策依据也是气象为生态安全保障服务的重要内容。

(6)与其他站网配合组成相应功能网络,如构成中国 FLUXNET、能量与水平衡、大气气溶胶监测网络等。

二、森林生态气象监测结构

森林生态气象监测系统由 10～20 个基本站和约 100 个辅助站组成,基本站主要包括典型样地、通量塔、径流场和水分平衡场,进行水、土、气、生的综合观测,辅助站仅包括典型样地,在辅助站定期进行植被生长状况监测和森林基本情况调查,为遥感反演和气候、气象、生态模式等提供下垫面信息。基本站设置地面、通量塔、天基三层立体观测结构,满足不同尺度的观测和研究需要。

森林生态系统监测的生物要素包括:森林群落结构(密度、盖度、叶面积指数)、凋落物、物候期、森林生长状况(高度、胸径、单株立木材积和生长量)以及遥感森林长势等。

森林生态气象监测系统通过数据采集系统采集各种观测数据;通过数据管理和分发系统搜集和管理网络的各种观测数据、资料和研究成果,建立数据库;通过网络实现数据共享,并与其他机构进行数据交流。以数据收集和分发系统为基础,开发相关服务与决策支持模块,建立决策与服务支持系统,满足气象、生态、水文、土壤、遥感等学科和方向综合研究和服务的需要,为国家和地方的生态环境建设提供科学数据、理论依据和决策服务。

森林生态气象监测系统的结构如图 6-2 所示。

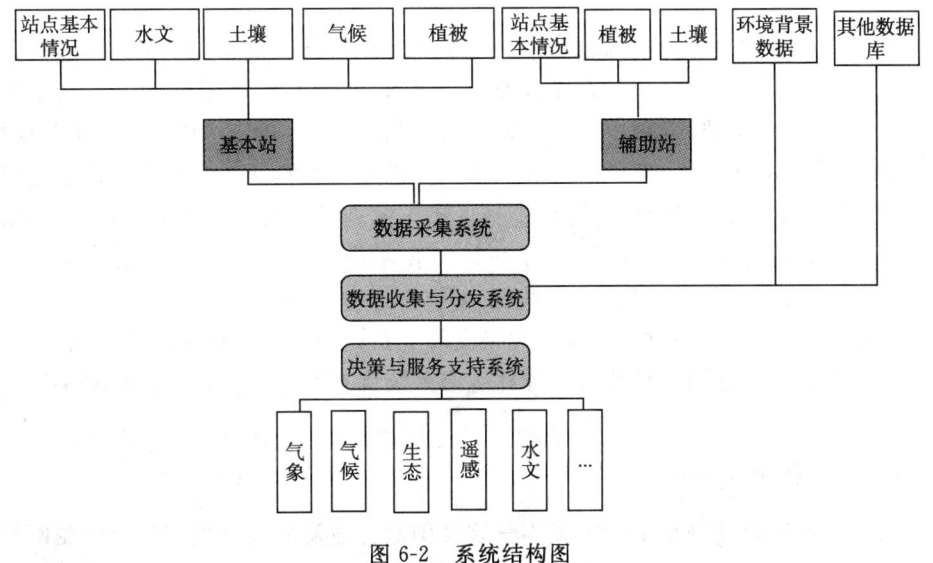

图 6-2 系统结构图

三、森林生态气象监测布局

（一）布局原则

森林生态气象监测系统的布局应遵循以下原则：

(1) 依托现有气象站和森林生态试验站；

(2) 考虑我国温度分布南高北低、水分分布东高西低的气候特点并覆盖主要的森林生态系统类型；

(3) 站点分布在全球变化和区域环境变化中具有代表性的地带和敏感地带；

(4) 与科学院系统和林业部门已建立的森林生态网络站相配合并互补；

(5) 采用疏密相结合的布局满足不同尺度，如全球、国家、区域尺度的应用和研究需要。

(6) 观测数据应具有系统性和长期性，能够满足不同时空尺度扩展研究的需要。

我国林地空间分布极不均匀，主要分布在东北三省的大小兴安岭区和南方山地丘陵区。大兴安岭－吕梁山－青藏高原东缘一线以东的地区为林地集中分布的地区，即东部林区，林地集中分布在各大山脉，如东北林区的大兴安岭、长白山辽东山地，西南林区的横断山脉，西藏雅鲁藏布江大拐弯以东以南的喜马拉雅山和横断山地区，四川盆地周围山地，云贵高原东南林区，南岭东南丘陵地区，此外还有秦巴山地、鄂西和湘西山地等。大兴安岭－吕梁山－青藏高原东缘一线以西的地区因降水稀少，气候多为半干旱和干旱气候，林地分布少而分散，主要分布在天山、阿尔泰山、祁连山、贺兰山、六盘山等。

我国幅员辽阔，从南到北跨越热带、亚热带、暖温带和温带，从东到西包括了湿润、半湿润、半干旱、干旱地区，形成多种生态系统类型，具有代表性的有亚热带生态系统、暖温带生态系统、温带生态系统等。自然景观上从东到西为"三级阶梯"分异特色，东部为湿润的平原、中部是半湿润半干旱的高原、盆地，西部为干旱的沙漠戈壁。

针对上述森林和气候分布特点，森林生态站的选址主要参考地带，包括纬向南亚热带与北亚热带过渡的24°N带，北亚热带向暖温带过渡的28°N带，暖温带向温带过渡的40°N带三条样带，经向选择我国地形二、三级阶梯交接处的108°E，一、二级阶梯交接处的114°E两条样带，以及大兴安岭－吕梁山－青藏高原东缘一线。

站点主要分布在国家级或省级森林生态系统保护区。图6-3为主要国家级和省级森林生态系统保护区。

（二）布局方案

森林生态气象监测系统与中国科学院及国家林业局的森林生态系统观测网络相结合，能够形成一个沿不同气候带分布的合理布局。从热带雨林区到寒温带针叶林区沿热量梯度变化,从东部森林区到干旱荒漠区沿水分梯度变化的研究样带,包括了从寒温带到热带、湿润地区到极端干旱地区的完整和连续的植被和土壤地带系列,基本反映温度和水分驱动的森林植被梯度变化规律。

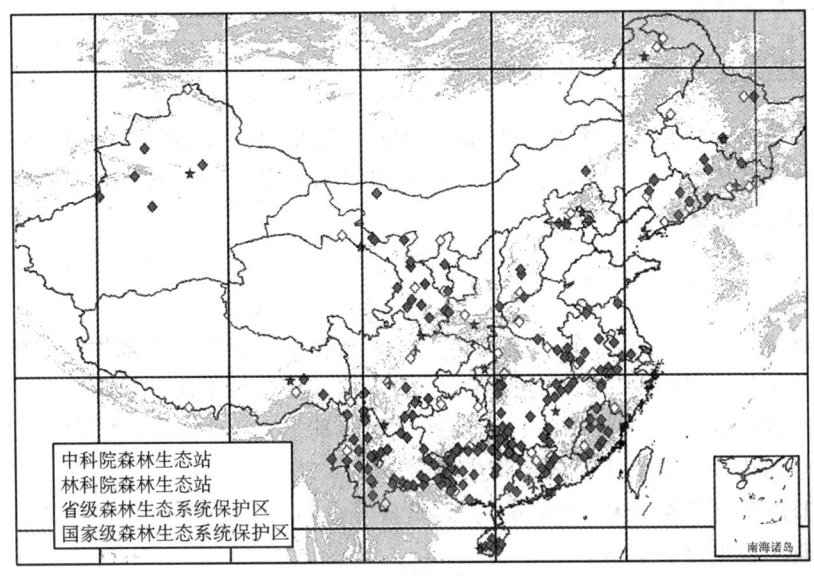

图 6-3 国家级和省级森林生态系统保护区

第六节 草地生态气象监测

草地是陆地生态系统的一个重要类型。在全球陆地生态系统中,草地的面积仅次于森林生态系统而成为第二大绿色覆盖层。我国天然草地约 3.93 亿 hm^2,占我国国土面积的 41.7%,是我国面积最大的陆地生态系统。我国草地主要分布于我国的北部,东起东北平原,越过大兴安岭,经内蒙古高原、鄂尔多斯高原、黄土高原,直达青藏高原的东南缘,东西绵延约 4500 km,起着缓冲和抵御恶劣气候和防御自然灾害的功能,对我国的生态安全有着极为重要的影响。草地土壤的深厚有机质层贮藏着数量十分可观的有机碳,与海洋生态系统、森林生态系统一起并列为地球的三大碳库,对调节大气 CO_2 浓度具有重要意义,在全球碳循环中也扮演着十分重要的角色。一些研究还表明:草地还能吸收温室气体 CH_4,是其的一个弱汇。我国草地生态系统是陆地生态系统的主要碳库之一,其源汇的关系变动对我国陆地生态系统的碳储藏与释放产生着强烈的影响。

我国草地生态系统由于主要位于气候环境脆弱区,经常发生气象灾害或气象衍生灾害,如:雪灾、旱灾、火灾、病虫、鼠灾等,给草地的正常物质循环与能量流动带来严重干扰,并直接影响草地生态安全和畜牧业的发展。因此,监测草地生态气候状况,搞好气象服务对预防草地气象灾害,保护生态环境以及实现草地畜牧业的可持续发展都具有重要意义。

一、草地生态气象监测功能

1. 实时监测草地生态系统的气温、气压、大气相对湿度、风向、风速、土壤温度、长波与短波辐射强度、日照长度、降水量、降水时间与强度等;建立观测高塔,监测草地生态系统的碳通量和沙尘输送。
2. 监测草地植被生长状况,揭示其与大气的相互作用与影响以及草地生态环境质量。
3. 监测草地土壤状况,揭示其与大气的相互作用与影响和草地生态环境。
4. 监测牲畜,揭示其与大气的相互作用以及其对草地生态的影响。
5. 监测草地放牧与其他人类活动情况,揭示其与大气、草地的相互作用与影响。
6. 监测草地气象灾害及气象衍生灾害。
7. 监测草地植被长势、产草量、生态质量等。
8. 监测牧草营养成分。
9. 监测草地固碳能力。

二、草地生态气象监测结构

我国虽是草地大国,但长期以来在草地观测方面投入不足、建设不够,缺少系统的草地观测资料和体系。2003年以来,气象部门加大了草地地面观测的力度,但是到目前为止,仍缺乏覆盖我国主要草原区的定时定点观测资料。目前,气象部门获取草地地面观测资料的渠道有3个。一是北方牧区21个畜牧气象站定时定点观测的牧草和牲畜资料;二是草地大省或草地生态环境问题比较突出的省气象局自建的草地观测站根据需求观测的牧草、气象灾害等;三是国家气象中心利用项目开展的草地植被生长状况调查。这一状况难以满足畜牧业可持续发展和草原生态环境改善对气象服务的迫切需要。为此,国家气象中心2005年以来充分利用业务中实时气象资料和NOAA卫星遥感资料,发展了草地生态气象监测预测技术,实现了根据现有资料满足当前草地生态畜牧业基本需求的北方草地生态气象实时监测功能。其结构主要包括草地植被生长实况监测、草地植被长势监测、草地生态气象条件优劣监测、草地生产力监测、草地生态质量监测、草畜平衡监测、草地气象灾害监测等。青海和内蒙古自治区气象局也加大了草地观测力度,2003年以来相继建立了20个、49个草地生态观测站,在牧草长势监测、营养成分监测等方面做了大量的工作。目前草地生态气象业务实现了利用空基、地基等多方面的信息和3S、多种模型等技术,建立了从监测气象条件优劣到最终影响结果—产草量和载畜量预报、生态质量评价等模型。

(1)草地植被生长状况监测。利用现有的草地地面观测站,实时观测草地植被物候期、草群结构、牧草种类、生物量、高度、盖度、株丛数以及毒杂草比例等。

(2)草地植被长势监测。利用NOAA、MODIS等卫星资料,监测草地植被长势;利用草地地面观测资料,监测牧草长势实况;然后综合监测牧草长势的时空分布。

(3)草地气象条件优劣监测。利用业务中可实时获取的光、温、水等气象资料,通过建立的草地植被生长气象条件评价模型,实时监测评价气象条件对草地植被生长的影响。

(4)草地生产力监测。通过历史NDVI与牧草单产(鲜草、干草)建立的关系模型,利用实时NDVI估算监测牧草单产;利用光能利用率建立NPP估算模型,实时监测估算草地NPP;利用草地生态系统模型,建立基于光合、呼吸等机理的逐日气象要素驱动模型,监测估算逐日或任意时段NPP。

(5)草地生态质量监测。利用反映草地生产力大小的NPP或产草量,建立评价草地生态质量优劣的实时监测模型,监测评价草地生态质量。

(6)草畜平衡监测。利用牧草产量估测模型估测牧草产量,确定可饲养的牲畜数量,监测牲畜是否超过了草原的承受能力,监测草畜是否平衡。

(7)牲畜监测。主要监测牲畜种类、牲畜饲草情况、牲畜活动、牲畜膘情等。

(8)土壤状况监测。主要监测地面粗糙度、土壤物理性质、土壤化学性质、土壤水分等。其中土壤水分是最主要的实时监测内容。

(9)草地气象灾害监测。主要监测影响畜牧业生产乃至人畜安全的降雪(包括雪暴)、暴雨、暴风雪、干旱、虫灾、鼠害等。

三、草地生态气象监测布局

(一)布局原则

1. 站点位于重要区域的原则

中国的草地主要位于西藏、内蒙古、新疆、青海、四川西部、甘肃、宁夏、黑龙江西部、吉林西部等我国北部和西部地区,且这些地区为气候脆弱区,天气气候条件恶劣,严重影响畜牧业生产和生态环境,因此,草地生态观测站应主要设置在此区域,以满足我国草地研究的需求。

2. 站点具有代表性的原则

即使在我国北部和西部地区,各个县草地面积的多少也相差很大。如:内蒙古西部、新疆南部、青海西北部、甘肃西部等地主要为荒漠区,草地面积小,设置的草地观测站点可以少些;而内蒙古中东部、新疆北部、甘肃沿青藏高原地区、青海东部和南部、西藏北部和西部草地面积大,县草地面积一般占全县国土面积的50%以上,为主要牧业县,可以设置的站点多些。因此,选取代表站时,应以站点所在县的草地面积占全县国土面积的比例须达50%以上为原则。同时,考虑所选台站地理分布的均匀性,使选取的站点尽量代表大多数草地类型。另外,考虑气候变化对农牧交错地带的影响问题,在此区域也应设置相应的站点。

3. 资料保持连续性的原则

中国气象局20世纪80年代建立的畜牧气象站,有的距离很近,有的距离很远,从站点的合理布局来看,应进行调整。如:青海同德和兴海,甘肃玛曲、合作和青海河南以及四川的若尔盖,内蒙古额尔古纳和鄂温克旗,但为了观测资料的连续性,以利研究气候变化对草地和畜牧业的影响,草地站点的改革保留了这些站点。

4. 观测节约资源和成本的原则

中国气象局有2000多个气象站、21个畜牧气象站,西藏、内蒙古、新疆、青海、甘肃、四川、宁夏、黑龙江西部、吉林西部牧区和半农半牧区约有700个气象站,依托这些气象站,附带观测牧草和牲畜,利用中国气象信息网络系统将观测的资料及时上传到省气象局和中国气象局,用于实时监测牧草生长、牲畜、灾害以及生态环境状况,可以大大节约资源和观测成本。因此,草地观测主要应附设在气象站,观测场地设在气象站附近,对气象站人员进行适当培训,即可实现草地生态气象监测。

5. 观测结果具有可比性的原则

目前获取草地地面资料有两种方式:一种是定点定时观测,如中国气象局畜牧气象站和青海省、内蒙古自治区气象局草地观测站,每年在牧草返青至黄枯期间,逐旬观测牧草高度、发育日期、发育程度、土壤水分,每月月末观测草层高度、盖度、牧草鲜草和干草重,使得牧草资料年际和生长季内具有可比性,易于及时了解牧草生长实况,研究牧草受天气气候的影响以及气候变化对草地和畜牧业的影响问题。另一种为临时性的流动样方调查,农业部和中国气象局均采用此方法,于牧草生长盛期开展大规模的调查,但此方法由于每年调查的时间不同,使得观测的资料可比性很差。为此,草地生态气象观测应采取定点定时观测的原则,积累可比资料。

6. 设置的站点具有保护草地的原则

我国大部分草地生态环境较差,土层瘠薄,一旦破坏,很难恢复,因此,在进行草地观测时应注意保护草原生态环境。由于牧草生物量的观测要齐根剪下当年生长的鲜草部分,草地土壤湿度的观测需要人工取土,为了做到观测的草地站数既能满足服务和研究的要求,又不至于不利于保护草地,故国家级所设的草地生态气象站数不宜太多,并尽量利用省级已设立的站点作为国家级观测站。

(二)布局方案

目前我国开展草地地面观测的主要有中国科学院内蒙古锡林浩特、青海海北、西藏当雄3个草地生态系统观测站,农业部夏季全国草地抽样调查和河北沽源草地生态系统国家野外科学观测研究站,中国气象局21个畜牧气象站和青海、内蒙古等省(区)气象局自建的草地观测站等。为了满足国家对草地生态气象研究和服务的迫切需求,改变目前我国草地地面观测薄弱的局面,中国气象局已在气象部门现有草地观测的基础上,进行改革,建立草地生态气象观测站。

1. 观测站数

全国县级草地面积占该县国土面积50%以上的县数有283个,其中西藏、内蒙古、新疆、青海、四川、甘肃分别有73、50、46、33、27、26个,之和达255个,占全国的90%,因此,此6省(区)可作为我国草地生态气象观测站布设的主要区域。按总体样本的1/5取样可确定全国草地样县数57个。2009年7月25日,中国气象局出台的《农业气象观测站网和观测任务调整实施方案》,拟在我国布设50多个草地生态气象观测站,观测草地和牲畜,2010年1月1日起执行。

2. 观测内容

草地生态气象站观测的内容除了气象要素外,还观测草地植物、动物、土壤水分、气象灾害、生态环境状况等。其中,牧草部分应观测草层和牧草个体生长发育状况,主要观测牧草发育日期、高度、盖度、重量、草群牧草种类、优势牧草变化情况、毒害草比例和草层高度、盖度,国家级农业气象试验站还观测牧草粗蛋白、粗脂肪、粗纤维、含水量、钙磷含量、粗灰分、无氮浸出物等;动物部分主要观测牲畜头数、牲畜膘情、牧事活动;土壤水分主要包括干土层厚度、10~50 cm每10 cm的土壤相对湿度以及土壤常数;气象灾害包括白灾、旱灾、黑灾、暴风雪等;生态环境部分主要观测沙尘、草地"三化"等。具体观测的内容和方法可参考《农业气象观测规范》和《生态气象观测规范(试行)》执行。

第七节 湿地生态气象监测

湿地系指天然或人工、长久或暂时之沼泽地、泥炭地或水域地带,带有或静止或流动、或为淡水、半咸水或咸水水体者,包括低潮时水深不超过6 m的水域。所有季节性或常年积水地段,包括沼泽、泥炭地、湿草甸、湖泊、河流及洪泛平原、河口三角洲、滩涂、珊瑚礁、红树林、水库、池塘、水稻田以及低潮时水深浅于 6 m 的海岸带等，均属湿地范畴。

湿地与人类的生存、繁衍、发展息息相关，是自然界最富生物多样性的生态景观和人类最重要的生存环境之一，它不仅为人类的生产、生活提供多种资源，而且具有巨大的环境功能和效益，在抵御洪水、调节径流、蓄洪防旱、控制污染、调节气候、控制土壤侵蚀、促淤造陆、美化环境、保护生物多样性等方面有着其他系统不可替代的作用，是维护国土生态安全的重要屏障，被誉为"地球之肾"，受到全世界范围的广泛关注。国际上湿地与森林、海洋一起并称为全球三大生态系统。

全国湿地资源调查表明，中国单块面积大于 100 hm^2 的湿地总面积达到 3848 万 hm^2（不包括水稻田），居亚洲第一位，世界第四位。中国湿地的特点有：(1)类型多：《湿地公约》划分的四十类湿地在中国均有分布，中国是全球湿地类型最丰富的国家；(2)面积大：仅自然湿地就有 3620 万 hm^2，占国土面积的 3.8%，包括沼泽湿地 1370 万 hm^2，湖泊湿地 835 万 hm^2，河流湿地 821 万 hm^2，近海与海岸湿地 594 万 hm^2；(3)分布广：从寒温带到热带，从沿海到内陆，从平原到高原都有分布；(4)区域差异显著：中国东部地区河流湿地多，东北部地区沼泽湿地多，而西部干旱地区湿地明显偏少；长江中下游地区和青藏高原湖泊湿地多，青藏高原和西北部干旱地区又多为咸水湖和盐湖；海南岛到福建北部的沿海地区分布着独特的红树林和亚热带和热带地区人工湿地；青藏高原具有世界海拔最高的大面积高原沼泽和湖群，形成了独特的生态环境；(5)生物多样性丰富：中国的湿地生境类型众多，其间生长着多种多样的生物物种，不仅物种数量多，而且有很多是中国所特有，具有重大的科研价值和经济价值。据初步统计，中国湿地植被约有 101 科，其中维管束植物约有 94 科，中国湿地的高等植物中属濒危种类的有 100 多种。中国海岸带湿地生物种类约有 8200 种，其中植物 5000 种，动物 3200 种。中国的内陆湿地高等植物约 1548 种、高等动物 1500 多种。中国有淡水鱼类 770 多种或亚种，其中包括许多洄游鱼类，它们借助湿地系统提供的特殊环境产卵繁殖。中国湿地的鸟类种类繁多，在亚洲 57 种濒危鸟类中，中国湿地内就有 31 种，占 54%；全世界雁鸭类有 166 种，中国湿地就有 50 种，占 30%；全世界鹤类有 15 种，中国仅记录到的就有 9 种。

中国湿地提供了多种和巨大的经济效益、生态效益和社会效益，保护好中国的湿地具有特殊重要的意义。然而，随着人口的急剧增加，为解决农业用地和发展经济，对湿地的不合理开发利用导致中国天然湿地日益减少，功能和效益下降；捕捞、狩猎、砍伐、采挖等过量获取湿地生物资源，造成了湿地生物多样性逐渐丧失；湿地水资源过度开采利用，导致湿地水质碱化，湖泊萎缩；长期承泄工农业废水、生活污水，导致湿地水污染，严重危及湿地生物的生存环境；森林资源的过度砍伐，植被破坏，导致水土流失加剧，江河湖泊泥沙淤积等等，使中国湿地资源遭受到了严重破坏，其生态功能也严重受损。据统计,近40年来,全国湖泊围垦面积已超过五大淡水湖面积之和,失去调蓄容积325亿 m^3,每年损失淡水资源约350亿 m^3;沿海湿地围垦近1/2;我国最大的沼泽集中分布区——三江平原,已有300万 hm^2 湿地变为农田,仅有沼泽湿地104万 hm^2,如果不加以控制,这些沼泽湿地将丧失殆尽。因水资源不合理利用致使我国西部玛纳斯湖、罗布泊、居延海已基本变成盐碱荒漠!水污染更加重了对湿地的破坏,全国1/3以上的河段受到污染,在全国有监测的1200多条河流中已有850条受到污染,鱼虾绝迹的河道长达5322 km,90%以上城市水域污染严重,50%重点城镇水源地不符合饮用水标准,我国富营养化湖泊已占50%;不仅加重水资源紧张,而且对渔业、农业及人民的生活健康带来危害。

湿地的重要性使得国家越来越重视湿地的保护与建设。至今,我国已建立不同级别的湿地保护区总数达353个(其中国家级46个),约40%的天然湿地已纳入保护区的管护范围。全国555处湿地进入了"中国重要湿地名录",截至2008年已有36处湿地已被列入了《湿地公约》的"国际重要湿地名录"。

湿地是我国生态环境的一个重要组成部分,湿地生态环境监测是全国生态环境综合监测和信息服务的一部分。中国科学院中国生态系统研究网络(CERN)仅有黑龙江三江站、湖北东湖站、江苏太湖站3个试验站进行湿地监测,这对中国这样一个湿地大国来说是远远不够的。同时中国生态系统研究网络(CERN)的湿地观测主要是为了满足科学研究的需要,多从生态学角度来考虑,较少从气候系统的角度来考虑,因此目前的现状无法满足生态气象业务监测、评估和预报服务的需要。

一、湿地生态气象监测功能

湿地生态气象监测系统主要是在我国建立具有较好地域代表性的湿地生态气象观测网。湿地生态气象监测系统建立后,将按标准化的方法对中国湿地的一些重要生态环境因子进行定期观测,获取湿地小气候、水文、水质、土壤、生物、水热通量、碳通量、温室气体浓度和排放通量等数据,同时对所得数据进行必要的质量控制和整理,从而为我国气候系统模式的发展提供参数,对湿地生态系统的变化进行监测和预警,同时为湿地遥感产品提供校正资料。

(一)对我国主要类型湿地生态系统进行长期监测

湿地是我国生态环境的一个重要组成部分,湿地生态环境监测是全国生态环境综合监测和信息服务的一部分。通过业务化的湿地生态气象监测系统的建立,可实现对中国湿地的植被特征、水文和水质特征、土壤特征等进行大范围动态实时监测和评估,为地区和国家关于资源、环境方面的重大决策提供支持。

（二）为中国气候系统模式的发展提供参数

湿地生态气象长期观测所得到的数据，不仅可直接用于气候系统中各要素自身变化的科学问题的分析，服务于气候变率和气候变化的检测及机理分析，还可用于气候系统模式中关键过程的研究，特别是对气候模式中的参数化方案的研制和检验，提供必要的实际观测资料，在模式发展中起着难以替代的作用。

（三）为湿地评价和管理服务

通过对影响湿地生态系统的服务功能、价值、健康指标等相关因子的长期监测，发展和建立主要类型湿地生态系统服务功能及其价值评价、健康诊断指标体系，为湿地生态系统的保护与可持续利用提供科学依据。

（四）为我国湿地生态系统研究和服务提供科学依据

通过对中国湿地生态系统长期监测，为评价和预测气候变化对我国湿地生态系统的影响及其响应提供科学数据，实现学术理论的重大创新，提高我国在国际全球变化研究领域中的学术地位；为全球气候变化背景下中国社会经济可持续发展，湿地生态系统的管理提供科学依据，为我国参与联合国气候变化框架公约（UNFCCC）的外交谈判提供必要的知识、技术和数据贮备。

二、湿地生态气象监测结构

为了充分发挥中国气象局气象台站密集的优势，同时避免与其他部门重复，依据中国湿地现状，湿地生态气象监测系统应由监测中国重要的沼泽湿地、湖泊湿地和滨海湿地的监测站组成。如此，即可与水利、水文部门已经开展的河流湿地监测和农田生态气象监测系统承担的人工湿地监测共同构成系统的我国湿地生态气象监测系统。观测项目中还应包括湿地二氧化碳、甲烷和氧化亚氮排放通量等的测定。

三、湿地生态气候监测布局状况

全国湿地按照自然属性和湿地面临的威胁，分为东北湿地、黄河中下游湿地、长江中下游湿地、滨海湿地、东南和南部湿地、云贵高原湿地、西北干旱半干旱湿地以及青藏高寒湿地 8 个区域。

依据中国现存湿地分布比较零散，成片的重要湿地大多在自然保护区内的特点，湿地生态气象监测系统的布局原则是：以中国内地列入《国际重要湿地名录》的湿地为中心，以中国国家级湿地自然保护区为基本，其他中国重要湿地为辅，根据中国科学院和国家林业局湿地生态站的布设情况，建立优势互补的国家湿地生态气候监测站网。

目前建立湿地生态观测站的主要有中国科学院、国家林业局和中国气象局。其中,中国气象局自2005年以来,根据国家和社会对湿地生态系统气象监测和服务的需求,逐步开展了湿地生态气象监测站建设。目前建成并运行的有杭州西溪湿地生态气象站、辽宁盘锦湿地生态系统野外观测站、黑龙江扎龙湿地生态气象站、江苏盐城湿地生态气象站、湖北神农架大九湖国家湿地生态气象站和石首天鹅洲湿地生态气象站等,观测的要素主要有气象、水文、环境、土壤、动植物、大气化学等。各个观测站根据当地的需要,开展了侧重点不同的湿地生态气象观测,积累了一定数量的湿地生态气象监测资料。

第八节 城市生态气象监测

城市生态学是20世纪20年代由美国芝加哥学派兴起的一门以人类活动为中心,以人类栖息地为对象,研究城市人类生产和生活活动与周围环境关系的一门系统科学。20世纪70年代以来,世界城市化进程的日益加剧以及城市化所带来的一系列人口、资源、环境问题,引起了各国生态学家和城市工作者对城市生态系统研究的兴趣。联合国教科文组织人与生物圈计划所开展的14项全球性生态研究中的第11项就是城市生态研究,70多个组织,100多个城市先后参加了这项研究计划。1974年,国际生态学会专门成立了一个城市生态专业委员会来协调各国的城市生态研究。我国自20世纪70年代以来陆续在一些大中城市开展了这方面工作,并于1984年在上海成立了中国生态学会城市生态专业委员会。

城市生态气候系统是城市生态系统的重要组成部分,其监测工作目前在国内外都处于起步阶段,观测项目多分散于不同的部门,目前仍没有形成完整的业务工作体系,监测项目不明确,也不完整,有相当数量的观测项目需要补充、完善;有些观测项目的台站布局需要进一步调整;许多项目并没有建立观测规范和流程;城市生态环境示范建设也急需开展;没有完善的信息共享机制;生态环境信息的综合分析服务水平不高;全国尚没有建立起生态环境业务的统一、科学的管理体系。

随着我国城市化进程的迅猛发展,城市中人们的生产、生活与大气科学的学科发展以及气象事业自身的发展都对城市生态气象监测工作提出了更新、更高、更广的要求。针对城市生态气象监测的需求也更加迫切。积极开展城市生态气象监测,增强我国在主要城市生态气象的监测能力,以提高对城市化对气候、环境、生态系统和人类健康长期影响的科学认识,为我国城市实现可持续发展提供预测预警服务。如:城市生态气象中,边界层与下垫面通量的监测能够改进城市特殊下垫面的参数化方案,为城市特殊的陆面过程提供可靠的边界条件,改进数值预报模式对城市区域的精细天气预报和空气质量预报;同时,城市生态气象的辐射、气溶胶的监测,能够为卫星遥感在城市区域的应用提供校准与验证,还能够充分利用城市观测站网数据,配合较高分辨率卫星数据,对污染物排放与扩散、城市小气候、城市热岛效应等进行高时空分辨率的模拟与预报等。

一、城市生态气象监测功能

以城市气象监测为主,结合其他监测,主要包括大气边界层结构、大气气溶胶、空气质量、城市地下水环境、城市自然植被物候等的监测,对城市生态气象实施长期定位监测,资料网络实时传输,为相关部门提供科学数据和优质服务。城市生态气象系统综合观测示范站主要具有的功能如下。

(一)大气环境监测功能

(1)城市气象监测:主要对城市温度、湿度、风场、降水、云量、能见度、辐射与紫外线等进行观测;

(2)城市空气质量监测:主要对酸雨、负离子、污染气体、大气颗粒物及其化学成分进行监测;

(3)城市大气边界层监测:对大气温、湿、风与大气气溶胶进行监测。城市边界层是大气流动和其下垫面相互作用的结果,是湍流垂直交换显著的大气薄层,其主要的物理过程包括:动量输送、热量输送、水汽输送、摩擦效应、地形强迫等。它对于地面和大气之间的动量、热量和水汽交换起着十分重要的作用。在数值模式中,边界层过程参数化对各种尺度的数值预报都起着下垫面的影响作用。对于感热、潜热、水汽通量的准确计算可大大增加数值模式的预报能力。

(二)城市地下水环境监测功能

城市地下水位的监测与地下水水质监测有利于我们掌握城市的主要水源,研究城市的地下水资源容量与质量和城市中的水文循环。

(三)城市典型下垫面监测功能

城市典型下垫面的物质与能量收支监测(辐射与通量,水汽,CO_2),有助于描述城市陆面过程,为城市的精细数值预报提供准确的参数。城市不同下垫面表面温度监测、地表下不同深度温度和土壤湿度廓线的监测,有助于对城市陆面过程的下垫面参数进行修正。

(四)城市植被监测功能

城市自然植被物候监测、植被生长量监测,用于研究城市发展以及城市热岛效应对城市自然植被的物候影响。

（五）城市下垫面遥感监测

利用 NOAA、MODIS、FY 以及更高分辨率的卫星遥感数据对城市下垫面变化、城市热岛效应进行监测。

（六）为天气气候模式提供科学试验数据

针对城市边界层与下垫面通量的长期监测，改进城市特殊下垫面的参数化方案，为城市特殊的陆面过程提供可靠的边界条件，改进数值预报模式对城市区域的精细天气预报和空气质量预报。

（七）为卫星遥感在城市中的应用提供基础数据

通过对城市生态气象的辐射、气溶胶的监测，为卫星遥感在城市区域的应用提供校准与验证数据；利用城市生态气象观测站观测的数据，配合较高分辨率卫星数据，对污染物排放与扩散、城市小气候、城市热岛效应等进行高时空分辨率的模拟与预报。

二、城市生态气象监测结构

按照城市规模大小、经济发展状况以及分布特点，将城市生态气象监测系统分为国家基准站与省级基准站，分别在全国范围内建立国家基本站与省级基本站。国家基本站应开展以下所有观测项目，省级基本站除边界层梯度观测与城市不同下垫面的水热通量观测项目外，其余项目都进行观测。完整的城市生态气象监测系统（见图6-4）主要包括以下部分：

1. 城市大气环境监测

（1）常规气象要素观测：包括日照、温度、降水量、水汽压、风向、风速、能见度、气压和蒸发量等。

（2）太阳辐射各分量观测：包括向上与向下的总辐射、直接辐射、长波向上与向下的辐射、散射辐射、紫外辐射观测。

（3）边界层梯度观测：应用 RASS 地基遥感探空进行气温、湿度、风向、风速等要素的边界层的观测，应用激光雷达对大气气溶胶进行观测。

（4）大气化学成分观测：包括大气干、湿沉降量及化学组成、酸雨、CO_2、N_2O、NO_2、SO_2、O_3 与 PM_{10}、$PM_{2.5}$ 浓度。

（5）城市负离子浓度观测。

2. 城市地下水环境监测：地下水位监测与地下水水质监测。

3. 城市不同下垫面的水热通量观测：对城市主要下垫面观测感热、潜热、动量、土壤热通量和 CO_2 通量。

4. 土壤温度、湿度梯度观测：在不同深度的土层布设各种观测仪器，进行不同土层的土壤温度、湿度观测。

5. 城市植被监测：对城市自然植被进行物候监测，对城市植被生长量进行监测。

6. 城市下垫面遥感监测：利用卫星遥感数据，监测城市下垫面变化、城市热岛效应空间分布等。

7. 数据综合采集系统。

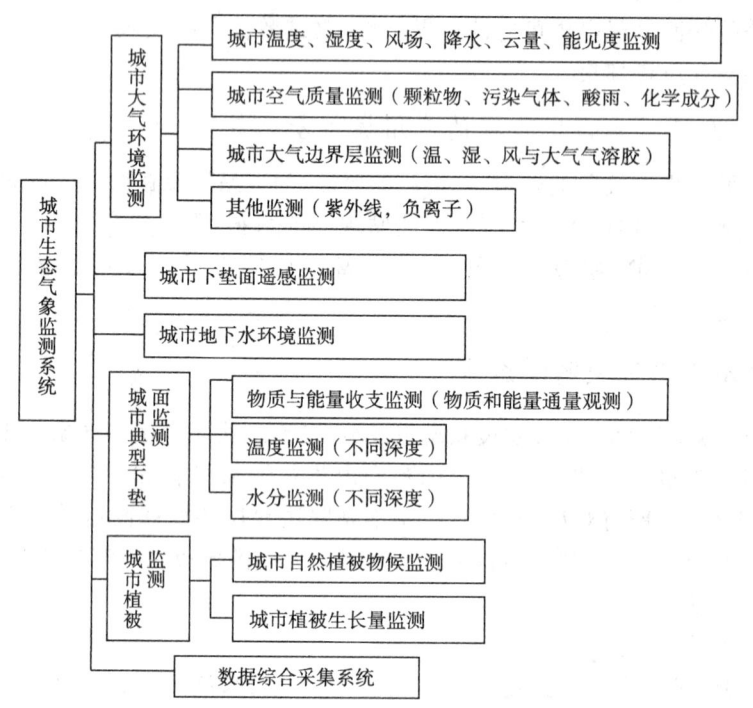

图 6-4　城市生态气象监测结构框图

三、城市生态气象监测布局

在现有的气象监测站网的基础上，本着布局合理、一站多能、协调一致的要求，构建不同类型、不同等级，隶属于国家与省级气象管理部门的全国城市生态环境气候综合监测地面定位监测站网。

城市生态气象监测系统，可以在直辖市、省会城市及有代表性的城市开展城市生态气象系统监测工作。按照城市规模的大小与城市的发展状况，进行城市气象、城市空气质量、城市地下水环境、城市边界层等项目的监测；可以首先在直辖市、省会城市进行城市气象、空气质量和边界层等城市生态系统的内容监测，建立示范监测站，并逐步推广到其他城市。按照城市规模大小、城市经济发展状况以及城市分布特点，将城市生态气象监测系统分为国家基本站与省级基本站。

2007年前，建成了北京、上海、天津、重庆、广州、西安、兰州、沈阳等大城市的城市生态气象监测示范站，面向不同层次需求的业务服务体系，开展对政府机构的决策服务，特别是为国家的重大活动等（如2008年北京奥运会、2010年上海世博会）提供相关的城市生态气象监测和预测服务；另外，积极拓展社会公益性服务领域；普及公众城市生态保护意识；建立城市生态气象数据库，制定出城市生态气象的资料共享规则，形成向科研院校提供资料共享服务的能力，建成具有世界一流水平和规模的城市生态气象监测服务体系，定期发布城市生态气象预测和监测公报，为国民经济建设和可持续发展提供全方位、多层次的优质服务。

表6-1 生态气象监测城市及类型

类型	城市	观测项目
国家基本站	北京、上海、天津、重庆、广州、西安、兰州、沈阳(8个)	参见城市生态气象监测系统结构部分
省级站	其他省会城市与大城市(25～35个)	参见城市生态气象监测系统结构部分

第九节 荒漠生态气象监测

荒漠化作为全球性重大环境问题，被称为"地球的癌症"，其对人类社会生存和发展基础造成严重影响与破坏，成为对人类最严重的危害之一。地球上荒漠化的潜在发生范围约5170万 km^2，约占全球陆地面积的40%，其中荒漠化土地为3620万 km^2。因此，保护生态环境，实现可持续发展，直接关系到世界上每一个国家、每一个民族乃至每一个人的前途和命运。

中国是世界上受到荒漠化危害最严重的国家之一。我国荒漠化的潜在发生范围约330万 km^2，遍布于我国的西北、华北和东北西部地区，占国土面积的34.6%。其中80%的土地已发生不同程度的荒漠化，且以每年10400 km^2 的速度增长。荒漠化土地主要分布在内蒙古、宁夏、甘肃、新疆、青海、西藏、陕西、山西、河北、吉林、辽宁和黑龙江等省区。

研究表明，气候变化和人类活动等因素是土地荒漠化的起因，气候变化引起的荒漠化是荒漠生态系统自身结构和功能变化的结果。这个过程作用时间较长，并且永久存在，而人类活动对荒漠化的影响不过是在气候变化的背景之上叠加了人类的影响而已，但这种影响却很直观、速效而且深远。因此，进行荒漠生态气象监测将有利于研究气候变化与荒漠生态系统之间的关系，进一步为全国生态环境建设提供指导意见。

我国西北地区荒漠气候环境对区域气候具有明显的影响,沙尘暴日数增加,水资源匮乏,都是区域环境对全球气候变化的响应。进一步了解这些重大事件的发生和演变过程,对生态气象的长期定位监测和研究提出了更新更高的要求。因此,通过建设荒漠生态气象试验站,实现对干旱和荒漠环境的长期定位监测,研究区域气候变化,预测气候变化趋势,提出相应的科学对策和建议等,以遏制或防御荒漠化。

一、荒漠生态气象监测功能

荒漠生态气象监测系统的建设应采用地面观测、调查、试验方式,结合卫星遥感、地理信息系统、全球定位系统(3S)等先进技术,建立荒漠生态气象监测综合数据库,实现对荒漠生态、荒漠气候、荒漠资源与环境的长期定位观测和遥感宏观动态监测,为地区和国家资源与环境方面的重大决策提供科学依据,促进地球系统科学的发展。建成的荒漠生态气象监测系统主要具有以下的功能:

(1)进行长期、系统、有效的荒漠生态系统的基础气候、生物、水文、土壤等参数监测;

(2)监测荒漠生态系统的结构、功能及其演变过程;

(3)分析和预测不同圈层之间、三大基本过程(物理、化学、生物)之间、人与气候之间的相互作用;

(4)围绕我国生态环境变化、荒漠生态系统结构功能演化、生态环境建设与保护等重大课题,提出定量分析评价和预测功能,为政府部门和社会公众提供服务;

(5)在全球气候变化的背景下,为荒漠生态系统管理、重建、恢复提供科学依据。

二、荒漠生态气象监测结构

(一)基本观测

基本参数采集主要包括:

1. 荒漠生态系统小气候观测

(1)常规气象要素观测:包括日照、温度、降水量、水汽压、风向、风速、气压、能见度以及天气现象、云等。

(2)太阳辐射观测:包括总辐射、净辐射、直接辐射、反射辐射、散射辐射、紫外辐射、PAR($<0.72\ \mu m$),近红外($0.72 \sim 4\ \mu m$),热红外($>4\ \mu m$)各波段的辐射观测。

(3)边界层梯度观测:在梯度塔的不同高度上布设各种观测仪器,进行气温、湿度、风向、风速等要素的观测。

(4)大气化学成分观测:包括大气干、湿沉降量及化学组成、酸雨、CO_2、N_2O、CH_4 和 O_3 浓度。

2. 荒漠生态系统生物学观测

(1)荒漠植物物候观测。

(2)荒漠植物生物量观测。

(3)光合作用观测:包括光合速率、气孔阻力、蒸腾速率、叶面积指数、叶绿素含量等。

(4)营养成分组成测定:包括果实或籽粒的灰分、蛋白、脂肪、纤维、氨基酸等。

(5)荒漠植被覆盖观测。

(6)荒漠植被结构与组成。

3. 荒漠生态系统土壤理化性状观测

(1)土壤物理特征指标:包括土壤容重、田间持水量、凋萎湿度、土壤机械组成等。

(2)土壤化学特征指标:包括土壤有机质含量(土壤有机碳 SOC 等)、土壤 pH 值、土壤矿质营养总量及可利用量(N、P、K、S 等)、土壤离子交换能力等。

4. 荒漠生态系统水、热通量观测

(1)水分平衡观测:包括降水、地面蒸发、植物蒸腾、径流量,地下水深度等。

(2)土壤水热通量观测:在不同深度的土层布设各种观测仪器,进行不同土层的土壤温度、湿度、热通量观测。

(3)感热、潜热、动量和 CO_2 通量观测。

5. 荒漠生态系统其他项目观测

(1)荒漠风蚀与沙尘输送观测。

(2)荒漠水蚀观测。

(3)荒漠盐碱观测。

(4)荒漠冻融观测。

(二)野外调查

1. 荒漠治理情况调查。

2. 荒漠动、植物种群空间分布、群落的数量特征调查。

3. 农业生产方式调查。

4. 土地利用方式调查,土地资源利用模式(林地、草地、耕地、工程建设和未利用地面积),土地资源经营模式(耕作方式、灌溉方式、工程措施)。

5. 草地载畜量调查。

6. 牧事活动调查。

7. 其他调查。

三、荒漠化分布和生态气象监测布局

（一）荒漠化分布

按照联合国防治荒漠化公约的定义,荒漠化是指包括气候变化和人类活动在内的种种因素造成的干旱、半干旱和亚湿润干旱地区(湿润指数在 0.05～0.65 之间)的土地退化现象和过程。我国是世界上受荒漠化危害最为严重的国家之一,根据《公约》对荒漠化的定义,我国荒漠化土地面积为 262.2 万 km^2,占我国国土面积的 27.3%。其中风蚀荒漠化土地面积为 160.7 万 km^2,水蚀荒漠化土地面积为 20.5 万 km^2,冻融荒漠化土地面积为 36.3 万 km^2,盐渍化土地面积为 23.3 万 km^2,其他原因引起的荒漠化土地面积为 21.4 万 km^2。荒漠化土地主要分布在西北地区大部、华北北部及东北西部。按照荒漠化的成因及分布,我国对不同类型荒漠化的定义如下:

风蚀荒漠化:即沙质荒漠化,也就是沙漠化。指人类不合理经济活动,叠加以空气动力为主的自然营力所造成的土地退化过程,干旱多风和沙源丰富的沙质地表是产生风蚀沙漠化的条件和物质基础。特别是干旱大风在时间上同步的情况下,人为活动造成植被的破坏,为沙漠化的发生提供了可能,如在我国北方半干旱农牧交错区、草原区和旱作农业区,干旱区绿洲外围和部分绿洲区,青藏高原风沙区等。

水蚀荒漠化:也即狭义的水土流失。指人类不合理经济活动,叠加以降水和重力作用为主的自然营力所造成的土地退化。在我国主要分布在半干旱、半湿润区的以水蚀为主要方式的土地退化地区,如黄土高原地区。

土壤盐渍化:土壤盐渍化是在干旱、半干旱条件下由于不合理灌溉和管理措施不当产生的可溶性盐类在地表累积而造成的土地退化过程。如我国塔里木盆地的山前绿洲,河套平原、银川平原,华北平原和东北平原西部的部分地区。

在我国北方存在着一条从西到东的降水量递增的梯度,相应的植被地带是:极端干旱的荒漠—草原化荒漠(半荒漠)—草原—森林草原(农牧交错带)—落叶阔叶林。荒漠化过程即发生在荒漠—半荒漠—草原—农牧交错带范围内。在不同的地带,荒漠化发生的机制与表现形式不同,其防治的策略与措施也各异。

根据过去 50 年来中国北方地区不同时期沙漠化土地空间分布和演化的特点,并依据沙漠化土地分布的自然地带原则和发展强度原则,中国北方沙漠化土地防治的重点区域可划分为 4 大区 29 个亚区。

第一个大区是半湿润地带沙漠化治理零星分布区。该区是以风为主导形成的风沙化土地,主要分布在松嫩平原、黄淮海平原和长江中游及沿海平原,包括嫩江下游及吉林西部中度沙漠化治理区、黄淮海平原中部中度沙漠化治理区。

第二个大区是半干旱草原地带、旱作农业地带及荒漠草原地带沙漠化治理发展区。该区包括贺兰山以东、白城子、康平一线以西,彰武、多伦、商都、横山、景泰一线以北,国境线以南的广大地区,是中国沙漠化集中分布的地区,目前仍在强烈地发展。

第三个大区是干旱荒漠地带沙丘活化及流沙入侵沙漠化治理发展区。这一区域主要分布在贺兰山、乌鞘岭以西广大地区。

第四个大区是西部高寒地带沙漠化治理区。受大陆性气候的影响,青藏高原冬季寒冷、干燥、有大风,加上植被破坏,风蚀强烈,容易形成沙漠化土地。这一区域主要有柴达木盆地重度沙漠化治理区、青海湖周围和共和盆地重度沙漠化治理区、西藏"一江两河"地区中度沙漠化治理区。

(二)监测布局

国家林业局建立了中国荒漠生态系统定位研究网络(CDERN),该网络有4个荒漠生态站:宁夏盐池、甘肃民勤、青海共和和云南元谋。中国科学院建立了6个荒漠生态系统试验站,主要为鄂尔多斯沙地草地生态系统国家野外站、宁夏沙坡头沙漠研究试验站、新疆阜康荒漠生态系统试验站、甘肃民勤荒漠生态系统国家野外站、新疆策勒荒漠生态系统国家野外研究站、新疆吐鲁番沙漠研究站、河北沽源农牧交错带生态系统国家野外站,主要肩负荒漠生态系统的监测与研究任务。中国气象局在甘肃省武威建立了荒漠生态气象观测试验站,装备了自动气象站、涡度相关仪等观测系统。

第十节 生态气象灾害监测

我国是一个自然灾害较为严重的国家,气象灾害不但给农业生产造成严重影响,而且影响生态环境和质量,造成生态系统不能健康和可持续发展。从气象影响生态系统的角度来看,干旱、低温霜冻以及衍生气象灾害——火灾、病虫害等均为对生态系统产生较大影响或危害的气象灾害。因此,加强生态气象灾害监测,对于实现我国生态安康、农业可持续发展以及经济繁荣具有重要的意义。

旱灾是我国最严重的自然灾害,20世纪70年代以来,全国旱灾面积占全部受害面积约80%,年平均达到2960万hm^2。进入90年代后,旱灾面积总体呈增加趋势,危害更为严重,以西北地区、华北地区最为严重。旱灾不仅影响农田、草地、森林、城市等生态系统,还影响社会安定和经济发展。连续大范围的干旱经常给农业造成大面积减产。干旱发生期间,由于难以解决草场水源和牲畜饮水问题,牧草不能正常返青或生长,草原生态环境变差,草地退化,牲畜缺水、缺草,造成牲畜体弱或大批死亡。旱灾还造成饮水困难、田地荒芜、河川断流、水资源持续减少、城市企业缺水停产等。在年降水量200~300 mm的地区,多数支流为季节性河流,每到干旱季节河流干涸断流,严重干旱甚至还可能诱发社会动荡。因此,建立干旱等灾害监测体系,科学应对旱灾等气象灾害对农业、生态以及社会和经济的严重影响,对于实现农业、生态和经济的可持续发展十分重要。

一、揭示旱灾及其环境要素的演变规律及其动因

干旱最直接的原因是大气降水量的持续、明显减少,是大气环流异常导致的结果。干旱按其发生的原因,通常分为土壤干旱、大气干旱和作物生理干旱。土壤干旱是在长期无雨或少雨的情况下,土壤含水量少,土壤颗粒对水分的吸力加大,植物根系难以从土壤中吸收到足够的水分来补偿蒸腾的消耗,造成植株体内水分收支失去平衡,从而影响生理活动的正常进行,植物生长受到抑制,甚至枯死。大气干旱是在太阳辐射强、温度高、湿度低并伴有一定风力的天气条件下,植物蒸腾消耗的水分很多,即使土壤并不干旱,根系吸收的水分也不足以补偿蒸腾失水时,致使植物体内水分状况恶化,茎叶卷缩,甚至青干死亡。生理干旱是由于土壤环境条件不良,使作物根系的生理活动遇到障碍,导致植物体内水分失去平衡而发生的危害。按干旱发生的季节,可以划分为春旱、夏旱、秋旱、冬旱和季节连旱。季节连旱持续时间长,对农业生产、生态环境的危害会更大。

通过对旱灾及其环境要素演变过程的长期监测,从水分循环、大气循环和生物地球化学循环系统分析旱灾对生态环境影响的物理、化学和生物学过程,从格局—过程—尺度有机结合的角度,研究水、土、气、生界面的物质转换和能量流动规律,定量分析不同时空尺度上旱灾过程的演变及其动因,重点侧重于旱灾对水分、养分、初级生产力、生态系统功能和生物多样性的影响研究。

二、揭示全球变化对我国旱灾的影响及其反馈作用

据目前估计,未来气候变化主要是大气温度升高,且幅度较大,而降水则略有增加,甚至减少。温度升高的直接后果是土壤蒸发和植物蒸腾明显增加,在降水略有增加或不增加的地区,农业和生态系统遭受干旱的危害将更加严重。同时,为荒漠化提供了有利的气候背景,加速了土地的退化。旱灾通过削弱生态系统的功能、改变土地的覆盖利用状况、加速土地的退化等对全球气候变化构成影响。因此,通过对旱灾的长期定位监测,揭示全球变化对我国旱灾的影响及其反馈作用意义重大。

三、为国家防灾减灾提供业务服务

近年来,干旱灾害频发,由此引发的水资源短缺、土地沙漠化等问题,严重制约着我国经济社会的发展。面对日益严重的农业干旱威胁,国家、农业生产部门迫切需要及时掌握有关干旱监测与评估的全面信息,以便制定相应的应对对策。通过建立真

正可供业务使用的旱灾监测体系,实现对干旱的大面积动态监测和评估。及时、准确地为农业生产和环境保护部门提供干旱、灾情等信息,为国家防灾减灾、农业可持续发展和生态安全提供业务服务。

本章小结

本章概述了国家和社会对开展生态观测的迫切需求,国内外生态观测的发展趋势,气象部门开展生态气象监测的必要性、目的、意义以及开展监测的依据和原则。分农业、林业、草地、城市、湿地、荒漠等生态系统简述了各系统面临的主要问题,指出了生态气象监测的功能和内容,给出了观测站点的布局和情况。

复习思考题

1. 简述生态气象监测的重要性及意义。
2. 陆地生态系统主要有哪些?在我国哪个生态系统面积最大?哪个生态系统可称为是我国的生态屏障?
3. 农业生态系统还是农田生态系统称谓更科学?请简述理由。
4. 林业生态系统和森林生态系统哪个称谓更科学?请简述理由。
5. 在农田生态系统、森林生态系统中,生态气象监测最应关注什么?
6. 简述草地生态系统的主要作用和草地生态气象应监测的重点内容。
7. 你认为城市的发展应考虑什么?气象部门在城市发展和建设方面如何发挥监测的作用?
8. 湿地生态监测有哪些内容?气象监测如何发挥作用?
9. 影响陆地生态系统最严重的气象灾害有哪些?怎样才能做好监测工作?

主要参考文献

陈佐忠,汪诗平. 2004. 草地生态系统观测方法[M]. 北京:中国环境科学出版社.
农业部畜牧兽医司和全国畜牧兽医总站主编. 1996. 中国草地资源[M]. 北京:中国科学技术出版社.
王江山. 2004. 青海省生态环境监测系统[M]. 北京:气象出版社.
王江山. 2005. 生态与农业气象[M]. 北京:气象出版社.
中国气象局. 1993. 农业气象观测规范[M]. 北京:气象出版社,166-212.
中国气象局. 2005. 生态气象观测规范(试行)[M]. 北京:气象出版社,70-86,211-213.

第七章 生态质量气象评价

环境是人类生存和发展的基础条件,保护和改善环境是全人类面临的共同挑战。忽视环境保护,盲目开发,必然导致生态质量的不断下降。气象因子在整个生态系统中具有举足轻重的地位,在年际或更短的时间尺度上,变化最频繁最迅捷的气象因子是生态系统最直接最根本的驱动力之一。因此,从气象角度对这一复杂系统进行科学的监测与评估是重要而有意义的。虽然目前生态质量评价的方法较多,涉及的环境因子也不少,但从气象因子方面来评价生态质量并不多见。生态质量气象评价就是利用气象因子来判断区域生态质量的好坏,其评价过程既基于一定的机理分析,又考虑了气象因子的时、空变化规律。建立生态质量气象评价系统将有利于了解区域生态质量变化动态,为区域可持续的规划与决策提供科学依据。

第一节 生态质量气象评价概述

一、生态质量与生态质量评价

生态环境是以人类为中心的各种自然要素(包括生物要素和非生物要素)和社会要素的综合体,是人类赖以生存和发展的基本条件,是社会经济可持续发展水平的重要衡量依据。生态质量是社会可持续发展的基础,是全面建设小康社会的保障,标志着社会生产和人居环境稳定和协调的程度。人类为了生存与发展同环境之间长期进行物质和能量的交换,在这种交换过程中出现了生态环境质量的改变,也产生了不利于人类生存的生态环境质量问题。尤其是随着世界经济的高速增长和人口的不断增加,大面积森林被砍伐、过度放牧、草地退化、生物多样性丧失、水土流失严重和荒漠化扩展,自然灾害频繁发生,致使全球的生态与环境问题日趋严峻,生态质量急剧下降,严重威胁到人类的生存与发展。

生态质量是生态环境的优劣程度,是在一定具体的时间和空间内,生态系统的总体或部分生态与环境因子的组合对人类的生存及社会经济持续发展的适宜程度。生态质量评价则是从生态系统的层次上,研究系统各组分的质量变化规律和相互关系,以及人为作用下结构和功能的变化情况,并根据选定的指标体系和质量标准,运用恰当的方法评价某区域生态质量的优劣及其影响作用关系。因此,生态质量评价是以生态学理论为基础,根据人类的具体要求对生态环境的性质及变化状态的结果进行评定。生态质量评价首先要有较清楚的生态质量背景值或生态质量标准,然后通过生态质量调查与监测,再依据评价标准,选取适宜的评价方法,给出科学的评定。

二、生态质量评价指标选取的原则

生态质量气象评价的复杂性和预测的高难度性就在于它是一个由多种因素确定的复杂体系,而且这些因素还具有很强的不确定性。与生态评价的要求一样,如何从这些因素中选取出主要的和控制性的因素作为评价指标体系是生态质量评价的关键。在生态质量评价的指标因子选取过程中,应遵循以下原则:

代表性原则 生态环境的组成因子众多,各因子之间相互作用、相互联系构成一个复杂的综合体。但各因子的重要性并不相同,评价指标体系也不可能包括生态环境的全部因子,因此只能从中选择最具代表性、最能反映生态环境本质特征的指标。

全面性原则 生态环境是一个由自然—社会—生态因素组成的复杂综合体,包括大气、水、岩石、土壤、生物、社会经济等各个方面,因此,选取评价指标要尽可能地反映生态系统各个方面的特征。

综合性原则 生态环境是一个复合系统,各组成因子之间相互联系、相互制约,每一个状态或过程都是各种因素共同作用的结果。因此,评价指标体系中的每个指标都应是反映本质特征的综合信息因子,能反映生态环境的整体性和综合性特征。

简明性原则 评价指标选取以能说明问题为目的,要有针对性地选择有用的指标,指标繁多反而容易顾此失彼,重点不突出,掩盖了问题的实质。因此,在不影响评价结果的前提下,评价指标要尽可能地少,评价方法尽可能地简单。

方便性原则 评价指标的定量化数据要易于获得和更新。虽然有些指标对环境质量有极佳的表征作用,但数据缺失或不全,就无法进行计算和纳入评价指标体系。因此,选择指标必须实用可行,可操作性强。

适用性原则 评价指标要易于推广应用。从空间尺度来讲,选择的评价指标应具有广泛的空间适用性,对省、市、县等不同的区域而言,都能运用所选择的指标对其区域的生态环境质量作出客观的评价。

三、生态质量气象评价的概念

生态环境是一个由自然—社会—生态因素组成的复杂综合体,组成因子众多,且相互联系、相互制约。而气候作为一种环境因素和自然资源,光照、热量、水分、风速等气象要素的量值和时空分布以及不同时间尺度上的变化,势必会对生态系统产生全方位、多层次的影响。从气象对生态质量的影响角度选择评价指标体系,运用恰当的方法评价生态质量,可以反映某一时间段内生态质量的状况和变化趋势,为开展生态治理提供科学依据。因此,生态质量气象评价(meteorological assessment of ecological qualities)就是以气象对生态质量的影响角度进行客观地评价,判断生态环境质量的优劣。

第二节 生态质量气象评价的内容

目前,生态气象评价大多数研究都是从单因子如气温、降水、土壤、植被等方面来评价,但自然界是一个开放的系统,各自然因子之间处于相互作用和相互制约的状态,单因子的差异很难反映生态质量的整体差异,也难以揭示生态质量变化的规律和原因。因此,寻求综合表征生态质量状况及其变化过程的评价因子,才有可能对陆地生态气象状况做出客观、科学的评价。

《生态质量气象评价方法》是中国气象局下发的业务化生态质量气象评价方法规范,详细规定了生态质量气象评价的定义、数据获取、评价指标及分析方法,形成了适用于省级及其以上区域的气象对生态质量的年度影响评价体系。该评价方法体系是一个综合因子的生态质量气象评价体系,其评价系统结构见图7-1。本节将详细介绍该评价方法的基本内容。

一、生态质量气象评价技术体系

(一)生态质量气象评价原则

为了使生态质量气象评价技术体系成为气象系统进行生态长期业务运行的技术标准,在具体确定指标体系时应遵循以下原则。

(1)科学性原则。在选择评价因子及构建评价模式时,要力求科学,各种因子及模式都应具有本学科的特点内涵;客观反映生态质量的基本特征,指标的概念必须明确。

(2)综合性原则。要全面衡量所考虑的诸多因子,进行综合分析和评价。

(3)主导性原则。生态质量受地质、地貌、水文、土壤、植被、气候以及人为活动等多种因素影响的制约,在众多的因子中,各种因子的作用过程及作用方式是不同的。

(4)实用性原则。在选取评价因子、制定评价指标体系及构建评价模式时,不可能面面俱到,应当遵循简洁、方便、有效、实用的原则,即要通过相关学科理论的概括,抽取对生态环境质量影响较大的,而又易于获取的观测资料,并有利于生产及管理部门掌握的因子及模式,使理论与实践得到良好的结合。

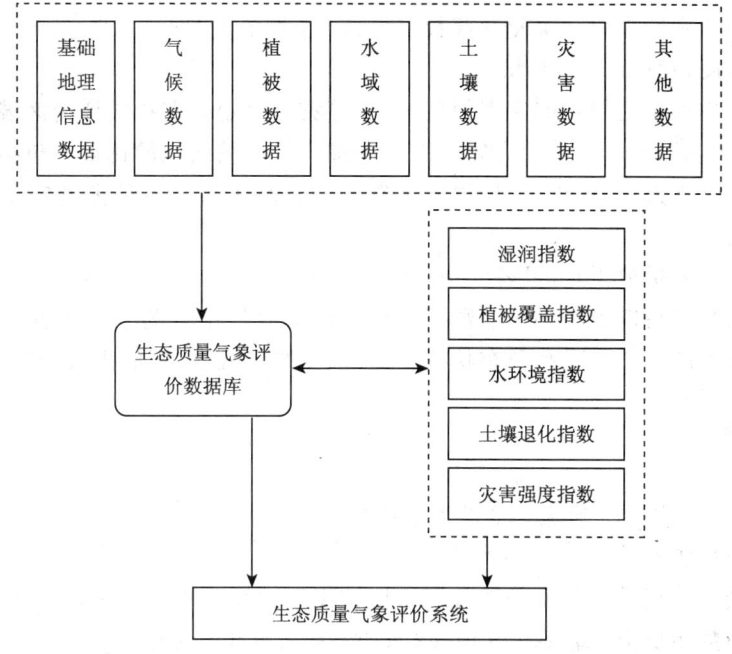

图 7-1 生态质量气象评价系统结构

(二)术语与定义

植被覆盖度 vegetation coverage
植被覆盖度指单位面积内植被的垂直投影面积所占百分比。
植被覆盖指数 vegetation coverage index
一定时期内,评价区域不同植被类型的平均覆盖度状况。
水环境指数 index of water environment
评价区域内水域面积占被评价区域面积的比重。
土地退化指数 land degeneration index
评价区域内风蚀、水蚀、重力侵蚀、冻融侵蚀和工程侵蚀的面积占被评价区域面积的比重。土地退化是指土地生产力的衰减或丧失。其表现形式有土壤侵蚀、土地沙化、土壤次生盐渍化和次生潜育化、土地污染等。
风蚀 wind erosion
裸露地表面的疏松土壤、沙砾,在风的吹动下,沿着地表向风的下游方向移动的自然现象。
水蚀 water erosion

土壤物质由于水力及水力加上重力作用而被搬运移走的侵蚀过程。衡量土壤流失的数量指标主要采用土壤侵蚀模数(每 km² 土壤流失量)。

灾害强度指数 index of disaster

是指单位面积上担负的灾害强度、频率等灾害总量。即指被评价区域内农田、草地、森林等生态系统遭受气象灾害的面积占被评价区域面积的比重。包括旱涝灾害、雪灾、风灾、森林火灾、病虫害、低温冷害等各类自然灾害。各种灾害定义见《生态气象观测规范(试行)》

归一化植被指数 normalized difference vegetation index,NDVI

植被指数泛指以卫星多光谱数据的线性或非线性组合的一种指数,其目的是要反映绿色植物的生长状况和分布特征。其中一种被广泛应用的指数为归一化植被指数,计算公式为:

$$\mathrm{NDVI}=\frac{\mathrm{CH}_2-\mathrm{CH}_1}{\mathrm{CH}_2+\mathrm{CH}_1} \tag{7-1}$$

其中 CH_1、CH_2 分别为通道 1、2 的反射率值。

经验模型法 experience modeling

是通过建立实测植被覆盖度数据与植被指数的经验模型来求取植被覆盖度。

植被指数转换法 vegetation index conversion technique

是通过对各像元中植被类型及分布特征的分析,建立植被指数与植被覆盖度的转换关系来直接提取植被覆盖度信息。

混合像元分解法 decomposing of mixed pixels

根据植被和土壤在不同波谱段的反射情况不同进行分解的方法。一般选择植被与土壤光谱反射差别较大的红光波段和近红外波段作为植被盖度信息提取的信息源,一个像元包括土壤和植被两种信息。

(三)生态质量气象评价数据的获取

采用卫星遥感和地面监测、统计、社会调查结合的手段,获取生态质量气象评价所需要的各项数据。

1. 气候数据

数据来源:气象站观测统计数据。

数据要求:数据应执行中国气象局地面气象观测规范的要求,并经资料审核部门审核。年降水量,单位:mm;年平均气温,单位:℃;年蒸发量,单位:mm。

2. 水域面积数据

包括天然湖泊、人工水库及地表河流。湖泊指天然形成的积水区常年水位以下的土地。水库坑塘指人工修建的蓄水区常年水位以下的土地。

数据来源:水利部门统计数据、遥感数据、社会调查。
数据要求:单位:km²。

3. 土壤侵蚀面积监测

土壤侵蚀是指土壤在内外力(如水力、风力、重力、人为活动等)的作用下,被分散、剥离、搬运和沉积的过程。

数据来源:遥感数据、生态站观测资料、统计数据、社会调查。
数据要求:土壤侵蚀强度分级标准应执行 SL/T 190—96。利用遥感技术监测应执行 SL 277—2002。单位:面积 km²。

4. 灾害数据

主要指农田、草地、森林等生态系统遭受气象灾害,包括干旱、洪涝、渍害、雹灾、低温冷害、霜冻、雪灾、高温热害、风灾、病虫害及森林火灾等。

数据来源:当地气象台站和农业、林业、民政部门的数据、统计数据、社会调查。
数据要求:其中森林病虫害分类依据 GB/T 15161—1994 及 GB/T 15775—1995 执行,单位:面积 km²。

二、生态质量气象评价指标

(一)湿润指数

湿润指数(K)能较客观地反映某一地区的水热平衡状况。计算方法如下:

$$K = \frac{R}{ET} \tag{7-2}$$

式中 R 为降水量(mm),ET 为潜在蒸散量(mm)。

月潜在蒸散量 ET_i(mm)采用下式计算:

$$ET_i = \frac{22 d_i (1.6 + U_i^{1/2}) W_{oi} (1 - h_i)}{P_i^{1/2} (273.2 + t_i)^{1/4}} \tag{7-3}$$

式中 i 是月份的编号,P_i 是月平均气压(hPa),t_i 是平均气温(℃),d_i 是月的天数,U_i 是在 10~12 m 高度处观测的月平均风速(m/s),W_{oi} 是在温度为 t_i 时的饱和水汽压(mmHg),而 h_i 是月平均相对湿度。

月湿润指数 $k_i = r_i / ET_i$,其中 r_i 是月降水量(mm);年湿润指数 $K = R_a / (\sum ET_i)$,其中 R_a 是年降水量(mm)。

饱和水汽压 W_o(mmHg)的计算考虑两种情况:

(1)当月平均温度 0℃<t≤30℃时:

$$W_o = 1.3694 \times 10^9 \exp\left(-\frac{5328.9}{273.2 + t}\right) \tag{7-4}$$

(2)当月平均温度 $-40℃ \leqslant t < 0℃$ 时：

$$W_o = 2.6366 \times 10^{10} \exp\left(-\frac{6139.8}{273.2+t}\right) \qquad (7-5)$$

$K<1$ 时，表示大气降水少于植被生理过程需水量；当 $K=1$ 时，表示该区域大气降水与植被生理需水达到平衡；当 $K>1$ 时，表示大气降水大于植被生理过程需水量，降水条件不成为当地植被生理需水的限制因子，如果 $K>1$，规定 $K=1$。

（二）植被覆盖指数

植被指数 NDVI 是单位像元内的植被类型、覆盖形态、生长状况等的综合反映，其大小取决于叶面积指数 LAI（垂直密度）和植被覆盖度 f_{NDVI} 等要素。根据像元中植被覆盖结构的不同，可以分为均一像元和混合像元两类。当像元完全被植被覆盖时，其植被覆盖度为 1(100%)，属于均一像元；如植被不能完全覆盖整个像元，其植被覆盖度小于 1，是植被与非植被构成的混合结构，属于混合像元。植被覆盖度计算模型为：

$$f_{NDVI} = \frac{NDVI - NDVI_{min}}{NDVI_{max} - NDVI_{min}} \qquad (7-6)$$

式中 f_{NDVI} 为植被覆盖度；$NDVI_{min}$、$NDVI_{max}$ 分别为每类土地覆被类型的 NDVI 最小值、每类土地覆被类型的植被覆盖度约为 100% 时相对应的像元 NDVI 值。NDVI 的计算方法见(7-1)式。

由于每一幅图像不能保证完全是晴空图，所以尽量选取一月内每天同一时间、同一颗卫星、过境仰角高、云量较少的卫星遥感资料，经过剔除云和水体的影响后，叠加合成月最大 NDVI 图像，利用每月的 NDVI 合成图像，根据植被指数转换模型，计算各月的植被覆盖度，12 个月平均值代表年度植被覆盖度，评价区域内所有像元年度植被覆盖度的平均值代表该区的植被覆盖指数。

（三）水环境指数

水在生态系统中具有重要作用，是生态系统物质流与能量流的重要载体，也是人类社会生活不可缺少的物质，尤其在西部干旱、半干旱生态系统中，水是生态系统的决定因素。计算方法为：

$$水环境指数 = 水域面积/区域面积$$

其中水域面积采用评价时段内最大水域面积，包括湖泊、水库及河流。

（四）土壤退化指数

土壤退化指数指评价区域内风蚀、水蚀、重力侵蚀、冻融侵蚀和工程侵蚀的面积占评价区域总面积的比重。表明了人类不合理利用土地资源，对生态系统产生的压力超过了生态系统的承载能力,生态系统功能不断衰退的状况,土壤退化是生态系统退化的重要表征之一。

土壤退化指数=(0.07×轻度侵蚀面积+0.20×中度侵蚀面积+0.73×重度侵蚀面积)/区域面积。

土壤退化指数各因子的权重见表7-1。

表7-1 土壤退化指数分权重

土壤退化类型	轻度侵蚀	中度侵蚀	重度侵蚀		
			0.73		
			强度侵蚀	极强度侵蚀	剧烈侵蚀
权重	0.07	0.20	0.08	0.23	0.69

(五)灾害强度指数

灾害强度指数(DIS)是指被评价区域内农田、草地、森林等生态系统遭受气象灾害的面积占被评价区域面积的比重。包括:干旱、洪涝、渍害、雹灾低温冷害、霜冻、雪灾、高温热害、风灾、病虫害及森林火灾等。计算方法为:

$$DIS = \sum (S_i) \tag{7-7}$$

式中 S_i 为各灾害因子指数,如干旱、洪涝等。

S_i=(0.08×轻度灾害面积)/区域面积+(0.2×中度灾害面积)/区域面积+(0.72×重度灾害面积)/区域面积+(1.0×毁灭性灾害面积)/区域面积。

灾害强度的权重具体见表7-2。

表7-2 灾害指数分权重

指标	轻度	中度	重度
权重	0.08	0.20	0.72

三、生态质量气象评价与分析方法

(一)数据属性同一化

根据不同属性指标对总体生态质量的影响方向不同,对全部指标属性进行正向化处理。5项指标中,土地退化指数、灾害指数两项为负项指标,因此将负向指标进行正向化处理(1-负项指数),属性同一化后全部数据的大小变化趋势反映了生态现状相同的优劣变化趋势。

(二)生态质量气象评价计算方法

采用生态质量气象评价指标来评价生态质量的好坏,根据评价单元各单项评价指标值及各单项指标权重值,采用加权求和方法计算综合评价指标值,用公式表示如下:

$$P_i = \sum_{j=1}^{n} W_{ij} \times Y_{ij} \qquad (7-8)$$

式中 P_i 为 i 区域的生态质量气象评价指数;W_{ij} 为 i 区域第 j 项指标的权重值;Y_{ij} 为 i 区域第 j 项指标值。

生态质量气象评价指数=湿润指数×权重+植被覆盖指数×权重+水环境指数×权重+(1-土壤退化指数)×权重+(1-灾害强度指数)×权重。各评价指标的权重见表7-3。在实际评价过程中,可根据区域的特点对各指标的权重进行修正。

表 7-3 生态质量气象评价指标权重表

指标	湿润指数	植被覆盖指数	水环境指数	土地退化指数	灾害指数
权重	0.25	0.47	0.15	0.09	0.04

(三)生态质量气象评价分级

根据生态与气象监测资料计算的结果,将生态质量气象评价指数划分成五级,即优、良好、一般、较差和差(表7-4),其含义如下:

当生态质量气象评价指数≥70%时,生态与环境质量为优,表明植被覆盖度好,降水充沛,生物多样性好,生态系统稳定,最适合人类生存。

当生态质量气象评价指数为55%~70%时,生态与环境质量为良,表明植被覆盖度较好,降水充足,生物多样性较好,适合人类生存。

当生态质量气象评价指数为30%~55%时,生态与环境质量为一般,表明植被覆盖度处于中等水平,降水正常,生物多样性一般水平,较适合人类生存,但偶尔有不适人类生存的制约性因子出现。

当生态质量气象评价指数为15%~30%时,生态与环境质量为较差,表明植被覆盖较差,严重干旱少雨,物种较少,存在着明显限制人类存在的因素。

当生态质量气象评价指数<15%时,生态与环境质量为差,表明条件较恶劣,极端干旱少雨,多属戈壁、沙漠、盐碱地、秃山,不适合人类长期生存。

表 7-4 生态质量气象评价分级标准

生态质量等级	生态质量指标(%)	含义
优	≥70	表明植被覆盖度好,降水充沛,生物多样性好,生态系统稳定,最适合人类生存。
良好	55～70	生态质量为良,表明植被覆盖度较好,降水充足,生物多样性较好,适合人类生存。
一般	30～55	表明植被覆盖度处于中等水平,降水正常,生物多样性一般水平,较适合人类生存,但偶尔有不适人类生存的制约性因子出现。
较差	15～30	表明植被覆盖度较差,严重干旱少雨,物种较少,存在着明显限制人类生存的因素。
差	<15	表明条件较恶劣,极端干旱少雨,多属戈壁、沙漠、盐碱地、秃山,不适合人类长期生存。

四、生态质量气象评价实例

上面介绍的生态质量气象评价方法是针对大的时空尺度评价(省级及其以上区域的年度评价)而提出的,在许多地区得到了广泛的应用。在实际应用的过程中,可以根据研究地区的实际情况,对评价指标进行取舍或对指标的权重进行修正,使结果更符合当地的实际情况。目前,生态质量气象监测与评价结果的发布已经作为一项常规业务在省级以上气象部门开展起来。

刘勇洪等以北京为例,开展过以区县为评价单元的生态质量气象评价,现以它为例,简单介绍基于遥感的生态质量气象评价的主要步骤。

(一) 生态质量气象评价指标体系的选取

依据代表性、全面性、方便性和实用性的评价指标选取原则,从生态系统的自然属性和气象角度出发,选取了湿润指数、水体密度指数、植被覆盖指数、土壤侵蚀指数和灾害指数作为生态质量气象评价的指标。

1. 湿润指数

湿润指数能较客观地反映某一地区的水热平衡状况。主要采用地面气象观测资料来计算。其计算方法可参见本章第二节。

2. 植被覆盖指数

植被覆盖指数是指被评价区域内林地、草地及农田三种类型面积占被评价区域面积的比重,将不同土地利用/覆被类型赋以不同的权重,得出地表覆被状态值,作为生态状态的重要表征之一,可由下式获取:

植被覆盖指数=(0.5×林地面积×生长期+0.3×草地面积×生长期+0.2×农

田面积×生长期)/区域面积

其中生长期为生长天数占评价段内天数的百分比。

3. 水体密度指数

水在生态系统中具有重要作用,是生态系统物质流与能量流的重要载体,也是人类社会生活不可缺少的物质,尤其在干旱、半干旱生态系统中,水是生态系统的决定因素。计算方法为:

水体密度指数＝水域面积/区域面积

其中水域面积采用评价时段内平均水域面积,包括河流、湖泊、水库等水体面积。

4. 土地退化指数

土地退化指数指评价区域内风蚀、水蚀、重力侵蚀、冻融侵蚀和工程侵蚀的面积占评价区域总面积的比重,是生态系统退化的重要表征之一。可以用下式来表示:

土地退化指数＝(0.5×轻度侵蚀面积＋0.25×中度侵蚀面积＋0.7×重度侵蚀面积)/区域面积

5. 灾害指数

灾害指数是指被评价区域内农田、草地、森林等生态系统遭受气象灾害的面积占被评价区域面积的比重。包括:干旱、洪涝、渍害、雹灾、低温冷害、霜冻、雪灾、高温热害、风灾、病虫害及森林火灾等。

$$\text{灾害指数} \quad DIS = \sum(S_i)$$

式中 S_i 为各灾害因子指数,如干旱、洪涝等,此处修改为:

S_i＝(0.1×轻度灾害面积＋0.3×中度灾害面积＋0.6×重度灾害面积＋1.0×毁灭性灾害面积)/区域面积

(二)生态质量气象评价模型的构建

研究区域生态质量评价模型以及生态质量分级标准见本章第二节。根据所选的评价指标体系,并按照中国气象局下发的《生态质量气象评价规范》(试行)中各指标的权重取值,可以得到:

生态质量指标＝100×[湿润指数×0.25＋植被覆盖指数×0.3＋水体密度指数×0.2＋(1－土地退化指数)×0.15＋(1－灾害指数)×0.1]

对各种指标的评价数据一般采用卫星遥感和地面监测、统计、社会调查结合的手段,本评价方法中除了湿润指数以地面气象观测资料来计算外,其余指标均可从卫星遥感数据中获取。

(三)遥感数据的获取与预处理

为获取覆盖北京全境的遥感资料,选取了2006年4—6月晴朗无云的1.25景

Landsat5-TM 图像数据和相邻轨道的一小块 Landsat5-TM 图像作为遥感数据源,由于得到的图像仅是经过辐射校正和地理定位的系统校正产品,图像值是以灰度值 DN 表示的,需要进行一系列预处理才能应用,预处理主要是在遥感软件 ENVI4.1 中完成,并结合 ENVI 中的二次开发语言 IDL 来实现数据处理。主要预处理过程包括:

1. 图像拼接

北京区域覆盖范围不止一景 TM 图像,因此需把相邻轨道图像进行拼接。拼接方式按照图像自带的地理投影定位信息进行,投影类型为横轴墨卡托投影(Transverse Mercator),椭球体为 Krassovsky1940,投影中心精度为 117°,东偏移量 500 km,比例因子为 1.0。拼接边缘采用 10 个像素距离进行羽化,重采样方式为最邻近,确保图像拼接的颜色和灰度值质量。

2. 辐射定标

利用头文件中记录的辐射校正参数,可计算出地物在大气顶部的辐射亮度和反射率。计算公式如下:

$$L = \text{gain} \times \text{DN} + \text{bias} \tag{7-9}$$

$$\rho = \pi L \cdot d_s^2 / E_0 \cos\theta \tag{7-10}$$

式中 L 是地物在大气顶部的辐射亮度,DN 是像元值,gain 和 bias 可从头文件中得到,π 为常量,ρ 是地物表观反射率,d_s 是日地天文单位距离(天文单位),E_0 为大气层顶的平均太阳光谱辐照度,θ 是太阳天顶角。得到 ρ 后,就可进行图像地物信息提取和计算归一化植被指数 NDVI。

3. 图像切割

以北京地区的 1:25 万的行政边界矢量文件叠加到图像上,运用掩膜技术来提取北京及各区县范围,按区(县)范围作为单元来实现各生态指标值的计算。

(四)生态质量指标的提取

1. 湿润指数的计算

根据全市 15 个气象观测站的气象资料,可计算出各区(县)4—6 月份的湿润指数。湿润指数值在 0.251～0.631 之间变动。各区(县)湿润指数值均小于 1,表示本地大气降水小于植物生理过程需水,表明本季度降水仍显不足,不利于生态环境改善。

2. 土地利用类型和水体信息的提取

利用上述处理好的 TM 反射率影像,并辅以北京地区的数字高程影像,共 8 个波段。采用最大似然法进行了 2 种林地、林地阴影、2 种草地、水体、农田、休耕地、3 种裸地、建筑用地等共 12 类的监督分类,分类后进行了类的合并,分别归并为林地、草地、农田、水体、非植被 5 种类型,并采用人机交互解译方式对分类错误明显的地物类别进行修改,最后得到北京地区 2006 年 4—6 月份的土地利用图。根据植被覆盖指数和水体密度指数计算公式,可得到按区县为评价单元的植被覆盖指数与水体密度指数值。各区县植被覆盖指数差异明显,在 0.0408~0.4528 之间变动,受季节性气候变化因素影响,在平原区仍分布着大片的非植被区(如休耕地、裸地建筑区),低植被覆盖区集中在北京市主城区、东部及南部等平原区域,植被覆盖指数均在 0.055 以下;高植被覆盖区集中在有较大林地面积覆盖的山区区(县)如怀柔、延庆和门头沟等,植被覆盖指数较高,均在 0.350 以上。水体密度指数在 0.0022~0.0438 之间变动,密云、城区、通州和朝阳水体密度指数较高,在 0.02 以上,密云由于密云水库的存在而水体密度指数为最高,达到 0.0438,其他区(县)则较低,不到 0.02,显示这些区域水资源较为贫乏。

3. 土地退化信息的提取

北京地区 2006 年第二季度(4—6 月)仍存在着大片的低指标覆盖区和裸地,期间既有强降水,又有明显的强风,因此需综合考虑水力侵蚀与风力侵蚀的作用,不考虑工程侵蚀与重力侵蚀。

(1)水蚀信息提取

采用谭炳香等提出的土壤侵蚀强度快速估测方法来提取土壤侵蚀信息,即采用植被覆盖度、坡度和土地利用类型三种指标把水蚀类型划分为无明显侵蚀、轻微侵蚀、中度侵蚀、强度侵蚀、极强度侵蚀和剧烈侵蚀等 6 种类型,但这种遥感方法给出的是潜在性的最大水蚀类型,并没有考虑降雨这一重要因子的影响。根据国际上修正的通用土壤流失方程 USLE 模型,在上述遥感方法的基础上加入了降雨侵蚀力因子:日降雨量≥12.0 mm 的日数,它能反映出降雨侵蚀力的强弱。

土地利用类型直接采用前面的土地利用分类图,而植被覆盖度获取则比较复杂,在这里采用植被指数转换模型来进行提取,具体公式为:

$$f_{cover} = \frac{(NDVI - NDVI_{min})}{(NDVI_{max} - NDVI_{min})} \tag{7-11}$$

其中 f_{cover} 为植被覆盖度,$NDVI_{min}$、$NDVI_{max}$ 分别为图像的最小、最大归一化植被指数值。考虑到水体 NDVI 的非常小,不能代表 $NDVI_{min}$ 的取值,因此仅仅取裸地 NDVI 的均值作为 $NDVI_{min}$,取图像上 NDVI 直方图累计频率为 95% 处的 NDVI 值作为最大 $NDVI_{max}$,并令小于 $NDVI_{min}$ 的 f_{cover} 值为 0,大于 $NDVI_{max}$ 的 f_{cover} 值为 1,这样就可以得到北京地区 2006 年 4—6 月份的植被覆盖度。

由此,根据这四种指标等级相互组合而得到的不同土壤侵蚀类型,建立决策树进行图像分类,从而得到北京地区 2006 年 4—6 月份的土壤水力侵蚀分布图。然后根据土壤侵蚀指数计算公式,得到按区(县)为评价单元的土壤侵蚀指数图。结果显示,土壤水力侵蚀主要发生在山区,中度侵蚀和重度侵蚀主要发生于山区的陡坡低植被覆盖区,房山、门头沟和延庆的部分区域水力侵蚀较重。

(2)风蚀信息的提取

对风蚀的研究至今无成熟的遥感信息提取方法,在这里采用了与风蚀强度密切相关的几个因子:地物反射率、植被覆盖度、土地利用类型、坡度及最小风蚀风速≥6 m/s日数,并结合实际情况来建立决策树进行风蚀分类,分为无(none)、低(low)、中(median)和重度(high)四个风蚀类别,并得到北京地区2006年4—6月份的土壤风力侵蚀分布图。

根据前面的土地退化指数可得到各区(县)风蚀指数,风蚀主要发生在低植被覆盖区、裸地及风力强盛区。

(3)土地退化指数的计算

结合水蚀和风蚀不同等级的土壤侵蚀信息,考虑二者的综合作用,可建立不同等级的土地退化类型,然后根据前面土壤侵蚀指数公式计算出土地退化指数,各区(县)土地退化指数为0.0036~0.1891。由于门头沟、房山和延庆均处于水力侵蚀强盛区,因此土地退化指数较大,在0.16以上,而顺义和朝阳则由于无明显水蚀和风蚀,土地退化指数在0.01以下。

4. 灾害信息的提取

根据NOAA卫星监测和地面调查资料,确定2006年4—6月气象灾害主要是干旱、冰雹和大风。在这里采用的方法是温度植被指数法,即$NDVI/T_s$法,(T_s为地表温度),通过地面墒情普查,并结合前面得到的土地利用类型,可提取旱情分布信息;利用地面调查资料可获取冰雹、大风灾害信息,根据灾害指数计算公式求得灾害指数。结果显示,北京各区(县)灾害指数为0.0191~0.2081,延庆、门头沟和怀柔受灾较重,灾害指数在0.12以上,顺义和丰台受灾最轻,灾害指数在0.02以下。

5. 生态质量气象评价结果

根据前面的生态质量气象评价计算公式,可计算得到北京市各区(县)4—6月份的生态质量指标,其值为32.4~45.9。根据生态质量评价分级标准,可以确定:2006年北京市各区(县)第二季度(4—6月)的生态质量属于一般类,其中排名前三的分别为密云县、怀柔区和延庆县。

生态质量气象评价过程中应用的数据包括图形数据和属性数据,这些信息具有多源性、空间性、多维性、时间性和不确定性等特点,因此可利用面向对象的空间数据模型Geodatabase,建立基于GIS的生态质量气象评价软件,实现数据库的空间数据与非空间数据一体化的无缝集成,为区域生态质量气象评价系统的建设提供有利条件,使生态质量气象评价方法更利于推广。

除了综合评价体系外,国内针对某一特定对象的生态质量气象评价也正在出台相应的规范,如《植被生态质量气象评价指数》和《生态质量气象评价——农村人居环境气象评价内容》的征求意见稿等。这些相关规范的出台,对我国的生态气象评价工作具有很好的促进作用。

第三节　EMI 评价方法

随着生态气象研究的深入,由气象条件驱动的生态与环境监测评估方法得到重视,各种各样的生态气象指数不断涌现,这些生态气象指数(生态气象指标)将从"气象"驱动的角度反映各种典型生态系统特征及其变化规律。如国家气象中心制定的以陆地植物净第一性生产力 NPP 指标为核心的全国生态监测气象评价指数(Meteorologically driven Ecological assessment Index,EMI),在实际业务中也取得了较好的效果。下面简要介绍全国生态监测气象评价指数 EMI 模型。

一、评价指标体系

生物生产力是生物及其群体甚至更大尺度(包括生态系统)上生命有机体的物质生产能力,它随环境不同而发生变化,因此它又成为生态环境变化和生态系统健康与否的指示物。植被净第一性生产力是指绿色植物在单位时间内所累积的有机物数量,在较短时间内其尺度变化的主要驱动力是气象条件。NPP 既是判定生态系统碳汇和调节生态过程的主要因子,更直接反映了植被群落在自然环境条件下的生产能力,表征陆地生态系统的质量状况。

基于 NPP 估算的生态气象监测评价模型,包括辐射、土壤水分、总第一性生产力、呼吸作用、净第一性生产力和监测评价指数 6 个子模型。其中,生态气象监测评价指数子模型:

$$\mathrm{EMI}=\frac{\mathrm{NPP}-\overline{\mathrm{NPP}}}{\overline{\mathrm{NPP}}}\times 100 \tag{7-12}$$

或

$$\mathrm{EMI}=\frac{\mathrm{NPP}-\overline{\mathrm{NPP}}}{\sigma_{\mathrm{npp}}}\times 100 \tag{7-13}$$

式中 $\overline{\mathrm{NPP}}$ 为植被第一性生产力的历年平均值, σ_{npp} 为植被第一性生产力的均方差。

净第一性生产力子模型:

$$\mathrm{NPP}=\mathrm{GPP}-R \tag{7-14}$$

式中 GPP、R 分别为总第一性生产力和呼吸消耗量($\mathrm{gC \cdot m^{-2} \cdot Mon^{-1}}$)。

总第一性生产力子模型:

$$\mathrm{GPP}=\varepsilon_g \times FPAR \times PAR \times f_1(T) \times f_2(\beta) \tag{7-15}$$

式中 ε_g 为植被将所吸收的光合有效辐射的比例,由 NDVI 资料确定;PAR 为光合有效辐射($\mathrm{MJ \cdot m^{-2} \cdot Mon^{-1}}$); T 为气温(℃); $f_1(T)$ 为温度对光合作用的影响; β 是蒸

发比;$f_2(\beta)$为土壤水分对光合作用的影响。

辐射子模型:

$$PAR = 0.47Q = 0.47Q_0\left[a_0 + b_0\frac{n}{N}\right] \tag{7-16}$$

式中Q为太阳总辐射量($MJ \cdot m^{-2} \cdot Mon^{-1}$),$Q_0$为最大晴天总辐射量($MJ \cdot m^{-2} \cdot Mon^{-1}$),$n/N$为日照百分率,其中$n$为实照时数,$N$为可照时数,$a_0$和$b_0$是系数。

呼吸作用子模型:

木本植物的日呼吸消耗:

$$R_m = WR_{m0}Q_{10}^{(T-T_0)/10} \tag{7-17}$$

草本植物(包括农业植被及草地等)的呼吸消耗:

$$R_m = \frac{NDVI}{NDVI_{max}}WR_{m0}Q_{10}^{(T-T_0)/10} \tag{7-18}$$

上两式中R_m为日维持呼吸量($gC \cdot m^{-2} \cdot d^{-1}$),$R_{m0}$是维持呼吸系数($d^{-1}$),$T$为气温(℃),$T_0$取20℃,$Q_{10}$表示温度系数,取值2.0,$W$表示干物质重($gC \cdot m^{-2}$)。

生长呼吸量:

$$R_g = \gamma\left(GPP - \sum R_m\right) \tag{7-19}$$

式中R_g为生长呼吸消耗量($gC \cdot m^{-2} \cdot Mon^{-1}$),$\sum R_m$为月维持呼吸消耗量,表示将初级光合产物转化为结构物质所消耗的部分。

土壤水分子模型:

$$w_i = \min(w_{i-1} + PT_i - ET_{ai}, w_{FC}) \tag{7-20}$$

式中w_i、w_{i-1}分别为i月和$i-1$月的土壤水分含量(mm),PT_i为i月降水量(mm),ET_{ai}为i月实际蒸散量(mm),w_{FC}为田间持水量(mm)。

二、评价程序

首先通过辐射子模型由气象站点纬度、海拔高度、月平均日照百分率及绝对湿度计算到达地表的辐射平衡和光合有效辐射。将土壤质地、月平均日照百分率、平均风速、月降水量及由辐射子模型所输出的地表辐射平衡输入土壤水分子模型,计算蒸发比。同时由月植被指数(NDVI)计算植被所吸收的光合有效辐射比例。然后将各子模型的输出结果,包括月总光合有效辐射、蒸发比、植被所吸收的光合有效辐射比例以及月平均气温作为总第一性生产力子模型的输入变量,计算月总第一性生产力。接着将植被类型、月平均气温和月总第一性生产力输入呼吸作用子模型,计算月呼吸消耗量。由总第一性生产力和月呼吸消耗量计算月净第一性生产力。最后利用历年与当年月净第一性生产力的统计比较特征,构建生态气象监测评价指数模型,通过生态气象优劣评价指数进行生态气象监测与评估。该评价模型的结构框图见图7-2。

三、评价等级

根据 EMI 的历史统计规律,EMI 格点值基本都是正态分布,全国大部分格点的 EMI 值都在 $-25 \sim +25$ 之间。结合对典型地区的实地调查,把生态环境分为"很好、较好、正常、较差、很差"5 个评价等级,确定如下评价指标(表 7-5)。

表 7-5　生态监测气象评价分级标准

生态气象指数	生态评价等级
EMI<-50	很差
-50≤EMI<-25	较差
-25≤EMI≤25	正常
25<EMI≤50	较好
EMI>50	很好

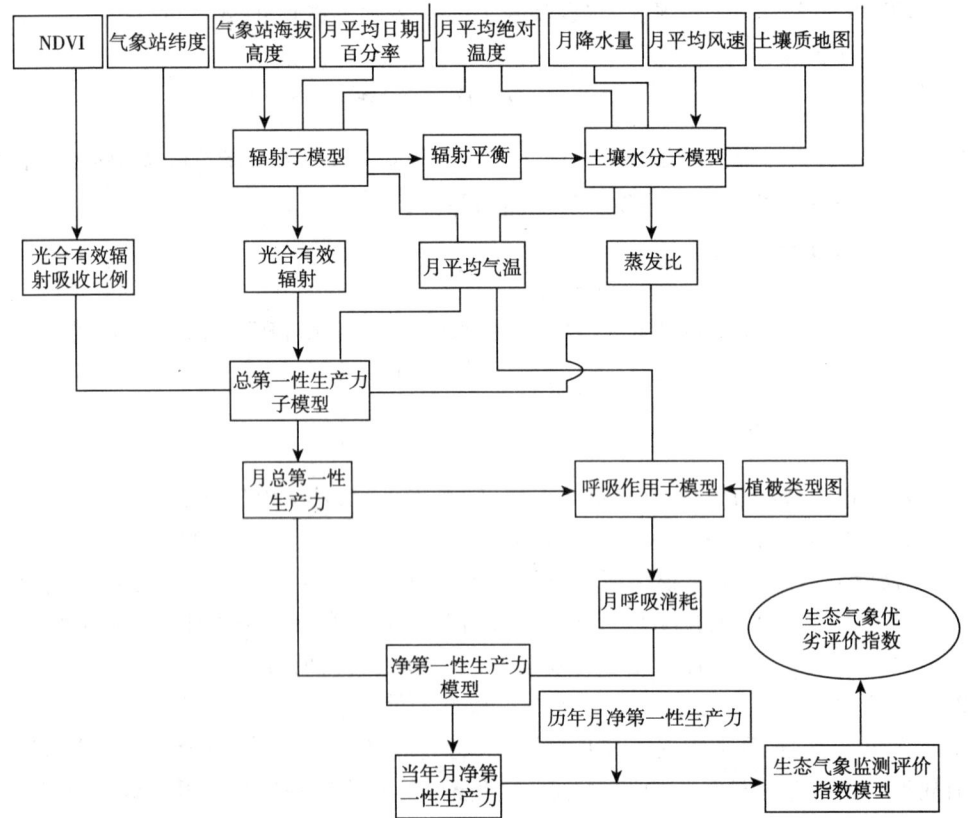

图 7-2　基于 NPP 的生态气象监测评价模型结构框图

四、EMI 评价实例

毛留喜等利用 EMI 评价方法对 2006 年上半年全国的生态质量进行了气象评价。

（一）全国概况

2006 年上半年，全国平均 EMI 为－30，表明我国大部地区生态气象条件较差。全国生态气象等级好、中、差的比例大约为 2∶45∶53。其中，EMI 处于"很差"等级的面积占全国总面积的 28.1%；处于"较差"等级的面积占全国总面积的 24.9%；处于"正常"范围的 44.9%；处于"较好"等级的 1.4%；处于"很好"等级的仅 0.6%。不同地表覆盖类型 EMI 及其生态气象等级统计显示，2006 年上半年，仅林地和沙漠、戈壁等类型的生态气象等级为正常，草灌、农田、城镇及其他均为较差以下等级（表 7-6）。

表 7-6　2006 年上半年不同地表覆盖类型的生态气象优劣评价指数与分级

覆盖类型	生态气象优劣评价指数	生态气象等
林地	－15	正常
草灌	－38	较差
农田	－33	较差
沙漠、戈壁等	－5	正常
城镇及其他	－75	很差

（二）生态气象等级的动态分析

2006 年 1—6 月全国平均 EMI 在逐月降低，虽处于正常等级范围之内，但 5 月、6 月处于临界状态已接近较差范围（图 7-3）。1 月、2 月，西南地区东南部和华南部分地区生态气象等级好于正常水平。3 月生态气象等级较差的区域主要集中于四川中西部、云南东部、贵州东部、华南南部和西藏的部分地区。4 月，西南地区生态气象等级较差的区域已不再连片，生态环境质量有所好转，但东北地区南部、华南华北东部、西北地区东北部、江南北部和华南大部，出现了大面积生态气象等级较差区。5 月，华南大部生态气象指数提高，但华北东部、西北地区东北部生态气象等级持续偏低，同时，东北地区大部、内蒙古中东部、青藏高原东部生态气象等级很差的区域明显增加。6 月，全国生态气象等级与 5 月接近，长江以南各生态气象等级区形成小斑块镶嵌分布格局，但东北地区西部和东部部分地区、内蒙古中东部、西北地区中北部、华北东部、黄淮大部、江淮东部的生态气象等级较差区仍集中连片。

不同地表覆盖类型生态气象等级面积百分数统计表明，我国大部地区生态环境质量较去年同期明显下降，仅沙漠、戈壁、城镇及其他类型的生态气象等级变化不大，而对我国生态及生产起重要作用的林地、草灌、农田的生态气象等级在中等以上的面积较2005年上半年显著减少,部分地区的农林牧业生产受到影响。

(三)生态气象等级的空间分布特征

气象要素的空间差异造成了生态气象等级地域分布的不同,上半年全国仅华北中部和华南中部部分地区生态气象指数等级好于去年;东北地区西部和东部部分地区、内蒙古中东部、西北地区中北部、新疆西北部、华北和黄淮东部、江淮和江汉部分地区、江南北部以及青藏高原大部,生态气象等级则明显低于去年同期,其余大部地区与去年同期水平相当。

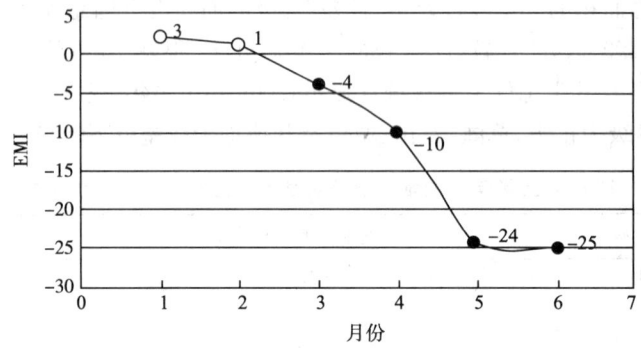

图 7-3 全国 2006 年 1—6 月生态气象指数变化

2006年上半年分省EMI(平均值)表明,各省均低于正常水平;按等级划分,陕西、湖北、安徽等11个省份在正常范围内,海南、甘肃、江苏等16个省区较差,北京、宁夏等4省区为很差(表7-7)。与去年同期相比,仅广西、广东、海南3省区生态气象优劣评价指数好于去年;其他省区则明显不及去年同期。

表 7-7 全国各省区市生态气象优劣评价指数

省份	2006年上半年 排名	2006年上半年 评价指数	2005年上半年 排名	2005年上半年 评价指数	评价指数差值(2006—2005)	省份	2006年上半年 排名	2006年上半年 评价指数	2005年上半年 排名	2005年上半年 评价指数	评价指数差值(2006—2005)
湖北	2	−11	10	6	−17	福建	18	−33	28	−28	−5
安徽	3	−15	3	23	−38	江西	19	−34	22	−14	−20
河南	4	−17	17	−7	−10	广东	20	−35	31	−42	7
云南	5	−17	15	−4	−13	吉林	21	−37	27	−24	−13
重庆	6	−20	14	−3	−17	新疆	22	−38	5	16	−54
山西	7	−21	16	−4	−17	山东	23	−38	19	−11	−27
贵州	8	−21	23	−15	−6	辽宁	24	−40	21	−12	28
四川	9	−21	13	−2	−19	河北	25	−41	18	−10	−31

续表

省份	2006年上半年 排名	2006年上半年 评价指数	2005年上半年 排名	2005年上半年 评价指数	评价指数差值(2006—2005)	省份	2006年上半年 排名	2006年上半年 评价指数	2005年上半年 排名	2005年上半年 评价指数	评价指数差值(2006—2005)
湖南	10	−22	24	−16	−6	黑龙江	26	−46	25	−16	−30
广西	11	−24	30	−35	11	内蒙古	27	−47	12	1	−48
海南	12	−25	29	−32	7	北京	28	−51	20	−11	−40
甘肃	13	−26	7	8	−34	宁夏	29	−57	11	3	−60
江苏	14	−26	8	7	−33	上海	30	−64	9	7	−71
浙江	15	−29	6	10	−39	天津	31	−66	26	−19	−47
青海	16	−32	4	17	−49						

生态气象优劣评价指数偏低直接导致植被相应生态服务功能的减弱,宁夏、新疆、青海、内蒙古、甘肃等北方省区评价指数今年较去年同期偏低30~60,植被覆盖度明显降低且受沙尘天气影响严重,其中部分草原区牧草产量降低,实地调查表明,内蒙古呼伦贝尔草原牧草高度、盖度、产量均较去年同期降低20%~50%。2006年入春以来,内蒙古苏尼特草原再度出现罕见旱灾,据有关部门统计,约2亿多亩草场受灾,严重的沙尘风暴导致全旗500多眼筒井被掩埋,牧区人畜饮水困难,大量牲畜死亡,牧民损失严重,生态气象条件恶劣

(四)生态气象等级较低的气象原因

1. 干旱

2006年1—4月,东北地区西部、华北大部、西北地区东部、黄淮北部、内蒙古中东部、青藏高原中部等地降水量较常年同期偏少3~8成,特别是华北大部自2005年10月以来持续少雨,接近50年来最小值;同期,云南省平均降水量仅为70.8 mm,干旱为近20年来最重;宁夏、甘肃东部发生连续5年严重春旱。5月,东北西部及内蒙古东部旱情持续;6月,西北地区东部及湖北、重庆、河南、内蒙古等地的部分地区旱情发展。上半年持续时间长、范围较广的干旱导致农作物及自然植被生长状况不良,部分地区发生人畜饮水困难,生态气象等级明显下降。

2. 低温冷害

由于强冷空气的影响,2006年3月10—14日,西北地区东部、华北地区西部、东北地区东部及江南、华南中部和北部降温幅度达12~20℃,江南中北部最低气温下降至0℃左右。4月9—13日,西北地区大部、华北地区西部、江淮西部、江南中西部以及重庆、贵州东北部、两广北部等地降温幅度达15~20℃,西北大部及山西等地出现霜冻。5月8—16日,9~16℃的剧烈降温致使甘肃、青海、新疆、云南、四川、贵州、

湖南等省(区)的局部地区出现了冻害。低温冻害不仅使农作物受灾,对处于返青、萌发等关键发育期的其他植物危害也极为严重,这亦是我国生态气象等级较低的原因之一。

3. 沙尘天气

沙尘天气既是生态环境恶劣的表现,又进一步影响生态环境的质量。2006年春季,不仅我国沙尘源地气旋活动频繁,气温较高,而且北方大部干旱导致植被覆盖稀疏、表层土壤含水量低,局地扬沙较多。这些因素为沙尘天气发生提供了必要的气象与地表条件,造成上半年我国北方地区沙尘天气过程频繁发生,且影响范围很广。统计表明,2006年1—5月共出现25次沙尘天气过程,其中强沙尘暴过程5次,沙尘暴过程10次,扬沙过程10次。沙尘过程次数为2000年以来同期最多。其中,4月9—11日,我国北方13个省(区、市)出现2006年范围最大、强度最强沙尘暴天气过程。4月16—18日,我国北方又出现影响范围约120万km^2的强沙尘暴天气过程,其中内蒙古中部出现了能见度仅200m的强沙尘暴。4月16—17日中午,北京总降尘量约33万t。沙尘天气不仅使大气环境质量严重降低,给人民的生产生活造成不良影响和直接损失,而且大面积的风蚀与风积使植被生长不良、地表裸露,形成沙尘天气频发的反馈机制。

4. 火灾

2006年上半年,由于长期降水偏少、旱情严重,火险气象等级居高不下。据统计,1—2月全国共发生森林火灾1141起,火灾次数比上年同期上升了2.1%;河北省仅3月25日一天就发生森林火灾14起,其中丰宁县发生的森林火灾烧入北京市怀柔区境内。3月29日云南和山西省的局部地区发生较大火灾,4月23日山西省火灾再次出现。2006年春季东北、云南、山西、河北等地发生的严重森林火灾是1988年以来最严重的年份。5月下旬至6月上旬,四川省凉山州和甘孜州连续发生森林火灾。5月6日内蒙古呼伦贝尔盟、黑龙江齐齐哈尔市发生火灾。5月21日至6月2日内蒙古自治区鄂伦春旗、牙克石市、陈巴尔虎旗以及黑龙江省黑河市发生特大森林火灾。火灾使局地的植被覆盖急速降低、物种减少,最直接的表现就是生态气象等级明显降低。

EMI评价方法可以对全国生态环境进行宏观、动态的监测与评估。计算的生态气象优劣评价指数,以气象条件为主要驱动因子,既有良好的理论基础和科技含量,也有较好的实用性和时空分辨能力。

对生态环境的监测和评价是一个涉及多学科的复杂问题。生态气象监测与评估,还是一个刚刚提出不久的新概念。一般说来,生态气象监测与评估,从时间上讲,既有天气尺度的,也有气候尺度的;从空间上讲,既有全国的、跨省的、某一行政区的,也有针对某一生态单元或某生态工程作用区的;从内容上讲,既有针对单一典型生态系统、单一生态环境问题的,也有不同区域的综合监测与评估。EMI 评价方法仅是从一个侧面对生态环境的相对优劣进行的以气象条件为主要驱动因子的监测和评估。对生态环境的监测与评价是一个涉及多学科的复杂问题。考虑更多因子,进行生态系统综合、全面的监测与评估,是未来该领域的研究方向。

第四节 气象灾害的评估

一、国内气象灾害风险评估研究

农业气象灾害影响评估研究的理论基础是风险分析。风险分析在最近二三十年得到迅速发展,但作为多学科交叉的边缘学科,目前成熟的成果尚不多见。中国关于农业气象灾害风险评估的研究,大致可以分为两个阶段。2001 年以前为第一阶段,是以灾害风险技术方法探索研究为主的起步阶段,有关农业灾害风险评估理论的基础研究仍相当薄弱,针对某种农业气象灾害的风险评估技术更是一个崭新的课题。2001 年以后为第二阶段,是以灾害影响评估的风险化、数量化技术方法为主的研究发展阶段,构建灾害风险分析、跟踪评估、灾后评估、应变对策的技术体系。

关于农业气象灾害风险评估方面,我国已经开展了许多工作。李世奎进行了风险辨识、风险评估、风险对策等方面的研究。杜鹏和李世奎给出了农业气象灾害风险评价模型及应用,提出了概念模型、过渡模型、实用模型的层次结构。在过渡模型中采用改进的农业生态地区法求出了气象对环境的胁迫系数,并计算实际产值。邓国和李世奎给出了中国粮食作物产量风险评估方法,其思路是先将粮食单产分解为趋势产量和气象产量,采用直线滑动平均模拟方法模拟出趋势产量,进而给出相对气象产量序列。检验这个序列是否符合正态分布再对风险进行符合正态分布的风险估计。邓国和李世奎给出了灾害风险水平分布规律,其中给出了减产率指标,变异系数指标,并指出以灾害概率为基础的风险指数。张建敏给出了由灰色预测模型、直线滑动平均模型、Logistic 模型、正交多项式模型等构成的集成模型分析时间趋势产量,并以正弦曲线参数寻优法模拟产量时间序列中的短周期波动。在此基础上,对相对气象产量序列进行正态性检验和偏态分布正态化处理。在提出风险指数时,采用了3 种风险指标的综合风险指数,综合方法分别采用主成分分析法和加权平均法。一些学者还建立了风险评估模型。

目前进行气象风险评估的内容大多集中在较大区域或较宏观方面,且在气象灾害对植物的风险评估方面,所用的评估资料基本上都是建立在粮食作物产量的基础上,对气象灾害演变规律的认识不够深入。虽然在灾害指标及算法、灾害预评估、跟踪评估、灾后评估、减灾效益评估、经济损失函数等方面也做了不少工作,但气象灾害风险理论的应用基础研究仍相当薄弱,风险评价体系还缺乏统一的标准,缺乏实践检验等,都亟待加强。

在农业气象灾害风险评估领域,20世纪90年代是我国以灾害风险分析技术方法探索研究为主的起步阶段,主要成果有:在农业生态地区划的基础上建立了华南果树生长风险分析模型,这是中国较早地将风险分析方法应用于农业气象灾害研究;在农业气候脆弱带研究中探讨过灾害风险问题,即在农业生态地区划的基础上建立作物生长风险分析模型;在农业气象灾害风险的辨识、评估和农业灾害保险方面的研究也开始起步,如霍治国等对农业灾害风险的辨识和分析方法方面进行过探讨,并利用农作物多年产量序列本身进行粮食生产风险分析,进行了一些有益的尝试;杜鹏、谷晓平、吴俊铭、郭迎春等在对农业气象灾害风险的评估和区划方面进行了探讨。这一阶段对农业气象灾害风险评价标准还缺乏统一认识和实践检验,相关研究大多以灾害的实际发生频率为基础,随着时间序列的延长,灾害的致灾强度及出现的频率将会随时间而变化,无法真正反映灾害的真实风险状况,实用性和可操作性强的风险评价模型也较少。

21世纪以来,中国农业气象灾害风险评估技术研究进入了新的阶段,与国外相比,我国的气象风险评估具有自己的特色,其重要标志是将风险分析和数量化方法引入研究,如构建灾害风险分析、跟踪评估、灾后评估、应变对策的技术体系等。针对农业生产中大范围农业气象灾害影响的定量评估需求,将风险原理有效地引入农业气象灾害影响评估,基于地面、遥感两种信息源,建立了主要农业气象灾害影响评估的技术体系。

王春乙在《重大农业气象灾害研究进展》一书中综述了我国在农业气象灾害风险评估方面所取得的成就,较有代表性的是霍治国等从灾害风险分析的角度构建了一个由我国北方冬小麦干旱、江淮冬小麦渍涝、东北作物夏季低温冷害及华南荔枝和香蕉冬季寒害组合的灾害风险评估体系,实现了农业气象灾害风险从定性评价到定量评估质的飞跃。该体系从自然、社会两个角度,气候、灾损两个因素着眼,在风险辨识、风险评估方面,提出了各种灾害的灾害强度风险概率模式和风险概率模拟模式、抗灾性能模式等;研究了风险区划指标,并实现了风险区域划分。

二、干旱影响评估

干旱是全球气象灾害最常见的类型之一,其影响极为广泛和深远,主要包括对经济、人类社会及自然环境等三个方面的影响。干旱对经济的影响包括对农业、林业、牧业、渔业和水产养殖、工业、交通、能源等七个方面,在干旱对经济的影响中,以对农业影响最大。对自然环境影响包括对土地资源、水资源、环境质量、灾害影响等四个方面。对人类社会的影响表现为饥饿增加、瘟疫增多、生活水平降低、社会不稳定及动乱等现象。

干旱灾害评估是生态气象灾害评估中的一种类型,主要针对干旱灾害发生对生态环境的影响进行评价。干旱灾害评估是从灾害致灾因子和孕灾环境角度,分析导致干旱灾害发生的自然现象的频度和强度,对其危险性、易损性、潜在性以及灾害造成的人员伤亡、直接经济损失以及间接经济损失进行评估。干旱灾害的影响评估是全面反映灾情、确定减灾目的、优化防御措施、评价减灾效益、进行减灾决策的重要依据,也是制定国土规划和社会经济发展计划的重要依据。干旱灾害评估的目的在于研究干旱与社会经济活动间的关系,提高人们对干旱影响的认识,增进人们对干旱灾害与社会结构、经济活动相互影响的了解,以便进行救灾及经济预测。

针对不同的研究角度和评估目的,干旱影响评估概括为历史干旱评估、实时干旱评估和展望性干旱影响评估。干旱灾害影响评估指标包括干旱灾害风险评估、损失评估、生态环境评估和防灾工程的减灾效益评估等指标。

由于干旱评估涉及的内容广泛和资料的限制,干旱影响评估途径主要通过实地调查和监测获得资料。干旱影响评价方法主要有个例分析、历史相似法、比较法和模式法。干旱影响评估系统主要包括数据库、统计分析软件包、影响评估指数、模式程序库、绘图软件包、灾情检索系统以及干旱影响评估专家系统等。资料是影响评估系统的基础,在评估系统中,包括情报网的建立、传输、加工处理直至评价结果的做出,都需要收集、传递、整理和使用各类资料,其中包括气象资料、自然地理资料、水文资料、卫星遥感资料以及社会经济资料等;同时还应制订各类评估指数或模式,这是至关重要的。

二、干旱风险分析

干旱风险分析是对防旱抗旱综合能力的评价,其步骤是先选择评价因子,然后制定评价标准,最后进行加权评价。因子包括水资源模数、耕地率、耕地灌溉率、人口密度、工业产值模数、需水模数、供水模数、人均供水量、缺水率等。

抗灾能力与抵御或削弱干旱灾害的主要农业措施的灌溉工程是否完善、干旱能否成灾及成灾程度与当地灌溉条件和能力直接相关。可以用某地灌溉面积占耕地面积的百分比表示防灾有效度,即:抗灾能力=灌溉面积/耕地面积。

另外,农业旱灾面积风险的评估,还可以用农业受旱面积和成灾面积的评价预测模型,主要有一元回归方法、逐步自回归方法、前馈神经网络方法、加权系数组合方法等。

本章小结

生态质量是指生态环境的优劣程度,是在一定具体的时间和空间内生态系统的总体或部分生态与环境因子的组合,对人类的生存及社会经济持续发展的适宜程度。生态质量评价则是从生态系统的层次上,研究系统各组分的质量变化规律和相互关系,以及人为作用下结构和功能的变化情况,并根据选定的指标体系和质量标准,运用恰当的方法评价某区域生态质量的优劣及其影响作用关系。

生态质量气象评价就是以气象对生态质量的影响角度进行评价,判断生态环境质量的优劣。生态气象评价指标的选取要遵循科学性、综合性、主导性和实用性等原则。

复习思考题

1. 什么是生态质量和生态质量评价?生态质量评价指标选取的原则是什么?
2. 什么是生态气象评价?确定指标体系的原则有哪些?
3. 简述生态质量气象评价系统的结构。
4. 简述 EMI 评价方法的评价程序。
5. 试述干旱灾害评估的概念及意义。

主要参考文献

Fled C B, Behrenfeld M J, Randerson J T, Falkowski P. 1998. Primary productivity of the biosphere: Integrating terrestrial and oceanic components [J]. *Science*, **281**:237-240.

Lieth H, Whittaker R H. 1975. Modeling the Primary Productivity of the World [M]. In: Primary Productivity of the Biosphere. New York: Springer-Verlag, 237-263.

Liu J, Chen J M, Chen W. 1999. Net primary productivity distribution in the BOREAS region from a process model using satellite and surface data [J]. *Journal of Geophysical Research*, **104**(D22):27735-27754.

毕宝贵,毛留喜,王建林. 2007. 中国生态与农业气象业务技术进展[M]. 北京:气象出版社.

陈怀亮. 2008. 国内外生态气象现状及其发展趋势[J]. 气象与环境科学, **31**(1):75-79.

邓国,李世奎. 1999a. 中国粮食产量的灾害风险水平分布规律[G]//李世奎主编. 中国农业灾害风险评价与对策[M]. 北京:气象出版社,129-149.

邓国,李世奎. 1999b. 中国粮食产量风险区划初探[G]//李世奎主编. 中国农业灾害风险评价与对策[M]. 北京:气象出版社,176-182.

侯英雨,毛留喜,钱拴,等. 2007. 长时间序列遥感信息在生态气象业务监测服务中的应用. //毕宝贵,毛留喜,王建林,矫梅燕主编,中国生态与农业气象业务技术进展[M]. 北京:气象出版社,243-248.

黄崇福. 2005. 自然灾害风险评价:理论与实践[M]. 北京:科学出版社.

霍治国,李世奎,王素艳,等. 2003. 主要农业气象灾害风险评估技术及其应用研究[J]. 自然资源学报,**18**(6):692-703.

李世奎,霍治国,王素艳,等. 2004. 农业气象灾害风险评估体系及模型研究[J]. 自然灾害学报,**13**(1):77-86.

李文华,赵景柱. 2004. 生态学研究回顾与展望[M]. 北京:气象出版社.

刘少军,张京红,李天富,等. 2006. 基于GIS组件技术的生态质量气象评价系统[J]. 气象与环境学报,**22**(3):51-53.

刘少军,张京红,辛吉武,等. 2007. 基于GIS的生态质量气象评价建库方法研究[J]. 地理空间信息,**5**(1):87-88.

刘勇洪,吴春艳,李慧君,等. 2007. 基于卫星数据的北京市生态质量气象评价方法研究[J]. 气象,**33**(2):42-48.

马树庆,袭祝香,王琪. 2003. 中国东北地区玉米低温冷害风险评估研究[J]. 自然灾害学报,**12**(3):137-141.

马晓群,陈晓艺. 2005. 农作物产量灾害损失评估业务化方法研究[J]. 气象,**31**(7):72-75.

毛留喜,钱拴,侯英雨,等. 2007. 2006年夏季川渝高温干旱的生态气象监测与评估[J]. 气象,**33**(3):83-88.

毛留喜,李朝生,侯英雨,等. 2006. 2006年上半年全国生态气象监测与评估研究[J]. 气象,**32**(11):105-112.

牛宝茹,刘俊蓉,王政伟. 2005. 干旱区指标覆盖度提取模型的建立[J]. 地区信息科学,**7**(1):84-86.

乔彦肖. 2001. 卫星遥感技术在永定河流域(河北)土壤侵蚀调查评价中的应用研究[J]. 遥感技术与应用,**16**(2):91-96.

乔玉良. 2003. 土壤侵蚀遥感调查技术应用的若干问题[J]. 地球信息科学,(4):97-100.

谭炳香,李增元,王彦辉. 2005. 基于遥感数据的流域土壤侵蚀强度快速估测方法[J]. 遥感技术与应用,**20**(2):215-220.

万本太,张建辉,董贵华,等. 2004. 中国生态环境质量评价研究[M]. 北京:中国环境科学出版社.

王春乙,王石立,霍治国,等. 2005. 近10年来中国主要农业气象灾害监测预警与评估技术研究进展[J]. 气象学报,**63**(5):659-671.

王春乙. 2007. 重大农业气象灾害研究进展[M]. 北京:气象出版社,269-277.

袭祝香,马树庆,王琪. 2003. 东北地区低温冷害风险评估及区划[J]. 自然灾害学报,12(2):98-102.

肖继东,陆锋,李虎,等. 2009. 基于3S技术的生态环境质量监测与评价方法研究[J]. 沙漠与绿洲气象,3(1):4-8

中国气象局. 2005. 生态质量气象评价规范(试行)[M]. 北京:气象出版社.

朱文泉,潘耀忠,龙中华,等. 2005. 基于GIS和RS的区域陆地植被NPP估算——以中国内蒙古为例[J]. 遥感学报,9(3):300-307.

第八章 遥感技术及模拟模型在生态气象中的应用

遥感(remote sensing)是一门相对年轻的学科,是过去40~50年内迅速发展起来的一门综合性应用技术,它极大地增强了人类在区域以至全球尺度上开发资源、动态监测地表信息变化的能力。由于在城市规划、环境保护、地质勘探、农业和林业以及军事领域等的广泛应用,遥感技术产生了十分可观的经济效益和显著的社会效益。模型是对现实世界的抽象,是对各种复杂过程及关系的概括,在许多领域都有广泛的应用。生态气象的研究及业务工作的发展也需要各种技术手段的支撑,遥感和模型的应用在生态气象研究领域中占有重要的地位,具有广阔的发展前景。

第一节 遥感技术概述

一、遥感的概念及分类

遥感是20世纪60年代才广泛称谓的名词,其前身为航空摄影测量。就字面含义,遥感可以解释为"遥远的感知"。广义而言,凡是不与目标物接触,利用探测仪器收集、记录物体特征信息,然后对所获取的信息进行提取、判定、加工处理及应用分析的综合性技术都属遥感范畴。狭义的遥感指的是电磁波遥感,是从远距离、高空、以至外层空间的平台上,利用可见光、红外、微波等探测仪器,通过摄影或扫描方式,对地物电磁辐射信息的感应、传输、记录和处理,从而识别目标物的性质和运动状态的现代化技术系统,即通过地球表面物体电磁辐射信息特征来研究物体的性质与状态。

遥感的分类依据不同的标准,有以下几种。

(1)根据工作平台的不同,可分为地面遥感、航空遥感和航天遥感。

(2)根据传感器接收波长范围不同,可分为紫外遥感、可见光遥感、红外遥感和微波遥感。

(3)根据传感器工作原理,可分为被动式遥感和主动式遥感(图8-1)。

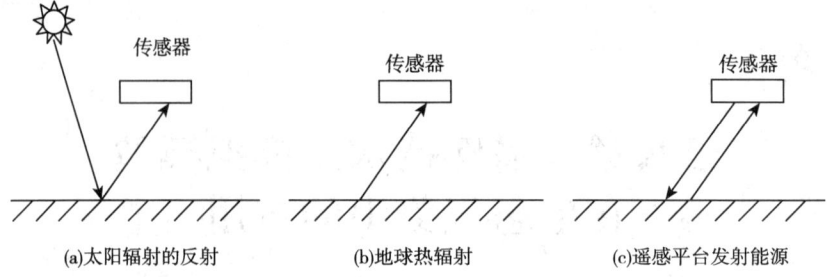

图 8-1　被动式遥感(a 和 b)及主动式遥感(c)

被动式遥感(passive remote sensing)又称无源遥感,是探测器只接收、记录从目标物反射或发射来自自然辐射源(太阳、地球、宇宙辐射、物体自身发射能量等)的电磁波信息的遥感方式。

主动式遥感(active remote sensing)又称有源遥感,指由探测器向目标物发射一定能量的电磁波(如微波),再接收从目标物反射或散射回波的强弱来识别目标物体的遥感方式。

(4)根据遥感资料的获取方式,可分为成像遥感和非成像遥感。成像遥感将探测到的目标电磁辐射转换成可以显示为图像的遥感资料,如航空相片、卫星影像等;非成像遥感将所接收的目标电磁辐射能量转换成相应的模拟信号或数字化输出,或记录在磁带上而不产生图像。

(5)根据波段宽度和波谱的连续性,可分为高光谱遥感和常规遥感。高光谱遥感是利用很多狭窄的电磁波波段(波段宽度通常小于 10 nm)产生光谱连续的图像数据;常规遥感又称宽波段遥感,波段宽一般大于 100 nm,且波段在波谱上不连续。例如,一个 TM 波段内只记录一个数据点,而用航空可见光/红外光成像光谱仪(AVIRIS)记录这一波段的光谱信息,需用 10 个以上数据点,如图 8-2 所示。

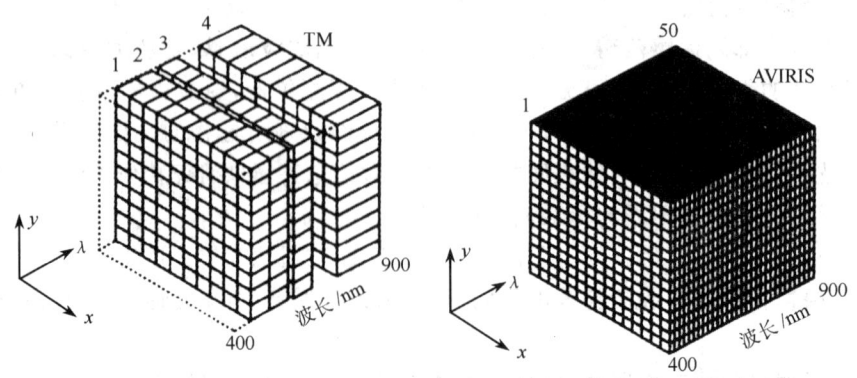

图 8-2　TM 和 AVIRIS 的空间及光谱分辨率示意图

6. 根据应用领域不同,可分为环境遥感、城市遥感、农业遥感、林业遥感、海洋遥感、地质遥感、气象遥感、军事遥感等,还可以把它们再划分为更细的专题领域进行研究。

二、遥感技术的基本原理

地面上的任何物体(即目标物),如大气、土地、水体、植被和人工构筑物等,在温度高于绝对零度($-273.16℃$)的条件下,都具有反射、吸收、透射及辐射电磁波的特性。当太阳光从宇宙空间经大气层照射到地球表面时,地面上的物体就会对由太阳光所构成的电磁波产生反射和吸收。由于每一种物体的物理和化学特性以及入射光的波长不同,因此它们对入射光的反射率也不同。例如,植物的叶子之所以能看出绿色是因为叶子中的叶绿素对太阳光中的蓝及红色波长光的强烈吸收,而对绿色波长光的强烈反射的缘故。物体的这种对电磁波固有的波长特性叫光谱特性(spectral characteristics)。一切物体,由于其种类及环境条件的不同,因而具有反射或辐射不同波长电磁波的特性。遥感探测正是将遥感仪器所接收到的目标物的电磁波信息与物体的反射光谱相比较,从而可以对地面的物体进行识别和分类。这就是遥感技术的基本原理。

三、遥感系统

遥感是一门对地观测综合性技术,它的实现既需要一整套的技术装备,又需要多种学科的参与和配合,因此遥感技术与应用是一项复杂的系统工程。遥感系统是从地面到高空各种对地球、天体观测电磁辐射信息的综合技术系统的总称。根据遥感的定义,遥感系统主要由以下四大部分组成。

(一)信息源

信息源是遥感需要对其进行探测的目标物。任何目标物都具有反射、吸收、透射及辐射电磁波的特性,当目标物与电磁波发生相互作用时会形成目标物的电磁波特性,这就为遥感探测提供了获取信息的依据。

(二)信息获取

信息获取是指运用遥感技术装备接收、记录目标物电磁波特性的探测过程。信息获取所采用的遥感技术装备主要包括遥感平台和传感器。其中遥感平台是用来搭载传感器的运载工具,常用的有气球、飞机和人造卫星等;传感器是用来探测目标物电磁波特性的仪器设备,常用的有照相机、扫描仪和成像雷达等,是遥感信息获取的核心部件,装载在遥感平台上按飞行轨道或路线进行探测。

（三）信息处理

信息处理是指运用光学仪器和计算机设备对所获取的遥感信息进行校正、分析和解译处理的技术过程。传感器通过记录在感光胶片或数据磁带上的遥感信息要经过传输和预处理后才能够提供给用户使用。遥感信息的传输分直接回收和无线电传输两种方式。直接回收是指将遥感信息资料（感光胶片、数据磁带）带回地面。飞机、气球、飞船常采用此方式，特点是保密、方便，但不能实时回收。无线电传输是将传感器接收到的信息通过无线电载频传输给地面接收站，卫星遥感多采用此种传输方式。这种方式可实时传输，即当传感器收集到地物电磁辐射信息后可立即通过无线电发往接收站，这对于火灾、火山爆发、洪水、污染等环境监测和军事侦察是及时和必要的。也可以将信息存贮起来，当平台飞越接收站上空时，接到发送指令后再向接收站发送信息。例如，陆地卫星就是利用无线电来传输信息的。

遥感信息预处理是指由于地面接收站接收到的遥感信息会受到多种因素影响，诸如探测器性能、平台姿态不稳定、地球曲率、大气不均匀性及地形差别等，会引起地物的几何特性和波谱特性的畸变，因此必须经过适当处理后才能提供使用。

信息处理的作用是通过对遥感信息的校正、分析和解译处理，掌握或清除遥感原始信息的误差，梳理、归纳出被探测目标物的影像特征，然后依据特征从遥感信息中识别并提取所需的有用信息。

（四）信息应用

信息应用是指专业人员按不同的目的将遥感信息应用于各业务领域的使用过程。信息应用的基本方法是将遥感信息作为地理信息系统的数据源，供人们对其进行查询、统计和分析利用。遥感的应用领域十分广泛，最主要的应用有：军事、地质矿产勘探、自然资源调查、地图测绘、环境监测以及城市建设和管理等。

四、遥感技术的特点

遥感技术作为一门对地观测综合性技术，它的出现和发展既是人们认识和探索自然界的客观需要，更有其他技术手段无法比拟的特点。遥感技术的特点主要有以下四个方面。

（一）探测范围广

遥感探测能在较短的时间内，从空中乃至宇宙空间对大范围地区进行对地观测，并从中获取有价值的遥感数据。如一幅航空相片（30 cm×30 cm，1∶50000）覆盖地面景观约为 225 km²，而一景陆地卫星 TM 图像可包括 185 km×185 km 的地表面积。在这样的图像上，人类难以到达的地方都可以清晰地看到，不会受到地面环境的限制,更不要说遥感技术还可以选用不同波段来获取信息,不仅限于人类肉眼能够看到的东西了。因此,有利于进行区域性宏观调查与分析对比。这些数据拓展了人们的视觉空间,为宏观地掌握地面事物的状况创造了极为有利的条件,同时也为宏观地研究自然现象和规律提供了宝贵的第一手资料。这种先进的技术手段与传统的手工作业相比是不可替代的。

(二)信息量真实且丰富

遥感信息是地球表面信息的真实记录。探测器不但记录可见光条件下的物体电磁辐射信息,而且记录地物在超越人视觉的红外、微波波谱范围内的地物辐射信息特征,延伸了人的视觉感官。又由于计算机技术的发展,图像增强处理使得信息识别能力大大提高,如正常人肉眼大多只能分辨10~15级灰阶(度),而计算机至少能分辨256级,丰富了信息量。

(三)获取信息快,更新周期短

遥感探测能周期性、重复地对同一地区进行对地观测,这有助于人们通过所获取的遥感数据,发现并动态地跟踪地球上许多事物的变化,同时研究自然界的变化规律。如陆地卫星可18 d、16 d、14 d覆盖全球一次,气象卫星可以小时为周期重复观测。现代遥感技术可定时、定位观测,非常有利于地表动态监测研究。尤其是在监视天气状况、自然灾害、环境污染甚至军事目标等方面,遥感的运用就更显得格外重要。

(四)综合分析应用

遥感探测所获取的是同一时段、覆盖大范围地区的遥感数据,这些数据综合地展现了地球上许多自然与人文现象,宏观地反映了地球上各种事物的形态与分布,真实地体现了地质、地貌、土壤、植被、水文、人工构筑物等地物的特征,全面地揭示了地理事物之间的关联性。并且这些数据在时间上具有相同的现势性。遥感信息的数据存储形式为计算机处理提供了方便,借助地理信息系统(geographical information system,GIS),可使多种(源)信息进行综合信息提取分析应用,使得地学综合信息库的建立成为可能。

第二节 遥感技术在生态气象中的应用

遥感技术以其快速、准确、经济、可周期性观测等优点在资源调查、环境监测、减灾防灾、农业生产等领域都得到了广泛的应用。生态气象监测很重要的一个手段就是卫星遥感,国内的生态气象监测体系工作从一开始就确定了"以遥感监测为主、地面监测为辅"的技术路线,所以遥感技术在生态气象业务服务中得到充分重视,并在日常的工作业务中得到进一步加强。

从2002年起,中国气象局就高度重视关于生态气象的监测工作,部分省份已经在原来气象台站的基础上通过新增监测的项目开展工作,不断拓展了遥感监测工作的业务领域。除完善传统植被、作物长势、森林与草原火情、洪涝、干旱、土壤水分、积雪、沙尘和雾等的遥感监测外,部分省(区、市)还陆续推出了退耕还林、土地利用/植被覆盖变化、土地沙化、积雪深度、凌汛、水体湖泊面积、湖泊富营养化、秸秆焚烧等生态监测,部分地区还结合地质调查、区划资料,开展地热资源遥感调查等。在遥感监测项目不断丰富的同时,定量遥感、地面物理参数反演等逐步深入,卫星遥感业务和服务的广度、深度得到同步发展。

一、遥感技术在生态气象监测中的应用

遥感动态监测就是利用遥感的多传感器、多时相的特点,通过对同一地区不同时相的遥感信息数据对比分析来获取变化信息。由于遥感信息的周期性和连续性,以及监测的时空尺度范围较广,因此动态监测一直是卫星遥感最主要的应用领域,已经在生态气象动态监测中得到了广泛的应用。本节以土壤水分、洪涝灾害、土地荒漠化以及暴雨的生态气象监测为例,简单介绍遥感技术在生态气象监测领域中的应用及成果。

(一)土壤水分监测

土壤水分是监控土地退化和干旱的重要指标,同时也是气候、水文、生态和农业系统的关键组成要素。监测土壤水分的变化对于规划和管理这些系统来说具有极其重要的作用。传统的监测方法大多都是野外实地或实验点的观测,最古老且最准确的方法就是质量法,这样能得到精确的土壤水分的质量百分比,但需要消耗大量的时间和人力。利用土壤水分不同其相应的导电性能也不同的特点发展起来的嵌入式传感器测量法,能够节省大量的时间和人力,但是依旧是实验点上少量的监测数据而在推广到大区域上时存在代表性问题。所有这些传统的田间监测手段虽然可以准确估测土壤剖面的含水量,但是却都具有相同的缺点,不仅费时、费力,尤其是测点少、代表性差,导致时间、空间分辨率低下,无法大范围、高效率地获得土壤水分数据,从而不能实现大面积土壤水分的实时动态监测。

相对于传统手段而言,利用遥感手段监测和反演土壤水分具有相当大的优势。其方法和理论依据就是建立在遥感参数和土壤水分之间的相互关系上,通过记录土壤反射特定波段的反射率或者土壤的发射率来迅速地分析和获取土壤水分数据。遥感方法还能解决传统方法不能很好解决的土壤水分的空间分布和时间变化制图问题。与传统的土壤水分监测方法相比,飞速发展的遥感技术手段监测土壤水分具有

许多不可替代的优势,包括快速、实时、长时期动态大区域监测以及良好的时间空间分辨率。因此利用遥感手段已成为监测大区域范围内土壤水分时空分布和变化的主要方法。

通常土壤水分的遥感监测主要利用可见光、近红外、热红外及微波波段进行,土壤水分的红外波段遥感和微波遥感是当前研究的主要热点。一般热红外波段所感测的是地表温度和植被指数,通过植物的蒸腾作用所带来的辐射平衡和热惯量,从而估算表面层以下的土壤水分。微波遥感监测土壤水分是现在应用比较成功的方法,具有广泛的应用前景。而在太阳光谱范围(380~500 nm)的光谱反射信息也能够用于估算土壤表层水分。

1. 遥感监测方法的发展

(1)可见光、近红外与热红外波段遥感

遥感方法监测土壤水分的可行性研究在 20 世纪 60 年代初期就已经开始了,而应用研究也相应在 70 年代中期开展起来。其中,Waston 等就尝试利用热惯量模型监测土壤水分,而 Bijleveld 则继续了他们的工作,建立了计算热惯量和每日蒸发量模型。Pratt 等(1979)提出了绘制土壤水分和地理图的热惯量方法,Jackson 等根据热量平衡原理提出了作物缺水指数(CWSI)。而在 80 年代,随着地基、机载、星载遥感的迅速发展与普及,遥感监测土壤水分方法也得到了迅速发展,遥感波段有可见光、近、中、远红外、热红外波段等及微波遥感波段,许多遥感数据也相继被使用,比如 TM 数据和 NOAA/AVHRR 数据。90 年代中后期,随着 NOAA/AVHRR 和 MODIS 数据的普遍应用,光学和热红外波段的遥感反演方法也日趋成熟。目前,国外有学者结合可见光、近红外与热红外的信息,使用归一化植被指数(NDVI)和陆地表面温度(LST),构建 NDVI-LST 空间来反演土壤水分。

国内开展土壤水分遥感监测实验研究比国外大约晚 10 年以上,大体上从 20 世纪 80 年代中期才开始起步。在使用可见光/近红外与热红外波段监测土壤水分的遥感模型及其应用方面,国内发展迅速,而且工作重点体现在利用 NOAA/AVHRR 以及 MODIS 数据进行土壤水分或干旱的宏观监测以及实际应用研究方面。徐彬彬在宁芜试验场做了大量的土壤水分研究的开创性工作,研究了土壤水分对土壤反射光谱的影响,进行了土壤水分遥感的前期光谱研究工作,发现土壤含水量的增加,会降低光谱反射率,特别是在红光及红外光波段。张仁华提出了一个考虑地表显热通量及潜热通量的热惯量模式;隋洪智等通过简化能量平衡方程,直接使用卫星资料推算出一个被称为表观热惯量(ATI)的量,并以此量与土壤水分建立关系式来监测旱灾;肖乾广等从土壤的热性质出发,在求解热传导方程的基础上引入了"遥感土壤水分最大信息层"的概念,并以此理论建立了多时相的综合土壤湿度统计模型;辛景峰等利用 NOAA/AVHRR 数据集研究了土壤湿度与地表温度/植被指数的斜率的定量关系;齐述华等利用水分亏缺指数(WDI)进行了全国旱情监测研究;张振华等利用较为成熟的作物缺水指数方法对于冬小麦田的土壤含水量进行了估算。

(2)微波遥感

在被动微波遥感领域,20 世纪 70 年代初,美国国家航空航天局(NASA)在亚历山大农田进行了航空微波辐射计飞行试验,同步观测了 0~15 cm 的土壤湿度,并对试验数据进行了分析,发现亮度温度与土壤湿度(质量百分比)具有较好的线性相关。随着卫星微波遥感数据的有效利用,一些研究者建立了降雨指数 API 和微波极化差异指数(Microwave Polarization Difference Index)等土壤湿度指示因子与土壤亮度温度之间的线性关系。Njoku 等基于辐射传输方程,建立了亮度温度与土壤湿度等参数的非线性方程,然后用迭代法和最小二乘法解非线性方程求出土壤湿度。而最终 Njoku 的算法成为 AMSR/E 土壤水分反演的标准算法。

在主动微波遥感领域,合成孔径雷达(Synthetic Aperture Radar,SAR)已成为国际对地观测领域最重要的前沿技术之一。目前利用多频、多极化/全极化雷达数据反演裸露地表土壤水分的经验和半经验模型主要有 Oh 模型、Dohoson 模型和 Shi 模型,这些是针对裸露地表条件建立的,但同时这些模型也用于稀疏到中等密度的地表植被覆盖条件下的土壤水分反演。目前被普遍接受和使用的为密歇根大学微波实验室发展的基于辐射传输方程的 MIMICS 模型。

为了更好地研究和探索土壤水分分布非均质性对于陆地—大气能量流通的影响,以及微波遥感在观测和反演土壤水分中的作用,美国国家航空航天局(NASA)、美国国家海洋及大气局(NOAA)以及美国国家科学基金会(NSF)等组织于 2002 年 6—7 月,在美国爱荷华州开展了 2002 年土壤水分实验(2002 Soil Moisture Experiment,SMEX02)。该项实验就是为了解决对地观测卫星高级微波扫描辐射计(AMSR-E)的亮度温度与土壤水分之间的相关关系,并且在有植被覆盖条件下检验现有的主动与被动雷达土壤水分反演模型。SMEX02 主要涉及土壤和植被微波发射和散射模型的发展、土壤水分与植被反演算法,并用于确定大区域范围内航空与航天遥感反演土壤水分和植被的测量方法。2003 年和 2004 年又分别开展了相似的实验 SMEX03、SMEX04。

国内在使用微波监测土壤水分方面仍处于探索阶段。李杏朝等根据微波后向散射系数法,用 X 波段散射计测量土壤后向散射系数,与同步获取的 X 波段、HH 极化的机载 SAR 图像一起进行了一次用微波遥感监测土壤水分的试验,监测相对误差率仅为 12%。高峰等简要分析了主动微波遥感土壤湿度的研究进展。李震等研究建立了一个半经验公式模型,用来计算体散射项,综合时间序列的主动和被动微波数据,消除植被覆盖的影响,估算地表土壤水分变化状况。杨虎等利用多时相 Radarsat

ScanSAR 雷达后向散射系数图像反演得到了地表土壤水分变化模式信息。周凌云等使用了时域反射法(TDR)利用电磁波的传播速度来测量土壤水分。

2. 遥感监测方法与模型

(1) 热惯量法

热惯量是物质热特性的一种综合量度,反映了物质与周围环境能量交换的能力。遥感土壤含水量的基本原理是:土壤的热惯量与土壤含水量有很好的相关关系,土壤含水量低,就出现干旱,当土壤干燥时,昼夜温差就大,而土壤含水量高时,昼夜温差就小。因此,只要用遥感方法获得一天内土壤的最高温度和最低温度,通过模型就可以计算出土壤含水量,这种方法称为热惯量法。

热惯量方法用于土壤温度监测较稳定,它是从土壤本身的热特性出发反演土壤水分,只要能准确得到土壤昼夜温度差,就可以得到相对干旱的程度,估算含水量精度比较高,而且易于实现。但该方法有其局限性,主要有三方面:一是原则上只适用于裸露或植被覆盖度很低的下垫面,当植被覆盖率高时,受混合像元分解技术的限制其反演精度必然降低;二是要求同时获得白天、晚上的晴空数据;三是白天和夜间卫星过境被监测地区时要求两条轨道基本处于重合的范围。

(2) 微波遥感法

由于微波遥感具备全天时、全天候并有一定穿透能力的优点,突破了传统测量方法测点少、费时、费力和光学遥感精度低、受天气状况限制的缺点,所以运用微波遥感进行土壤湿度监测就应运而生,用微波遥感监测土壤水分始于 20 世纪 70 年代。微波遥感主要是根据目标物的介电特性进行土壤湿度监测的,水的介电常数为 80 dB,干土的介电常数为 3 dB,差别很大。就是说土壤介电常数对土壤含水量十分敏感,这是利用微波遥感测定土壤水分的理论基础。由于土壤含水量的多少直接影响土壤的介电特性,使雷达回波对土壤湿度极为敏感。

如前所述,微波遥感分主动式与被动式两种。被动微波遥感研究历史长、反演算法特别是卫星遥感反演算法比较成熟,是今后区域尺度乃至全球尺度监测土壤湿度的重要手段,但是存在空间分辨率低,影响因素多的缺点。若综合其他可见光与近红外图像,将是监测土壤水分最有希望的方法。主动式微波遥感具有发射功率大、空间分辨率高的特点,主动微波遥感将会逐步占有一席之地。

(3) 植被遥感方法

植被覆盖是地球表面重要的部分之一,强烈地影响着地球的生态环境。应用太阳辐射和植被冠层间的相互作用提取植被冠层有用的生物物理信息,通过各光谱波段所反射的太阳辐射的比来表达,称之为植被指数,用来定量化描述植被的覆盖度。从农业生产角度考虑,干旱是在水分胁迫下,作物及其生存环境相互作用构成的一种旱生生态环境,所以我们可以用植被指数来表示作物受旱程度。以下是对几种常用方法的总结和归纳。

①植被供水指数法

其原理是当植被供水充足时,卫星遥感的植被指数在一定的生长期内将保持在一定的范围,而卫星遥感的作物冠层温度也保持在一定的范围,如果遇到干旱,作物供水不足,一方面作物生长受到影响,卫星遥感的植被指数将降低;另一方面作物冠层温度将升高,这是由于干旱造成的作物供水不足,作物没有足够的水供给叶子表面蒸发,被迫关闭一部分气孔,致使植被冠层温度升高。

植被供水指数(VSWI)方法的优点是,只需要 14 时左右的一次晴空卫星观测资料,即可进行旱情监测,物理意义明确。但下垫面差异较大时,监测结果的误差较大,给出的只是相对的干旱等级。国家卫星气象中心还提出这种方法适用于植被蒸腾较强的季节。

②作物缺水指数法

作物缺水指数(CWSI)是土壤水分的一个度量指标,它是由作物冠层温度值转换来的,是利用热红外遥感温度和常规气象资料来间接地监测植被条件下的土壤水分,是遥感监测土壤水分的一种重要方法。作物缺水指数最初由 Jackson 等以能量平衡为基础提出来的,定义如下:

$$CWSI = 1 - ET/ETP \tag{8-1}$$

式中 ET 为实际蒸散,ETP 为潜在蒸散。

该方法物理意义明确、精度高、可靠性强,但因涉及许多农学和气象参数,实现起来比较困难,有些参数只能取参考值。遥感反演地表参数的精度目前还很难达到模型定量化计算的要求,在一定程度上阻碍了该模型的推广应用。

③植被指数法

植被指数(VI)是遥感监测地面植被生长状况的一个指数,它是由卫星传感器可见光和近红外通道探测数据的线性或非线性组合形成的,可以较好地反映地表绿色植被的生长和分布状况。一般来讲,当作物缺水时,作物的生长将受到影响,植被指数将会降低。

使用干旱时段的植被指数减去其多年平均值,根据差值的大小确定作物的受旱情况(距平植被指数法)。海拔高的地区 NDVI 值相对较高,因此,考虑地形地貌因素以及联系气象因子变化会使监测结果更加准确。

(4)温度条件指数(TCI)

1995 年 Kogan 提出了温度条件指数(TCI),用于解决部分植被覆盖时的干旱监测。其原理是植物受到水分胁迫时,植物关闭叶片气孔,降低因蒸腾所造成的水分损失,进而地表潜热通量降低,感热通量增加,造成植物冠层温度的升高,即用植物冠层温度可以作为干旱发生的指示器。这种算法中地表温度的反演精度是关键,但一直以来地表温度的反演也是难题,所以这种算法的推广应用仍有困难。

(5)双层模型

部分植被覆盖是指作物的生长初期或是条播作物,由于涉及能量、湿度、蒸散等在土壤和植被中的分配问题,情况比较复杂。土壤和植被的热特性不同,对地表的蒸散贡献不同,显然再用单层模型已经无法解决问题,因此就诞生出将地表蒸散细化为土壤蒸发和植物蒸腾,分别建立冠层、土壤表面的热量平衡方程,即经典的双层模型。

双层蒸散模型属于定量遥感的范畴,其计算过程比较复杂,涉及需要量化的参数较多,为了推广应用必须作出简化,但是这又是以牺牲精度为代价的,所以在实际的推广应用中受到限制,还存在许多急需解决的问题。目前,国内的研究主要集中在对经典双层模型的简化上。

(6)MODIS数据的干旱监测综合模型

上述方法和模型大都是基于NOAA/AVHRR资料的。而EOS/MODIS传感器现搭载于Terra和Aqua两颗太阳同步极轨卫星上,它的高时间分辨率、高光谱分辨率、适中的空间分辨率等特点使得其在干旱监测中具有更为突出的优势。因北方地表类型变化不大的缘故,国内利用MODIS数据反演LST的研究区域大多是我国北方地带,比较常见的算法有:推广的分裂窗算法、白天/夜间LST算法、单窗算法。而基于植被指数和地表温度的二维特征空间NDVI-Ts综合了两个参数特有的生理生态意义,不仅可以指示作物受旱时的水热胁迫环境,同时揭示了作物在这种胁迫环境下表现出的症状,可有效提高农业干旱监测的精度和效率。

谭德宝等提出了基于MODIS数据的干旱监测综合模型。MODIS干旱监测模型参数的确定纳入了与干旱有关的各种参数,包括昼夜温差、云指数、归一化植被指数、归一化积雪指数、降水距平、灌溉区分类、前期干旱情况等。张文宗等根据土壤热力学理论,提出了利用EOS/MODIS资料遥感监测农业干旱的新方法——能量指数模式,实际监测应用结果良好。

(二)洪涝灾害监测

洪涝灾害的发生一般具有突发性强、危害性大、持续时间短等特点,要进行洪涝灾害的预警预报、救灾和安排灾后的重建需要对洪涝灾害相关信息进行及时、准确、可靠的采集和反馈。遥感技术对洪涝灾害等自然灾害的监测与评估具有独特的优势与潜力,其应用的领域越来越广泛,在抗洪救灾的过程中发挥着重要的作用。

20世纪60年代发展起来的遥感技术因其具有观测范围大、获取信息量大、速度快、实时性好、动态性强等优点,在洪涝等自然灾害的研究中得到越来越多的应用。经过40多年的探索应用和实践,逐渐形成了贯穿灾前、灾中和灾后全过程的遥感应用领域和方法。在我国,20世纪80年代就已经开始将其用于对洪涝灾害进行实时的监测与评估。遥感在洪涝灾害监测中的应用主要体现在以下几方面。

1. 灾前背景数据库的建立与更新

洪涝灾害背景数据库的建立是进行洪灾预警预报、灾情评估和救灾的基础,总的来说其内容主要包括自然数据和社会经济方面的数据,用于洪涝灾害遥感监测评估的基础背景数据库包括:

(1)空间展布式社会经济数据库

空间展布式社会经济数据库是在按行政统计单元获取的社会经济数据的基础上,利用空间展布模型展布到空间而形成的社会经济数据库,如人口分布、产业布局、各行业的经济发展状况以及公共基础设施的分布情况等社会经济数据库。展布到空间上的社会经济指标考虑到了社会经济数据在行政单元内分布的不均匀问题和洪灾时淹没范围与行政区域不匹配问题,对于灾情分析和损失评估非常有利。

(2)本底水体数据库

本底水体是在洪水发生之前的常水位水体分布情况,在洪水发生时是判断洪水淹没的对比水体。洪灾的易发地区应该有详细的本底水体数据库,包括该地区的河流网络、湖泊等的分布情况及其相关的水文特征信息。本底水体数据库可以在洪水发生之前,通过对洪水可能的发生区域进行一次遥感影像监测,提取相关水体部分数据来建立,本底水体数据库的建立还要注意季节和时序性。

(3)雨情数据库

主要包括区域内的历史年、汛期、各月平均降水资料、洪涝发生年雨季降水时空分布资料,这些数据对洪涝灾害的预测有重大意义。

(4)地理信息数据库

地理信息数据库包括边界、点线水系、面状水系以及高程点、等高线、铁路、公路、土地利用、居民区、圩堤、坝、闸门、重要建筑物等地形地物数据,高精度的地理信息数据是分析洪水淹没范围、水位、水深、重点防御区等最主要的基础背景数据,是防灾、救灾、减灾措施制定时的重要参考资料。

(5)其他数据库

其他数据库包括基础历史汛情数据库、历史灾情数据库等,这些数据库也是进行分析的重要参考依据。

2. 灾前预警

预警通常是指对可能出现或即将发生的危险或灾害进行预测并发布警示信息。洪灾预警从大的方面来讲包括暴雨预警、水情预警、地质灾害预警、风暴潮预警、灾情预警等等,它是防洪减灾非工程措施的核心内容之一。加强防洪减灾预警系统建设的主要目标是利用先进的专业技术和现代高新信息化技术对洪水及可能造成的灾害进行及时、准确预测,并发布必要警示信息,尽可能减少洪水造成的人员伤亡和财产损失,保障防洪工作顺利开展。

暴雨是造成洪涝的直接原因,而形成暴雨的中尺度气象结构,可在云图中得到反映。卫星云图上直观反映的云层移动变化过程是在大的天气系统下产生的,其中有必然的联系。根据产生洪水的天气系统,分析其在云图上的变化过程与特征,找出其中的相关性,论证在云图上可直接反映降水的发生、发展过程,根据云图与降水的规律进行降水预警和防洪调度。

气象卫星可实时监测各流域内的气团活动、云系,跟踪降雨带的移动,及时地预报暴雨、台风等恶劣天气以及降水量和强降水的中心区域,特别是对人员稀少和地面气象资料缺乏的地区,对流域可能发生的洪灾进行预警,利于各部门及时采取应对措施,如水库提前开闸放水,重要堤段的加固等。

在地形复杂多变的山区和丘陵地区,由洪灾导致的滑坡、泥石流等次生灾害也会对当地人民的生命和财产安全构成严重威胁。高分辨率遥感图像经过辐射校正、图像增强、几何校正、精细配准之后可用于地面的变形监测。通过高分辨率陆地卫星的同轨或异轨立体成像技术可以构建研究区域的数字地面模型(DTM),结合当地的降雨数据、植被覆盖信息、地质构造信息、岩性土壤信息等综合分析后能够判断出次生地质灾害的易发区,并对可能发生的地质灾害及时进行预警。

3. 灾情监测

在防汛中,雨情、水情、工情和灾情是四项最基本的信息。目前,遥感对于灾情的监测在技术上已经比较成熟和实用化。

①雨情监测。雨情的监测是时段降雨量的监测,其相应的结果有雨强,也有累积降雨量。卫星测雨可以得到雨量在面域上的分布,即使气象卫星也能达到一定的空间密度,可以满足水文监测的需要。目前用来估算降水的气象卫星,既有地球静止卫星,又有较高空间分辨力的极轨卫星。前者可以提供高频次的图像(30 min 一次),后者每天每颗星也有 2 次。用于降水量观测的谱带最常使用的是红外和可见光图像,而微波图像也是非常重要的数据源。

②水情监测。水情一般指流量和水位,根据流量过程可以计算出某一时段的洪水总量。对于防洪来说,洪峰流量及洪峰水位非常重要,尤其是洪峰水位。在对水情的遥感监测方面,遥感具有多个方面的应用:利用陆地卫星对洪水进行监测,可以将洪水期图像与本底水体图像叠合,确定显示淹没范围及河道变化;利用极轨气象卫星资料调查洪水,利用机载合成孔径雷达图像监测洪水,利用近红外遥感调查河流行洪障碍物的分布及堤防决口的位置和原因;将遥感与地理信息系统(GIS)结合,实现对汛情的全天候、准实时的监测与查询,使防汛指挥部门可以快捷方便地看到汛情情

况。按照需要将水情发生的时间和空间演变情况的遥感图像记录下来,可作为水利工程规划建设及地方灾后重建的决策依据。

③工情监测。洪涝时期的工情监测信息有河流、水库、水文控制站、堤防、水闸、治河工程、险工险段、城市防洪等,传统方式下工情信息的获取一般采用人工调查的方法,对重点水利工程如水库、河道、城市积水区域、取水口、分水口可以采用仪器原位监测与摄像头图像监视,并将监测信息通过网络实时传输到数据中心进行处理,但这种方式成本较高。利用空间信息技术,获取高分辨率的遥感影像,如 QuickBird、SPOT 等,可以迅速提取绝大多数工情信息。另外,随着遥感技术的发展,时间分辨率的提高,遥感技术也可以用来获取洪涝灾害发生期间的工程险情信息,进而对其未来的发展趋势做出预测和预警。

4. 抢险救灾

抢险救灾是抗洪斗争中的核心,及时、高效的救灾行动能将灾害造成的损失减少到最低,最大限度地挽救生命、挽回国家和人民的财产损失。灾情信息是否详细、能否及时和准确地发布对于抢险救灾的成果至关重要,遥感数据作为重要的数据源,在灾情信息的获得以及救灾的指挥调度中发挥着重要作用。

遥感能够在大的区域尺度上对洪灾地区进行监测,在第一时间发回大量的灾情和险情信息,如洪涝灾害发生和淹没的地理位置、范围、淹没历时、水毁情况、群众受围困情况、重要工程(如交通动脉、大坝等)的运行情况等信息,使得指挥中心能够迅速响应,针对灾情采取应对措施,集中人力物力进行抢险救灾。同时,遥感也能提供灾区的路况信息,方便群众和财产进行转移,为救灾指挥调度提供依据。在救灾的过程中,航空摄影遥感和航空雷达遥感由于具有能够全天作业、灵活和高分辨率的特点而大显其能。

5. 灾害评估

灾害评估工作包括淹没区分析、致灾水体特征分析、损失评估、轻重灾区的划定等。

在近红外的遥感影像上,清澈的水体呈黑色,因此可以选择近红外波段的影像来区分水陆界线,确定地面上有无水体覆盖。如 TM 影像的多光谱数据包含着极其丰富的地面水分状况信息,TM5、TM7 波段(中红外)反映水体,并对水陆分界特别敏锐。另外在侧视雷达影像上,水体呈黑色,图像上水陆交界部位由于形成角反射器现象而使得水陆界线异常明显,而且微波又具有一定程度上穿透地物(如植被)的能力,所以用雷达影像来确定洪水淹没的范围也是有效的手段。利用遥感影像识别出地面的水体以后,结合洪灾前的背景水体信息,将洪水期水体与常水位水体影像进行叠加运算,就可以确定洪水的淹没区,淹没面积可以直接在遥感影像上进行量算。如果将遥感获取的洪水淹没范围图与灾前建成的数字正射影像及数字专题地图相叠加,在获取行政区划边界、人口地理分布、工农业产值分布、房屋、道路、电力、通讯设备等数据的基础上,可以快速进行淹没地区类别、受灾人口及分布、受灾面积、房屋损失、农作物损失及其他受灾情况的精确统计,得到受灾分类统计图,进行灾情损失分析、评估等。

利用灾区的微等高距地形图或DEM,通过一定的数学方法对其进行高程内插和曲面拟合,可以求出不同高程下的淹没面积、容积,建立高程—面积—容积模型,当灾区的淹没面积确定以后,即可根据此模型求解出淹水深度及致灾水量。此外,通过遥感手段也可以直接探测出致灾水体的一些特征,比如水深、泥沙含量等。TM1、TM2波段对水体有一定的穿透性,有助于探测水深,并有利于区分混浊的洪水与清澈的湖水等背景水体;波长较短的可见光如蓝光和绿光对水体穿透能力较强,可反映出水面下一定深度的泥沙分布情况,根据图像上水体灰度变化情况便可推断出水体的泥沙含量。

灾害评估模型可采用面上综合洪灾损失指标来表示,如:亩均损失值、单位面积损失值、人均损失值等指标。综合洪灾损失率为:

$$\eta_{Colligate} = \frac{\sum_{i=1}^{n} w_i}{\sum_{i=1}^{n} W_i} \qquad (8-2)$$

式中 w_i 表示各经济部门的洪涝灾害损失值,W_i 表示 i 类经济部门的财产损失值。

农作物的减产估算是洪灾损失评估的重要部分,在遥感光谱中,植物反射光谱的红光区(R)及近红外区(NIR)对植物生理反应最敏感,由它们的各种组合构成的植被指数则是植物长势及产量的精良监测器,也是作物估产的依据。作物致灾病害时,R与NIR的组合关系将发生变化,使其能成为减产估算的指标。比如TM影像就具备进行减产估算的信息基础,其多光谱数据包含着极其丰富的植物长势信息:TM4是绿色植物的近红外强反射区,其强反射与TM3的强吸收形成鲜明对照,通常4、3波段之比成为表征植物长势的最佳指标,称为植被指数或比值植被指数。减产估算也可回避产量构成因素,而把"减产因素"诸如淹水面积、深度、历时、作物物候期等作为主要研究对象,据此可根据经验统计数据或按减产因素与减产率的关系建立的减产数学模型进行减产估算。如减产率模型用作物不同生长期的减产函数计算减产率,减产率的计算公式为:

$$y = kh^{\alpha} \cdot t^{\beta} (\%) \qquad (8-3)$$

式中 h 为淹水深度,t 为淹水历时,k 为系数,α、β 为指数。k、α、β 为经验数值,因地区、作物和物候期的不同而不同,由三者就能确定唯一的减产率计算模型。将不同作物各个生长期的减产率乘以其淹水面积再求和即可计算出该作物的减产量。

6. 与 GIS 集成提供决策支持

数据获取与分类提取是遥感最能发挥作用之所在,作为数据源的提供者,遥感技术提供的是一种数据支持,其本身不具有分析功能,而 GIS 在空间数据的采集、存储、管理及分析方面具备强大的功能,目前绝大多数的防洪减灾管理信息系统及灾情评估系统都以它为信息平台。如果将地理信息系统中所存贮的空间信息作为遥感图像的辅助数据源,并结合地理信息系统中包含的人文、社会、地理特征数据,则可以既快速更新 GIS 数据,又可以改善遥感分类精度和可信度,形成具有地理特征的数据分析结果,更有效地进行洪水淹没模拟、辅助分洪决策、损失估算等工作。遥感数据还可以与地理信息系统以及其他空间数据相结合,辅助进行空间分析,帮助完成科学决策。如将遥感影像图与数字高程模型(DEM)叠加,评估灾害发生的可能性,可以预测淹没面积、确定蓄洪能力的大小、进行分洪区的选择,为分洪决策提供理论依据。在地理信息系统整体支持下,还可以确定最佳防洪方案、预估受灾面积、预估损失代价、确定安全区域、提供合理疏散路线、辅助制定疏散方案等。

7. 建立灾害模型

模型的作用主要包括对过程进行模拟以及预测预报未来的发展趋势等,洪涝灾害模型不仅能够模拟洪水的发生与发展过程,还能够对洪水未来的演化进行预测,为后续工作的开展提供依据,因此建立合乎实际的洪灾模型具有重要的意义。

洪灾模型是建立在多年的经验积累与大量统计数据的基础上,用数学方法高度抽象和反演而获得的。在实际应用中,还要根据实际情况不断对其进行修正,以使其最大限度地与实际过程相符合。洪灾模型具体包括有很多的专业模型,例如洪涝灾害预报模型、洪水演进模型、危险度评价模型、洪水淹没范围计算模型、洪涝灾害淹没损失评价模型等等。洪灾过程中,结合洪涝灾害的背景数据库,在各种洪灾模型与 GIS 系统的支持下进行实时的计算,以期快速得到各种评价结果,就可以为安排灾中救灾和灾后重建工作提供科学的决策支持。遥感数据在于获取信息的速度快,是这些模型计算的主要驱动数据之一;而 GIS 为模型计算中其他数据的快速获取提供了保证,GIS 强大的空间分析能力也大大缩短了以往手工信息处理的时间,GIS 丰富的数据表达能力有助于以直观形象的形式表达数据和预测结果。例如在 1998 年全国特大洪涝灾害监测中,建立在遥感、GIS 和分析模型基础之上的洪水速报系统,能够快速地进行洪水动态监测、农作物损失评估、防洪工程的有效性分析、长江洪水蓄洪分洪的必要性分析、防洪减灾的决策建议以及灾后的重建规划等等。

8. 暴雨监测

暴雨一般是由发育的对流云引起的,然而确定其发生在什么地方是困难的。由于暴雨主要是由中小尺度天气系统直接影响造成的,常规气象资料受时、空分辨率的限制难以准确地预测其范围和强度。

气象卫星的发展,对灾害性天气系统尤其是中小尺度天气系统的监测提供了重要手段。从早期播发的低分辨率云图开始,气象工作者就对强降水的云图特征进行了大量研究,从而对暴雨落区进行定性分析。综合运用实时性强、时空分辨率高(每小时一次对地扫描,加密观测半小时一次;星下点分辨率红外通道为 5 km,可见光通道为 1.25 km)的静止气象卫星多通道扫描资料估计降水,可以弥补常规气象观测资料时空分辨率的不足,从而比较准确地监测暴雨发生的强度、范围和面积。如通过多普勒雷达进行对流云的观测,不仅可以研究对流云内的降雨分布,而且可以搞清楚风的收敛、发散的结构以及暴雨产生的机制。利用气象卫星资料,结合常规气象观测资料,也可以较准确地监测暴雨发生的区域和面积,还可以建立暴雨预报模型,对暴雨进行提前预报。

(三)土地荒漠化监测

土地荒漠化是指包括气候变异和人类活动在内的种种因素造成的干旱、半干旱和亚湿润干旱地区的土地退化。我国是世界上荒漠化面积最大、受影响人口最多、危害程度最严重的国家之一。土地荒漠化具有发生范围广、面积大的特点,因此使用人工进行地面普查的方法,具有很大的局限性。20 世纪 70 年代,国外开始使用遥感技术进行土地荒漠化的监测,20 世纪 80 年代国内也开始运用遥感技术进行有关土地荒漠化的资源调查。

及时、准确地掌握土地荒漠化发生、发展情况,是有效防止和治理土地荒漠化的基本前提。目前遥感技术在土地荒漠化监测中起到了不可替代的作用。随着遥感数据时空分辨率的提高、数据共享性的增加以及遥感信息处理技术的进一步发展,其在土地荒漠化监测中的应用将更加客观、科学和可靠。

1. 土地荒漠化遥感监测的数据源选取

在遥感技术进行土地荒漠化研究的早期,使用的数据源主要是高分辨率的航空影像。但由于航空遥感信息获取费用昂贵,周期性差,从信息获取到专题信息入库的流程复杂,因而不利于发挥遥感信息所具有的动态性和现时性的优势,只适用于建立精确的监测指标体系和对典型地区荒漠化土地的定量分析,进行小范围的荒漠化监测。

20 世纪 80 年代以后,极轨气象卫星与高分辨率遥感仪器的结合,使 NOAA/AVHRR 数据在荒漠化研究中逐渐起到了重要的作用。随着航天遥感技术的进一步发展,遥感数据源更加丰富,方法日趋成熟,SPOT、IKONOS 等卫星影像数据也被用于荒漠化研究,而最常用的数据源仍然是美国的 Landsat 卫星影像数据。

1999年,美国成功发射地球观测卫星(EOS)的第一颗极地轨道环境卫星后,MODIS数据逐渐在全球开展应用。MODIS数据以其波段范围广(36个波段)、空间分辨率高(1000 m、500 m和250 m,比NOAA/AVHRR有了很大的提高)等优点,特别是NASA对全球免费提供自2000年以来的NDVI等数据产品,因此在土地荒漠化监测中得到广泛运用。

我国与巴西联合研制的第一代传输型资源遥感卫星——中巴地球资源卫星(CBERS-01)于1999年发射,用该卫星传输回的数据进行土地荒漠化研究,也取得了满意的效果。

2. 土地荒漠化信息遥感提取方法

使用遥感影像数据可以提取土地荒漠化信息,通过遥感影像所表现的不同信息,可以判断土地荒漠化发生与否以及发展程度等。在进行土地荒漠化信息提取时,常用的方法有人工目视解译方法、监督分类方法、非监督分类方法、决策树分层分类方法、神经网络自动提取方法等,在实际应用中,通常选择其中的一种或结合几种方法进行分类提取。

(1) 人工目视解译方法

人工目视解译是指专业人员通过直接观察或借助判读仪器在遥感图像上获取特定地物信息的过程,可以分为纸质相片目视解译方法和计算机屏幕解译方法两种。早期的人工目视解译采用前者。随着计算机硬件和软件技术迅速提高,计算机屏幕解译表现出纸质影像目视解译不可比拟的优点。

(2) 监督分类方法

监督分类,又称训练场地法,是利用地面样区的实况调查资料,从已知训练样区得出实际地物的统计资料,再用统计资料作为图像分类的判别依据,并依一定的判别准则对所有图像像元进行判别处理,使具有相似特征并满足一定识别规则的像元归并为一类。使用监督分类进行土地荒漠化信息提取相比目视解译可大大减少工作量,因为目视解译是对整个图像的人工目视判别,而监督分类只需在分类前定义训练样本(training classes),以此作为图像分类的判别依据,剩下的像元识别工作由已经定义好的计算机算法进行自动分类。监督分类方法是目前遥感分类中应用较多、算法较为成熟的分类方法之一,常见的监督分类方法有最小距离法、平行六面体法、特征窗口曲线法、最大似然法等。

(3) 非监督分类方法

非监督分类是对主体分级在事先没有主体内容或归属关系的情况下,用像素的灰度值进行演算来识别,它是由像素的光谱特征,在一个多维标志空间的集群构成。与人工目视解译和监督分类方法相比,非监督分类所需人工投入工作量更小,解译速度更快,但是非监督分类仅仅是利用图像像元的灰度值进行计算,其结果只是对地物光谱特征分布规律的分类,而不能确定类别的属性,并且难以解决"同物异谱"和"异物同谱"的问题。而土地荒漠化监测中,特别是不同原因形成的不同类型的荒漠化,其地表特征复杂,难以简单通过地物灰度值计算识别出不同类型的土地荒漠化。因此,在已有研究中,仅使用非监督分类方法进行土地荒漠化信息提取的相对较少。

(4) 决策树分层分类方法

决策树是遥感图像分类中的一种分层次处理结构,适用于下垫面地物复杂并模糊的状况。其基本思想是逐步从原始影像中分离并掩膜每一种目标作为一个图层或树枝,避免此目标对其他目标提取时造成干扰及影响,最终复合所有的图层以实现图像的自动分类,由此可以应用各种有效的分类技术,在每一次分类过程中,只需要对一种地物进行识别,从而提高分类精度。

(5) 人工神经网络分类方法

人工神经网络,简称神经网络,这个概念在 20 世纪 40 年代中期提出,70 年代开始应用,80 年代以来随着计算机技术的发展得到迅速发展,1988 年应用于遥感图像分类。神经网络分类是一种非线性分类方法,具有强抗干扰、高容错性、并行分布式处理、自组织学习和分类精度高等特点。它除了以其神经计算能力进行低层次图像视觉识别外,其非符号的连接主义的知识处理能力使其能与地学知识、地理信息和遥感信息互相融合,来完成深层影像理解及空间决策分析,近年来在遥感研究中得到了广泛的应用。使用神经网络分类方法进行土地荒漠化监测时,所需人工工作量小,人工在分类中所需的工作是选择对土地荒漠化有影响的因素作为输入层,然后利用已有的土地荒漠化信息数据对神经网络进行训练,用训练样本对神经网络进行调整,调整后的神经网络可用于整个研究区的土地荒漠化监测。这种方法中,人工主观判断土地荒漠化的内容较少,因此,受人为影响因素较小,而且需要人工的工作量较小。

3. 各种提取方法的综合比较

目视解译工作量大,解译速度慢,解译者需要对土地荒漠化的遥感影像表现有深刻的认识,特别是对于不同程度的土地荒漠化,用人眼目视判别在量化上存在较大困难。如果是由不同解译者来对同一区域进行解译,则会出现很大的差异。随着遥感技术的进一步发展和人们对土地荒漠化的进一步认识,土地荒漠化信息提取更多地可以通过计算机自动提取的方法来实现,人工在提取过程中投入的工作量将越来越小。

相对人工目视解译而言,监督分类方法所需人工工作量小,分类速度快,但是,监督分类对训练区及其样本选择要求非常严格,训练样本选择的像元不纯,会导致分类结果混淆,地形起伏较大的地区尤其会产生混分现象。由于土地荒漠化类型和程度不同,分类系统比较复杂,因此在选取训练区时有很大困难。

非监督分类方法在土地荒漠化解译中有较大的局限性,特别是山区土地荒漠化监测中,由于地面覆盖复杂,地形影响严重,用非监督分类会产生较多的混淆,分类精度低。

决策树分层分类是人工与计算机逐步交互进行分类的方法,相比以上3种方法,它除了能够使用遥感影像所反映的地面信息外,还能够将影响土地荒漠化的各种因素(例如:气温、降水、风速等自然因素和人口、牲畜数量等社会经济因素)都引入到决策树中,共同参与分类,这样能综合考虑各种因素的影响,更加客观、准确地监测土地荒漠化。但是,该方法解译结果的精度很大程度上取决于建立的决策树的优劣,因为它要求解译者不仅了解不同类型和不同程度的荒漠化土地在影像上的表现,而且掌握自然条件、社会经济条件等方面的因素对土地荒漠化的影响。神经网络具有隐含层,所以该方法存在一定的内在模糊性,而且由于计算复杂,运算时间相对较长。

因此,在进行土地荒漠化监测中,通常采用计算机自动分类与人工目视解译相结合的方法,一方面通过自动分类减少解译工作量,另一方面,通过人工目视解译提高分类精度。

4. 土地荒漠化监测结果的精度验证

土地荒漠化遥感监测结果的精度验证,也是土地荒漠化监测的一个关键性问题。由于荒漠化土地类型的自动识别和分类在精度上还未能达到所需要的水平且需要地物光谱库的辅助,因此,在用计算机自动提取土地荒漠化信息中,需要用人工目视解译方法对荒漠化土地类型进行识别。

精度验证多采用实地验证的方法。先找出需要野外检查验证的点,确定野外考察验证路线,通过实地调研与遥感解译结果的比对,确认遥感解译标志是否可靠,进而计算荒漠化土地类型的提取正确率是否符合要求。

二、遥感在荒漠化评价中的应用

可以看出,遥感技术已经成为生态质量气象评价数据来源的重要手段。除了综合评价外,一些针对不同生态气象监测对象的单因子评价也是在遥感数据的支撑下完成的,下面简单介绍一下植物指数和光谱混合分析在荒漠化评价中的应用。

(一)植物指数在荒漠化评价中的应用

随着遥感技术的出现和发展,一些用于植被分析的指数相继提出,包括比值植被指数(RVI)、差值植被指数(DVI)、垂直植被指数(PVI)、归一化差异植被指数(NDVI)、近红外百分比植被指数(IPVI)、权重差异植被指数(WD2VI)、土壤调整植被指数(SAVI)、土壤调整植被指数2(SAVI2)、转换土壤调整植被指数(TSA2VI)和转换土壤调整植被指数2（TSAVI2）等。这些指数大多是用于诸如NOAA/AVHRR、MSS、TM和SPOT等一些较早的数据源，对近来以高光谱为特征的遥感数据源来说，这些指数可能并不十分适用，因此针对这些数据源的植被指数也就应运而生，例如基于AVIRIS影像的衍生绿色植被指数（DGVI），基于MODIS影像抗大气影响植被指数（ARVI），修正归一化差异植被指数（MNDVI）等。这些指数在目前较少用于干旱区相关研究与分析，但随着相关技术的逐渐完善和成熟会逐渐得到应用。

由于干旱半干旱区植被覆盖比较稀疏，土壤及土壤湿度对最为常用的植被指数NDVI会有更大的影响，因此在荒漠化评价中采用对土壤背景做适当调整的植被指数（如SAVI和MSAVI等）可能会更准确地反映评价区域植被的真实状况。尽管如此，从目前的研究情况来看，NDVI仍被作为荒漠化评价的首选，究其原因有二，一是NASA提供了自1980年以来8 km的NOAA/AVHRR的NDVI数据以及部分年代的1 km的NDVI数据，这些数据可以十分方便地免费获取并用于评价干旱区植被的长期变化上；二是与土壤背景调整相关的植被指数中的一些参数的确定尚存在一定的难度，而且对大范围的荒漠化评价而言，由于土壤类型的不同，需要确定不同的土壤参数，这可能会大大增加荒漠化评价的工作量以及过多的人为因素带来的不确定性。

（二）光谱混合分析（SMA）在荒漠化评价中的应用

在干旱半干旱区，植被覆盖相对较低，而常用的植被指数对土壤背景颜色十分敏感，尽管采用一些土壤调整因子可以使结果有所改进，但总体上各种植被指数均在一定程度上低估了植被的活生物量；同时在干旱半干旱区大量的死亡植被以及各种地被物（如枯落物、生物结皮等）又无法从植被指数上反映出来，而这些组分在干旱生态系统中具有不可替代的功能，准确地掌握其状况及动态对评价荒漠化状况是十分重要的，因此光谱混合分析方法（spectral mixture analysis，SMA）开始逐渐被用于干旱区植被覆盖的研究上，其中大多数均采用线性混合技术，该技术假设图像中每个像元可以分解成所有组分的线性组合，且各组分所占比例之和为1。

干旱区遥感技术应用的主要限制之一是在很小的空间尺度内土壤和植被的变异很大，这可能使得整个图幅中SMA组分的选择存在很大的主观误差，同样图幅内的变异也会影响其他遥感技术。针对这一问题，多组分的SMA技术（MESMA）近来被引入到干旱区植被相关研究中。MESMA是一个简单的SMA，该方法首先建立一个包括几乎所有地面组分的光谱库，根据光谱数据形成不同组分构成的多种混合模型，并用这些模型对图像中每一个像元进行拟合，根据RMS最小和实地数据选择每个像元的混合模型，可以较好地提取土壤和植被信息。

尽管SMA技术比植被指数更适合干旱区植被信息的提取，但当植被盖度低于

30%时,MESMA也只能较准确地提取土壤类型,而无法区分不同的植被类型,虽然目前需要开发更多适宜干旱区的技术,但迄今为止,MESMA技术仍被看作是干旱区植被提取的最佳选择。

第三节 农业模型与生态模型简介

模型是现实世界的抽象,是为了分析或预测研究对象而对其进行的一种简单化描述。广义的模型范畴十分广泛,可以包括人类认识的各个方面。例如:地图是关于一个地区城市、道路、河流、农田、湖泊等现实存在的抽象,它实际上也就是该地区的一个模型;在船舶工程中,常用真实船舶按比例缩小的模型来研究液体力学情况。

模型是现实世界的抽象,但抽象并不等于现实,它是现实世界的部分抽象,只是现实世界的一个侧面,而不包括现实世界的所有细节。比如地图,依其用途可分成行政分区图、交通图、水文气象图、人口分布图等,这是模型的一个显著特点。另一个特点是模型可以采用思维抽象的任何形式,例如,船舶模型是一种物理抽象,地图则是一种几何和文字的抽象。

狭义地说,模型就是数学模型,将某个系统中的物理学和生物学的概念翻译成一套数学关系式,并对所得到的数学系统进行操作,这个数学系统称为数学模型。

一、农业模型概述

（一）概念

农业模型是以农业问题的整体(或以农业系统)为对象,应用系统的观点与方法,进行农业结构与功能的分析,可以反映、模拟,并指导各种农业过程的计算机程序或软件。农业模型研究的兴起建立在以下一些技术基础之上:一是计算机与信息技术的迅速发展;二是植物与动物生长发育过程的模拟模型的陆续形成;三是一些经济学模型(如投入产出模型)与数学优化模型(如线性规则、非线性规则等)在农业上得到应用;四是系统理论与系统方法的形成与发展。

农业模型与纯粹的植物与动物的生理模型有一定区别。后者可以反映动植物的各种生理过程,但不要求能指导生产。当然,生理过程的模拟模型是农业模型的重要基础。

农业模型与经验模型(或经验公式)也有区别,经验模型或经验公式一般是针对一个局部现象或局部问题,而农业模型一般要求针对一个农业系统,应用系统的观点与方法,反映该农业系统的整体规律。

（二）类型

国内外已经出现了许多农业模型，它们的类型是多种多样的。大体上可以归纳为以下几种类型。

1. 农业系统的模拟模型

这是农业模型的主要形式。农业系统模拟模型遵循农业生态系统物质平衡和能量守恒原理及物质能量转换原理，以光、温、水、土壤等条件为环境驱动变量，运用数学物理方法和计算机技术，对作物生育期内光合、呼吸、蒸腾等重要生理生态过程及其与气象、土壤等环境条件的关系进行逐日动态数值模拟，再现农作物生长发育及产量形成过程。农业模拟模型要求对农业系统进行结构与功能的分析，建立其各个子系统的模拟模型，并且将它们组装起来，农业模拟模型建立的难度较大，但其功能相当强。目前，对作物生长发育中的一些基本过程的模拟研究，在深度上有了很大的进展。如澳大利亚科学家 Evans 和 Farquhar 在光合作用的模拟方面，已经深入到生物化学的领域。他们成功地建立了电子传递速度与光强、大气 CO_2、气孔 CO_2 分压，水汽压等关系的模拟模型。美国 Norman 提出 Cupid 模型，非常详细地模拟每张叶片每分钟的光合、呼吸、蒸腾等过程，在模拟的精度上大大超过了以前的模型。

2. 农业经济模型

这是以农业经济为主要研究对象的模型。它应用各种数学优化方法（如线性规则、非线性规则、动态规则、整数规划、层次分析等）进行农业的最佳决策。这类农业经济模型有一定的实用性。20 世纪 90 年代以来，农业经济研究中应用模型的方法相当普遍，有研究农民收益问题的，有研究农民对科技的选择问题的，有研究农业用水政策问题的，有研究农业宏观决策问题的，等等。但是由于这类模型对农业系统并没有进行全面的系统分析，对农业生物、环境、技术等因子缺乏全面的考虑，因此其应用性受到限制。

3. 农业专家系统

这类模型以农业专家经验为基础，建立知识库与推理机以指导农业生产。农业专家系统也有较强的实用性，在农业模拟模型尚未建立，或较难建立的情况下，农业专家系统不失为一个较好的方法。美国、澳大利亚、加拿大、中国等国有一些农业专家系统或决策支持系统，在一定的地区与范围内都有较好的应用效果。澳大利亚 CSIRO 植物生产部的 A. B. Hearn 等科学家研制出棉花决策支持系统 OZCOT。该系统可以对澳大利亚的棉花生产进行多方面的决策咨询，如不同气候条件下棉花种植的风险分析、棉花的水分管理、棉花虫害的控制等。

中国合肥智能研究所熊范纶、北京市农科院赵春江等在 20 世纪 90 年代推出了系列的农业专家系统,在中国安徽、云南、北京等不少省市推广应用,有较大的影响。

但是,由于农业专家系统是依靠专家的经验,缺少模型的机理性。并且专家经验本身是有局限性的,特别是农业专家,他们的经验往往局限在一定地区与一定品种,因此当专家系统在更大的范围内,或当作物品种更换时,应用就产生了困难。

4. 农业综合模型

农业综合模型将以上不同的模型相结合。当然,其工作量比较大,但其功能也比较强。如美国的 GOSSYM-COMAX 系统。它是将棉花的模拟模型与栽培管理的专家系统相结合,在美国的棉区得到大面积的推广应用。较突出的例子是澳大利亚的 CSIRO 科学家研制的 APSIM(Agricultural Production System Simulator)系统。APSIM 实际上是一个农业生态系统的模型,它的功能是模拟气候与土壤管理对作物与种植制度与土壤资源的影响。它由若干子模块组成:气候模块、土壤模块、水分模块、养分模块、作物模块等。它可以应用于不同的环境条件,应用于不同的作物,在土壤管理与作物种植制度两方面帮助进行决策咨询。Dolling 等在 1996—2001 年应用 APSIM 研究西澳大利亚苜蓿在不同水分条件与不同收割条件下的干重产量,得到与实际数据很好的吻合。Probert 等应用 APSIM 的水分、氮素与残留模块(SOILWAT,SILN,RESIDUE)模拟在休闲制度中不同土壤的水分与氮素动态,达到良好的模拟结果。

以上各种农业模型各有其优缺点。从发展的趋势看,农业系统的模拟模型是农业模型发展的主流。因为在各种模型中,只有农业模拟模型能揭露农业各种过程的内在规律。而人们只有掌握了农业发展的规律后,才能真正地认识农业,并且能举一反三地指导农业,也就是在不同环境条件下,针对不同作物、不同品种指导生产。当然,其他各种农业模型都有其价值,都应当鼓励其发展。

二、生态模型概述

(一)概念

任何生态对象都有特定的空间位置,并且其属性随时间的变化不是永恒不变的,基于数学模型的理论推演是生态学研究中的重要工作。生态模型就是指对生态现象和生态过程进行模拟的计算机程序或数学方程,生态模型可以用来综述研究对象的某种规律,提供进一步研究的起点,也可以作为预测工具,对生态模型进行分析、演绎、计算该生态现象在未来的发展趋势,还可以用作管理工具,在对生态现象作出预测的基础上,可以借助于模型对真实的系统施加适度的人为影响,使系统朝着人类希望的方向发展。生态模型另一重要作用是提供研究思路,在建模的过程中,往往会发现对某些过程知之不详,进而加强对某方面的研究。在这种情况下,通过建立生态模型将为进一步研究提供必要的框架。

(二)类型

生态模型可以按多种标准分析,表 8-1 综述了模型的多种分类,并介绍了各类型的特点。

表 8-1　生态模型分类及其特征

模型类型	特征
确定性模型	预测结果可以确切地算出
随机性模型	预测结果乃一概率分布
分室模型	依赖于时间的微分方程描述系统
矩阵模型	数学公式中使用矩阵
还原模型	包括尽可能详细的细节
整体模型	使用一般原则
静态模型	定义系统的变量与时间无关
动态模型	定义系统的变量是时间的函数
分布参数模型	把参数考虑为时间和空间的函数
集合参数模型	在规定的时间或空间中,参数视作常数
线性模型	连续使用一阶方程
非线性模型	一个或多个非一阶的方程
因果模型	根据因果关系,如输入、状态和输出是相互有关的
黑箱模型	输入、干扰仅影响输出的响应,不需要可以解析的因果关系
自控模型	导数不是明显地依赖于自变量(时间)
非自控模型	导数明显地依赖于自变量(时间)

(三)生态模型的一般成分

生态模型的结构,一般由以下五个部分构成。

1. 系统变量

这是用于表示系统在任何时间的状态或情况的数据,也称状态变量。通常认为生态系统都是由许多组成成分或分室组成的。模型中每一个组成成分,可以用一个或几个系统变量来描述。建模时可以根据模拟需要加以选择。例如:湖泊富营养化模型中的变量至少应包括浮游植物的浓度、营养物(N、P、K 等)的浓度,浮游动物的丰度、水的透明度、水文指标等。

2. 系统的输入

也称外部变量(强制函数),它影响生态过程的外部性质,或影响系统某组成成分,但不受该组成成分的影响。外部变量有两类,一类是可以控制的,称为控制变量,如输入湖泊的污染物的总量;另一类是不可控制的,典型的例子就是气候因子。

3. 数学方程

它表示各个组成成分之间的流或相互关系,用传递函数或函数关系表示。数学方程用来描述生物和自然过程及空间动态,表达系统变量和系统输入之间的相互关系。不同类型的生态过程可以用相同类型的方程,同一生态过程也可以用不同类型的方程表示。

4. 参数

是生态过程的数学表达式含有的系数,在分析模型中具有明确的生态学含义,如种群的增长率 r,环境容量 K 等;而对于回归方程,其参数往往没有确切含义,这些参数只有对实验数据通过最优拟合找到。

5. 常数

一些通用物理、化学常数,如气体常数,分子量等,是通过大量案例研究确定的经验常数,不随时空尺度发生变化。

(四)生态模型的建模程序

生态模型的建模程序一般如图 8-3 所示该程序特别强调了模型的灵敏度分析,与以往不同的是,进行二次灵敏度分析,考虑子模型精确测定以及灵敏度的反馈作用。

全球气候变化必将会导致全球生物(包括农作物)生产力、地理分布和多样性等多方面的改变,尤其是生物栖息地的不断减少,这就要求我们必须尽快做出科学的解释,以便提出更合理的策略以应对人类所面临的生态环境问题。同时,认识物种和生态系统与气候之间相联系的一些过程、并预测气候变化后它们的各种响应也是生物学面临的一个重要挑战。在人类不断探索这些问题的过程中,生态模型已被证明是一种很好的很有前途的工具,其发展备受人们关注。

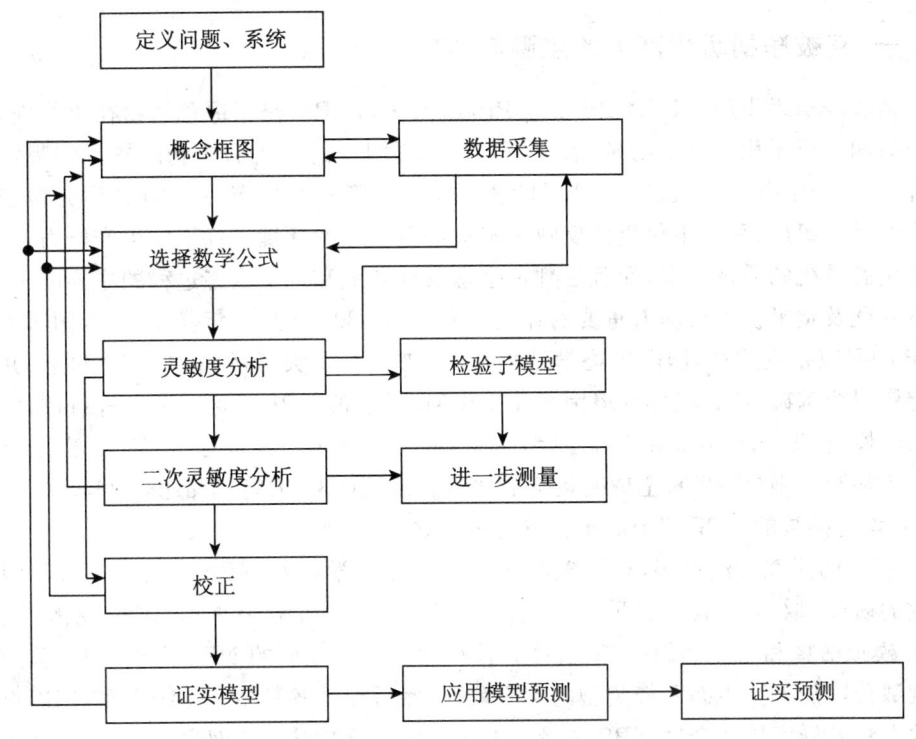

图 8-3　生态建模的一般程序(仿 Jørgensen,1995)

第四节　农业与生态模型在生态气象中应用

生态气象监测、评价和预测是以定量为主、定性为辅的,因此建立在各种数值模式基础上的生态气象监测、评价和预测产品也逐渐成为发展趋势,数值模型将成为生态气象业务、科研等领域的主要工具之一,目前在森林、草地、农田等生态气象监测预测领域已经有了广泛应用。如国家气象中心引进 AVIM 模式,建立了中国草地生态气象监测评估业务系统,同时还引进和开发了植被净第一性生产力模型及森林生态气象模型,发布了全国陆地生态气象监测、草地生态气象监测预测、森林生态气象监测预测产品;周广胜等在 IBIS(Integrated Biosphere model)框架下研制了动态中国陆地生态系统模型(DCTEM),通过验证与比较,所建模型优于国际著名的 IBIS、CENTURY 等模型;李婷建立的基于信息扩散理论的暴雨风险分析模型对青岛市的暴雨预测、评估以及灾害预防有很重要的意义;以农业模型为基础的农作物产量预测、生长气象条件评价、灾害损失评估等已经广泛投入到实际的业务工作中。

一、植被净初级生产力的监测与估算

植被净初级生产力(Net Primary Productivity,NPP)是指绿色植物在单位面积、单位时间内所累积的有机物量,表现为光合作用固定的有机碳中扣除本身呼吸消耗的部分,这一部分用于植被的生长和生殖,也称净第一性生产力。NPP作为地表碳循环的重要组成部分,不仅直接反映了植被群落在自然环境条件下的生产能力,表征陆地生态系统的质量状况,而且是判定生态系统碳汇和调节生态过程的主要因子,在全球变化及碳平衡中扮演着重要的作用。所以,自20世纪60年代以来,各国学者对NPP的研究备受重视,国际生物学计划期间,曾进行了大量的植物NPP测定,并以测定资料为基础,结合气候环境因子建立模型,对植被NPP的区域分布进行评估,如Miami模型、Thornthwaite纪念模型、Chikugo模型等。建立于1987年的国际地圈—生物圈计划(IGBP)、全球变化与陆地生态系统(GCTE)和京都协定(Kyoto Protocol)均把植被的NPP研究确定为核心内容之一。

NPP的研究方法很多,有关学者从不同角度及学科对NPP的估算进行了深入细致的研究,取得了丰硕成果。从空间尺度上来说,可分为NPP定位观测、区域NPP模拟估算和全球NPP模拟估算3种尺度。基于地面的NPP定位观测,只能收集到数公顷的不同生态系统类型的实测数据,然后根据各种生态系统类型,用以点代面的办法外推区域及全球NPP总量。由于这些估算是基于空间实测数据,迄今仍被用作全球NPP估算的参照。在区域或全球尺度上,人们无法直接和全面地测量NPP,因此利用模型估算NPP已成为一种重要而广泛接受的研究方法。

NPP模型有两种,产量模拟模型和遥感模型方法。NPP研究的早期,有些人根据NPP和气候之间的统计关系,建立了NPP的气候生产力模型;还有些人则根据植物生长发育的基本生态生理过程,并结合气候及土壤物理数据,建立了NPP估算的生态生理过程模型。模拟模型进行产量测定时,一般需要连续和详细的数据,需要大量的人力、物力和财力,因此其推广也受到限制。

遥感模型法是利用遥感数据产品结合地面测定的参数和植物生长规律建立生物量测产模型来反演植被生物量。遥感测产模型法是随着现代遥感技术的发展、遥感数据时空分辨率逐渐提高而发展起来的,利用遥感数据进行草原测产的方法和模型发展较快,渐趋成熟,已经有广泛应用。在遥感模型法中,有的直接用植被指数与NPP的关系进行计算;而基于资源平衡理论的光能利用率模型目前已成为NPP估算的一种全新手段,使区域及全球尺度的NPP估算成为可能。

遥感模型大致分为两大类,一类是综合模型,另一类是统计模型或经验模型。综合模型借助遥感信息和植被信息、气象因子等来建立,由于包含了更多的信息量,可以较精确地反映植被的生物物理参数,遥感数据的引入是为了弥补数据的不足或避免获取某些植被生长的环境条件因子的繁琐性,由于需要的参数多、数据种类多,数据获取比较困难,应用受到限制。

统计模型或经验模型不涉及机理问题,主要是对观测数据与遥感信息进行统计和相关分析,建立适当的模型用于测算。目前主要的统计模型是对植被指数(如NDVI,RVI等)与生物量或产量进行回归分析,得到测算的统计模型,或者引入植被的环境影响因子(例如气温、降水、土壤含水量等)资料作为输入量来提高统计模型的测算精度。统计模型主要有线性、幂函数、指数、对数和 Logistic 模型等形式,回归的方法有一元回归、多元回归、逐步回归等,模型的质量与地面样本量的多少有很大关系。

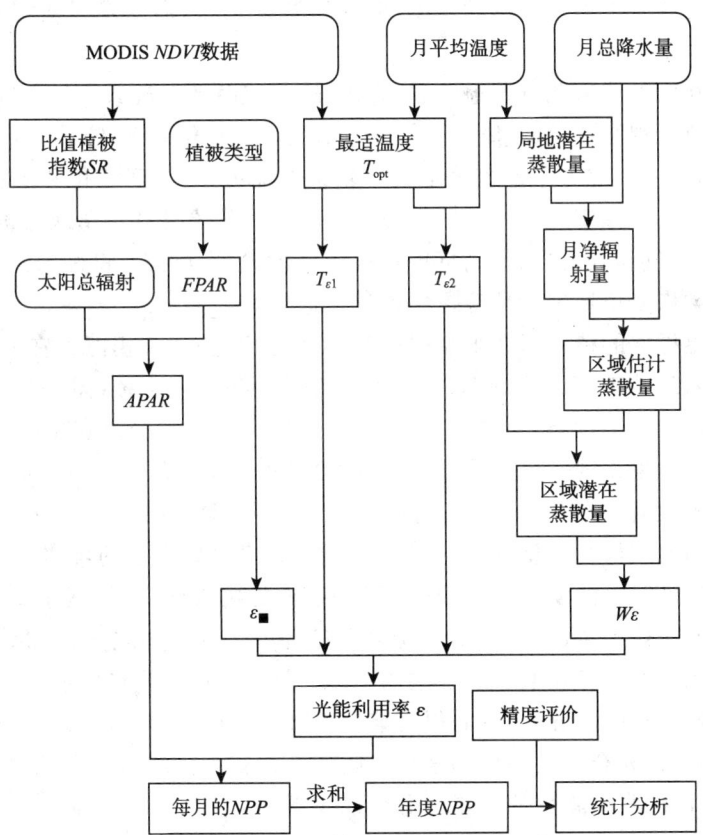

图 8-4　NPP 估算流程图(引自朱文泉等,2005)

用遥感方式来估算植被或草原生物量研究相对较多,图 8-4 是基于遥感数据的 NPP 估算流程图。近年来基于 MODIS 数据的草地 NPP 遥感估算模型成为研究的热点。如姜立鹏等在光能利用率模型的基础上,考虑了温度和地面水汽压差的影响,建立了基于 MODIS 数据的草地 NPP 遥感估算模型。模型所需参数,除月平均日照百分率外,均由 MODIS 数据反演获得,并利用 2003 年的 1 km 分辨率的 MODIS1B 数据和全国 586 个气象站点的累年月平均日照百分率数据,计算了我国草地的逐月 NPP,然后累加得到全年 NPP,与实测数据较为接近。近年来,草原产草量的遥感监测任务每年由农业部下达,并由相关单位进行业务化监测,其监测结果作为官方数据由农业部对外公布。

刘占宇等选用美国 ASD 公司的 ASDFieldSpec Pro FRTM 光谱仪,从冠层尺度上对内蒙古自治区锡林郭勒盟的天然草地进行高光谱草地生物量遥感估算。他们运用单个变量进行线性、非线性和逐步回归分析,建立了生物量高光谱遥感估算模型。高光谱遥感提高了生物量估算的精度,但遥感数据量大,需要发展适宜的数据存储、压缩和处理技术。

钱拴等在实时获取北方草地气温、降水量、日照时数等气象要素和气象卫星植被指数以及产草量观测资料的基础上,应用模糊数学、集合运算、统计分析等多种方法和"3S"手段,建立了北方草地植被生长气象条件优劣评价、产草量和载畜量预测、草地生态质量监测等模型。利用这些模型逐年评价了气象条件对草地植被生长的优劣影响、预测产草量和载畜量、监测草地生态质量优劣,均获得了良好的服务效益,可以为国家保护和恢复草地生态环境提供科学依据。

利用遥感提取的植被指数来模拟植被 NPP 的某些环节仍然存在一些不确定性和不一致性:(1)基于 NDVI 的 NPP 模型存在着一些循环途径(图 8-5),因为模型的内部隐含着这样一个假设:过去产生的 NDVI 与植被未来的潜在生产相关,遥感植被指数既是植物生长的一个测量参数,同时也是植物生长的一个驱动因子。然而,在环境条件迅速变化的情况下(如大规模病虫害、火灾等),由遥感所获得的 NDVI 无法代表真实的地表植被信息,循环途径被中断,遥感模型模拟的可靠性就比较小,而生态机理模型可能更能反映这种短时间的 NPP 变化情况。(2)基于 NDVI 的 NPP 模型无法实现在处理条件下(如气候变化、CO_2 波动、营养物质变化)的模拟预测,因为这些信息无法由遥感获取。由于这些不同的处理条件会影响植物生长及碳、氮、有机物质等在各器官中的分配,从而很可能对植被指数产生影响。(3)太阳辐射与光合有效辐射的关系,光合有效辐射和植物吸收的光合有效辐射的关系,植物的光能利用率,光合作用固碳与生物量的积累和分配的关系,这些均存在不确定性,使得现有的 NPP 模型还不够完善,有待今后进一步的研究。

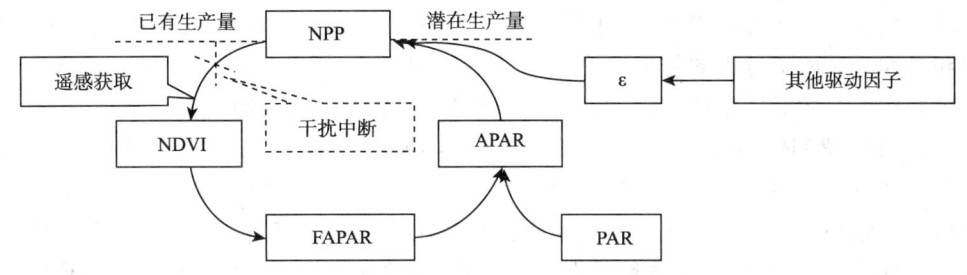

图 8-5　基于 NDVI 的 NPP 模型中的循环途径(朱文泉等)

NPP 模型的优缺点以及适用条件见表 8-2。气候生产力模型比较简单,在资料欠缺和技术落后的情况下,它的应用比较广泛;生态生理过程模型是当前陆地 NPP 估算研究的主要手段,而区域尺度转换则是它所面临的关键问题;近年来,随着遥感技术的发展,光能利用率模型已成为 NPP 估算的一种全新手段,它利用遥感所获得的全覆盖数据,使区域及全球尺度的 NPP 估算成为可能,但其生态学机理还有待于进一步研究。

表 8-2　NPP 估算模型比较(朱文泉等)

模型类型	模型举例	优点	缺点	适用条件
气候生产力模型	Miami, Chichugo, Thornthwaite	模型简单;气候参数易获取	生态生理机制不是很清楚;估算结果以点代面;估算误差较大,是一种潜在的 NPP	适用于区域潜在 NPP 的估算
生态生理过程模型	CENTURE, BIOME~BGC, TEM	有一定的生态生理基础;可以模拟、预测全球变化对 NPP 的影响;估算结果较准确	模型复杂;所需参数较多,而且难以获得;区域尺度转换困难	适用于空间尺度较小、均质斑块上的 NPP 估算
光能利用率模型	CASA, SDBM, GLO-PEM	遥感可获得全覆盖数据,适宜于向区域及全球推广;许多植被参数可由遥感获得;可以获得 NPP 的季节、年际动态	生态生理机制不是很清楚;无法实现 NPP 的模拟与预测;光能传递及转换过程中还存在许多不确定性	适用于区域及全球尺度上的 NPP 估算

NPP 的估算是在 3 个尺度上进行的,即单叶、冠层、生态系统或区域及全球尺度。单叶到冠层的尺度转换可以基于干物质生产理论,通过生态生理过程模型来模拟;冠层至生态系统或区域的尺度转换则可以由叶面积指数(LAI)作为连接点,由 NPP 的遥感估算模型来实现。已有研究表明,"生态—遥感耦合模型"将是陆地植被 NPP 估算的主要发展方向,它融合了生态生理过程模型和光能利用率模型的优点,可以反映区域及全球尺度的 NPP 空间分布及动态,增强了陆地植被 NPP 估算的可靠性和可操作性。

生态—遥感耦合模型体现了以下三方面的特征:(1)NPP 形成的生态生理机制

比较清楚。许多研究已表明,由于环境因子,尤其是温度,对 GPP(总初级生产力)形成和自养呼吸两个过程的控制是完全基于不同的形式,因此应把总初级生产和自养呼吸看作两个相对独立的过程,在估算 NPP 时,不能像光能利用率模型那样,简单地将 GPP 或 APAR 乘以一个呼吸消耗系数,而是应该从 GPP 中减去自养呼吸消耗的部分。(2)可以实现单叶到冠层、冠层到生态系统或区域的尺度转换。生态生理过程模型所面临的一个关键问题就是如何把均质斑块水平的生态系统研究拓展到景观区域水平的研究,而遥感模型虽然具有全覆盖数据,却缺乏生态生理基础。已有研究表明,干物质生产和叶面积指数是进行空间尺度拓展的连接点,生态—遥感耦合模型综合了这两个因素,可以在一定程度上实现空间尺度的转换。(3)具有模拟、预测及对各种环境因子的敏感性分析功能。遥感只能获取已有的表面信息,无法对各种假设条件及迅速变化的环境因素进行模拟预测;生态生理过程模型可以克服这些不足,通过对这些已知的环境因素或未知的假设条件进行模拟,然后将得到的参数输入遥感模型,实现 NPP 对各种环境因子的敏感性分析。

二、森林可燃物载量的估测

林分模型法根据森林可燃物本身是林分生态过程(生长、凋落等)的产物的事实,以中间特征驱动林分动态模型来计算林内各组分的生物量,即可燃物载量。如赵宪文提出先根据遥感图像估算林分的蓄积量,再根据蓄积量和叶量的关系计算出林分的叶量,然后根据每年叶的凋落比例,估计出林分地表可燃物载量的思想。Brandis 等从 TM 图像中以林分生物量为中间特征,通过林分模型估计了年凋落物量,再根据已知的分解速率和凋落物累积方程,计算了森林可燃物的载量,所得结果比简单关系法所得结果更接近实测数值。在其研究中使用的林分高度是从调查数据而不是遥感图像中获得的,从方法上讲是不封闭的,但显示了林分模型法的一定优势。

综合因子约束法是近年来发展起来的方法。该方法在确定各像元的可燃物模型(载量)时,除使用中间特征外,还要考虑环境因子(气候、地形、土壤等)和扰动因素(林火等)对可燃物形成的制约,例如,在 Keane 等的研究中,用根据 DEM 和土壤类型确定的潜在植被类型来表征环境因子对可燃物的综合制约作用,利用 TM 图像获取植被类型和结构信息,然后通过地面调查数据建立了可燃物模型和上述 3 个变量组合之间的查询表,将可燃物模型(载量)分配给每个像元。王强利用 ETM 图像以图像像素的光谱数据和地面的坡向和海拔高度为自变量,分别利用多元线性回归和人工神经网络的方法,分别建立了从遥感图像上估测我国东北次生阔叶林的地表可燃物载量的预测模型,取得了较好的效果。

三、土壤水蚀估算

土壤侵蚀预报模型的研发,是土壤和地理等学科研究的前沿领域,是引导和集成土壤侵蚀试验研究、促进土壤侵蚀和水土保持科研定量化的重要手段,最终为实现生态安全服务。一个世纪以来,国内外众多学者在土壤水蚀模型的建立和研究方面做了大量的工作,尤其是近几十年来,随着计算机等相关技术的迅速发展和对土壤侵蚀机理研究的不断深入,土壤水蚀模型研究和模拟技术越来越受到人们的重视。

(一)水蚀产沙经验统计模型

所谓经验模型,就是在大量实测资料的基础上,按照误差最小原理建立起来的自变量与因变量之间的关系式。水蚀产沙经验统计模型是通过试验观测资料和数理统计,选定影响土壤侵蚀的相关因素,得出的计算土壤流失量的公式(方程式)。该类公式结构简单,计算方便,在建立公式所使用资料的范围内具有可靠的精度。目前最为常见的经验模型是通用土壤流失方程(USLE)。国内也分别构建了适用于坡面、小流域土壤流失预测的经验模型。随着计算机人工神经网络的发展,其较高的预测精度也为土壤侵蚀预测提供了一种新思路。

经验模型均具有结构简单、计算方便的特点,但经验模型不考虑侵蚀产沙过程,对侵蚀过程的动态变化也无法进行模拟,从而使得模型的实用性受到了一定的限制,而且经验模型受限于研究区域范围,有其一定的局限性。

(二)水蚀产沙物理模型

物理模型是一种确定性模型,它以土壤侵蚀的物理过程为基础,利用水文学、水力学、土壤学、河流泥沙动力学以及其他相关学科的基本原理,根据已知的降雨、径流条件以数学的方式描述土壤侵蚀产沙过程,从而预报在给定时段内的土壤侵蚀量。这类模型的优点在于能模拟土壤侵蚀过程,且可调整控制因子,观测到过程的变化。

近来来,国内外常用的土壤水蚀物理模型有 ANSWER,LISEM,ANGPS,SWAT,WEPP,EUROSEM 等,从模型模拟结果来看,模拟精度因模型应用区域的不同而有变化,整体上模拟结果与实测结果吻合较好。但是,由于此类模型以土壤侵蚀物理过程为基础,模型在应用时多要涉及植物盖度、随机粗糙度、饱和导水率等复杂参数,在参数获取上有一定难度,在操作上需有一定的深度。

(三)土壤水蚀模型研究存在的问题

经验模型具有结构简单、操作方便、运用成熟等特点,决定了在未来很长的一段时间内还将是侵蚀预报的常用手段。但是,经验模型的地域性过强,只能预测出总的侵蚀量,没有产沙部位信息,这是该类模型的最大缺陷,而且模型中各因子测算方法缺乏统一标准,使得各地因子计算结果的比较存在一定难度。另外,现有的流域侵蚀经验预报模型都是基于小流域建立起来的,对于大中尺度流域来说,由于缺乏降雨、径流、泥沙过程资料,故模型的应用效果不够理想。当前经验模型虽已实现了与 GIS

技术的接合,但操作的便捷性还无法完全体现。

物理模型自身的优越性决定了水蚀物理模型将是今后侵蚀预报研究的重点。当前国内对水蚀物理模型的研究,主要是采取套用国外已有的模型进行参数修正,自行建立的水蚀物理模型环节较为薄弱,而且对侵蚀过程的描述有待统一与改进。另外,物理过程模型庞大而复杂的参数数据库建立,是需要以大量的基础观测试验资料为基础的,而目前国内现有的水沙观测资料、试验资料均有限,给模型的构建、参数的确定和预测的精度带来了一定的困难。解决的方法应是对已有的水沙资料进行分析和总结,补充必要的室内、室外降雨观测资料,同时延长对基础数据的积累。

国内土壤水蚀模型已实现了由估算单一坡面(或地块)的土壤水蚀模型研究,向估算小流域内的土壤侵蚀乃至更大区域范围内的侵蚀发展。物理模型由于其明显的特点正受到越来越多的国内学者的重视与应用,以物理模型取代经验模型的趋势不可避免。但是,经验模型由于其结构简单、使用方便,在今后一段时期内仍将是指导水土保持实践的重要工具。

土壤水蚀是生态气象监测和预报中的重要内容,是生态气象评价中土地退化指数的重要指标,今后我国土壤侵蚀预报模型研究的重点是:(1)大范围数据库的建立。应建立全国范围内的水土保持基础数据库,收集水土流失环境背景数据(如气候、土壤、地形、土地利用等)、水土流失观测数据、国家和地方水土流失调查和统计数据;建成空间型数据库,为多种模型的开发提供数据支持,实现资源共享。(2)对侵蚀机理的研究要进一步深入。目前对土壤侵蚀过程中的水流动力学特性、坡面流挟沙能力、含沙量对土壤侵蚀的影响等研究得不够,需要进一步深入研究。(3)充分利用 GIS 与 RS 高新技术,实现资源共享。我国水土流失面积大、侵蚀类型复杂,只有在 GIS 和 RS 技术的支持下,才能比较快速地完成对地形、土地利用、土壤、地质和气候等方面数据的收集和分析,最后完成对模型的构建。

本章小结

遥感是一门对地观测综合性技术,也是一项复杂的系统工程。遥感系统由信息源、信息获取、信息处理和信息应用四大部分组成,具有探测范围广、信息量真实且丰富、获取信息快、更新周期短、易于综合分析应用等优点,因此在生态气象研究与业务体系中有广泛应用。遥感技术已经成为生态气象监测、预测、评估等领域的重要工具。

农业模型是以农业问题的整体(或以农业系统)为对象,应用系统的观点与方法,进行农业结构与功能的分析,可以反映、模拟,并指导各种农业过程的计算机程序或软件。生态模型是指对生态现象和生态过程进行模拟的计算机程序或数学方程。作为农业和生态过程模拟和预测的重要手段,农业和生态模型在生态气象业务体系中也有重要作用,是生态气象评价和预测的主要工具,可以提高评价和预测的精度。

复习思考题

1. 简述遥感的概念、分类及基本原理。
2. 遥感系统由哪几部分组成?各有什么作用?
3. 简述遥感在洪涝灾害监测中的作用。
4. 试比较土地荒漠化信息遥感提取方法的优缺点。
5. 举例说明生态气象遥感评估的主要步骤。
6. 什么是农业模型?什么是生态模型?
7. 举例说明农业和生态模型在生态气象中的应用。

主要参考文献

Alexandrov G A, Oikawa T, Yamagata Y. 2002. The scheme for globalization of a process-based model explaining gradations in terrestrial NPP and its application [J]. *Ecol. Mod.*, **148**(3): 293-306.

Asner G P, LobellD B. 2000. A biogeophysical approach for automated SWIR unmixing of soils and vegetation [J]. *Remote Sens Environ*, **74**: 99-112.

Brandis K, Jacobson C. 2003. Estimation of vegetative fuel loads using Landsat TM imagery in New South Wales, Australia [J]. *International Journal of Wildland Fire*, **12**(2): 185-194

Cayrol P, Chehbouni A, Kergoat L, et al. 2000. Grass land modeling and monitoring with SPOT-4 VEGETATION instrument during the 1997-1999 SALSA experiment [J]. *Agricultural and Forest Meteorology*, **105**: 91-115.

Ito A, Oikawa T. 2002. A simulation model of the carbon cycle in land ecosystems (Sim-CYCLE): A description based on dry-matter production theory and plotscale validation [J]. *Ecol Mod*, **151**: 143-176.

Kawamura K, Akiyama T, Yokota H, et al. 2005. Monitoring of forage conditions with MODIS imagery in the Xilingol steppe, Inner Mongolia [J]. *International Journal of Remote Sensing*, **26**(7): 1423-1436.

Mutang A, Skidmore A K. 2004. Narrow band vegetation indices overcome the saturation problem in biomass estimation [J]. *International Journal of Remote Sensing*, **25**(19): 3999-4014.

Okin G S, Murray B, OkinW J, et al. 2001. Practical limits on hyper-spectral vegetation discrimination in arid and semi-arid environments [J]. *Remote Sensing of Environment*, **77**: 212-225.

Treitz P, Howarth P. 2000. High spatial resolution remote sensing data for forest ecosystems classification: An examination of spatial scale [J]. *Remote Sensing of Environment*, **72**(3): 268-289.

Ujjwal N, Venkat L E, Njoku G. 2004. Retrieval of soil moisture from passive and active L/S band sensor (PALS) observations during the soil moisture experiment in 2002 (SMEX02) [J]. *Remote Sensing of Environment*, **92**: 483-496.

Ulaby F T, Charles E. 1990. Radar Polarimetry for Geoscience Applications [M]. Boston: Artech House.

Waston K, Pohn H A. 1974. Thermal inertia mapping from satellite discrimination of geology unit in Oman [J]. *J. Res. Geol. Suvr.*, **2**(2): 147-158.

Waston K, Rowen L C, Offield T W. 1971. Application of thermal modeling in the geologic interpretation of IR images [J]. *Remote Sensing of Environment*, **3**: 2017-2041.

Wittaker R H, Likens G E. 1975. The biosphere and man [M]. In: Lieth H, eds. Primary Productivity of the Biosphere. New York: Springer-Verlag, 55-115.

侯英雨,何延波,柳钦火,等. 2007. 干旱监测指数研究[J]. 生态学杂志,**26**(6):892-897.

冯锐,张玉书,陈鹏狮,等. 2004. 基于GIS的洪涝灾害遥感评估系统[J]. 辽宁气象,(2):29.

刘勇洪,吴春艳,李慧君,等. 2007. 基于卫星数据的北京市生态质量气象评价方法研究[J]. 气象,**33**(2):42-48.

刘占宇,黄敬峰,吴新宏,等. 2006. 草地生物量的高光谱遥感估算模型[J]. 农业工程学报,**22**(2):15-19.

刘权,王忠静,张文哲. 2005. 气象卫星遥感技术在暴雨预报中的应用研究[J]. 水文,**25**(2):1-3.

姜立鹏,覃志豪,谢雯,等. 2006. 基于MODIS数据的草地净初级生产力模型探讨[J]. 中国草地学报,**28**(6):72-76.

张国明,李兆君,史建伟. 2009. 我国土壤水蚀模型近期研究进展[J]. 中国水土保持,(2):12-14.

彭望琭主编. 2002. 遥感概论[M]. 北京:高等教育出版社.

徐斌,杨秀春,陶伟国,等. 2007. 中国草原产草量遥感监测[J]. 生态学报,**27**(2):1-9.

朱文泉,潘耀忠,龙中华,等. 2005. 基于GIS和RS的区域陆地植被NPP估算——以中国内蒙古为例[J]. 遥感学报,**9**(3):300-307.

李亚云,杨秀夫,朱晓华,等. 2009. 遥感技术在中国土地荒漠化监测中的应用进展[J]. 地理科学进展,**28**(1):55-62.

江青霞,张玮. 2007. 基于遥感技术的城市扩展变化研究[J]. 气象与环境科学,**30**(3):81-84.

汪扩军. 2005. 气象灾害监测预警与减灾评估技术[M]. 北京:气象出版社.

汪潇,张增祥,赵晓丽,等. 2007. 遥感监测土壤水分研究综述[J]. 土壤学报,**44**(1):157-163.

王石立,马玉平. 2008. 作物生长模拟模型在我国农业气象业务中的应用研究进展及思考[J]. 气象,**34**(6):3-10.

肖飞鹏,程根伟,鲁旭阳. 2009. 流域降雨侵蚀模型研究进展[J]. 水土保持研究,**16**(1):98-101.

第九章 生态气象业务简介

一、生态气象业务需求

随着经济的发展,生态问题已越来越受到世界各国政府的关注。我国作为一个发展中国家,必须大力发展经济,但随之带来了资源短缺、生态恶化等问题,国家急需了解我国的生态环境质量状况。为了科学、合理地利用资源,保护生态环境,实现生态环境的长治久安,必须对我们赖以生存的生态状况及其演变趋势有一个科学的认识。

气象条件是影响生态系统的重要因子,对生态系统的稳定和演变起着非常重要的作用。开展生态气象业务服务,对于我国的生态建设、生态保护和生态安全都具有重要的意义。生态气象业务就是通过对生态系统有关因子的监测,研究气象条件与生态系统、环境之间的相互关系和作用机理,从系统的观点和角度实时监测和评估甚至预警生态系统的健康与否,为生态建设与环境保护、国家经济发展和社会主义新农村建设提供依据,实现我国经济社会全面、协调和可持续发展以及人与自然的和谐相处。另外,开展地表生态环境的气象监测和评估,也对提高天气气候预报的准确率具有非常重要的促进作用。

二、国内外生态气象业务现状

近年来,国际上开展了与生态系统有关的许多气象观测计划和研究试验,如全球气候观测系统(GCOS)、全球海洋观测系统(GOOS)、全球陆地观测系统(GTOS)、全球古气候观测系统(GPOS)、国际长期生态学研究网络(ILTER)、国际生物学计划(IBP)、人与生物圈计划(MAB)、国际地圈生物圈计划(IGBP)、全球能量和水循环试验(GEWEX)等。许多国家相继建立了各自的生态系统监测与研究网络,通过项目及计划的实施,逐步加深了对全球及区域生态环境问题的认识和研究。另外,通过将生态系统下垫面状况的观测结果引入气候系统模式,进一步认识下垫面状况对气候系统模式的影响,以此促进天气预报、气候预测准确率的提高。但是,多年来,很少有学者从生态气象的角度研究生态系统。2002年,伯南从生态学与气候学的角度,论述了生态系统与气候之间的关系,提出了生态气候学的概念及其应用问题。但是,将生态气象作为一项业务进行建设和服务,目前还处于探索和逐步发展阶段,仍有许多工作要做。

20世纪80年代末以来,我国开始重视生态系统的研究,许多部门相继建立了农田、森林、草地、荒漠、湿地、湖泊等生态观测站。如:中国科学院"中国生态系统研究网络"所属的36个生态试验站,水利部门"中国水文观测网"所属的水文站、水位站、雨量站、蒸发站、泥沙站、水质站、地下水观测井等,环保部门"国家环境质量监测网"所属的201个环境监测站,海洋部门建成的相关海洋监测站,国家林业局建立的荒漠、森林、湿地生态站,但是这些站主要承担科研和监测任务。2003年以来,气象部门逐步开展了生态环境监测评估研究,青海、内蒙古、陕西、宁夏等省(区)气象局根据本省(区)需求,陆续建立了省级生态环境监测站,增加了相关的生态环境监测内容,并结合卫星遥感资料,尝试制作了生态环境监测评估服务产品。2005年,中国气象局下发了《关于气象部门开展生态环境监测与信息服务的指导意见》,组织编写了《生态气象观测规范(试行)》、《生态气象监测指标体系》等。与此同时,国家气象中心正式提出了生态气象的概念,开始了全国陆地植被生态气象监测评估技术、北方草地生态气象监测预测技术、森林生态气象监测评估技术等研究。通过边研究、边服务,2007年建立起国家级生态气象业务,发布了业务服务产品。北京、安徽、贵州等部分省(区、市)气象局按照中国气象局下发的指导意见,开展了省级生态质量气象评价服务。

三、生态气象业务发展的原则

生态系统涉及的气象问题很多,生态气象业务的发展应坚持一定的原则,逐步发展,不断完善,最终建立起稳定的为国家和社会服务的业务体系。

(一)坚持有所为、有所不为的原则

针对我国面临的主要生态环境问题和典型生态系统,结合气象部门自身的特点、优势和可能条件,重点开展重大生态环境问题的气象监测、评估、预测预报等业务服务,避免全面、没有有的放矢的建设和服务。

(二)坚持开放、共享、高起点、高技术的原则

通过加强国内外、部门内外的合作,充分利用现有的研究成果和观测资料,依靠科技进步,采用成熟、先进的装备和技术,使生态气象业务从起步就具有国际先进水平。

(三)坚持以需求为引领的原则

通过了解国家需求,急国家所急,率先研究国家急需解决的生态气象问题和生态环境亟待改善的气象技术,使生态气象业务服务尽快在国家生态环境保护和建设中

发挥作用。

四、生态气象业务系统

生态气象业务包括生态状况观测和收集、资料传输和处理、生态气象监测评估、预测预报、产品制作与发布等功能。从资料收集到传输、监测、建模、评估、预测，到最后形成业务产品，必须有相应的业务系统和平台支持。

生态气象业务系统主要由遍布全国各典型生态系统区的定位观测、卫星遥感监测、流动野外踏察、社会统计调查以及其他信息交换等组成的信息收集子系统、信息传输（依托气象基本业务信息传输系统，但要适当扩充功能以满足生态气象业务信息传输的需要）子系统、实时与历史信息库子系统、生态气象监测评估子系统、产品制作子系统、服务与反馈子系统等部分组成（见图9-1）。

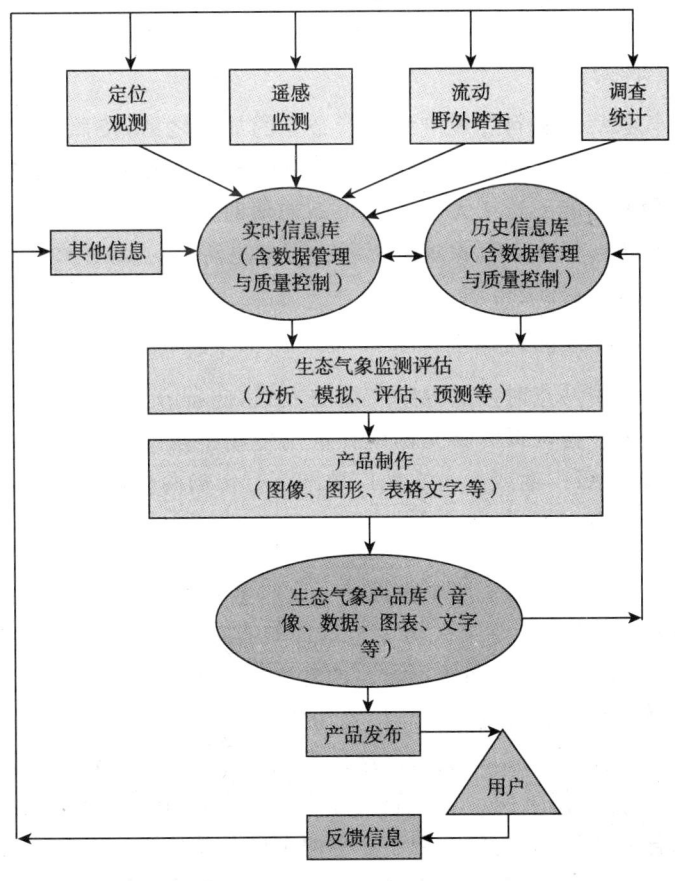

图 9-1 生态气象业务系统结构

（一）信息收集子系统

该系统收集气象部门农田、草地、湿地、森林、荒漠等生态气象试验站观测的数据，农业气象观测网观测的作物、牧草、森林等植被生长状况和土壤墒情、灾害等实时数据以及卫星遥感资料，通过中国气象信息网络系统供气象业务部门实时下载调用。收集中国科学院、国家林业局等其他部门观测的生态资料，加工处理成生态气象业务系统能够接收的数据格式，建立各种生态气象信息采集子系统。

（二）信息传输子系统

生态气象业务所需的资料包括气象、土壤水分、灾情和作物、牧草、森林等植被生长资料。生态气象观测数据可以通过中国气象信息网络系统，上报省级气象局和中国气象局，输入到业务系统实时资料库中，供业务模式运行使用；同时，国家级下发地方需要的数据和产品，形成信息上报下行以及产品发送畅通的良好机制。

1. 观测资料的上行

各种生态气象观测资料经观测站进行必要的加工之后，按照规定的数据格式和接口标准上行传输。资料的上行传输主要经由以国家公用网为基础的气象广域网进行。当国家公用网不能到达或无法提供可靠通信时，采用 DCP 平台、无线通信等有效通信手段上行传输。生态气象观测资料上行信息流程：县级到地市级、地市级到省级、省级到国家级进行逐级传输。

2. 观测资料和产品的下行

国家级主要采用一点对多点分组广播的方式，向省、地、县下发气象资料和指导产品。广域网作为下行资料的补充调用和备用传输手段。省级向所属地、县分发指导产品，采用由国家级广播或经由本地广域网下行传输两种方式之一进行传输。

（三）生态气象数据库子系统

该数据库包括实时与历史两个数据库。实时数据库只接受当年上报的生态气象监测数据，供业务实时运行使用。历史数据库只存放经过检验和质量控制的数据。每年年终，将上一年经过检验和质量控制的数据补充到历史数据库中，完成历史库的数据延续和更新。数据库信息存储与检索功能包括：

（1）生态气象观测资料和产品经网络传送到各级局域网的数据库服务器中。

（2）各业务用户经局域网（本地用户）或广域网（远程用户）对数据库进行检索，获取各自所需的各种资料，分类建立用于业务服务的数据库。

（3）业务系统所形成的各种加工产品，需再经网络返回到数据库中，以供其他用户共享。

(四)生态气象监测评估子系统

该系统是生态气象业务的核心子系统,存放各种生态气象监测评估模型。该系统调用实时数据库和历史数据库中的各种资料,进行生态气象监测、评估、预测。具体包括:

1. 农田生态气象监测预测与评估

利用农田生态气象观测资料,发展作物生长模型、农田土壤化学模型,制作并发布农田生态质量气象监测评估与预测服务产品。

内容包括农田作物产量和品质,土壤物理与化学状况,地下水位变化,种植制度变化,土壤肥力状况,农田气象灾害、农田生态质量等。

2. 草地生态气象监测预测与评估

利用牧草地面观测资料和卫星遥感监测资料,结合牧草生长发育气象指标,运用草地 NPP 估测模型、草地生态系统模型和各种数学统计模型,制作发布草地生态气象监测评估与预测预报报告。

内容包括草地生态气象条件评价,牧草返青、黄枯等发育期气象条件分析,白灾、旱灾等灾害监测评估,牧草长势遥感监测,产草量和载畜量预报,草地生态质量监测评估、草地鼠虫害气象预报等。

3. 森林生态气象监测预测与评估

利用森林地面观测资料和卫星遥感监测资料,结合森林生长发育气象指标,运用森林 NPP 估测模型、森林生态系统模型和各种数学统计模型,制作发布森林生态气象监测评估与预测预报信息。

内容包括森林生态气象条件监测,生态气象适宜度评价,森林生长发育状况宏观监测与评价,森林气象灾害监测与预测,森林火险气象等级预报,森林病虫害监测预报等。

4. 湿地生态气象监测预测与评估

利用湿地地面观测资料和卫星遥感监测资料,结合湿地生态系统模型和各种数学统计模型,制作发布湿地生态气象监测评估与预测预报报告。

内容包括湿地生态气象条件、地表水位、湿地面积、物候和动植物种类、生态质量等。

5. 湖泊生态气象监测预测与评估

利用湖泊观测资料和卫星遥感监测资料,结合湖泊水文气象模型和各种数学统计模型,制作发布湖泊生态气象监测评估与预测预报报告。

内容包括大中型湖泊和水库水位、面积季节变化分析评估；大中型湖泊封冻期、解冻期、气象条件等。

6. 荒漠生态气象监测预测与评估

利用荒漠地面观测资料和卫星遥感监测资料，结合荒漠绿洲植被生长发育气象指标，运用荒漠地区 NPP 估测模型和各种数学统计模型，制作发布荒漠生态气象监测评估与预测预报报告。

内容包括荒漠生态气象条件，沙丘移动速度、方向、面积，绿洲的分布、面积动态变化等。

7. 城市生态气象监测预测与评估

利用城市加密的地面观测资料和卫星遥感监测资料，结合各种数学统计模型，制作发布城市生态气象监测评估与预测预报报告。

内容包括城市小气候、城市热岛、负离子浓度、大气污染、噪声污染、水污染、光化学污染等。

8. 自然生态系统气象综合监测预测与评估

针对以气象条件驱动的生态气象监测评价技术方法，以现有森林、草地（含荒漠）、湿地碳收支模式为基础，经过综合集成和标准化处理及改进，构建生态气象综合监测评价指标体系及其数值计算模式，通过 GIS 技术和可视化技术形成各类服务需求的次生产品。

内容包括以气象观测历史数据构建影响中国生态系统变化的背景，以现有土地利用、土壤、植被分布等特征指标构成决定生态系统功能的边界条件，以实时气象数据作为当年生态系统优良度的主要驱动因素，把当年发生的重大环境事件作为对当年生态系统优良度的主要干扰因素（遥感和统计资料为主），通过实地验证和与其他模式计算结果的比对进行评价，实现自然生态系统气象综合监测评价，并以旬、月、季、年为时间步长提供动态监测评价报告。

9. 重大生态环境问题气象监测预测与评估

充分利用卫星遥感和地面监测信息，综合应用生态环境问题评价指标和相关灾害评价指标，依托天气气候预测模型，制作发布荒漠化、城市热岛效应、森林（草场）火灾、海洋污染等重大生态环境问题监测评估与预测预警报告。

内容包括不同类型植被覆盖面积及其比例的遥感动态监测，不同土地利用类型面积变化动态监测及其时空比较分析；陆地水域（主要水体）面积遥感动态监测及其时空比较；北方荒漠化地区、农牧交错带，荒漠化（沙线移动）状况遥感动态监测及其时空比较；大型城市热岛效应影响范围、热岛效应影响程度的遥感监测及其时空比较;主要林区和草原区,可能火点、过火面积的遥感监测,火灾、干旱对生态环境可能造成的影响评价;近海地区及海岸线,海洋污染(如赤潮)遥感监测,海岸线变化的遥感监测及其时空对比与评价等。

10. **典型生态脆弱区气象监测预测与评估**

以全国主要的典型生态脆弱区(如重大工程作业区、荒漠化严重发生区、水资源严重亏缺区、黄土高原地区、江河源头(水源涵养)区)和不同生态功能区为对象,综合应用遥感监测信息、地面监测信息,利用相应生态环境气象监测评价模型和预测预估模型,制作发布典型生态脆弱区和主要生态功能区生态气象监测评价与预测预估产品。

内容包括典型生态脆弱区或主要生态功能区气象条件状况及变化特征,植被覆盖、NPP分布状况及演变趋势,生态状况评价,未来生态状况的发展趋势等。

11. **生态质量气象评价**

利用NPP、湿润指数、植被盖度指数、水体密度指数、土地退化指数和灾害指数等开展生态质量气象评价。

内容包括当前生态质量的等级、与前期的对比、未来的可能趋势等。

(五)产品制作子系统

依托遥感、地理信息系统,结合生态气象业务系统功能,根据服务需求制作产品所需的各种表达模板,包括图形、图像、表格、文字等,方便业务产品制作。

(六)服务与反馈子系统

调查用户需求,建立用户电子和纸制发送地址、联系信息数据库,并对用户进行归类管理。每次产品制作完毕时,放入分发池中,实现业务产品的自动分发,及时归档存放。不定期调查用户满意度,根据用户的意见和建议对产品进行改进,提高产品质量。

五、生态气象业务服务

(一)生态气象监测数据服务

对现有天气、气候和生态环境监测数据进行归类、整理,实现对全国生态气象信息化管理,使生态气象数据库系统成为生态气象业务服务的数据支持平台和为我国生态建设提供重要信息和决策参考的数字化平台。

生态气象监测数据服务包括地理、行政、水文、农田、森林、草原、湿地、湖泊、城镇、交通等气象及环境背景信息。其中,包括大气、水文、生态等各个与气候系统有关的基本数据库、生态评价指标库、基本评价产品库、各种灾害信息数据集以及地理信息环境数据库系统。

实现对各类生态气象资料及环境信息的自动存储、分类、加工、维护、检索、查询，数据容量扩充等功能。积累生态气象及其动态变化的基础数据，与相关部门实现优势互补、信息共享。

(二) 生态气象业务产品

国家、省、地、县根据需求，确定适合自身服务范围的生态气象服务产品内容、制作发布时间和形式。国家级侧重于全国陆地、农田、草地、森林以及对国家生态环境和经济社会可持续发展有重大影响的生态环境问题或气象灾害，开展生态气象监测、评估和预报服务；省级以下气象部门围绕影响本地区的生态环境问题或气象灾害，开展地方生态气象监测、评估和预报服务。国家、省、地、县可开展的生态气象服务产品的类别、服务的范围、主要内容、制作与发布的时间、频次等见表9-1。

表9-1 生态气象业务产品服务一览表

产品类别	产品名称	服务范围与主要内容	发布时间与频次
农田生态气象监测预测与评估	农田生态气象监测预测与评估	全国重点农区，作物产量和品质、土壤物理与化学状况、地下水位变化、种植制度变化、土壤肥力状况、气象灾害、农田生态质量等。	季、年
草地生态气象监测预测与评估	草地生态气象监测	北方主要草原区，牧草生长期间生态气象条件利弊分析和定量评价	牧草生长季，每月
	草地生态气象灾害监测评估	北方主要草原区，雪灾、旱灾、暴风雪、大风、冷雨等灾害监测评估	灾害发生前后一周内
	草地虫害气象预报	北方主要草原区，草地蝗虫、草地螟发生发展气象预报	不定期
	牧草长势遥感监测	北方主要草原区，以NDVI、NPP等为主要内容的牧草长势监测	牧草生长季，每月
	牧草关键发育期监测预测与评估	北方主要草原区，牧草返青、黄枯等关键发育期或生育阶段监测、预测和评价	牧草生长季关键发育期出现前后10天内
	北方主要草原生态质量气象监测评估	北方主要草原区，生态质量监测评估	季、年
	北方主要草原区产草量与载畜量监测预报	北方主要草原区，产草量与载畜量监测预报	牧草黄枯前，每年

续表

产品类别	产品名称	服务范围与主要内容	发布时间与频次
森林生态气象监测预测与评估	森林生态气象条件监测	全国主要林区,森林生态气象条件利弊分析和定量评价,气象适宜度分析	全年,按自然季或年度发布
	森林生长状况宏观监测与评价	全国主要林区,以 LAI、NDVI、NPP 等为主要内容的森林生长情况监测评估	全年,按自然季或年度发布
	森林病虫害气象预报	全国主要林区,森林病虫害发生发展气象预报	根据需求,不定期制作发布
	森林生态质量监测评估	全国主要林区,利用森林 LAI、NDVI、NPP、病虫害等为主要依据的森林生态质量监测评估	按年度制作发布
湿地生态气象监测预测与评估	湿地生态气象条件监测	列入世界或国家名录的湿地,湿地生态气象条件利弊分析和定量评价	全年,按自然季或年度发布
	湿地生态质量气象监测评估	列入世界或国家名录的湿地,包括地表水位、湿地面积、物候和动、植物种类等	全年,按自然季或年度发布
湖泊生态气象监测预测与评估	湖泊生态气象条件监测	全国主要湖泊与水库,湖泊生态气象条件利弊分析和定量评价	全年,按自然季或年度发布
	大中型湖泊、水库水位、面积季节变化分析评估	全国主要湖泊与水库,以遥感监测为主,结合地面观测,综合分析监测评估	全年,按自然季或年度发布
	大中型湖泊封冻期、解冻期监测	全国主要湖泊与水库,以遥感监测为主,结合气象指标和地面观测,综合分析监测评估	全年,按自然季或年度发布
荒漠生态气象监测预测与评估	荒漠生态气象条件监测	全国主要荒漠区,荒漠生态气象条件利弊分析和定量评价	按自然季或年度发布
	荒漠生态气象监测评估	全国主要荒漠区,包括沙丘的移动速度、方向、面积和绿洲的分布、面积动态变化等监测评估	按年度发布
城市生态气象监测预测与评估	城市生态气象条件监测	省会以上大城市,主要生态气象条件利弊分析和定量评价	全年,按自然季或年度发布
	城市生态气象监测评估	省会以上大城市,包括城市小气候、负离子浓度、大气污染、噪声污染、水污染、光化学污染等	全年,按自然季或年度发布

续表

产品类别	产品名称	服务范围与主要内容	发布时间与频次
自然生态系统气象综合监测预测与评估	中国陆地生态气象监测与评估	全国,以气象条件为驱动,利用生态气象监测评价指数,进行定量监测和分析,包括全国(区域)总体概况、全国(区域)动态分析、各省(亚单元)分析比较等	全年,以月、季、年为时间步长制作,季、年发布
	自然生态系统气象综合监测评估	全国,以土地利用、土壤、植被分布等特征指标为边界条件,以实时气象数据作为主要驱动因素,把当年发生的重大环境事件作为主要干扰因素(遥感和统计资料为主),通过实地验证和模式计算,实现自然生态系统气象综合监测评价	全年,以旬、月、季、年为时间步长
重大生态环境问题气象监测预测与评估	生态环境土壤水分监测公报	全国,自然生态环境条件下,代表层次土壤水分状况、土壤水分变化、主要旱/涝区代表站 0~170 cm 土壤湿度演变趋势等	全年,每候制作发布
	城市热岛效应的监测评估报告	全国省会以上的大城市,热岛效应影响范围、热岛效应影响程度的遥感监测及其时空比较	年度制作发布
	森林(草原)火灾监测评估报告	全国主要林区和草原区,可能火点、过火面积的遥感监测,火灾对生态环境可能造成的影响评价等	全年,适时动态监测
	海洋污染与海岸线变化的遥感监测报告	我国近海地区及海岸线,海洋污染(如赤潮)遥感监测,海岸线变化的遥感监测及其时空对比与评价	全年,海洋污染适时监测,海岸线变化,每年
	重大工程作用区气象监测评估报告	气象条件状况及变化特征,植被覆盖、NPP 分布状况及演变趋势,生态状况评价,未来生态状况的发展趋势	根据需要确定
	荒漠化严重发生区气象监测评估报告	与上类同	根据需要确定
	水资源严重亏缺区气象监测评估报告	与上类同	根据需要确定

续表

产品类别	产品名称	服务范围与主要内容	发布时间与频次
典型生态脆弱区监测预测与评估	黄土高原地区气象监测评估报告	与上类同	根据需要确定
	江河源头（水源涵养）区气象监测评估报告	与上类同	根据需要确定
	农牧交错带气象监测评估报告	与上类同	根据需要确定
	××生态功能区气象监测评估报告	与上类同	根据需要确定

（三）陆面参数反演与质量检验

以全国主要的生态类型为对象，针对每种生态类型，确定其在我国的分布区域，在每个区域内进行地面观测，通过地面观测数据与卫星资料的复合分析，建立该种生态类型下陆面参数的反演模型，最后形成覆盖全国的陆面参数反演系统。

内容包括地表反照率、植被覆盖度、叶面积指数、积雪面积和深度、地表粗糙度、土壤水分、表面温度等。

通过建立陆面参数检验平台，使得高质量的陆面参数能够通过质量控制进入数值模式的同化系统，从而改进数值模型的预报效果。

建立统一的陆面参数数据库，可以同时面向天气和气候模式的需求，在地面生态系统观测与融合多源卫星资源的基础上开展陆面参数的业务化提取工作。

六、生态气象业务信息与技术保障

生态气象服务是近年来开展的一项新业务，需要不断发展和完善。目前，业务中使用的信息来源渠道多样，没有形成统一的信息管理规范；另外，业务技术方法需要深入研究和改进，因此，必须做好生态气象业务的信息收集与技术保障工作，以保业务的正常运行和服务质量。

（一）信息保障

生态气象业务的开展需要的信息很多，除天气、气候资料和卫星遥感资料外，还需要反映生态系统状况的地面、土壤、植被等资料。但是，生态气象业务由于起步晚，发展时间短，目前气象部门除了近几年建立的7个生态气象试验站外，还没有特别针对生态气象业务服务而建设的系统观测站点。业务运转使用的资料主要是来自中国气象局地面气象逐日观测、全国农业气象逐旬观测以及卫星遥感和部分省气象局自建的生态环境观测站资料。因此，生态气象业务信息资源虽比较丰富，但需要制定相应的数据管理政策、数据处理标准和流程等,以保证业务服务的正常运行和拓展。

1. 制定适应业务拓展及共享服务需求的、完整的、可操作的数据管理政策

根据生态气象业务的拓展及共享服务的需求,制订完整、可操作的数据政策。在整理和完善现有的数据政策的基础上,分析制定适应生态气象业务拓展和服务的部门数据管理政策,建立反馈机制,及时解决数据管理政策执行中的问题,不断完善各项数据管理,使数据管理具有可操作性。

2. 建立适应业务发展需要的、系统的、科学的数据处理标准

新业务系统的建立,要注意新观测数据的格式制订、数据质量控制标准、数据处理流程、新数据质量评估标准的研究制订。各项数据处理标准的制订,将加快生态气象业务系统所采集的数据的应用进程,不断满足业务发展的需要。

3. 建立适应业务发展的数据处理业务流程和规范

完善生态气象等常规气象资料处理业务流程和规范;建立和完善生态气象业务所必需的气象卫星信息和中间产品等处理分析业务流程和规范;建立生态气象业务新增资料的处理分析业务流程和规范。

4. 加大质量控制,提高数据质量

对各种来源的生态气象观测资料进行归一化和标准化,进行历史序列资料的信息化,同时进行历史资料的均一性检验和订正,统计加工分析和阶段性整编、元数据整编、数据综合集成等。开发生态气象业务服务、技术研发所需要的高质量、高规格、具有一定权威性的数据产品。

(二)技术研发保障

1. 建立良好的促进机制

(1)建立利于业务发展的研究机制

鉴于生态气象业务是一项新业务的特点,加强基础性、创新型科研与业务服务的沟通、交流和结合,促进科研与业务的相互促进、相互提高,避免科研与业务应用的脱节,促进科研尽快转化成业务服务能力。在业务实践中,围绕生态气象监测评估服务中存在的问题,凝练科研项目,有针对性地开展技术研发,加快生态气象业务建设。

(2)建立以业务需求为主导的科研投入评价机制

为促进科研成果向业务转化,使科研工作紧紧围绕着业务需求来开展,建立由业务和科研单位联合开展研发,成果在业务单位应用的科研工作运行机制。根据业务单位提供的需求设立科研项目,安排科研经费,对科研项目的评审和立项,应当重点评审其成果是否真正具备业务应用的能力,是否能在业务单位运行使用,是否对业务能力的提高有促进作用。

建立定量化的科研成果考核评价办法,完善科研成果业务试验、准业务化试验等分析评估、业务转化运行流程,使科研成果转化为业务能力的工作落到实处。

(3)建立以科研项目为纽带的业务与科研合作互动机制

加强业务与科研人员的合作,联合开展应用研究工作。鼓励业务和科研人员联合申请科研项目。完善和规范应用研究项目的管理,对于有明确业务化目标的科研项目,要求由科研和业务人员共同承担,业务化的应用有明确的业务单位为载体。

加强业务科研人员的交流,建立合作交流机制,业务人员要带着科研项目到研究院(所)从事一段时间的集中研究,同时科研人员也要带着科研成果到业务单位集中工作一段时间,对科研成果进行业务试验和准业务试验,检验评估科研成果是否稳定运行并水平高于原业务系统。

(4)增设以业务服务发展为目标的应用研究项目

根据生态气象业务现状和未来发展方向,由国家气象中心业务部门提出研究项目和业务化目标,由国家气象中心和中国气象科学研究院联合开展项目研究和业务化试运行,成熟后交予国家气象中心业务部门开展业务服务。省级工作由省级研究所和业务部门联合开展。

(5)加大应用基础研究,为业务服务的长远发展奠定基础

在明确业务发展的中长期目标的基础上,做好科学合理的规划,有计划地设置和组织与未来业务发展相关的应用基础研究,为生态气象业务长期可持续发展奠定坚实的基础。

2. 加强生态气象重点业务任务研究

(1)典型生态系统气象监测预测与评估技术研究

利用各种典型生态系统地面观测资料和卫星遥感资料,结合植物生长发育气象指标,运用各种数学模型,研究典型生态系统气象适宜指数和重大气象灾害影响评价指标以及典型生态系统特征量的气象预报模型,建立生态气象业务服务平台。

(2)自然生态系统综合监测预测与评估技术研究

对森林、草地、湿地等自然生态系统,开展气象条件驱动的生态气象监测与评价业务服务技术研究,建立国家级生态气象业务系统。主要研究内容包括:历史气象数据库的建立和快速更新软件系统的开发;主要环境背景数据库及定期更新机制的建立与软件实现;自然生态系统主要结构和功能与气象条件关系的模式系统建立;气象条件驱动的生态气象业务集成模式的建立和应用;数值计算结果的可视化应用研究。利用土壤水分自动观测站资料以及卫星遥感监测资料,运用土壤水分平衡模型,研究开发自然生态环境条件下土壤水分监测评估方法,建立生态环境土壤水分监测评估业务服务平台。

(3)重大生态环境问题气象监测预测与评估技术研究

利用卫星遥感和地面监测信息,综合应用生态环境问题评价指标和相关灾害评价指

标,依托天气、气候预测模型,研究荒漠化、城市热岛效应、森林(草场)火灾、海洋污染等重大生态环境问题监测评估与预测预警技术,建立重大生态环境问题监测评估业务平台。

(4)典型生态脆弱区气象监测预测与评估技术研究

以全国主要的典型生态脆弱区(如重大工程作用区、荒漠化严重发生区、水资源严重亏缺区、黄土高原地区、江河源头(水源涵养)区)和不同生态功能区为对象,以遥感监测信息为主、地面监测信息为辅,通过分析历史气候和生态环境演变规律及其关系,利用NPP估算模型和生态气象条件分析,结合生态气象的模拟模型和未来气候变化情景,研究开发生态脆弱区和(或)主要生态功能区生态环境气象监测评价模型和预测预估模型,建立典型生态脆弱区和主要生态功能区气象监测评估业务服务平台。

(5)陆面参数的地面监测与卫星资料反演

在生态气象站的监测内容中,增加有关陆面参数的观测,主要针对主要的生态类型分区,分别进行定点观测,为建立遥感反演模型提供样本数据,并为产品检验提供真值数据。

(6)气候变化对自然生态系统的影响评估研究

气候变化不仅影响粮食安全,还影响生态安全,开展并加强研究,可以为我国生态建设和环境保护提供依据。

七、业务流程

(一)技术路线

综合利用遥感资料、地面观测资料,联合中国科学院、高校、国家环保、林业、农业、水利等部门的相关科研院所,结合3S技术和各种生态气象模型、NPP估算模型、不同生态系统的碳、氮收支模型等,分析研究天气气候与生态系统的相互关系,逐步建立生态气象综合分析与评估业务系统,开展生态气象监测、评估业务服务。通过分析典型生态系统、生态脆弱区、主要生态功能区、重大生态环境问题的历史气候和生态环境演变规律及其相互关系,结合生态气象的模拟模型和未来气候情景,建立典型生态系统、生态脆弱区、主要生态功能区、重大生态环境问题的生态气象监测评价、预测预估业务系统,开展陆面参数反演和生态气象预测预警业务服务。

(二)数据流程

生态气象业务涉及数据种类繁多、结构复杂,有常规的气象数据、生态环境监测数据、卫星遥感数据、GIS空间数据、文本格式的灾情数据及二进制图像数据等等。生态气象业务数据流程包括台站、省级、国家级业务单位提供技术、资料和产品信息支撑的信息流程和数据库、平台节点。数据流程如图9-2所示。

第九章 生态气象业务简介

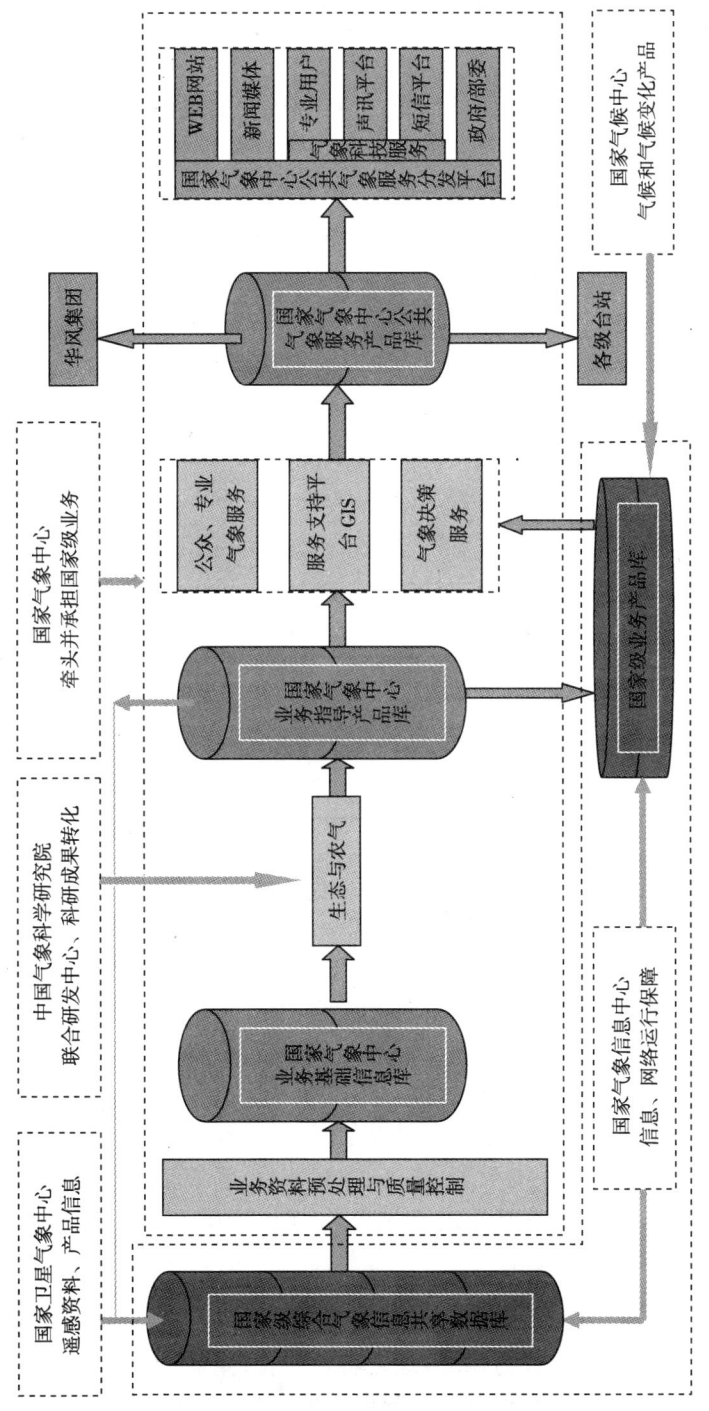

图9-2 数据流程图

体系内,下级向上级提供观测数据和业务产品,供上级部门参考和研发业务产品;上级指导下级,下级细化、订正上级指导预报产品并向上级反馈预报订正产品。国家级业务单位向各级地方台站提供指导产品;省级在国家指导产品的基础上制作并向地、县两级台站提供指导产品,向国家级反馈其制作的预报产品;生态与农业气象试验站向各级业务单位提供试验研究成果、技术档案和指标,指导所在单位的业务技术服务;地、县级重点对省级的指导产品进行补充订正或解释应用,并向省级反馈订正后的预报产品,如图9-3所示。

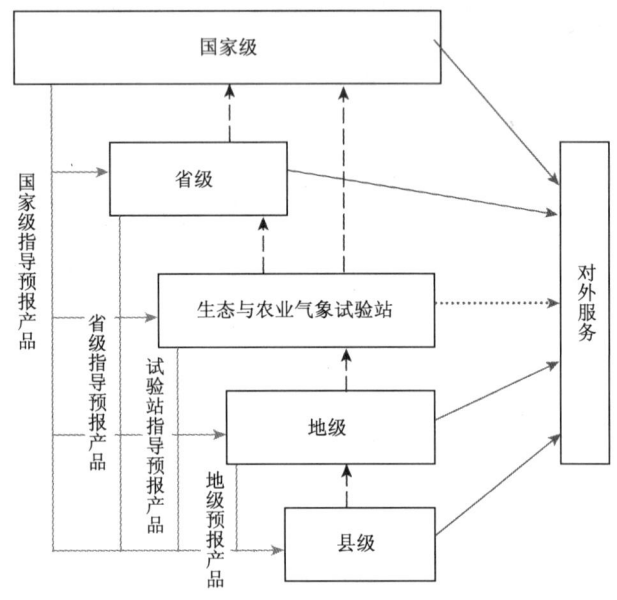

图9-3 生态气象业务指导产品流程图

(三)产品定义及流程

1. 农田生态气象业务产品

根据农田生态系统中作物和土壤通过气象因子、气候变化、人为干扰等因素驱动的生理、生化、物理过程而发生的生理、形态、理化特性、系统生态功能的变化以及该系统与外界环境的物质、能量交换所进行的监测、评估、预测结果研制的产品。

2. 草地生态气象业务产品

根据草地生态系统中牧草、牲畜、土地在气象或气候因子驱动下各种生物、理化过程引发的形态变化、生物累积与循环、理化特性变化、生态功能的变化以及系统对环境变化的反馈作用的监测、评估、预测、预估结果研制的产品。

3. 森林生态气象业务产品

根据森林生态系统中林木在不同气候条件下生物累积、与外界环境的物质和能量交换、生态功能及其对整个生态系统调节功能变化的监测、评估、预测、预估结果研制的产品。

4. 湖泊生态气象业务产品

根据湖泊生态系统中水体在气象因子驱动的水循环过程中发生的形态、体积、质量、生态功能的变化及其对整个生态系统反馈作用的监测、评估、预测、预估结果研制的产品。

5. 荒漠生态气象业务产品

根据荒漠生态系统中绿洲和沙化土地在气候因子驱动下发生的面积变化、位置迁移、生态功能变化的监测、评估、预测、预估结果研制的产品。

6. 湿地生态气象业务产品

根据湿地生态系统中湿地和生物在气象环境影响下发生面积、形态、种群、生态功能变化的监测、评估、预测、预估结果研制的产品。

7. 城市生态气象业务产品

根据城市生态系统中城市面积扩大、设施改变所导致的生存环境的变化、生态功能退化等的监测、评估、预测、预估结果研制的产品。

8. 自然生态系统气象综合业务产品

根据各典型生态系统在气象因子驱动下经过一系列生理、生化、物理对我国和地球生态系统功能产生的综合影响所进行的监测、评估、预测结果研制的产品。

9. 重大生态环境问题气象业务产品

根据各典型生态系统在气象因子或人类活动驱动下导致的生态系统功能退化、环境恶化所进行的监测、评估、预测结果研制的产品。

10. 典型生态脆弱区气象业务产品

根据典型生态系统中易发生功能退化的区域因气候条件发生变化而发生的形态、面积、功能变化所进行的监测、评估、预测结果研制的产品。

11. 陆面参数反演业务产品

通过科学方法对生态系统在进行物质和能量交换过程中,主要生态类型的部分形态特征、理化特性变化程度的模拟结果,经质量检验,可作为其他生态气象业务产品制作过程中模型输入参数的数据集。

(四)业务管理流程

建立健全与业务技术体制相配套、相适应的业务规范体系,做到业务规范化,管理科学化、制度化。修改完善并建立相应的观测规范、业务规范、业务流程和相应的质量考核办法等。

1. 国家级管理职责

中国气象局负责管理全国生态气象业务服务工作,具体职责为:拟定全国生态气象工作发展战略和长远规划;制定、发布生态气象工作的规章制度、技术标准和规范;参与全国生态气象科技领域重大科研攻关和实施成果的推广应用(包括研发全国通用的生态气象业务系统(AEMOS)等);组织全国范围的生态气象工作技术培训;组织气象部门与其他部门间信息共享的有关工作;负责组建国家级生态气象业务服务实体,并组织开展全国生态气象站业务服务工作;其他有关工作。

2. 省级管理职责

各省(区、市)气象局负责管理本辖区内生态气象业务服务工作,具体职责为:组织实施中国气象局有关生态气象工作有关规定、技术规范等,并根据本地情况进行细化;组织对全省生态气象工作技术培训;管理本辖区内的信息传输、共享及监测、评价业务;组织全省生态气象科技领域重大科研攻关和成果的推广应用;组织建设生态气象化学实验室;组织本省气象部门与其他部门间信息共享的有关工作;负责组建省级生态气象业务服务实体,并组织开展辖区内生态气象站业务服务工作;其他有关工作。

3. 地市级管理职责

负责组织开展辖区内生态气象站业务服务工作;负责辖区内生态气象观测数据的质量控制、业务考核等;组织气象与其他部门间信息共享的有关工作;负责辖区内农业与生态观测仪器安装、巡检、校验,保证业务正常运行;其他有关工作。

(五)业务分工

在中国气象局统一规划指导和管理下,建立以国家级生态气象业务实体为"龙头",省级生态气象实体为重点,地级气象部门为补充,县级气象部门为基础的生态气象业务服务工作体制,开展覆盖全国范围的生态气象服务工作。国家级、区域级、省级、地市级以及县级气象部门明确生态气象业务管理职责和任务分工,加强生态气象业务管理和服务。

1. 国家级

国家气象中心集农业气象与生态气象业务与科研于一体,承担国家级农业气象、生态气象的业务任务,相应的业务服务适用技术开发以及科研成果转化。

(1)业务分工

负责建设国家级生态与农业气象业务系统(AEMOS),承担对下级生态与农业气象业务系统的技术指导。

承担国家级主要生态气象监测、评价工作:针对我国主要生态系统类型,对表征生态系统状况的气象要素、生物要素、土壤要素、水环境要素中的主要影响指标的变化进行动态监测,评估分析生态系统时空演变。综合全国所有生态系统类型的变化情况,对全国生态气象质量做出定量评定,划分等级。

承担国家级主要生态气象预测、预估与预警业务服务产品的制作、包装与服务:加强重要生态变量的观测和数值模拟分析,提取预测、预估和预警生态系统安全的指示指标,进行跨省的生态预测、预估和预警。

重大生态问题专题监测、预估、预警:针对沙尘暴、酸雨、土地荒漠化、水土流失、森林与草场火灾等主要生态问题开展专题监测、预估和预警服务。

重大工程生态影响评估:分析、评估跨省的重大工程、生态工程建设、重大农业工程建设等对生态的可能影响,并提出决策参考。

气候系统陆面参数遥感监测与反演:利用地面和卫星同步观测资料,开展全球和东亚区域陆面参数监测,内容包括对地表反照率、植被覆盖度、叶面积指数、积雪面积和深度、地表粗糙度、土壤水分、表面温度等进行估算。建立面向全球模型和区域模式的陆面参数反演系统,输出天气和气候模式所需要的陆面参数,根据陆面参数的观测值来提高产品精度,并对每一个产品提供精度分析报告。

全国农业产量气象预报:全国主要粮食作物产量预报,全国粮食总产产量预报,世界主要产粮区及全球粮食总产产量预报。

国家级农业气象情报业务:农业气象旬报,农业气象年报,春播期、夏收夏种、秋收秋种农业气象服务,农业气象灾害专题服务等。

全国主要农业病虫害和其他农业气象预报:主要作物的重大病虫害发生发展气象条件预报,全国主要农业气象灾害预报,主要作物生长发育期预报,农用天气预报,主要农事期气象条件预报,土壤水分条件及灌溉量预报等。

农业气象卫星遥感监测与应用:主要作物如小麦、水稻、玉米、棉花、油菜等主要作物播种面积及长势的监测和产量评估,宏观监测地温、土壤湿度、积雪等与农业有密切关系的要素,监测洪涝、干旱、森林草原火灾和大面积病虫害,监测干旱化、荒漠化等项目,探索农林作物物候期的遥感监测。

气候变化影响研究:研究气候变化对粮食安全、生态安全的影响以及农业生产和生态建设如何适应气候变化。

(2) 国家级业务指导产品

① 生态气象综合监测评价

以全国主要生态问题（如荒漠化）和典型生态系统（如湿地、森林等）为对象，以遥感监测信息为主地面监测信息为辅，结合多种模型植被净初级生产力（NPP）的估算和生态气象条件分析，对全国或敏感区域生态气象状况进行监测与评价。

② 草地生态气象监测评估

以月为周期，每月上旬发布包括牧草生态气象评价、返青、黄枯等发育期生态气象条件分析，白灾、旱灾、暴风雪等灾害监测评估，牧草长势监测，产草量和载畜量预报、鼠虫害等草地生态气象信息服务产品。

③ 森林生态气象监测评估

以季、年为周期，发布包括森林生长气象条件、LAI、NDVI、NPP等为主要内容的森林生长情况监测评估以及病虫害气象预报产品。

④ 陆面参数反演

进行逐月的陆面参数反演，开展覆盖全球范围的反演，同时针对东亚区域进行更高分辨率的反演。

⑤ 农业产量气象预报

发布全国水稻（早稻、一季稻、晚稻）、小麦、玉米、棉花、大豆、油菜、秋收作物和夏收作物等主要农作物的农业气象产量（包括单产、总产）预报。

⑥ 农业气象情报

发布全国农业气象旬报，包括主要天气特点、作物生育状况、主要农业气象灾害、展望与建议等内容。

⑦ 全国作物主要病虫害气象预测预报

发布长期（提前一年或一个生长季节）、中期（提前一个或数个月）、短期（提前几天或几旬），不同预报精度的全国作物主要病虫害发生气象预测预报。预测预报的内容包括农作物病虫害的发生或流行的时期（时间或时段）、发生或流行的分布区域（空间范围）、发生或流行的量（发生密度、流行速度、严重性、危害程度、可能损失等）

⑧ 农业气象专题分析

在重要农事活动（播种、收获等）、作物生育关键期（授粉、灌浆等）、天气气候异常事件对农业生产产生重要影响时，及时发布农业气象专题服务。

⑨ 土壤水分监测公报

以候为周期，"逢2、7"发布包括主要监测层土壤水分状况、土壤水分动态变化等为主要内容的全国土壤水分监测公报。

⑩ 农业干旱监测预报

以旬为周期，"逢2"发布包括目前农业干旱监测、未来10天农业干旱预报等为主要内容的全国农业干旱监测预报产品。

2. 省级

在各省(区、市)气象局建立集生态气象、农业气象业务服务与科研于一体的业务实体。其主要职责是承担省级生态与农业气象业务服务,开展省级生态与农业气象科研技术开发、业务建设、科研成果转化工作,以及省以下的技术指导。

(1)业务分工

负责建设省级生态与农业气象业务系统(AEMOS);

根据本省(区、市)生态与农业气象业务服务工作的需要,作好专项业务技术的引进与吸收、应用与开发;加工制作对地市、县的指导产品,对下级进行技术指导。

根据当地生态建设与保护工作的需求,更加深入和广泛地开展生态气象业务服务。制作生态气象监测、评价、预测产品,针对重大生态问题以及重大工程生态影响进行预警、评估,服务于地方政府。

利用多源遥感资料,以较高时间和空间分辨率细化反演区域天气和气候模式所需的陆面参数。

开展区域、省级生态与农业气象重大科研项目攻关,提高生态与农业气象服务产品的技术水平。

负责生态与农业气象实验的相关业务。

农业产量气象预报和农业气象情报:本省(区、市)主要粮食、经济作物产量(包括单产、总产)预报,农业气象旬报,农业气象年报,春播期、夏收夏种、秋收秋种农业气象服务,其他农业生产需要的专题服务。

主要农业气象灾害(含病虫害)和其他农业气象预报:主要农业气象灾害预报,主要作物生长发育期预报,主要作物的重大病虫害发生发展气象条件预报,农用天气预报,主要农事期气象条件预报,土壤水分及灌溉量预报。

卫星遥感监测应用:本省(区、市)主要农作物播种面积及长势的监测和产量评估,宏观监测地温、土壤湿度、积雪等与农业有密切关系的要素,监测洪涝、干旱、森林草原火灾和大面积病虫害,监测干旱化、荒漠化等项目。根据遥感信息解译的需要,进行不定期野外实地踏查。

农业气象适用技术开发推广:根据当地的农业气候资源和农业产业结构特点,紧密结合当地农业生产发展实际,从气象角度入手,开发推广农业气象适用技术。

(2)业务指导产品

①主要生态环境问题或典型生态系统生态气象监测评价

参考国家级相应的业务要求,根据本身特点,以本地主要生态问题和典型生态系统为对象,开展更具针对性的生态气象条件分析、监测评估与评价。内容、时效、频次和精度等,除满足国家级业务需求外,还可以根据自身特点,另作要求。

②草地生态气象监测评估

主要牧区的省(区)参考国家级相应的业务要求,根据本身特点,开展更具针对性的草地生态气象监测评估服务。内容、时效、频次和精度等,除满足国家级的业务需求外,还可以根据自身特点,另作要求。

③农业产量气象预报

水稻(早稻、一季稻、晚稻)、小麦、玉米、棉花、大豆、油菜的主产省(区、市),必须开展上述作物以及秋收作物和夏收作物的产量预报(包括单产、总产),其他省(区、市)则选择本地的主要粮食和(或)经济作物,开展农业产量气象预报。预报时效应较国家级提早2~5天,频次和精度应不低于国家级。

④农业气象情报

参考国家级相应的业务要求,根据本身特点,开展更具针对性的农业气象情报(农田生态气象监测评估)服务。内容、时效、频次和精度等,除满足国家级的业务需求外,还可以根据自身特点,另作要求。

⑤重大农业气象灾害监测评估与预警

根据本省特点,有选择地开展粮食作物、经济作物和林业、牧业、渔业等的重大农业气象灾害(包括病虫害)监测评估、预报、预警。内容、时效、频次和精度等,除满足国家级的业务需求外,还可以根据自身特点,另作要求。

⑥农业气象专题分析

根据国家级业务系统的安排和本省特点开展农业气象专题服务。内容、时效、频次和精度等,除满足国家级的业务需求外,还可以根据自身特点,另作要求。

⑦现代农业、特色农业气象保障服务

根据本省实际,选择具有地方特色和显著功能的特殊农产品(水果、蔬菜、花卉、中药材等),开展生产、保鲜、储运等方面气象监测预测、分析评估等。

⑧土壤水分监测公报

参考国家级相应的业务要求,根据本身特点,开展更具针对性的土壤水分监测服务。内容、时效、频次和精度等,除满足国家级的业务需求外,还可以根据自身特点,另作要求。

⑨农业干旱监测预报

参考国家级农业干旱业务的要求,根据本身特点,开展更具针对性的干旱监测服务。内容、时效、频次和精度等,除满足国家级干旱监测预测的需求外,还可以根据自身特点,另作要求。

3. 地市级业务分工

在地(市、州)气象局建立集农业气象、生态气象业务服务实体。承担地级生态与农业气象业务服务、技术开发并对下级业务进行技术指导。

（1）利用上级下传信息、资料、产品的调用与解释服务，结合本地区的生态与农业气象监测资料，服务于地方政府和公众。

（2）参与全省生态与农业气象科技领域重大科研攻关。

（3）开展本地范围内的主要农作物产量（包括单产、总产）气象预报，开展地市级农业气象情报业务，制作农业气象旬报，开展春播期、夏收夏种、秋收秋种农业气象服务以及其他专题服务。

（4）开展地市级主要农业气象灾害（含病虫害）预报，主要作物生长发育期预报，主要作物病虫害发生发展气象条件预报，农用天气预报，主要农事期气象条件预报，土壤水分及灌溉量预报。

（5）农业气象适用技术开发推广。根据当地的农业气候资源和农业产业结构特点，紧密结合当地农业生产发展实际，从气象角度入手，开发推广农业气象适用技术。

4. 县级业务分工

县级气象局不成立生态与农业气象业务实体，主要承担当地生态与农业气象观测任务，为生态与农业气象业务提供实时观测资料，同时为当地环境保护、生态建设、农业生产开展服务。

（1）开展本县范围内的生态与农业气象（含经济作物、经济果木等）观测任务，并将观测信息及时准确地上传。

（2）利用上级下传信息、资料、产品的调用与解释服务，结合本地区的监测资料，服务于地方政府和公众。

（3）配合省级进行不定期野外调查。

（4）结合本县农业生产情况，解释性地制作农业产量气象预报，包括主要农作物产量（包括单产、总产）预报。

（5）农业气象情报业务。根据本站农业气象资料，制作农业气象情报产品。包括农业气象旬报，春播期、夏收夏种、秋收秋种农业气象服务，农业气象灾害专题服务。

（6）农业气象适用技术开发推广。根据本县的农业气候资源和农业产业结构特点，紧密结合当地农业生产发展实际，从气象角度入手，开发推广农业气象适用技术。

八、标准体系

为了规范生态气象业务工作，保证生态气象业务的正常、高效、有序发展，必须制订相应工作的法规标准。

生态气象标准体系是规范生态气象观测、生态气象指标、生态环境质量评价等的标准（图9-4）。

我国目前还没有建立起真正的生态气象业务。就生态监测与科研工作而言,也处于刚刚起步阶段,因此存在的问题比较多,需要大力发展和逐步完善。

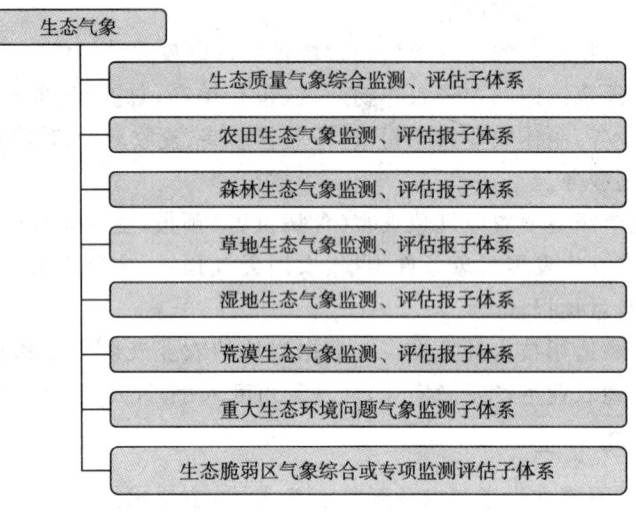

图 9-4　生态气象标准体系架构

本章小结

本章概述了国家对生态气象服务的需求、国内外开展生态气象业务的现状和我国逐步开展生态气象业务的情况。简述了近几年来气象部门在"生态气象"理念指导下探索的部分成果,给出了生态气象业务建设应采取的原则、产品模式、应建设的业务系统、技术研发重点和应遵循的业务流程等,指出了国家、省、地、县生态气象业务应采取协作分工的形式,加快发展,进一步提高生态气象业务服务的能力。

复习思考题

1. 简述生态气象业务的重要性及意义。
2. 你关注的有关生态的问题是什么？请结合自身体会,简述气象部门可发挥的作用。
3. 农田生态系统是我国保证粮食安全的主要生态系统,请从生态气象的角度简述气象部门应发挥的作用。
4. 简述森林生态系统的主要功能、存在的主要生态气象问题。
5. 简述草地生态系统的主要功能、存在的主要生态气象问题。

6. 湿地是地球之"肾",你认为如何维持好或保护好"肾"的功能?
7. 当今的城市发展很快,你认为什么样的生态气象产品才会给城市建设甚至是新农村建设提供有益的依据?

主要参考文献

毕宝贵,毛留喜,王建林,等. 2007. 我国生态与农业气象业务技术进展[M]. 北京:气象出版社.
戈登. B. 伯南. 2009. 生态气候学:概念与应用[M]. 延晓东等,译. 北京:气象出版社.
侯英雨,毛留喜,李朝生,等. 2008. 中国植被净初级生产力变化的时空格局[J]. 生态学杂志,27(9):1455-1460.
侯英雨,毛留喜,钱拴,等. 2006. 青海省牧草产量的遥感估算及其时空分布规律[J]. 生态学杂志,25(11):1-7.
毛留喜,侯英雨,钱拴,等. 2008. 牧草产量的遥感估算与载畜能力研究[J]. 农业工程学报,24(8):147-151.
毛留喜,李朝生,侯英雨,等. 2006. 2006年上半年全国生态气象监测与评估研究[J]. 气象,32(12):88-95.
毛留喜,钱拴,侯英雨,等. 2007. 2006年夏季川渝地区高温干旱的生态气象监测与评估研究[J]. 气象,33(2):83-88.
钱拴,毛留喜,张艳红,等. 2007. 草地生态气象条件优劣评价方法研究[J]//我国生态与农业气象业务技术进展[M]. 北京:气象出版社.
钱拴,毛留喜,张艳红. 2007. 中国天然草地植被生长气象条件评价模型[J]. 生态学杂志,26(9):1499-1504.
钱拴,毛留喜,侯英雨,等. 2007. 青藏高原载畜能力及草畜平衡状况研究[J]. 自然资源学报,22(3):389-397.
钱拴,毛留喜,侯英雨,等. 2008. 北方草地生态气象综合监测预测技术及其应用[J]. 气象,34(11):62-68.
钱拴. 2009. 中国主要天然草地产草量气象预测方法[J]. 生态学杂志,28(7):1201-1205.
王江山. 2004. 青海省生态环境监测系统[M]. 北京:气象出版社.